U0193603

"十二五"普通高等教育本科国家级规划教材

锻造工艺与模具设计

主　编　闫　洪
副主编　李　萍　郝　新　张如华
参　编　赵　才　霍晓阳　薛克敏
　　　　王大勇　宋志真　冯再新
　　　　杨　军　周六如
主　审　夏巨谌

机械工业出版社

本书对锻造技术作了全面、系统的介绍，共分13章，包括绪论、锻造用材料准备、锻造的加热规范、自由锻造工艺、模锻成形工序分析、锤上模锻、机械压力机上模锻、螺旋压力机上模锻、平锻机上模锻、液压机上模锻、模锻后续工序、特种锻造、锻造工艺的技术经济分析。本书理论联系实际，有较强的实用性。

本书可作为高等院校、成人高校模具、材料成形及控制工程、机械类等专业的教材，也可供有关技术人员参考。

图书在版编目（CIP）数据

锻造工艺与模具设计/闫洪主编．—北京：机械工业出版社，2011.12
（2024.7重印）

"十二五"普通高等教育本科国家级规划教材

ISBN 978-7-111-36662-1

Ⅰ.①锻…　Ⅱ.①闫…　Ⅲ.①锻造-工艺学-高等学校-教材②锻模-设计-高等学校-教材　Ⅳ.①TG316②TG315.2

中国版本图书馆 CIP 数据核字（2011）第 248509 号

机械工业出版社（北京市百万庄大街 22 号　邮政编码 100037）
策划编辑：冯春生　责任编辑：冯春生　周璐婷
版式设计：霍永明　责任校对：张　媛
封面设计：张　静　责任印制：单爱军
北京虎彩文化传播有限公司印刷
2024 年 7 月第 1 版第 12 次印刷
184mm×260mm · 22 印张 · 541 千字
标准书号：ISBN 978-7-111-36662-1
定价：59.00 元

电话服务　　　　　　　网络服务
客服电话：010-88361066　机　工　官　网：www.cmpbook.com
　　　　　010-88379833　机　工　官　博：weibo.com/cmp1952
　　　　　010-68326294　金　书　网：www.golden-book.com
封底无防伪标均为盗版　机工教育服务网：www.cmpedu.com

普通高等教育材料类系列教材
编审委员会

塑性成形及模具教材编委会

前　言

本书论述了锻造生产理论、各种锻造方法以及相关模具设计知识。其内容包括下料、加热、成形、切边冲孔、清理、热处理、检验等。本书应用塑性成形原理分析变形工序，密切联系生产实际，阐述锻造工艺规程的制订和工艺装备的设计及锻件质量控制等问题。

本书共分13章，包括绪论、锻造用材料准备、锻造的加热规范、自由锻造工艺、模锻成形工序分析、锤上模锻、机械压力机上模锻、螺旋压力机上模锻、平锻机上模锻、液压机上模锻、模锻后续工序、特种锻造、锻造工艺的技术经济分析。

本书由南昌大学闫洪任主编，由合肥工业大学李萍、内蒙古工业大学郝新、南昌大学张如华任副主编。各部分编写分工如下：南昌大学闫洪编写第1章、第11章，太原科技大学赵才编写第2章，河南理工大学霍晓阳编写第3章，内蒙古工业大学郝新编写第4章，合肥工业大学李萍、薛克敏编写第5章、第12章，南昌大学张如华编写第6章6.1～6.8和6.10、第7章，南昌大学周六如编写第6章6.9，大连交通大学王大勇编写第8章，河南科技大学宋志真编写第9章，中北大学冯再新编写第10章，大连交通大学王大勇、杨军编写第13章。全书由闫洪统稿。

全书由华中科技大学夏巨谌教授主审，在此深表感谢。

由于学术水平所限，书中难免有不当之处，敬请读者批评指正。

编　者

目　录

锻造工艺与模具设计

第 *1* 章 绪 论

1.1 锻造生产的特点与作用

　　锻造是一种借助工具或模具在冲击或压力作用下加工金属机械零件或零件毛坯的方法，其主要任务是解决锻件的成形及其内部组织性能的控制，以获得所需几何形状、尺寸和质量的锻件。

　　金属材料通过塑性变形后，消除了内部缺陷，如锻（焊）合空洞，压实疏松，打碎碳化物、非金属夹杂并使之沿变形方向分布，改善或消除成分偏析等，得到了均匀、细小的低倍和高倍组织。铸造工艺得到的铸件尽管能获得比锻件更为复杂的形状，但难以消除疏松、空洞、成分偏析、非金属夹杂等缺陷；铸件的抗压强度虽高，但韧性不足，难以在受拉应力较大的条件下使用。切削加工方法获得的零件尺寸精度最高，表面光洁，但金属内部流线往往被切断，容易造成应力腐蚀，承载拉压交变应力的能力较差。因此，与其他加工方法相比，锻造加工生产率最高，锻件的形状、尺寸稳定性好，并有最佳的综合力学性能。锻件的最大优势是纤维组织合理、韧性高。

　　近几十年来，在锻造行业中出现了冷镦、冷挤、冷精压、精密锻造、温挤、等温成形、精密辗压、错距旋压等净形或近净形成形新工艺，其中一些新工艺的加工精度和表面粗糙度已达到了车、铣加工，甚至磨加工的水平。

　　锻造生产广泛应用于机械、冶金、造船、航空、兵器以及其他许多工业部门，在国民经济中占有极为重要的地位。锻造生产能力及其工艺水平反映了国家装备制造业的水平。

　　毫无疑问，随着锻造技术的日益发展以及锻造方法在工业生产中的重要作用，锻造生产对国民经济的贡献将更为重大。随着锻造方法和设备的不断完善以及新的锻压技术的出现，锻造生产的领域将更加广阔。

1.2 锻造方法分类及应用范围

1. 锻造方法分类

　　根据使用工具和生产工艺的不同，锻造生产分为自由锻、模锻和特种锻造。

　　（1）自由锻　自由锻一般是指借助简单工具，如锤、砧、型砧、摔子、冲子、垫铁等对铸锭或棒材进行镦粗、拔长、弯曲、冲孔、扩孔等方式生产零件毛坯的方法。其加工余量大，生产效率低；锻件力学性能和表面质量受生产操作工人的影响大，不易保证。这种锻造方法只适合单件或极小批量或大锻件的生产；不过，模锻的制坯工步有时也采用自由锻。

　　自由锻设备依锻件质量大小而选用空气锤、蒸汽-空气锤或锻造水压机。

自由锻还可以借助简单的模具进行锻造，亦称胎模锻，其效率比人工操作要高，成形效果也大为改善。

（2）模锻　模锻是将坯料放入上、下模块的型槽（按零件形状尺寸加工）间，借助锻锤锤头、压力机滑块或液压机活动横梁向下的冲击或压力成形为锻件的方法。模锻件余量小，只需少量的机械加工（有的甚至不加工）。模锻生产效率高，内部组织均匀，件与件之间的性能变化小，形状和尺寸主要是靠模具保证，受操作人员的影响较小。模锻需要借助模具，加大了投资，因此不适合单件和小批量生产。

模锻常用的设备主要是模锻锤、机械压力机、螺旋锤（摩擦、液压、高能、电动）、模锻液压机等。模锻还经常需要配置自由锻、辊锻或楔横轧设备制坯，尤其是曲柄压力机和液压机上的模锻。

（3）特种锻造　有些零件采用专用设备可以大幅度提高生产率，锻件的各种要求（如尺寸、形状、性能等）也可以得到很好的保证。如螺钉，采用镦头机和搓丝机，生产效率成倍增长。利用摆动辗压生产盘形件或杯形件，可以节省设备吨位，即"用小设备干大活"。利用旋转锻造生产棒材，其表面质量高，生产效率也比其他设备高，操作方便。特种锻造有一定的局限性，特种锻造机械只能生产某一类型的产品，因此适合于生产批量大的零件。

锻造工艺在锻件生产中起着重大作用。工艺流程不同，得到的锻件质量（指形状、尺寸精度、力学性能、流线等）有很大的差别，使用设备类型、吨位也相去甚远。有些特殊性能要求只能靠更换强度更高的材料或新的锻造工艺解决，如航空发动机压气机盘、涡轮盘，在使用过程中，盘缘和盘毂温度梯度较大（高达 $300 \sim 400 ℃$），为适应这种工作环境，需要双性能盘，通过锻造工艺和热处理工艺的适当安排，生产出的双性能盘能同时满足高温和室温性能要求。工艺流程安排恰当与否不仅影响质量，还影响锻件的生产成本。合理的工艺流程应该是得到的锻件质量最好，成本最低，操作方便、简单，而且能充分发挥出材料的潜力。

对工艺重要性的认识是随着生产的深入发展和科技的不断进步而逐步加深的。等温锻造工艺的出现解决了锻造大型精密锻件和难变形合金需要特大吨位设备和成形性能差的困难。锻件所用材料、锻件形状千差万别，所用工艺不尽相同，如何正确处理这些问题正是锻造工程师的任务。

2. 应用范围

锻件应用的范围很广。几乎所有运动的重大受力构件都由锻造成形，不过推动锻造（特别是模锻）技术发展的最大动力来自交通工具制造业——汽车制造业和飞机制造业。锻件尺寸、质量越来越大，形状越来越复杂、精细，锻造的材料日益广泛，锻造的难度更大。这是由于现代重型工业、交通运输业对产品追求的目标是长的使用寿命，高的可靠性。如航空发动机，推重比越来越大。一些重要的受力构件，如涡轮盘、轴、压气机叶片、盘、轴等，使用温度范围变得更宽，工作环境更苛刻，受力状态更复杂而且受力急剧增大。这就要求承力零件有更高的抗拉强度、疲劳强度、蠕变强度和断裂韧性等综合性能。

随着科技的进步，工业化程度的日益提高，要求锻件的数量逐年增长，据有关调查，锻压（包括板料成形）零件在飞机中占 85%，在汽车中占 60%～70%，在农机、拖拉机中占70%。目前全世界仅钢模锻件的年产量就达数千万吨。

1.3 锻造生产的历史及发展

早在两千五百多年前，我国的春秋时期就已应用锻造方法锻造生产工具和各类兵器，并已达到了较高的技术水平。例如：在秦始皇陵兵马俑坑的出土文物中有三把合金钢锻制的宝剑，其中一把至今仍光艳夺目，锋利如昔。另一件锻制品要数在同一历史阶段（即公元前几世纪至公元3世纪）生产出来用作船锚的铁柱，其直径为400mm，长达7.25m。

锻造真正获得较大发展是在工业化革命时期，1842年，内史密斯（Nasmith）发明了双作用锤，这种锻锤具备现代直接在活塞杆上固定锤头的锻锤结构的所有特点。1860年，哈斯韦尔（Haswell）发明了第一台自由锻水压机。这些设备的出现标志着锻压技术成为一门具有影响力的学科的开始。

锻压经过一百多年的发展，今天已成为一门综合性学科。它以塑性成形原理、金属学、摩擦学为理论基础，同时涉及传热学、物理化学、机械运动学等相关学科，以各种工艺学，如锻造工艺学、冲压工艺学等为技术，与其他学科一起支撑着机器制造业。锻压这门传统学科至今仍朝气蓬勃，在众多的金属材料和成形加工及国际、国内学术交流会上仍十分活跃。

锻造成形工艺飞速发展的同时也大大促进了锻压设备的发展。锻压成形所使用的设备应具有良好的刚性、可靠性和稳定性，要有精密的导向机构等，对生产工序要能自动监控和具备检测功能。

古老的锻锤是各种锻压设备的先驱，虽在近些年来因能耗高、劳动环境差而不断受到针砭，但由于其成形能力强、工艺通用性好的优点至今未被完全淘汰。改造蒸汽锤的动力源始于20世纪60年代，70年代初步成功，80年代有了大的发展，既达到了高效、节能的目的，又保持了锻锤原有的优点，也不改变操作习惯，投资也不太高。至今有几十家工厂的百余台锻锤接受了这种以电液驱动代替蒸汽驱动的"换头"技术。

摩擦压力机是我国20世纪的主要锻压设备之一。其在国内总体数量很多，与锻锤相当。该设备因投资较小，被用以代替锻锤，并不断向大吨位级发展。20世纪，发展摩擦压力机上的精密模锻曾是我国锻造业发展的主要方向。

摩擦压力机与锤相比，名称不同，外形也相差很大，但基本上属于锤类设备，生产效率也较低、能耗较大。因其特殊的力能转换关系和整体框架式结构，实际工作中由于打击力超载，有时可能发生机架、螺杆、主螺母断裂。人们正在从过载保护及更新操纵机构方面着手研究解决这些问题。

20世纪70年代，国外开发并应用了现代的机、电、液、计算机技术，研制成功了新型螺旋压力机，如液压螺旋压力机、离合器式螺旋压力机、电动螺旋压力机。这些压力机高效、节能、有效行程长且可调，打击力和输出能量可控，虽然造价和维护技术比摩擦压力机高，但由于其突出的优点，已具有逐渐取代摩擦压力机的发展趋势。

20世纪50年代，国内出现了用于热模锻的机械压力机，70年代原第二汽车制造厂用它完全取代了模锻锤。机械压力机主要是由刚性连接的机械传动机构发出强制压力克服变形阻力，把执行部件从高速运动中获得的动能转化为金属塑性变形位能，使金属在准静态下塑性变形。

机械压力机生产率高、锻件余量小，可以多工位锻造，易于实现自动化，适宜大批量生产，是先进的锻压设备。但相对于锤的造价更贵、通用性较差，对工艺设计、下料精度、模具安装、设备调试等环节的要求都很高。

据 2010 年不完全统计，全国有锻造厂点约 5000 个（重要锻造企业约 400 家），拥有各种锻造设备（主机）4 万余台。自由锻设备总量约 3.4 万台，其中，70% 以上为 400kg 以下的小型空气锤，液压机约 170 台（最大吨位 185MN）。模锻设备总量约 0.6 万台，其中，模锻锤约 0.12 万台，机械压力机约 0.1 万台，螺旋压力机约 0.34 万台，模锻液压机约 10 台（最大吨位 300MN），特种模锻设备约 400 台。这些装备为我国机器制造业持续高速发展奠定了雄厚的基础。不过，世界上最大的模锻水压机（750MN）安装在俄罗斯，美国拥有最大的模锻水压机（450MN），德国的模锻设备比例高于我国。可见，差距还很大。

近年来，我国锻件年产量已超过 1000 万 t，其中，模锻件比例约占 2/3。随着我国跻身世界钢铁生产大国（2010 年已达 6.3 亿 t）的行列，汽车制造业、飞机制造业以及发电设备、机车、轮船制造业的飞速发展，对锻件需求量日益增大，必然促进锻造技术的发展，使锻造业与飞跃发展的制造业相适应。

当代科学技术的发展对锻压技术本身的完善和发展有着重大的影响，这主要表现在以下几个方面：

1）材料科学的发展。这对锻压技术有着最直接的影响，材料的变化、新材料的出现必然对锻压技术提出新的要求，如高温合金、金属间化合物、陶瓷材料等难变形材料的成形问题。锻压技术也只有在不断解决材料带来问题的情况下才能得以发展。

2）新兴科学技术的出现。当前主要是计算机技术应用于锻压技术各个领域。如锻模计算机辅助设计与制造（CAD/CAM）技术、锻造过程的计算机有限元数值模拟技术，无疑会缩短锻件生产周期，提高锻件设计和生产水平。

3）机械零件性能的更高要求。现代交通工具如汽车、飞机、机车的速度越来越高，负荷越来越大。除更换强度更高的材料外，研究和开发新的锻造技术，挖掘原有材料的潜力也是一条出路，如近年来出现的等温模锻、粉末锻造，以及适应不同温度-载荷的双性能锻件锻造工艺等。

1.4　本课程的性质及任务

"锻造工艺与模具设计"是利用塑性成形原理，研究如何利用各种锻造工艺有效生产锻件的一门技术科学，实践性较强；同时也是探讨理论知识与生产实际结合的一门应用技术。要掌握好这门技术，除要学好"塑性成形原理"、"材料科学基础"等有关理论课程外，还要重视实践性教学环节，如生产劳动实习、工艺实验、课程设计、毕业专题研究等。

通过本课程的学习，应使学生达到以下目标：

1）基本掌握自由锻工艺设计、模锻工艺设计和锻模设计方法。

2）具有初步进行锻造工艺分析的能力。

3）具有初步分析和解决锻件质量问题的能力。

思　考　题

1. 简述锻造生产的特点。
2. 论述锻造生产技术的发展趋势。

第 2 章　锻造用材料准备

锻前材料准备主要包含两项内容：一是选择材料；二是按锻件大小切成一定长度的毛坯。在锻造生产过程中，锻造用的金属材料主要包括碳素钢、合金钢、高温合金、有色金属及其合金等，按加工状态可分为铸锭、轧材、挤压棒材和锻坯等。中小型锻件常使用轧制材料、锻制材料，大型自由锻件和某些合金钢的原材料一般直接用锭料锻制。

模锻件的质量除与原材料有关外，还与锻造工艺有关。因此，为便于进行锻件质量分析，首先应对所加工的坯料有所了解。

2.1　锻造用原材料

2.1.1　钢锭的结构及缺陷

钢锭常常作为大、中型自由锻件的原材料，根据其截面形状可分为圆钢锭、方钢锭、八角钢锭等品种；根据钢锭的总质量（单位：吨）的不同可分为不同的钢锭，其品种及规格由各生产厂自行定制。钢锭内部组织结构取决于浇注时钢液在锭模内的结晶条件，即结晶热力学和动力学条件。钢液在钢锭内各处的冷却与传热条件很不均匀，钢液由模壁向锭心、由底部向冒口逐渐冷凝选择结晶，从而造成钢锭的结晶组织、化学成分及夹杂物分布不均。由图 2-1 可知，钢锭表层为细小等轴结晶区（也称激冷区），厚度一般仅为 6～8mm，因过冷度较大，凝固速度快，无偏析，但伴有夹杂、气孔等缺陷。位于激冷区内侧为柱状结晶区，由径向呈细长的柱晶粒组成，其凝固速度较快，偏析较轻，夹杂物较少，厚度为 50～120mm。再往里为倾斜树枝状结晶区，该区温差较小，固液两相区大，合金元素及杂质浓度较大，心部为粗大等轴结晶区。由于选择结晶的缘故，心部上端聚集着轻质夹杂物和气体，并形成巨大的收缩孔，其周围还产生严重疏松。心部底端为沉积区，含有密度较大的夹杂物。因此，钢锭的内部缺陷主要

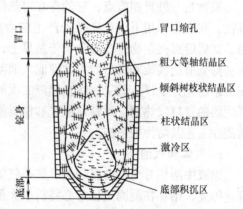

图 2-1　钢锭纵剖面组织结构图

集中在冒口、底部及中心部分，其中冒口和底部作为废料应予切除；如果切除不彻底，就会遗留在锻件内部而使锻件成为废品。钢锭底部和冒口占钢锭质量的 5%～7% 和 18%～25%。对于合金钢，切除的冒口占钢锭的 25%～30%，底部占 7%～10%。

由于冶金方面物理化学的规律性，钢锭中存在的常见缺陷有偏析、夹杂、气体、气泡、

缩孔、疏松、裂纹和溅疤等。它们的性质、特征及其分布情况对锻造工艺和锻件质量都有影响。这些缺陷的形成与冶炼、浇注和结晶过程密切相关，虽然由于冶金技术的完善，钢锭的纯净度有了显著提高，但是空洞和疏松一类缺陷仍是无法避免的。锻造的锻件越大，使用的原材料钢锭越大，其组织中的缺陷越严重，这往往是造成大型锻件报废的主要原因。为此，应当了解钢锭内部缺陷的性质、特征和分布规律，以便在锻造时选择合适的钢锭，制订合理的锻造工艺规范，并在锻造过程中消除内部缺陷和改善锻件的内部质量。下面对上述常见缺陷加以说明。

1. 偏析

偏析是钢锭在凝固过程中产生的化学成分以及杂质的分布不均匀现象，包括枝晶偏析（指钢锭在晶体范围内化学成分的不均匀性）和区域偏析（指钢锭在宏观范围内的不均匀性）等。偏析是由于选择性结晶、溶解度变化、密度差异和流速不同造成的。不同元素于不同温度下在固液两相中的溶解度不同，由不同温度梯度形成的结晶差别，凝固过程中的收缩及各种化学反应过程等都将引起偏析，即成分在宏观、微观区域的分布不均匀，偏析会造成力学性能不均和裂纹缺陷。目前减轻偏析的措施有：①改进熔炼技术，尽量降低 P、S 含量；②采用 VCD 技术及真空浇注技术；③改进锭模形状，控制凝固条件；④加冒口发热剂或用电渣加热冒口。钢锭中的枝晶偏析现象可以通过锻造、再结晶、高温扩散和锻后热处理得到消除，而区域偏析很难通过热处理方法消除，只有通过反复镦-拔变形工艺才能使其化学成分趋于均匀化。

2. 夹杂

不溶解于金属基体的非金属化合物叫做非金属夹杂物，简称夹杂。常见的非金属夹杂有硫化物、氧化物、硅酸盐等。夹杂分内在夹杂和外来夹杂两类：内在夹杂是指冶炼和浇注时的化学反应产物；外来夹杂是冶炼和浇注过程中由外界带入的砂子、耐火材料及炉渣碎粒等杂质。

夹杂是一种异相质点，它的存在对热锻过程和锻件质量均有不良影响，它破坏金属的连续性，在应力作用下，在夹杂处产生应力集中会引起显微裂纹，成为锻件疲劳破坏的疲劳源。如低熔点夹杂物过多地分布于晶界上，在锻造时会引起热脆现象。由此可见，夹杂的存在会降低锻造性能和锻后的力学性能。消除、改善夹杂的措施有：①将钢包在浇注前静置，使夹杂物充分上浮；②采取防止钢液二次氧化的措施；③改变粉渣的组成和加入方法；④选择适当的冒口发热剂，对冒口渣壳和保温帽予以保护，防止其塌落物落入锭身；⑤采用适当的浇注工艺及防污染措施。

3. 气体和气泡

钢液中溶解有大量的氢、氮、氧等气体，由于其在钢液中的溶解度远高于固体钢的溶解度，因此，钢锭在凝固过程中必将析出大量的气体，但总有一些仍然残留在钢锭内部或皮下形成气泡。钢锭内部的气泡只要不是敞开的，或虽敞开但内壁未被氧化，均可以通过锻造锻合，但皮下气泡容易引起裂纹。

在钢锭中常见的残存气体有氧、氮、氢等。其中氧和氮在钢锭里最终以氧化物和氮化物存在，形成钢锭内的夹杂。氢是钢中危害性最大的气体，它在钢中的含量超过一定极限值（$2.25 \times 10^{-2} \sim 5.625 \times 10^{-2} \text{cm}^3/\text{g}$）时，锻后冷却过程中会在锻件内部产生白点和氢脆缺陷，使钢的塑性显著下降。

4. 缩孔和疏松

钢锭在凝固过程中将发生物理收缩现象，如果没有钢液补充，钢锭内部某些地方将形成空洞。缩孔是在钢锭头部的轴心处形成的，此区凝固最迟，由于没有钢液补充而造成不可避免的缺陷。缩孔的大小与位置和锭模结构及浇注工艺有关。如果锭模不适当、冒口保温不佳等，有可能深入到锭身形成二次缩孔（缩管）。一般情况下，锻造时将缩孔与冒口一并切除，否则因缩孔不能锻合而造成内部裂纹，导致锻件报废。

疏松是由于晶间钢液最后凝固收缩造成的晶间空隙和钢液凝固过程中析出气体构成的显微孔隙。这些孔隙在区域偏析处较大者变为疏松，在树枝晶间处较小者则变为针孔。疏松使钢锭组织致密程度下降，破坏了金属的连续性，影响锻件的力学性能。因此，在锻造时要求大变形，以便锻透钢锭，将疏松消除。目前预防缩孔和疏松的措施有：①缩孔集中的冒口区应在锻造中予以切除；②钢液应尽可能采用除气工艺，减少气孔、气泡；③采用大锥度锭型；④采用较大和具有良好绝热性的保温帽，使用冒口发热剂，以延缓冒口顶部的凝固时间，保证钢液的补充，使缩孔集中于冒口区；⑤保证较高的浇注温度和合理的浇注速度。

5. 溅疤

当钢锭采用上注法浇注时，钢液将冲击钢锭模底而飞溅起来附着在模壁上，溅珠和钢锭不能凝固成一体，冷却后就形成溅疤。在锻造前必须铲除钢锭上的溅疤，否则会在锻件上形成严重的夹层。一般来说，钢锭越大，产生上述缺陷的可能性就越多，缺陷性质也就越严重。

2.1.2 锻造用型材

铸锭内部组织结构和化学成分的不均匀分布状况用热处理方法很难改变，而铸锭经过轧制、挤压或锻造加工等方法形成不同断面和尺寸的型材后，组织结构得到改善，性能相应提高。通常，变形越充分，残存的铸造缺陷就越少，材料质量提高的幅度也越大。但在轧、挤、锻过程中，材料有可能产生新的缺陷。常见的缺陷如下：

（1）划痕（划伤）　金属在变形过程中，材料纵向划痕的产生是由于在轧制、挤压、拉拔过程中，表面金属的流动受到孔形或模具上某种机械阻碍（如毛刺、斑痕及积瘤）而形成的，深度常达 0.2 ~ 0.5 mm，划痕能使棒材、板材报废，是造成冷锻成形件开裂的主要原因。

（2）折叠　轧制时，轧材表面金属被翻入内层并被拉长，折缝内由于有氧化物而不能被锻合，结果形成折叠。在折叠处，易产生应力集中，最终影响锻件的性能。若棒材表面存在折叠，必须剥皮去掉，否则将使大批成形件成为废品。

（3）发裂　钢锭皮下气泡被轧扁、拉长、破裂形成发状裂纹，深度为 0.5 ~ 1.5mm。在高碳钢和合金钢中容易产生这种缺陷。钢材表面的发裂是冷锻成形用钢的一个重大缺陷。在冷锻成形后开裂的零件中，多数是由于产生这种缺陷而引起的。

（4）结疤　浇注时，钢液飞溅而凝固在钢锭表面，在轧制过程中被辗轧成薄膜而附于轧材表面，其厚度约为 1.5mm。

（5）碳化物偏析　通常在含碳量高的合金钢中容易出现这种缺陷。其原因是由于钢中的莱氏体共晶碳化物和二次网状碳化物在开坯和轧制时未被打碎和不均匀分布所造成的。碳化物偏析会降低钢的锻造性能，严重者在热加工过程中锻件内部会产生较大的拉应力，容易引起锻件开裂。为了消除碳化物偏析所引起的不良影响，最有效的办法是采用反复镦-拔工艺，彻底打碎碳化物，使之均匀分布，并为随后的热处理做好组织准备。

（6）白点　白点是隐藏在钢坯内部的一种缺陷。它在钢坯的纵向断口上呈圆形或椭圆形的银白色斑点，在横向断口上呈细小裂纹，显著降低钢的韧性。白点的大小不一，长度为 1～20mm 或更长。一般认为白点是由于钢中存在一定量的氢和各种内应力（组织应力、温度应力、塑性变形后的残余应力等）共同作用下产生的。当钢中含氢量较多和热压力加工后冷却太快时容易产生白点。

氢在钢中的溶解度是随温度下降而减小的，氢来不及逸出钢坯时，将聚集在钢中空隙处而结合成分子状态的氢，并形成巨大压力，导致产生白点。对钢锭来说，由于其内部有许多空隙，所析出的氢不会形成很大的压力，故对白点不敏感。铁素体钢和奥氏体钢因冷却时无相变发生，也不易形成白点。氢在莱氏体钢中能形成稳定的氢化物，并且由于复杂碳化物的阻碍也不产生白点。尺寸较大的珠光体钢坯、马氏体钢坯则容易形成白点。为避免产生白点，首先应提高钢的冶炼质量，尽可能降低氢的含量；其次在热加工后采用缓慢冷却的方法，让氢充分逸出和减小各种内应力。

（7）非金属夹杂　在钢中，通常存在着硅酸盐、硫化物和氧化物等非金属夹杂物，这些夹杂物在轧制时被辗轧成条带状。夹杂物破坏了金属基体的连续性，使材料的塑性和韧性降低。当夹杂物呈链条状分布，或者沿着晶界分布时，对金属的力学性能，特别是动载荷下的力学性能的影响更为严重，常常由于应力集中而导致零件突然断裂。

（8）粗晶环　铝合金、镁合金挤压棒材，在其横断面的外层环形区域常出现粗大晶粒，故称为粗晶环。粗晶环的产生与很多因素有关，其中主要是由于挤压过程中金属与挤压筒之间的摩擦过大，表层温降过快，破碎的晶粒未能再结晶，在其后淬火加热时再结晶合并长大所致。有粗晶环的棒料在锻造时容易开裂，如果粗晶环留在锻件表层，将会降低锻件的性能。因此，锻造前通常须将粗晶环车去。

在上述中，划痕、折叠、发裂、结疤和粗晶环等均属于材料表面缺陷，锻前应去除，以免在锻造过程中继续扩展或残留在锻件表面上，降低锻件质量或导致锻件报废。碳化物偏析、非金属夹杂、白点等属于材料内部缺陷，严重时将显著降低锻造性能和锻件质量。因此，在锻造前应加强质量检验，不合格材料不应投入生产。

2.2　下料方法

原材料在锻造之前，一般应需根据锻件的大小和锻造工艺要求切割成具有一定尺寸的单个坯料。在金属制品和机械制造行业里，下料是第一道工序，也是模锻准备前的第一道工序。不同的下料方式，直接影响着锻件的精度、材料的消耗、模具与设备的安全以及后续工序过程的稳定。同时，随着国内外机械制造工艺过程水平的不断发展，一些先进少无切削的净形（无切屑）或近形（少切屑）诸如冷热精密锻造、挤压成形、辊轧、高效转塔车床、自动机等高效工艺对下料工序提出了更为严格的要求，不但要有高的生产率和低的材料消耗，而且下料件具有更高的重量精度。当原材料为铸锭时，由于其内部组织、成分不均匀，通常采用自由锻方法进行开坯，然后将锭料以剁割方法切除两端，或按一定尺寸将坯料分

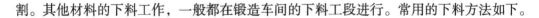

割。其他材料的下料工作，一般都在锻造车间的下料工段进行。常用的下料方法如下。

2.2.1 剪切法

剪切下料是锻造生产中应用较普遍的一种方法，具有生产效率高、操作简单、断口无金属消耗、模具费用低等优点。但坯料局部被压扁，端面不平整，有时还带有毛刺和裂纹等。剪切下料通常是在专用剪床上进行，也可以在一般曲柄压力机、液压机和锻锤上用剪切模具进行。

剪切过程如图 2-2 所示。剪切初期，刀刃切入棒料产生加工硬化，刃口端处首先出现裂纹。剪切第二阶段，随着刀刃的切入加深，使裂纹扩展。最后在刀刃的压力下，上下两裂纹间的金属被拉断，造成 S 形断面。

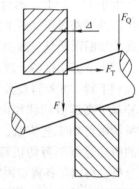

剪切端面质量与刀刃锐利程度、刃口间隙 Δ 大小、支承情况及剪切速度等因素有关。刃口圆钝时，将扩大塑性变形区，刃尖处裂纹出现较晚，导致剪切端面不平整；刃口间隙大，坯料容易产生弯曲，结果使断面与轴线不相垂直；刃口间隙太小，容易碰损刀刃，若坯料支承不利，因弯曲使上下两裂纹方向不相平行，断口则偏斜。剪切速度快，塑性变形区和加工硬化集中，上下两边的裂纹方向一致，可获得平整断口；剪切速度慢时，情况则相反。

图 2-2 剪切示意图
F—剪切力 F_T—水平阻力
F_Q—压板阻力

剪床上的剪切装置如图 2-3 所示，棒料 2 送进剪床后，用压板 3 固紧，下料长度 L 由可调定位螺杆 5 定位，在上刀片 4 和下刀片 1 的剪切作用下将坯料 6 剪断。

根据材料的性质，可选取冷剪切或热剪切。对于低、中碳的结构钢和截面尺寸较小的棒材常用冷剪切。而对于工具钢、合金钢或截面尺寸较大的棒料或钢坯，则要采用热剪切。冷剪切的生产率高，但所需剪切力较大。钢中碳含量或合金含量较多时，强度高且塑性差，冷剪切时钢中产生很大的应力，可能导致切口出现裂纹或崩碎，这时，应采用热剪切法下料。采用冷剪切或热剪切下料应根据坯料横断面尺寸大小和化学成分而定。

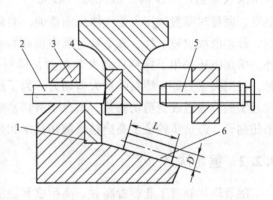

图 2-3 剪床下料
1—下刀片 2—棒料 3—压板 4—上刀片
5—定位螺杆 6—坯料

为保证坯料质量，要控制好刀片刃口间隙 Δ 和剪切时坯料的预热温度。其预热温度据钢的化学成分和截面尺寸大小，在 400 ~ 700℃间选定。对于低、中碳钢棒料，由于它较软，预热温度偏高时，反而效果不好，易磨损刃口，如预热到 250 ~ 350℃时，因钢的蓝脆效应，使变形抗力增大，塑性降低，能得到光滑的断口，可提高剪切质量。对于刃口间隙，可从表 2-1 中参考选取。一般刃口间隙 Δ 应为材料厚度的 2% ~ 4%，表 2-1 中所列数据适用于冷剪切，随加热温度的增高，可酌减 Δ 值。

表2-1　剪切时刃口间隙选取范围

坯料直径 /mm	<20	20 ~ 30	30 ~ 40	40 ~ 60	60 ~ 90	90 ~ 100	100 ~ 120	120 ~ 150	150 ~ 180	180 ~ 200
刃口间隙 /mm	0.1 ~ 1	0.5 ~ 1.5	0.8 ~ 2.0	1.5 ~ 2.5	2.0 ~ 3.0	2.5 ~ 3.5	3.0 ~ 4.0	3.5 ~ 5.0	4.5 ~ 8.0	7.0 ~ 1.2

　　由于传统的下料方法基本上是开式剪切，下料质量差，其重量差在5%左右，端面倾斜度远大于3°。因此，国内各厂家都在探索一些新的方法。同时伴随无飞边模锻、精密锻造、冷挤压及精密辗压等新工艺的发展和应用，对棒料剪切下料工艺的要求也越来越高，表现在提高所切断面质量、减少切断变形、严格控制质量公差和提高生产率等。目前所采用的方法有：在现有剪切设备上改进剪切模具；采用新的精密剪切下料设备；采用综合措施，由计算机控制下料。太原科技大学针对目前下料工艺质量差、生产率低和材料浪费等问题，提出了一种基于高速剪切和径向夹紧状态下金属材料精密剪切工艺方法，并对高速精密剪切的剪切过程和剪切机理进行了深入的理论分析，得出了各剪切因素（如剪切速度、剪切温度、长径比、剪切间隙等）对剪切断面质量的影响规律，并在此基础上，研制了4kJ液气高速精密棒料剪切机（图2-4）。该设备是集高速剪切和径向夹紧剪切于一体的一种新型下料设备。剪切机主机采用液气驱动，工作前一次性为气缸充入

图2-4　4kJ液气高速精密棒料剪切机

空气，回程时靠液体压力使气体压缩蓄能。剪切时，工作缸内的液体快速排出，气体膨胀做功，推动滑块快速下移，靠下移过程中积蓄的动能剪切棒料，剪切速度可达到6 ~ 7m/s。此外，剪切机还采用了棒料径向夹紧装置。棒料的剪切与夹紧由同一个液压泵站驱动，剪切时，径向夹紧力等于棒料的最大剪切力。为了进一步完善剪切理论研究，在该剪切机上做了大量实验。通过改变剪切参数，得出了剪切参数对断面质量的影响规律。实验结果与理论结果相吻合，进一步验证了高速精密剪切技术和设备的实用性和可推广性。

2.2.2　锯切法

　　随着现代制造工业朝着高效、高精度和经济性的方向发展，锯切作为金属切削加工的起点，已成为零件加工过程中重要的组成环节。锯切能切断横断面较大的坯料，因为下料精确，切口平整，特别用在精密锻造工艺上，仍不失为一种主要的下料手段。对于端面质量、长度精度要求高的钢材下料，也采用锯切下料。所以，锯床下料应用极为普遍，下料精确、端面平整，适合于各种金属材料在常温下切割。其缺点是锯口损耗大，锯条或锯片磨损严重。

　　常用的下料锯床有圆盘锯床、弓形锯床、带锯床等。其中带锯床正逐步代替传统弓形锯床和圆盘锯床而开始占据主导地位。

　　圆盘锯床使用圆片状锯片，传统工业用圆锯片材料为碳钢或合金钢，锯齿分布在圆周

上，锯片厚度与其直径有关，直径大的，厚度相应大些，一般为 3～8mm，所以锯屑损耗较大。圆盘锯床通常用来锯切直径较大的材料，锯切直径可达 750mm，对于直径小的棒料也可成捆地进行锯切，视锯床的规格而定。近年来，出现了一种新型高效硬质合金圆盘锯床，它以高效率、高精度、低消耗、可实现等重量切割等特点正成为今后圆盘锯床市场的主导。譬如在齿轮件、轴类件的毛坯下料中，往往需要在短时间内将几米长的原料棒切割成大量的几十毫米的短件，切割量既大，锯口数又多，若采用此类圆盘锯床，即可避免带锯床切割效率的不足，又弥补了传统圆盘锯床锯缝较大的问题。图 2-5 所示为台湾合济公司开发的 P-65A 型高速圆盘锯床，该锯床采用伺服电动机及滚珠螺杆的材料送给方式，锯片的圆周速度达到 150r/min，锯切处采用气压喷雾冷却方式，具有送料时间短、加工精度高、工作可靠等特点。

弓形锯床（又称往复锯床）由弓臂及可以获得往复运动的连杆机构等组成，用于单件小批生产时锯切中小型截面坯料，常用于锯切中小直径管料，处理剪断机上剩下的料头，以及金属仓库、机修工具用材料下料。锯床的合金工具钢锯条的厚度有 1.8mm、2.0mm、2.25mm、2.3mm 等，碳素工具钢锯条更厚些。弓形锯床的单件下料成本较低，由于锯条往复运动，锯切效率低，不适合批量生产。当前我国企业配备的大多是技术较落后的直线切割弓锯床，而多数欧洲国家和日本等都在生产使用高效率弧形切割弓形锯床。当代弓形锯床的发展趋势如下：

图 2-5　P-65A 型高速圆盘锯床

1）以弧形切割为出发点，大力发展高速切割中小型弓形锯床，为用户提供高效切断机床。

2）发展大型弓形锯床，与圆盘锯床、带锯床、砂轮相比，大型弓形锯床具有功率少，重量轻，结构简单，刃具、设备费用低等许多优点，对大截面和较难加工的金属材料，弓形锯床是一个突破口。

3）发展优质高速度、高强度、高韧性的锯条。

4）发展单机自动弓形锯床，以减少辅助时间。

根据布局和用途的不同，带锯床有立式、卧式、可倾立式等，可锯切直径为 350 mm 以内的棒料，锯条厚为 2～2.2mm，其生产率较高，是普通圆盘锯床的 1.5～2 倍。如采用合适的夹料装置，锯床还可锯切各种异形截面的原材料。带锯床锯切具有精度高、工效高、噪声低、成本低等优点，与其他切割工艺相比更能节约材料和燃料动力消耗，因此带锯床特别是自动化锯床已广泛地应用于钢铁、机械、汽车、造船、石油、矿山和航空航天等国民经济各个领域。带锯床的发展方向是

图 2-6　HBP313A 高速数控带锯床

精确、高效、经济，图2-6所示为德国贝灵格公司开发的无人操作全自动机型HBP313A高速数控带锯床，具有结构紧凑、造型美观、加工精度高、工作可靠、节材和节能效果显著等特点，对棒材和管材切割直径可达310mm。

2.2.3 其他下料方法

以上所述下料方法的毛坯质量、材料的利用率、加工效率往往有很大不同。选用何种方法，应视材料性质、尺寸大小、批量和对下料质量的要求进行选择。常用的材料切断方法还有砂轮切断。当采用砂轮切断时，由于砂轮高速旋转下的热影响，会产生粉尘、噪声，污染环境。

其他下料方法还有可燃气体熔断、等离子割断、放电切割、激光切割等熔断方法。熔断的缺点主要是在切断的过程中受到熔断热影响，材料的组织会发生变化，形成变质层，只有采用热处理工艺过程才能消除这种变化。另外，放电切割的成本高，普及率低，不能广泛用于钢材的切断，只宜于应用在经过热处理以后的模具以及高硬材料零件的切割。当然，随着科学技术的日益发展，会给下料提供新的途径，例如将激光技术应用于板料切割，切口小，金属损失小，而且切割精度高，甚至可直接得到零件，如样板零件等，但在棒材、型材的切割上用得较少。这里不再一一赘述，具体可参阅有关资料。

思 考 题

1. 热锻原材料的下料方法有哪些？各有什么优缺点？
2. 简要说明钢在加热过程中的常见缺陷。
3. 锻前加热的目的、方法以及对锻件质量有何影响？
4. 简要说明棒料精密剪切有哪些方法和其在工程实际中的意义。

第 **3** 章　锻造的加热规范

3.1　锻前加热

3.1.1　锻前加热的目的

　　金属的锻前加热是锻件生产过程中的重要工序之一。在锻造过程中，能否把金属坯料转化为高质量的锻件，主要面临金属的塑性和变形抗力两个方面的问题，而金属坯料锻前大部分通过加热以改善这两个条件。所以，锻前加热的目的是：提高金属的塑性，降低变形抗力，使锻件易于流动成形，并获得良好的锻后组织和力学性能。金属的热加工温度越高，可塑性越好。例如不锈钢 12Cr18Ni9 在常温下的变形抗力约为 640MPa，在锻造时就需要很大的锻造力，消耗很大的能量。如果将它加热到 800℃，这时的变形抗力降低到大约 120MPa，加热到 1200℃，这时的变形抗力降低到大约 20MPa，比常温下的变形抗力降低 97%。

　　金属锻前加热的质量直接影响到锻件的内部质量、锻件的成形、产量、能源消耗以及锻机寿命。正确的加热工艺可以提高金属的塑性，降低热加工时的变形抗力，保证锻机生产顺利进行。反之，如加热工艺不当，就会直接影响生产。例如加热温度过高，会发生钢的过热、过烧，锻造易出废品；如果钢的表面发生严重的氧化或脱碳，也会影响钢的质量，甚至报废。

3.1.2　锻前加热的方法

　　根据金属坯料加热所采用的热源不同，金属坯料的加热方法可分为燃料加热和电加热两大类。

1. 燃料加热

　　燃料加热是利用固体（煤、焦炭等）、液体（重柴油等）或气体（煤气、天然气等）燃料燃烧时所产生的热能直接加热金属坯料的方法，也称火焰加热。

　　燃料在燃料炉内燃烧产生高温炉气（火焰），通过炉气对流、炉围（炉墙和炉顶）辐射和炉底热传导等方式，使金属坯料得到热量而被加热。在加热温度低于 600~700℃ 的炉中加热时，金属坯料加热主要依靠对流传热；在加热温度高于 700~800℃ 的炉中加热时，金属加热则以辐射方式为主。在普通高温锻造炉中，辐射传热量可占到总传热量的 90% 以上。

　　燃料加热炉的投资少，容易建造，对坯料的适应性比较强。中小型锻件生产多采用以油、煤气、天然气或煤作为燃料的手锻炉、室式炉、连续炉等。大型毛坯或钢锭则常采用以油、煤气和天然气作为燃料的车底室炉、环形转底炉等。燃料加热的缺点是劳动条件差，加热速度慢，炉内气氛、温度不易控制，坯料加热质量差。煤、重柴油加热时环境污染严重，能源利用率低，将逐步被节能环保的气体燃料取代。

2. 电加热

电加热是将电能转变为热能而对金属坯料进行加热的方法。电加热的优点是劳动条件好，加热速度快，炉温控制准确，金属坯料加热温度均匀且氧化少，易于实现自动化控制；缺点是设备投资大，用电的费用高，加热成本高，因而广泛应用受到一定限制。按电能转变为热能的方式，电加热可分为电阻加热和感应加热。

（1）电阻加热　根据产生电阻热的发热体不同，电阻加热分为电阻炉加热、接触电加热等。

1）电阻炉加热。电阻炉加热是利用电流通过炉内电热体时产生的热量来加热金属坯料。其工作原理如图 3-1 所示。电阻炉加热的主要传热方式是辐射传热，炉底同金属接触的传导传热次之，自然对流传热可忽略，但在空气循环电炉中，加热金属的主要方式是对流传热。

常用的电热体一种是金属电热体（镍铬丝、铁铬铝丝等），使用温度一般低于 1100℃；另一种是非金属电热体（碳化硅棒、二硫化铝棒等），使用温度可高于 1350℃。电热体材料限制了电阻炉的加热温度。

电阻炉的热效率和加热速度较低，对坯料尺寸的适应范围广，可用保护气体进行少无氧化加热。电阻炉主要用于对温度要求严格的高温合金与有色金属及其合金的加热。

2）接触电加热。接触电加热是将被加热坯料直接接入电路，并以低压大电流通入金属坯料，因坯料自身的电阻产生电阻热使坯料得到加热。接触电加热的工作原理如图 3-2 所示。

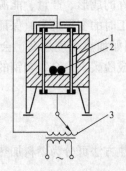

图 3-1　电阻炉工作原理图
1—电热体（碳化硅棒）　2—坯料　3—变压器

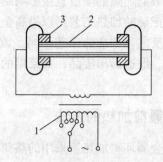

图 3-2　接触电加热工作原理图
1—变压器　2—坯料　3—触头

一般金属坯料电阻值很小，要产生大量的电阻热，必须通入很大的电流。为了避免短路，采用低电压，因此接触电加热采用低电压大电流的方法，变压器副端空载电压一般为 2~15V。

接触电加热是直接在被加热的坯料上将电能转化为热能，因此具有设备构造简单，耗电少，热效率高（达75%~85%），操作简单，成本低，适于细长棒料加热和棒料局部加热等优点。但细长棒料加热时，要求其表面光洁、下料规则、端面平整，而且加热温度的测量和控制比较困难。

（2）感应加热　自开始应用感应加热能源以来，感应加热理论和感应加热装置都有很大发展，感应加热的应用范围越来越广。

感应加热是将金属坯料放入通过交变电流的螺旋线圈，线圈产生的感应电动势在坯料表面及内部形成强大的涡流，使坯料内部的电能直接转变为热能加热坯料。感应加热工作原理如图 3-3 所示。

由于感应加热的趋肤效应，金属坯料的电流密度在径向从外到里按指数函数方式减小，即金属坯料表层的电流密度大，中心电流密度小。电流密度大的表层厚度即电流透入深度 δ 可用下式表示，即

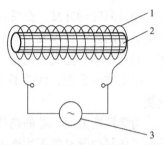

图 3-3 感应加热工作原理图
1—感应器 2—坯料 3—电源

$$\delta = 5030 \sqrt{\frac{\rho}{\mu f}}$$

式中，δ 是电流透入深度（cm）；f 是电流频率（Hz）；μ 是相对磁导率，各类钢在 760℃（居里点）以上时 $\mu = 1$；ρ 是电阻率（$\Omega \cdot cm$）。

由于趋肤效应，坯料表层会快速升温，而中心部分则需靠热传导作用，从表面高温区向心部低温区传导热量。对于大直径坯料，为了提高加热速度，应选用较低电流频率，以增大电流透入深度。而对于小直径坯料，由于截面尺寸较小，可采用较高电流频率，以提高加热效率。

按电流频率不同，感应加热分为工频加热（$f = 50Hz$），中频加热（$f = 50 \sim 1000Hz$）和高频加热（$f > 1000Hz$）。锻造加热多采用中频加热。

感应加热的优点是加热温度高，加热速度快，加热效率高，温度容易控制，不用保护气氛也可实现少氧化加热（烧损率 $< 0.5\%$），可以局部加热及加热形状简单的工件，容易实现自动控制，这些都有利于提高锻件的质量。另外，感应加热的作业环境好，作业占地少。但感应加热也存在设备投资大，耗电量较大，一种规格感应器所能加热的坯料尺寸范围窄等缺点。上述各种电加热方法的应用范围见表 3-1。

表 3-1 各种电加热方法的应用范围

电加热类型	应用范围			单位电能消耗 / (kW·h/kg)
	坯料规格	加热批量	适用工艺	
工频电加热	坯料直径大于 150mm	大批量	模锻、挤压、轧锻	0.35 ~ 0.55
中频电加热	坯料直径为 20 ~ 150mm	大批量	模锻、挤压、轧锻	0.40 ~ 0.55
高频电加热	坯料直径小于 20mm	大批量	模锻、挤压、轧锻	0.60 ~ 0.70
接触电加热	直径小于 80mm 细长坯料	中批量	模锻、电镦、卷簧、轧锻	0.30 ~ 0.45
电阻炉加热	各种中、小型坯料	单件、小批	自由锻、模锻	0.50 ~ 1.00
盐浴炉加热	小件或局部无氧化加热	单件、小批	精密模锻	0.30 ~ 0.80

加热方法的选择要根据锻造的具体要求、能源情况、投资效益及环境保护等多种因素确定。燃料加热目前应用比较广泛，电加热主要用于加热要求高的铝、镁、钛、铜和一些高温合金，随着制造业的发展，要求锻件形状越来越复杂、精细，材料越来越广泛，为了适应这些锻造工艺的要求，电加热方法的应用必将日益扩大。

3.2 金属加热过程中的变化

随着温度的升高，金属坯料内部的原子在晶格中相对位置强烈变化，原子的振动速度和电子运动的自由行程发生改变，周围介质对金属产生影响，这将使金属的组织结构、力学性能、物理化学性能发生变化。

组织结构方面，大多数金属会发生组织转变，其晶粒也会长大，严重时会出现过热、过烧。

力学性能方面，总的趋势是金属塑性提高，变形抗力降低，残余应力逐步消失，但也可能由于坯料内部温度不均产生新的内应力，当内应力过大时会导致金属开裂。

物理性能方面，随温度的升高，金属的热扩散率、膨胀系数、密度等均会发生变化。500℃以上，金属会发出不同颜色的光，即火色变化。

化学性能方面，金属表层与炉气和周围介质发生氧化、脱碳、吸氢等化学反应，金属表面将生成氧化皮和脱碳层等，造成金属的损失，使表面的硬度、光洁程度降低。

金属在加热过程中发生的变化，直接影响金属的锻造性能和锻件质量，了解这些变化是制订加热规范的基础。下面重点讨论金属加热时的氧化、脱碳、过热、过烧、导温性及内应力等问题。

3.2.1 氧化和脱碳

1. 氧化

金属原子失去电子与氧结合形成氧化物的化学反应，称为氧化。钢料加热到高温时，表层中的铁与炉内的氧化性气体（如 O_2、CO_2、H_2O 和 SO_2）发生化学反应，在钢料表层形成氧化铁，即氧化皮。这种氧化皮是不希望存在的，从钢锭到成品往往需要多次加热锻造，每加热一次有 0.5% ~ 3% 的金属由于氧化而烧损，整个热加工过程的烧损率高达 4% ~ 5%。氧化后产生的氧化皮在炉底烧结成块，会侵蚀耐火材料，降低炉体寿命。清理氧化皮的劳动强度大，还要增加锻后清理工序。氧化皮压入锻件将严重影响锻件表面质量和尺寸精度。氧化皮硬而脆，还会引起模具和机加工刀具的严重磨损。

一般的气体介质（如空气）中，O_2、CO_2 和 H_2O 等是氧化性强的气体，钢在这种气体中加热时主要进行以下氧化反应，即

$$Fe + \frac{1}{2}O_2 \rightleftharpoons FeO$$

$$3FeO + \frac{1}{2}O_2 \rightleftharpoons Fe_3O_4$$

$$2Fe_3O_4 + \frac{1}{2}O_2 \rightleftharpoons 3Fe_2O_3$$

$$Fe + CO_2 \rightleftharpoons FeO + CO$$

$$Fe + H_2O \rightleftharpoons FeO + H_2$$

氧化过程是一个扩散过程，如图 3-4 所示，铁以离子状态由内层向外层表面扩散，氧化性气体的原子吸附在表层后向内扩散。依据氧原子浓度的差异，金属表面的氧气含量高，与

铁强烈作用生成铁的高价氧化物，内层氧含量较低形成铁的低价氧化物，即由表及里依次形成 Fe_2O_3、Fe_3O_4 和 FeO，且各层厚度不同，氧化皮的熔点为 1300～1350℃。上述氧化皮和机体的结合性差，同时各自的膨胀系数不同，最外层 Fe_2O_3 比同质量金属的体积大两倍多，因此在氧化物层内产生很大的应力，引起氧化皮周期性的破裂，以致脱落，给进一步氧化造成有利条件。

影响金属氧化的主要因素包括：

(1) 炉气成分　燃料炉的炉气成分取决于燃料成分、空气消耗系数、完全燃烧与否，根据炉气成分对金属氧化程度的影响，可分为氧化性炉气、中性炉气和还原性炉气。炉气中一般含有 O_2、CO_2、H_2O、SO_2 等氧化性气体，氧化性最强的是 SO_2，依次是 O_2、H_2O、CO_2。在强氧化性炉气中，炉气可能完全由氧化性气体（O_2、CO_2、H_2O、SO_2）组成，并且含有较多的游离 O，使金属产生较厚的氧化皮。在还原性炉气中，含有足够量的还原性气体（CO、H_2），它可以使金属少氧化或无氧化。普通电阻炉在空气介质中加热，属于氧化性炉气。采用不同加热方法时钢的一次烧损率见表3-2，大钢锭加热时表面的烧损情况见表3-3。

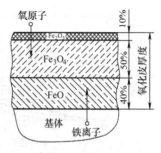

图 3-4　氧化皮形成过程示意图

表 3-2　采用不同加热方法时钢的一次烧损率

炉型	室式煤炉	油炉	煤气炉	电阻炉	接触电加热和感应电加热
烧损率（%）	2.5～4	2～3	1.5～2.5	1～1.5	<0.5

表 3-3　大钢锭加热时表面的烧损

钢锭平均直径/mm	钢锭质量/t	加热时间/h	表面烧损/g·cm⁻²	氧化皮厚度/mm
900	8	10～11	1.22～1.28	4.25～4.45
1000	12	12	1.34	4.65
1100	15	15～19	1.5～1.7	5.2～5.85
1200	25	18～21	1.64～1.8	5.7～6.25

(2) 加热温度　温度是影响金属氧化速度的最主要因素。温度越高，金属和气体的原子扩散速度越快，则氧化越剧烈，生成的氧化皮越厚。

如图 3-5 所示，在 200～500℃时，钢料表面仅能生成很薄的一层氧化膜。当温度升至 600～700℃时，便开始有显著氧化，并生成氧化皮。从 850～900℃开始，钢的氧化速度急剧升高，超过 1300℃，表面的氧化皮熔化，扩散阻力减小，氧化速度大大增加。

(3) 加热时间　如图 3-6 所示，钢料处在氧化性介质中的加热时间越长，氧的扩散量越大，形成的氧化皮越厚。特别是加热到高温阶段，加热时间的影响更加显著。采用高温短时加热的方法，可以减少氧化皮的生成。

(4) 钢的成分　在相同条件下，随着钢中含碳量的增加，钢的烧损率有所下降，这是因为在高碳钢中反应生成了较多 CO 而降低了氧化铁的生成量。合金元素 Cr、Ni、Al、Si、Mo、V 等，能够提高钢的抗氧化性能，这些元素本身也能被氧化，而且比铁的氧化倾向还大，它们在钢的表面生成一层薄而致密且不易脱落的氧化膜，这层合金成分氧化物构成的膜成了钢的保护膜，使钢的氧化速度大为降低，外部的氧化性介质不易透入，从而可阻止金属继续氧化。铬镍耐热钢能够抗高温下的氧化，就是因为它能生成致密、机械强度良好、不易脱落的氧化膜。

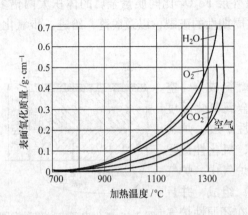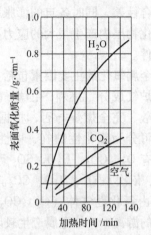

图 3-5　加热温度对氧化的影响　　　　图 3-6　加热时间对氧化的影响

减少氧化可以采取快速加热、控制炉内气氛、采用保护涂料、使用保护气层、使钢料与氧化性气氛隔绝、少无氧化火焰加热等措施，3.5 节将详细介绍。

2. 脱碳

钢在加热过程中，表面除了被氧化烧损外，还会造成表层内含碳量的减少，即钢料表层的碳和炉气中的某些气体发生化学反应，使钢料表面的含碳量降低，这种现象称为脱碳。

脱碳使锻件表层变软，强度、耐磨性和疲劳性能降低。例如高碳工具钢，就是依靠碳获得高的热硬性，如果表面脱碳后，钢的硬度将大为降低，造成废品。除此以外，滚珠轴承钢、弹簧钢等都不希望发生脱碳现象，脱碳后最明显的是硬度下降，弹簧钢的疲劳强度将降低，要淬火的钢还容易出现裂纹。大部分锻件需经机械加工以后使用。当脱碳层深度小于机械加工余量时，锻件经过机械加工就可以完全去掉脱碳层，对锻件的使用没有危害。反之，当脱碳层深度大于机械加工余量时，锻件经过机械加工后不能完全去掉脱碳层，会造成其表面硬度下降，强度、耐磨性、疲劳性能降低，要清理钢的脱碳层，势必增加额外的工作量。

脱碳过程也是一个扩散过程，一方面炉气中的氧向钢内扩散，另一方面钢中的碳向外扩散，使钢的表面形成了含碳量低的脱碳层。其主要化学反应为

$$Fe_3C + H_2O \rightleftharpoons 3Fe + CO + H_2$$

$$Fe_3C + CO_2 \rightleftharpoons 3Fe + 2CO$$

$$2Fe_3C + O_2 \rightleftharpoons 6Fe + 2CO$$

$$Fe_3C + 2H_2 \rightleftharpoons 3Fe + CH_4$$

由此可见，氧化介质（H_2O、CO_2、O_2 等）都是脱碳介质。在氧化性炉气中加热时，钢的氧化与脱碳是相伴发生的，从整个过程来看，在脱碳速度超过氧化速度时才能形成脱碳层，即在氧化作用相对较弱的情况下，可形成较深的脱碳层。但当钢的表面生成致密的氧化皮时，使扩散趋于缓慢，可以阻碍脱碳的发展。

影响脱碳的主要因素包括：

（1）炉气成分　炉气成分中的 H_2O、CO_2、O_2 都能引起脱碳。其中 H_2O 的脱碳能力最

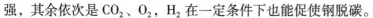

强，其余依次是 CO_2、O_2，H_2 在一定条件下也能促使钢脱碳。

（2）加热温度　随着加热温度的升高，碳的扩散速度增加，脱碳层厚度也增大。钢在氧化性炉气中加热时，氧化、脱碳同时发生。一般温度低于 1000℃ 时，钢料表面的氧化皮阻碍碳的扩散，因此脱碳过程比氧化慢。随着温度的升高，氧化速度加快，同时脱碳速度也加快，但此时氧化皮剥落丧失保护能力，因此达到某一温度后，脱碳就比氧化更激烈。如 GCr15 钢，在 1100 ~ 1200℃ 时，产生强烈的脱碳现象。

（3）加热时间　在低温条件下，即使钢在炉内时间较长，脱碳并不显著，但高温下停留的时间越长，则脱碳层越厚。如高速钢在 1000℃ 经 0.5h 脱碳层深度达 0.4mm，经 4h 达 1.0mm，经 12h 达 1.2mm。一些易脱碳钢不允许长时间在高温下保温待锻，如遇故障，长时间不能出炉锻造，应降低炉温或把炉内钢料退出炉外。

（4）钢的成分　钢中含碳量越高，脱碳倾向越大。Cr、Mn 等元素减少钢的脱碳，Al、Co、W、Mo、Si 等元素促进钢的脱碳。因此，加热高碳钢和含 Al、Co、W 等元素的合金钢时，应特别注意防止脱碳。

前述减少钢的氧化的措施基本适用于减少脱碳。例如：进行快速加热，缩短钢在高温区域停留的时间；正确选择加热温度，适当调节和控制炉内气氛，对易脱碳钢使炉内保持氧化气氛，使氧化速度大于脱碳速度等。

3.2.2　过热和过烧

1. 过热

金属在加热时，由于加热温度过高、加热时间过长而引起晶粒过分长大的现象称为过热。晶粒开始急剧长大的温度叫做过热温度。金属的过热温度与化学成分有关，不同钢种的过热温度不同，通常钢中的 C、Mn、S、P 等元素会增加钢的过热倾向，而 Ti、W、V、Nb 等元素能减小钢的过热倾向，常见钢的过热温度列于表 3-4 中。

过热将引起材料的塑性、冲击韧度、疲劳性能、断裂韧性及抗应力腐蚀能力下降。例如 18Cr2Ni4WA 钢严重过热后，冲击韧度由 0.8 ~ 1.0 MJ/m^2 下降为 0.5 MJ/m^2。

各种材料过热的表现有所不同，碳钢、轴承钢和一些铜合金，过热后往往呈现出魏氏组织。马氏体钢过热，显微组织呈粗针状，并出现过多的 δ 铁素体。高合金工模具钢过热，往往出现一次碳化物角状化，呈现萘状断口。钛合金过热出现明显的 β 晶界和平直细长的魏氏组织。

表 3-4　常见钢的过热温度

钢种	过热温度/℃	钢种	过热温度/℃
45	1300	18CrNiWA	1300
40Cr	1350	25MnTiB	1350
40MnB	1200	GCr15	1250
42CrMo	1300	60Si2Mn	1300
25CrNiW	1350	W18Cr4V	1300
30CrMnSiA	1250 ~ 1300	W6Mo5Cr4V2	1250

按照用正常热处理工艺消除过热组织的难易程度，将过热分为不稳定过热和稳定过热两种情况：单纯由于奥氏体晶粒粗大形成的过热，用一般热处理方法（正火、高温回火、均匀化退火和快速升温、快速冷却）可以改善和消除，这种过热称为不稳定过热；除原高温奥氏体晶粒粗大外，沿奥氏体晶界大量析出第二相质点或薄膜，而用热处理方法很难消除的过热称为稳定过热。

有同素异构转变的钢才有不稳定过热和稳定过热之分。没有同素异构转变的金属材料，只要过热就是稳定的，用热处理的方法不能消除。对于有同素异构转变的钢，明确提出稳定和不稳定的概念，对指导锻造和热处理工艺具有重要的实际意义，如果将稳定过热的锻件按不稳定过热的情况进行处理，那么稳定过热引起的缺陷组织就会遗传在零件中，降低材料的性能，甚至在使用中造成严重事故。

存在稳定过热组织的锻件受力时，沿晶界析出的第二相质点常常是促成微观裂纹的起因，引起晶界弱化，促使沿原高温奥氏体晶界断裂。

稳定过热难以用热处理方法改善或消除，对于某些合金结构钢，只有轻度稳定过热（即析出相密度较小，其断口呈现细小、分散的石状）经二次正火或多次正火可以改善或消除，对于一般的稳定过热（在断口上分布的石状较多，石状尺寸较大）需经多次高温均匀化退火和正火才可能得到改善，而对于较严重的稳定过热（石状较大、遍及整个断口），多次长时间高温均匀化退火加正火也极难改善。

塑性变形可以击碎过热形成的粗大奥氏体晶粒，并破坏沿晶界析出相的网状分布，使稳定过热得以改善和消除。例如已经形成稳定过热的18Cr2Ni4WA钢，经重新加热改锻，当锻造比大于4时，可基本消除稳定过热的组织，获得正常的纤维状断口。对于没有相变重结晶的金属（高温合金及部分不锈钢、铝合金、铜合金等），则不能用热处理的办法消除过热组织，而要依靠较大变形量的锻造来解决。

为避免锻件稳定过热，应该严格控制加热温度，缩短高温保温时间。装炉时不要将金属坯料放在炉内局部高温处。应保证锻件有足够的变形量，锻造比越大，效果越显著。适当控制冷却速度，以控制析出相的数量和密度。若冷却速度快，第二相可能来不及沿晶界析出；而冷却速度过慢，析出相将聚集成较大的质点。这两种情况都不容易形成稳定过热，所以应避免采用中等冷却速度。

2. 过烧

当金属加热到接近其熔化温度，在此温度下停留时间过长时，显微组织除晶粒粗大外，晶界发生氧化、熔化，出现氧化物和熔化物，有时出现裂纹，金属表面粗糙，有时呈橘皮状，并出现网状裂纹，这种现象称为过烧。如碳素钢，过烧时晶界熔化，严重氧化。高速钢过烧时，晶界处熔化而出现鱼骨状莱氏体。铝合金过烧时，出现晶界熔化三角区和复熔球等现象。

开始发生过烧现象的温度为过烧温度。金属的过烧温度主要受化学成分的影响，如钢中的Ni、Mo等元素使钢易产生过烧，Al、W等元素则能减轻过烧。部分钢的过烧温度见表3-5。

过烧不仅取决于加热温度，也和炉内气氛有关。炉气的氧化能力越强，越容易发生过烧现象，因为氧化性气体扩散到金属中去，更易使晶界氧化或局部熔化。在还原性气氛下，也可能发生过烧，但开始过烧的温度比氧化性气氛时要高 60~70℃。钢中含碳量越高，产生过烧危险的温度越低。

表 3-5　部分钢的过烧温度

钢种	过热温度/℃	钢种	过热温度/℃
45	>1400	W18Cr4V	1360
40Cr	1390	W6Mo5Cr4V	1270
30CrNiMo	1450	20Cr13	1180
4Cr10Si2Mo	1350	Cr12MoV	1160
50CrV	1350	T8	1250
12CrNi3A	1350	T12	1200
60Si2Mn	1350	GH4135	1200
GCr15	1350	GH4036	1220

金属过烧后，晶间连接遭到破坏，晶界间强度很低，塑性大大下降，脆性大，在外力作用下会沿晶断裂，常常一锻即裂。过烧的金属不能修复，只能报废回炉重新冶炼。局部过烧的金属坯料，须将过烧的部分切除后，再进行锻造。减少和防止过烧的办法就是要严格执行加热规范，防止炉子跑温，不要把坯料放在炉内局部温度过高的区域。

鉴别过热、过烧的方法，目前最广泛应用的是低倍（50 倍以下）检查、金相分析和断口分析三种方法，这三种方法相互配合使用。

3.2.3　导温性的变化

热导率（λ）指在稳定条件下，1m 厚的物体，两侧面温差为 1℃，1h 内通过 1m² 面积传递的热量。金属的热导率表示金属的导热能力，它与金属化学成分、温度、组织、杂质含量以及加工条件都有关。钢的热导率会随含碳量的增加而降低，锰、硅、硫、磷会降低钢的热导率。

几种钢的热导率随温度变化的规律如图 3-7 所示。在常温时，合金钢低于相应碳钢的热导率，当合金元素含量增加时，其热导率相差更大。随着加热温度的提高，碳钢的热导率减小，合金钢的热导率略有增加，在温度超过 900℃ 以后，各种钢的热导率趋于一致。

热导率越大时，表示通过金属传导的热量越多。但是传递热量的多少并不完全直接反映金属温度升高的快慢，因为升温的快慢不仅与导热性能有关，还与金属的比热容及密度有关，即与金属的导温性有关。

导温性就是指加热（或冷却）时温度在金属内部的传播能力。导温性好，温度在金属内部传播速度快，金属坯料内的瞬时温差就小，由于温差造成的膨胀差和温度应力小，在这种情况下可以快速加热，坯料不致因受温度应力而破坏。反之，若金属的导温性差，加热速度快，就可能因温度应力过大而导致坯料开裂。

金属的导温性用热扩散率 a 来表示，即

$$a = \frac{\lambda}{\rho c}$$

式中，a 是热扩散率（m²/s）；λ 是热导率[W/(m·℃)]；ρ 是密度（kg/m³）；c 是比热容[J/(kg·℃)]。

由于金属的热导率、密度和比热容都与温度有关，因此金属的热扩散率也随温度的变化而变化。几类钢的热扩散率随温度变化的规律如图 3-8 所示。从图中可以看出，在加热的低

温阶段，各种钢热扩散率相差大，碳钢和低合金钢的导温性较好，加热速度可以大些，而高合金钢的导温性差，应缓慢加热。当加热到高温阶段，各种钢的热扩散率趋近一致，尽管这时钢的导温性不好，但因处于高温具有良好的塑性，加热引起的内应力可以通过塑性变形消除，所以在高温阶段各类钢均可快速加热。

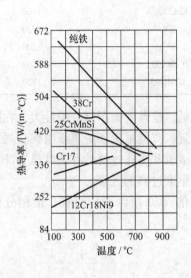

图 3-7　几种钢的热导率随温度变化的规律

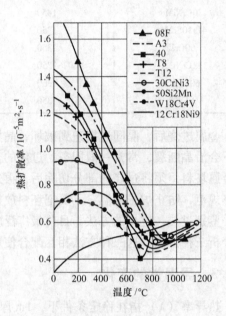

图 3-8　几种钢的热扩散率随温度变化的规律

3.2.4　应力的变化

金属在加热过程中产生的内应力可分为温度应力和组织应力。

1. 温度应力

金属坯料在加热过程中，表面首先受热，表层温度高于中心温度，必然出现表层和心部的不均匀膨胀，从而产生的内应力，称为温度应力或热应力。因为各层金属之间的相互制约，在温度高、膨胀大的表层部分，因其膨胀受到温度低、膨胀小的中心部分的约束而引起的温度应力为压应力。相反，温度低、膨胀小的中心部分，因受到温度高、膨胀大的表层拉伸作用使其膨胀而产生的温度应力为拉应力。

温度应力的大小与金属的性质、截面温差有关。而截面温差又取决于金属的导温性、截面尺寸和加热速度。如果金属的导温性差、截面尺寸大、加热速度快，则其截面温差就大，因此温度应力也大。反之，温度应力就小。

温度应力一般都是三向应力状态，即轴向应力、切向应力和径向应力。对于圆柱体坯料，等速加热时温度应力的值可按下式计算：

圆柱体坯料表面的温度应力为

$$\sigma_r = 0$$

$$\sigma_z = \sigma_\theta = \frac{\alpha E}{1 - \nu} \frac{\Delta t}{2}$$

圆柱体坯料中心的温度应力为

$$\sigma_r = \sigma_\theta = \frac{\alpha E}{1 - \nu} \frac{\Delta t}{4}$$

$$\sigma_z = \frac{\alpha E}{1 - \nu} \frac{\Delta t}{2}$$

式中，σ_z、σ_θ、σ_r 是轴向应力、切向应力、径向应力（MPa）；Δt 是坯料断面上的最大温差（℃）；α 是坯料的线膨胀系数（℃$^{-1}$）；E 是弹性模量（MPa）；ν 是泊松比（对钢 $\nu = 0.3$）。

由上述公式可见，在三向应力中，最大的拉应力是坯料中心的轴向应力，因此金属坯料加热时，心部容易产生裂纹。加热的温度应力沿坯料断面的分布如图 3-9 所示。

上述计算适用于低于 500 ~ 600℃ 的低温加热阶段，在此阶段金属坯料处于弹性状态，只有热膨胀变形和温度应力引起的弹性变形，可以不考虑塑性变形。当温度高于 500 ~ 600℃ 时，金属坯料进入塑性状态，此时变形抗力较低，温度应力可以引起塑性变形，变形之后温度应力会自行减小或消失，可以不考虑温度应力的影响。

2. 组织应力

具有固态相变的金属，在加热时表层首先发生相变，心部后发生相变，并且相变前后组织的比体积发生变化，由此而产生的内应力称为组织应力。比体积增大的转变区受压应力，比体积缩小的转变区受拉应力。

组织应力也是三向应力状态，其中切向应力最大。金属坯料断面上切向应力的分布如图 3-10 所示。随着金属坯料温度的升高，首先表层发生奥氏体转变，使表层体积缩小（奥氏体比体积为 0.122 ~ 0.125cm^3/g，铁素体比体积为 0.127cm^3/g）约 1%，于是在表层产生拉应力，心部产生压应力。此时组织应力与温度应力方向相反，使总的应力值减小。当温度继续升高时心部也发生相变，这时引起的组织应力是中心为拉应力，表层为压应力，虽然与温度应力方向相同，使总的应力值加大，但这时已接近高温，不会在坯料中形成裂纹。

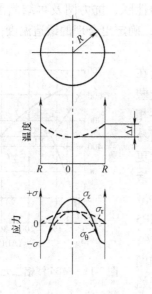

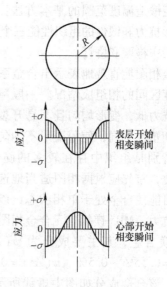

图 3-9　圆柱体坯料加热过程中温度
　　　　应力沿断面分布的示意图

图 3-10　钢料加热过程切向应力
　　　　　沿断面分布的示意图

在金属加热过程中，当温度应力、组织应力的叠加值超过强度极限时，就要产生裂纹。加热初期600℃之前的低温阶段是坯料产生裂纹最危险的阶段。在此阶段金属塑性低，温度应力显著，极易产生裂纹。

当加热断面尺寸大的大型钢锭和导温性差的高温合金时，由于温度应力大，低温阶段必须缓慢加热，否则会产生加热裂纹。此外，在加热不充分的情况下，如加热时间不够或者加热温度过低，使中心区塑性低，低塑性的心部变形也会出现裂纹。

3.3　锻造温度范围的确定

为了提高金属的塑性，降低变形抗力，希望提高金属的加热温度，但是加热温度过高，又会产生加热缺陷；加热温度过低，金属的塑性降低，变形抗力增加，易产生锻造裂纹等缺陷。因此，锻前要确定金属的锻造温度范围。

3.3.1　锻造温度范围确定的原则及方法

金属的锻造温度范围是指开始锻造温度（始锻温度）和结束锻造温度（终锻温度）之间的一段温度区间。

为提高塑性和降低变形抗力，希望尽可能提高金属的加热温度，而加热温度太高，会产生各种加热缺陷；为了减少火次，节约能源，提高生产效率，希望始锻温度高，终锻温度低，而终锻温度过低会导致严重的加工硬化，产生锻造裂纹。因此必须全面考虑各因素之间的关系，确定合理的锻造温度范围。

锻造温度范围的确定应遵循以下原则：金属在锻造温度范围内应具有较高的塑性和较小的变形抗力，使锻件获得良好的内部组织和力学性能。在此前提下，为了减少锻造火次，降低消耗，提高生产效率并方便现场操作，应力求扩大锻造温度范围。

确定锻造温度范围的基本方法：运用合金相图、塑性图、抗力图及再结晶图等，从塑性、变形抗力和锻件的组织性能三个方面进行综合分析，确定出合理的锻造温度范围，并在生产实践中检验和修订。

合金相图能直观地表示出合金系中各种成分的合金在不同温度区间的相组成情况。一般单相合金比多相合金塑性好，抗力低，变形均匀且不易开裂。多相合金由于各相的强度和塑性不同，使得变形不均匀，变形大时相界面易开裂。特别是组织中存在较多的脆性化合物时，塑性更差。因此，首先应根据相图适当地选择锻造温度范围，锻造时尽可能使合金处于单相状态，以便提高工艺塑性并减小变形抗力。MB5镁铝二元合金相图如图3-11所示，MB5属变形镁合金，其主要成分为 $w(Al) = 5.5\% \sim 7.0\%$，$w(Mn) = 0.15\% \sim 0.5\%$，$w(Zn) = 0.5\% \sim 1.5\%$。从相图中可见，该合金成分如图中虚线所示，在530℃附近开始

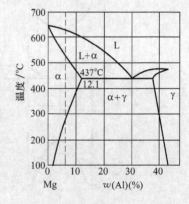

图3-11　MB5镁铝二元合金相图

熔化，270℃以下为 $\alpha + \gamma$ 二相系，因此，它的锻造温度应选在270℃以上的单相区。

塑性图和抗力图是对某一具体牌号的金属，通过热拉伸、热弯曲或热镦粗等试验所测绘

出的关于塑性、变形抗力随温度而变化的曲线图。为了更好地符合锻造生产实际，常用动载设备和静载设备进行热镦粗试验，这样可以反映出变形速度对再结晶、相变以及塑性、变形抗力的影响。图 3-12 所示是 MB5 合金的塑性图，当在慢速下加工（轧制或挤压），温度为 350～400℃时，ψ 值和 ε_m 都有最大值，可以在这个温度范围内以较慢的速度进行。当在锻锤下加工，因 ε_c 在 350℃左右有突变，所以变形温度应选择在 400～450℃。当工件形状比较复杂，变形时易发生应力集中，应根据 a_K 曲线来判定温度范围，从图中可知，a_K 在相变点 270℃附近突然降低，因此，锻造或冲压时的工作温度应在 250℃以下进行为佳。图 3-13 所示为各种有色金属、合金的抗力图。

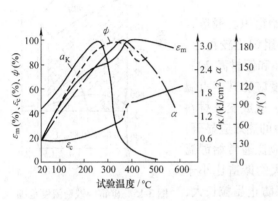

图 3-12　MB5 合金的塑性图

ε_m—慢力作用下的最大压缩率

ε_c—冲击力作用下的最大压缩率

ψ—断面收缩率　α—弯曲角度

a_K—冲击韧度

图 3-13　各种有色金属、合金的抗力图

1—铜镍合金　2—镍　3—锡青铜 QSn7-0.4

4—2A11　5—铜　6—锰铜　7—锌　8—铅

9—H68　10—H62　11—H59　12—2A12

13—MB5　14—铝

在热变形过程中，为了保证产品性能及使用条件对热加工制品晶粒尺寸的要求，控制热变形产品的晶粒度是很重要的。再结晶图表示变形温度、变形程度与锻件晶粒尺寸之间的关系，是通过试验测绘的。它对确定最后一道变形工序的锻造温度、变形程度具有重要参考价值。对于有晶粒度要求的锻件（例如高温合金锻件），其锻造温度常要根据再结晶图来检查和修正。图 3-14 所示为 2A02 再结晶图，由此再结晶图可知，为了获得均匀细小的晶粒，其每道次的变形量应大于 10%。

碳钢的锻造温度范围，根据铁碳相图就可以确定。大部分合金结构钢和合金工具钢，因其合金元素含量较少，可参照与其含碳量相当的碳钢的铁碳相图来初步确定锻造温度范围。对于铝合金、钛合金、铜合金、不锈钢及高温合金等，不能只利用相图，还要综合运用塑性图、抗力图等，才能确定出合理的锻造温度范

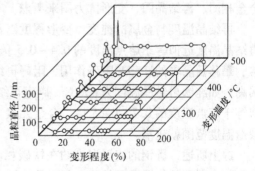

图 3-14　2A02 硬铝在锻锤下压缩的再结晶图

围。下面以碳钢为例，介绍锻造温度的确定方法。

3.3.2 始锻温度的确定

在确定始锻温度时，首先应保证金属不产生过热、过烧，有时还要受高温析出相的限制。始锻温度高，则金属的塑性好，抗力小，变形时消耗的能量小，锻造时可以采取较大的变形量。但加热温度过高，不但氧化、脱碳严重，还会引起过热、过烧。对于碳钢，为了防止产生过热、过烧，其始锻温度一般比铁碳相图的固相线低 150～250℃，如图 3-15 所示。由图可见，随着含碳量增加，钢的熔点降低，其始锻温度也相应降低。

有时，确定始锻温度还应考虑坯料的原始组织、锻造方式及变形工艺等因素。锻造铸锭时，因铸态组织比较稳定，过热敏感性低，故始锻温度可比同种钢的钢坯和钢材高 20～50℃。若合金中含有低熔点物质，则始锻温度应比其熔点温度稍低，以免易熔物质的熔化破坏晶间联系，造成变形材料的脆裂。采用高速锤锻造时，因高速变形产生的热效应显著，坯料温升有可能引起过烧，此时的始锻温度应比通常始锻温度低 50～150℃。大型锻件锻造时，最后一火的锻造比小于 1.5 时，应适当降低最后一火的始锻温度，以防止晶粒长大，这对不能用热处理方法细化晶粒的某些特殊钢尤为重要。当变形工序时间短或变形量不大时，始锻温度可适当降低。

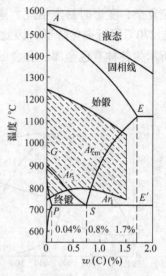

图 3-15 碳钢的锻造温度范围

3.3.3 终锻温度的确定

终锻温度的确定，主要是保证锻造结束前金属仍具有良好的塑性，并且在锻后获得细小的晶粒组织。因此，通常终锻温度高于金属的再结晶温度，使锻后再结晶充分，获得再结晶的细晶粒组织。但是终锻温度过高，停锻之后，锻件内部晶粒会继续长大。出现粗晶组织或析出第二相，降低锻件力学性能。如果终锻温度低于再结晶温度，锻坯内部会出现加工硬化，使塑性降低，变形抗力急剧增加，容易使坯料在锻打过程中开裂，或在坯料内部产生较大的残余应力，致使锻件在冷却过程或后续工序产生开裂。另外，不完全热变形还会造成锻件组织不均匀等。终锻温度一般高于金属的再结晶温度 50～100℃。确定终锻温度必须综合合金相图、再结晶图、变形抗力图来考虑。

再结晶温度与金属的纯度、变形程度以及加热速度、保温时间有关。工业纯金属的最低再结晶温度近似等于熔点温度的 0.4～0.5 倍，加入合金元素后，合金元素原子对位错的滑移、攀移及晶界的迁移起阻碍作用，阻碍再结晶的形核与长大，因此合金再结晶温度比纯金属高，如纯铁再结晶温度为 450℃，碳钢再结晶温度为 600～650℃，高合金钢再结晶温度近似等于熔点温度的 0.7～0.85 倍。合金元素含量越多，再结晶温度越高，终锻温度也越高，锻造温度范围就越窄。

综上所述，碳钢的终锻温度约在铁碳相图 Ar_1 线以上 20～80℃，如图 3-15 所示。由图可见，中碳钢的终锻温度处于单相奥氏体区，组织均一，塑性良好，完全满足终锻要求。碳的质量分数小于 0.3% 的低碳钢，终锻温度处于奥氏体和铁素体的双相区内，但两相塑性均较好，变形抗力也不大，不会给锻造带来困难，但将形成铁素体与奥氏体的带状组织，室温下铁素体与珠光体沿主要伸长方向呈带状分布，这种带状组织可以通过重结晶退火（或正火）予以消除。对于高碳钢，当温度低于 Ar_{cm} 线时，二次渗碳体沿晶界呈网状分布，高碳钢的终锻温度是处于奥氏体和渗碳体的双相区，在此温度区间锻造，可通过塑性变形破碎析出网状渗碳体，使其呈弥散状分布。若终锻温度在 Ar_{cm} 线以上，在锻后的冷却过程中将沿晶界析出二次网状渗碳体，会大大降低锻件的力学性能。

终锻温度的确定还与钢种、锻造工序、变形程度有关。对于无固态相变的合金，由于不能用热处理方法细化晶粒，只有依靠锻造来控制晶粒度，其终锻温度一般偏低。钢锭在未完全热透之前，塑性较低，其终锻温度比锻坯高 30 ~ 50℃。当锻后立即进行余热热处理时，终锻温度应满足余热热处理的要求。若最后的锻造变形程度很小，变形量不大，不需要大的锻压力，即使终锻温度低一些也不会产生裂纹，一般精整工序的终锻温度，允许比规定值低 50 ~ 80℃。

通过长期生产实践和大量试验研究，现有金属材料的锻造温度范围已经确定，可从有关手册中查得。表 3-6 列出了部分金属材料的锻造温度范围，以供参考。从表中可以看出，各类金属材料的锻造温度范围相差很大，就钢材而言，碳素钢的锻造温度范围较宽，合金钢的锻造温度范围较窄，因此在锻造生产中，高合金钢锻造最困难。随着工业技术的发展，不断需求开发新型金属材料，对于新型金属材料，应遵照锻造温度范围确定的原则及方法进行确定。

表 3-6　部分金属材料的锻造温度范围

金属种类	牌 号 举 例	始锻温度/℃	终锻温度/℃
普通碳素钢	Q235，Q275	1280	700
优质碳素钢	40，45，60	1200	800
碳素工具钢	T7，T8，T9，T10	1080	750
合金结构钢	12CrNi3A，40Cr	1150	800
	30CrMnSiA，18CrMnTi，18CrNi4WA	1180	800
合金工具钢	3Cr2W8V	1120	850
	4Cr5MoSiV1	1100	850
	5CrNiMo，5CrMnMo	1100	800
	Cr12MoV	1050	850
高速工具钢	W6Mo5Cr4V2	1130	900
	W18Cr4V，W9Cr4V2	1150	950
滚珠轴承钢	GCr6，GCr9，GCr9SiMn，GCr15，GCr15SiMn	1080	800
不锈钢	12Cr13，20Cr13，12Cr18Ni9	1150	850
高温合金	GH4033	1150	980
	GH4037	1200	1000
铝合金	3A21，5A02，2A50，2B50	480	380
	2A02	470	380
	7A04，7A09	450	380

3.4 锻造的加热规范

在锻前加热时，为了提高生产率、降低燃料消耗，应尽快加热到始锻温度，但是升温速度过快，会造成金属破裂。因此在实际生产中，应制定合理的加热规范，并严格执行加热规范。

加热规范（或加热制度）是指金属坯料从装炉开始到加热完了整个过程，对炉子温度和坯料温度随时间变化的规定。为了应用方便、清晰，加热规范采用温度-时间的变化曲线来表示，而且通常是以炉温-时间的变化曲线（又称加热曲线或炉温曲线）来表示。

加热规范通常包括装炉温度、加热各个阶段炉子的升温速度、各个阶段加热（保温）时间和总的加热时间，以及最终加热温度、允许的加热不均匀性和温度头等。正确的加热规范应能保证金属在加热过程中不产生裂纹，不过热过烧，温度均匀，氧化脱碳少，加热时间短及节约能源等。即在保证加热质量的前提下，力求加热过程越快越好。

金属的加热规范与金属种类、钢锭或钢坯的尺寸大小、温度状态以及炉子的结构和坯料在炉内的布置等因素有关。按炉内温度的变化情况，金属锻前加热规范可以分为一段式加热规范、二段式加热规范、三段式加热规范和多段式加热规范。钢的锻造加热曲线如图 3-16 所示。由图 3-16 可见，加热过程分为预热、加热、均热几个阶段。预热阶段，主要是合理规定装料时的炉温；加热阶段，关键是正确选择升温加热速度；均热阶段，则应保证钢料温度均匀，确定保温时间。

一段式加热规范是把钢料放在炉温基本上不变的炉内加热，如图 3-16a 所示。在整个加热过程中，炉温大体保持一定，而钢的表面和中心温度逐渐上升，达到所要求的温度。这种加热规范的特点是炉温和坯料表面的温差大，所以加热速度快，加热的时间短。一段式加热规范适用于一些断面尺寸不大、导热性好、塑性好的坯料，如钢板、薄板坯、薄壁钢管的加热，或者是热装的钢料，不致产生危险的温度应力。

二段式加热规范是使金属先后在两个不同的温度区域内加热，通常由加热期和均热期组成，如图 3-16b 所示。金属坯料直接装入高温炉膛进行加热，加热速度快。这时坯料表面温度上升快，而中心温度上升得慢，断面上的温差大。

三段式加热规范是把钢料放在三个温度条件不同的区域内加热，依次是预热段、加热段、均热段，如图 3-16c 所示。这种加热规范是比较完善的，金属坯料首先在低温区域进行预热，这时加热速度比较慢，温度应力小，不会造成危险。

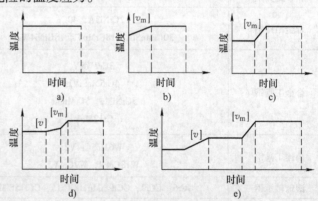

图 3-16 钠的锻造加热曲线类型
a) 一段式加热曲线　b) 二段式加热曲线　c) 三段式
加热曲线　d) 四段式加热曲线　e) 五段式加热曲线
$[v]$—金属允许的加热速度　　$[v_m]$—最大可能的加热速度

当金属坯料中心进入塑性温度范围时，就可以快速加热，直到表面温度迅速升高到出炉所要求的温度。加热期结束时，金属坯料断面上还有较大的温度差，需要进入均热期进行均热。此时钢的表面温度基本不再升高，而使中心温度逐渐上升，缩小断面上的温度差。三段式加热规范适用于加热各种尺寸冷装的碳素钢坯及合金钢坯，特别是在加热初期必须缓慢进行预热的高碳钢、高合金钢。

多段式加热规范由几个加热期、均热（保温）期所组成，适用于高合金钢冷锭及大型碳素钢、结构钢冷锭的加热。加热规范正确与否，对产品质量和各项技术经济指标影响很大。

3.4.1 装炉温度

金属坯料在低温阶段加热时，由于处于弹性变形状态，塑性低，很容易因为温度应力过大而引起开裂。对导温性好与断面尺寸小的普通钢坯料，装炉温度不受限制。对于导温性差及断面尺寸大的坯料，为了避免直接装入高温炉内的坯料因加热速度过快而引起断裂，应限制装炉温度，对大钢锭及高合金还应在限定温度下预热。

装炉温度可按温度应力和坯料断面最大允许温差 $[\Delta t]$ 来确定。根据对加热温度应力的理论分析，计算式为

$$[\Delta t] = \frac{1.4 \times [\sigma]}{\beta E}$$

式中，$[\Delta t]$ 是圆柱体坯料表面与中心的最大允许温差（℃）；$[\sigma]$ 是许用应力（MPa），可按相应温度下的抗拉强度计算；β 是线膨胀系数（℃$^{-1}$）；E 是弹性模量（MPa）。

由上式算出最大允许温差，再按不同热阻条件下最大允许温差与允许装炉温度的理论计算曲线（图3-17），确定允许装炉温度。上述理论计算方法所得的允许装炉温度与生产实践相比偏低，所以还应参考有关经验资料和试验数据进行修正。

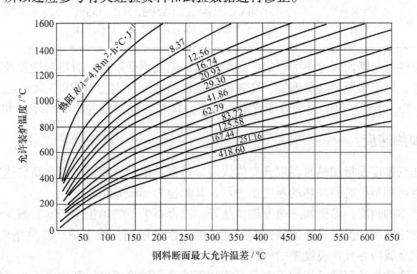

图 3-17 圆柱坯料允许装炉温度与最大允许温差的关系
R—坯料半径 λ—热导率

图 3-18 所示是根据实践经验绘制的钢锭加热的装炉温度与在此温度下的保温时间的关系图，图中相关组别的钢号见表 3-7。

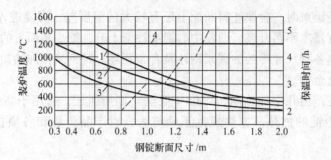

图 3-18　钢锭加热的装炉温度及保温时间

1—Ⅰ组冷锭的装炉温度　2—Ⅱ组冷锭的装炉温度
3—Ⅲ组冷锭的装炉温度　4—热锭的装炉温度
-----在装炉温度下的保温时间

表 3-7　钢号分组

组别	钢的类型	钢号举例	钢的塑性及导温性
Ⅰ	低、中碳素结构钢 部分低合金结构钢	10～45 15Mn30Mn，15Cr～35Cr	较好
Ⅱ	中碳素结构钢 低合金结构钢	50～65，35Mn～50Mn，40Cr～55Cr，20MnMo 12CrMo～35CrMo，20MnSi～55MnSi 18CrMnTi，35CrMnSi，38SiMnMo	次之
Ⅲ	中合金结构钢 碳素工具钢 合金工具钢 不锈钢	34CrNi1MoV，34CrNi3Mo，30Cr2MoV 32Cr3WMoV，20Cr3MoWV，20Cr2Mn2Mo T7～T12 5CrMnMo，5CrNiMo，3Cr2W8，9Cr2，GCr15 12Cr13，20Cr13，30Cr13，40Cr13，12Cr18Ni9	较差

对导温性好与断面尺寸小的普通钢坯料，装炉温度不受限制。对导温性差及断面尺寸大的合金钢坯，则必须限制装炉温度。高速钢冷锭装炉温度宜定为 600℃，大型毛坯的装炉温度定为 650℃，小型坯料的装炉温度宜定为 750～800℃，高锰钢的装炉温度取 400～450℃。

3.4.2　加热速度

金属加热速度是指加热时温度升高的快慢，通常是指金属表面温度升高的速度，其单位为℃/h，也可用单位时间加热的厚度来表示，其单位为 mm/min。

从生产率的角度，希望加热速度越快越好，以提高炉子的单位生产率，减少金属氧化和提高热能利用效率。但是提高加热速度受到一些因素的限制，除了炉子供热条件的限制外，特别要考虑金属内外允许温度差的问题。

最大可能的加热速度是指炉子本身可能达到的最大加热速度。其取决于炉子结构、燃料种类、燃烧情况、坯料的形状尺寸及其在炉中的摆放方法等。

坯料允许的加热速度是指为保证坯料加热质量及完整性所允许的最大加热速度，受加热时产生的温度应力的限制，与坯料的导温性、力学性能及坯料尺寸有关。

根据加热时坯料表面与中心的最大允许温差而确定的圆柱体坯料最大允许加热速度可按

下式计算，即

$$[c] = \frac{5.4a[\sigma]}{\beta ER^2}$$

式中，$[c]$ 是圆柱体坯料最大允许加热速度（℃·h^{-1}）；$[\sigma]$ 是许用应力（MPa）；a 是热扩散率（m^2·h^{-1}）；β 是线膨胀系数（℃$^{-1}$）；E 是弹性模量（MPa）；R 是坯料半径（m）。

由上式可见，坯料的热扩散率越大，抗拉强度越大，断面尺寸越小，则允许的加热速度越大。反之，允许的加热速度越小。

金属坯料的导温性好、断面尺寸小时，其允许的加热速度很大，即使按炉子最大可能的加热速度加热，也达不到坯料允许的加热速度。因此对于这类金属坯料，如碳钢和有色金属，当直径小于 200mm 时，可以按最大可能的加热速度加热，而不必考虑坯料允许的加热速度。

金属坯料的导温性差、断面尺寸大时，其允许的加热速度较小。当炉温低于 800 ~ 850℃时，坯料处于弹性状态，塑性比较低，这时如果加热速度太快，温度应力超过了金属的强度极限，就会出现裂纹，应按金属坯料允许的加热速度加热。当炉温超过 800 ~ 850℃后，钢就进入了塑性状态，对低碳钢可能更低的温度就进入塑性范围，这时即使产生较大的温度差，将由于塑性变形而使应力消失，不致造成裂纹或折断，因此可按最大可能的加热速度加热。对于直径为 200 ~ 350mm 的碳素结构钢钢坯和合金结构钢钢坯，采用三段式加热规范，其实质就是降低加热速度，但这将导致加热时间延长。

影响加热速度的主要因素是炉温，确切地说是炉温和金属表面的温度差。炉温越高，温度差越大，则金属得到的热量越多，加热速度越快。当坯料表面加热到始锻温度时，炉温和坯料表面的温差称为温度头。生产上常用提高温度头的办法来提高加热速度，以缩短加热时间。否则，为使坯料透烧，必须延长保温时间，将加重坯料表面氧化脱碳，甚至还会产生过热、过烧。碳的质量分数为 0.4%、直径为 100mm 的圆钢坯，其温度头与加热时间及断面温差的关系见表 3-8。随着温度头的增加，加热时间缩短，如温度头为 25℃时，加热时间缩短 25%；温度头为 200℃时，加热时间缩短 62%。但断面上的温度差却增大，由 10 ~ 15℃/cm 增加到 65℃/cm。一般对于塑性较好的钢料，炉温控制在 1300 ~ 1350℃，其温度头为 100 ~ 150℃。对于导温性较差的合金钢，为减小断面上的温差，温度头宜取小些，一般为 50 ~ 80℃。对于钢锭，温度头可取 30 ~ 50℃。对于有色金属及高温合金，加热时不允许有温度头。

对于导温性好和截面尺寸较小的钢料，由于实际的加热温度远远小于允许的加热速度，完全可以采用快速加热方法。在火焰炉中实行辐射快速加热时，一般炉温升高到 1400 ~ 1500℃，甚至达到 1600℃，再把室温的金属坯料直接放入高温的炉中，因此形成很大的温度头（200 ~ 300℃甚至更高），从而可以大大提高加热速度，炉子生产率可提高 3 ~ 4 倍。感应电加热、接触电加热、火焰加热的辐射、快速对流加热都属于快速加热。

表 3-8　温度头与加热时间及断面温差的关系

温度头/℃	25	50	100	150	200
与没有温度头相比，加热时间减少的百分数（%）	25	35	50	57	62
断面温差/℃·cm^{-1}	10 ~ 15	15 ~ 20	30 ~ 35	50	65

经过快速加热的金属坯料晶粒小，塑性高，表面氧化轻，表面脱碳轻，金属损失少，同时燃料消耗降低，加热设备生产率提高。

3.4.3 均热保温

当采用多段式加热规范时，往往包括几次均热保温阶段，如图3-16e中的五段式加热曲线，各温度段保温的目的有所区别。

低温装炉温度下保温目的是减小坯料断面温差，防止因温度应力而引起破裂。特别是在200~400℃时，钢很容易因蓝脆而发生破裂。合金含量较高的大型冷钢锭，尤其是没有退火的冷钢锭，通常进行低温装炉温度下的均热保温。

中温800~810℃保温的目的是减小前段加热后坯料断面上的温差，减小温度应力，并缩短坯料在锻造温度下的保温时间，以减少氧化、脱碳，甚至过热过烧。对于有相变的钢种，更需要此阶段的均热保温，以防止产生组织应力裂纹。

锻造温度下的保温，是为了防止坯料中心温度过低，引起锻造变形不均，还可以通过高温扩散作用，使坯料组织均匀化，以提高塑性，减少变形不均。为了防止高温下强烈的氧化、脱碳、合金元素烧损和吸氢等，对大多数金属坯料都必须尽量缩短高温停留时间，以热透就锻为原则。对于过热倾向大、没有相变重结晶的铁素体不锈钢等，更应该如此。如GCr15钢的偏析严重，碳化物液析和碳化物偏析带使组织不均匀，锻件质量差，通过锻造温度下的保温，可以使碳化物高温扩散，组织均匀，但GCr15钢易产生过热、过烧，所以加热温度不易过高，保温时间也不易过长。

对锻件质量、生产效率等因素综合考虑确定保温时间。始锻温度下的保温时间尤为重要，保温时间太短，达不到保温的目的；保温时间太长，影响锻件质量，同时也降低生产率。因此，对始锻温度下的保温时间规定有最小保温时间和最大保温时间。

最小保温时间是指能够使坯料断面温差达到规定的均匀程度所需最短的保温时间。最小保温时间与温度头和坯料直径有关，温度头越大，坯料直径越大，则坯料断面的温差就越大，因此最小保温时间需要长些。相反，则保温时间就可短些。

最大保温时间是针对生产中可能发生的突发情况而规定的，指在确保坯料质量（不出现过热过烧等）的前提下，坯料在高温下停留的最长时间。如生产设备出现故障或其他原因，使钢料不能及时出炉，若钢料在高温下停留过久容易引起过热现象，若保温时间超过最大保温时间，应把炉温降低到700~800℃待锻或出炉。最大保温时间可参考表3-9确定。

表3-9 钢锭加热的最大保温时间

钢锭质量/t	钢锭尺寸/mm	最大保温时间/h
1.6~5	386~604	30
6~20	647~960	40
22~42	1029~1265	50
≥43	≥1357	60

各类金属材料的均热保温时间也可以从有关手册中查找。如高温合金在预热温度（750~800℃）下的保温时间按0.6~0.8mim/mm计算，在始锻温度下的保温时间按0.4~0.8min/mm计算。

3.4.4 加热时间

加热时间是指坯料装炉后从开始加热到出炉所需要的时间,包括加热各阶段的升温时间和保温时间。加热时间可按传热学理论计算,但由于炉内传热条件变化相当大,温度场不均匀,计算结果与实际差距大,生产中很少采用。生产中常用经验公式、经验数据、试验图线确定加热时间。

1. 有色金属的加热时间

有色金属多采用电阻炉加热,其加热时间从坯料入炉开始计算,每毫米厚度的加热时间如下:

铝合金和镁合金按 1.5~2min/mm;

铜合金按 0.75~1min/mm;

钛合金按 0.5~1min/mm。

当坯料直径小于 50mm 时取下限,直径大于 100mm 时取上限。

铝、镁、铜三类合金,导热性很好,一般可从室温加热至始锻温度,不需要预热阶段,升温速度不受限制。但由于铝、镁合金强化相溶解速度低,为了获得均匀的组织,必须有充分的保温时间。钛合金的低温导热性差,对于铸锭和直径大于 100mm 的坯料,要求在 850℃ 以前进行预热,可按 1min/mm 计算预热时间,在高温段则按 0.5min/mm 计算加热时间。

2. 钢材(或中小钢坯)的加热时间

(1)半连续炉中加热,加热时间的计算方法

$$\tau = aD$$

式中,τ 是加热时间(h);D 是坯料直径或厚度(cm);a 是钢料化学成分影响系数(h/cm),碳素结构钢 $a = 0.1 \sim 0.15$,合金结构钢 $a = 0.15 \sim 0.20$,工具钢和高合金钢 $a = 0.3 \sim 0.4$。

(2)室式炉加热,加热时间的确定方法 直径小于 200mm 的钢坯加热时间,可按图 3-19 确定。图中曲线为碳素钢圆材单个坯料在室式炉中的加热时间,考虑到实际加热时坯料装炉数量及方式、坯料尺寸及钢种的影响,加热时间 $\tau_{碳}$ 应是单个坯料加热时间乘以相应的系数,即 $\tau = K_1 K_2 K_3 \tau_{碳}$。

直径为 200~350mm 的钢坯在室式炉中单件加热时间可参考表 3-10 中的经验数据确定。表中数据为坯料每 100 mm 直径的平均加热时间(h/100mm)。对于多件或短料加热,应乘以相应的修正系数 K,取值参考图 3-19 中的修正系数表。

表 3-10 钢坯(直径 200~350mm)加热时间

钢种	装炉温度/℃	每 100mm 平均加热时间/h
低碳钢、中碳钢、低合金钢	≤1250	0.6~0.77
高碳钢、合金结构钢	≤1150	1
碳素工具钢、合金工具钢、轴承钢、高合金钢	≤900	1.2~1.4

3. 钢锭(或大型钢坯)的加热时间

按加热装炉时钢锭温度的高低,钢锭可分为冷锭和热锭。冷锭是指加热装炉时钢锭温度

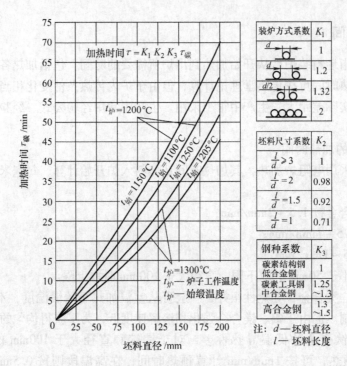

图 3-19　中小钢坯在室式炉中的加热时间

为室温的钢锭。由炼钢车间脱模后直接送到锻压车间，表面温度不低于 600℃ 的钢锭称为热锭。

冷钢锭在室式炉中加热到 1200℃ 所需的加热时间可按下式确定，即

$$\tau = aKD\sqrt{D}$$

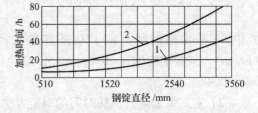

图 3-20　结构钢热锭及热钢坯的加热时间
1—加热到锻造温度的时间
2—加热及在锻造温度下的保温时间

式中，τ 是加热时间（h）；D 是钢料的直径或厚度（m）；K 是装炉方式系数（参考图 3-19）；a 是与钢化学成分有关的系数，碳钢 $a=10$，高碳钢和高合金钢 $a=20$。

热钢锭（表面温度不低于 600℃）直接进行加热锻造，可以缩短加热时间，节约燃料，并可避免在低温段加热时产生热应力和开裂。一般热锭加热时间只有冷锭加热时间的一半，甚至更短。结构钢热钢锭及热钢坯的加热时间，可参考图 3-20 确定。

3.4.5　钢锭、钢坯、钢材的加热规范

钢料规格、化学成分不同，其加热规范也有所不同。

1. 钢锭和大钢坯的加热规范

大型自由锻件与高合金钢锻件多以钢锭为原材料。

钢锭按规格大小可以分为大型钢锭和小型钢锭。一般质量大于 2~2.5t 或直径大于 500~550mm 的钢锭称为大型钢锭，此外称为小钢锭。钢锭按加热装炉时的温度高低可分为冷锭与热锭。冷、热钢锭的加热工艺差别很大，因此分别进行讨论。

（1）冷锭加热规范　冷锭加热的关键在低温阶段，在此阶段必须限制装炉温度和加热速度。因为冷锭在低于 500～600℃ 加热时塑性很差，冷锭内部的残余应力又与温度应力同向，钢锭存在的各种组织缺陷还会造成应力集中，如果装炉温度高和加热速度快极易引起裂纹。

由于钢锭的断面尺寸大，产生的温度应力也大，应限制其装炉温度，并且低温阶段应缓慢加热。大型冷锭均采用二段～五段的分段式加热规范。

图 3-21 所示为实际生产采用的 19.5t 20MnMo 冷锭加热规范。图 3-22 所示为 19.5t 20MnMo 冷锭加热试验的温度实测曲线。从图 3-22 可见，在加热的低温阶段断面温差不大，最大温差出现在锭温 600℃ 以上，这时钢锭已具有一定塑性，温度应力也不会造成开裂。

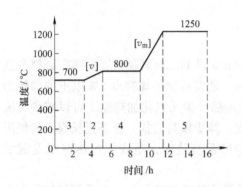

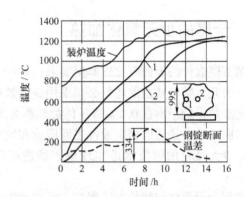

图 3-21　19.5t 20MnMo 冷锭加热规范

图 3-22　19.5t 20MnMo 冷锭加热试验的温度实测曲线
1—钢锭的表面温度　2—钢锭的中心温度

小型冷锭的加热，由于钢锭的断面尺寸小，产生的残余应力和温度应力不大。碳素钢、低合金钢采用一段式加热规范，快速加热。对于高合金钢小型冷锭，为减少开裂应与大型冷锭的加热规范相同。

（2）热锭加热规范　热锭的加热规范主要取决于它的断面尺寸，而与化学成分无关。各种成分钢料高温时热扩散率接近，各钢种的热钢锭和热钢坯可以使用同一加热规范。装炉时，热钢锭心部温度高于表面约 300℃；开始加热时，表面温度升高，心部温度继续降低，致使断面温差缩小，相应的温度应力不大；当温度继续升高，断面温差有所增加，但这时钢锭已经具有较高的塑性，此时的温度应力不会造成裂纹。因此，热钢锭不必限制装炉温度和升温速度，可按最大可能加热速度加热，但钢

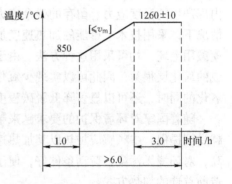

图 3-23　5.5t 25Cr2MoVA 热锭加热规范

锭达到最高温度后，必须通过长时间保温使其热透且温度均匀。图 3-23 所示为 5.5t 25Cr2MoVA 热锭加热规范。

热锭不仅可以避免产生残余应力，降低温度应力，还可以缩短加热时间，降低燃料消耗。

2. 中、小型钢坯的加热规范

通常，小型自由锻件、模锻件以钢坯为原材料。

由于断面尺寸较小，加热时引起的温度应力也小，经过变形，强度及塑性均提高，故加热时不易产生裂纹破坏，因此可以进行快速加热。

例如直径在150~200mm以下的碳素结构钢钢坯和直径小于100mm的合金结构钢钢坯，可以用技术上可能的加热速度来加热，炉子温度一般为1300~1350℃，这时温度头为100~150℃。

直径等于200~350mm的碳素结构钢钢坯和合金结构钢钢坯，采用三段式加热规范。装炉温度在1150~1200℃范围。

对导热性差、热敏感性强的合金钢钢坯（如高铬钢、高速钢），装炉温度为400~650℃。

3.5 金属的少无氧化加热

精密模锻件的表面氧化皮厚度要求在0.05~0.06mm以下，表面脱碳层控制在磨削余量以内，为此，精密锻造前坯料必须采用少无氧化加热。通常称烧损率在0.5%以下的加热为少氧化加热，烧损率在0.1%以下的加热称为无氧化加热。少无氧化加热除了可以减少金属氧化、脱碳外，还可以提高锻件表面质量和尺寸精度，减少模具磨损，显著延长模具的使用寿命。少无氧化加热技术是实现精密锻造必不可少的配套技术，是现代加热技术发展的方向。

实现少无氧化加热的方法很多，常用和发展较快的方法有快速加热、介质保护加热和少无氧化火焰加热等。

3.5.1 快速加热

快速加热包括火焰加热法的辐射快速加热和对流快速加热，电加热法的感应电加热和接触电加热等。此外，还可以采用火焰炉与感应炉联合进行快速加热。快速加热是指，在坯料内部产生的温度应力、留存的残余应力和组织应力叠加的结果，不足以引起坯料产生裂纹的情况下，采用技术上可能的加热速度加热金属坯料。小规格的碳素钢钢锭和一般简单形状的模锻用毛坯，均可采用这种方法。由于上述方法加热速度很快，加热时间很短，坯料表面形成的氧化层很薄，因此可以实现少氧化的目的。由于快速加热大大缩短了加热时间，在减少氧化的同时，还可以显著降低脱碳程度，这是快速加热的最大优点之一。

随着国家对环境保护的要求越来越高，燃料加热方式已越来越受到限制，电能加热越来越受到提倡，中频感应加热以其加热速度快，加热均匀，坯料表面氧化、脱碳少，加热效率高，对环境无污染，劳动条件好，便于实现机械化、自动化等优势，将成为中小锻件精密锻造前首选的加热方式。

感应加热时，钢材的烧损率约为0.5%，为了达到无氧化加热的要求，可在感应加热炉内通入保护气体，保护气体有惰性气体，如氮、氩、氦等，还原性气体，如CO和H_2的混合气。感应加热也存在电能消耗大，加热成本偏高，设备投资较大，不能加热复杂形状的产品的缺点。

3.5.2 介质保护加热

介质保护加热是用保护介质把金属坯料表面与氧化性炉气机械隔开进行加热的方法。介质保护加热可以避免氧化,实现少无氧化加热。保护介质按物质形态不同分为气体保护介质、固体保护介质和液体保护介质。

当锻件形状复杂,一火不能锻造成形时,常采用气体介质保护加热。

常用的气体保护介质有惰性气体、天然气、石油液化气、不完全燃烧的煤气或分解氨等。向电阻炉内通入保护气体,使炉内呈正压,可以防止外界空气进入炉内,坯料便能实现少无氧化加热。

精密锻造加热采用的马弗炉即为气体保护介质加热,如图 3-24 所示。炉中马弗管通常由碳化硅、刚玉等高级耐火材料制成。加热时坯料在马弗管内,并向马弗管内不断通入保护气体,高温炉气在马弗管外燃烧,通过高温马弗管辐射传热间接加热坯料。这样坯料与氧化性炉气隔开,从而实现了少无氧化加热。这种方法多用于小锻件加热,但是,坯料出炉后温度较高,表面还会产生二次氧化。

固体介质保护加热(涂层保护加热)是将特制的涂料涂在坯料表面,加热时随着温度的升高涂层逐渐熔融,形成一层致密不透气的涂料薄膜,牢固地粘结在坯料表面,把坯料和氧化性炉气隔离,从而防止氧化。坯料出炉后,涂层可防止二次氧化,在模锻中起润滑作用。

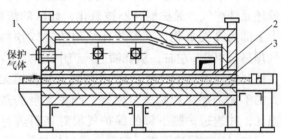

图 3-24 通保护气体的马弗炉示意图
1—烧嘴 2—马弗管 3—坯料

保护涂层按其构成不同分为玻璃涂层、玻璃陶瓷涂层、玻璃金属涂层、金属涂层、复合涂层等。精密锻造加热中应用最广的是玻璃涂层。

涂料的涂敷方法有浸涂、刷涂、喷枪喷涂和静电喷涂等。涂敷前应先将坯料表面通过喷砂等处理清理干净,不允许存在油污脏物,以便使涂料和坯料表面结合牢固。涂层要求均匀,厚度一般为 0.15~0.25mm,涂层过厚容易剥落,太薄不起保护作用。涂后先在空气中自然干燥,再放入低温烘干炉内进行烘干。或者将湿粉涂在预热到 120℃ 左右坯料上,涂后湿粉立即干固,并能很好地粘附在毛坯表面。涂层干燥后即可装炉加热。

涂层保护加热的优点是坯料适用范围广,加热设备类型不受限制,操作简便,涂层具有良好的保护和润滑作用,提高了锻件的表面质量和精度,同时,延长了模具寿命。玻璃涂层保护加热方法,目前在我国的钛合金、不锈钢和高温合金航空锻件生产中得到了较广泛的应用。其缺点是对涂刷工艺操作要求严格,有些涂料在坯料冷却后不能自行脱落。

液体介质保护加热常见的保护介质有熔融玻璃、熔融盐等,盐浴炉加热便是液体介质保护加热的一种。

3.5.3 少无氧化火焰加热

在燃料(火焰)炉内,通过控制高温炉气的成分和性质,即利用燃料不完全燃烧所产生的中性炉气或还原性炉气,来实现金属坯料的少无氧化加热,这种加热方法称为少无氧化火焰加热。这种加热方法成本低,炉子通用性较强,坯料的形状尺寸不受限制,是应用最广泛的一种方法。

钢料在火焰炉内加热时，炉气主要成分是 CO_2、O_2、H_2O、CO、H_2 和 N_2。其中 CO_2、O_2、H_2O 等是氧化性气体，CO、H_2 等是还原性气体，CO_2、O_2、H_2O 等氧化性气体与钢料表面会发生氧化与脱碳反应，但这是一个可逆反应，即 CO、H_2 等还原性气氛占优势时，会发生还原反应。在一定条件下，这些反应可以达到平衡。

常见的少无氧化火焰加热炉有一室两区敞焰少无氧化加热炉、隔顶式少无氧化火焰加热炉及平焰少无氧化加热炉（采用先进的平焰烧嘴）等。

图 3-25 所示为一室两区敞焰少无氧化加热原理图。在同一炉内分成两个不同的燃烧区，控制燃料分层进行不同性质的燃烧。下部为低温无氧化区，从烧嘴进入的煤气多、空气少，控制空气消耗系数小于或等于少无氧化加热所要求的许用空气消耗系数，使燃料不完全燃烧，形成还原性炉气，保护钢料不被氧化，此区的炉温较低。炉中上部为高温氧化区，安装在炉顶的空气预热器，将空气预热至 400℃ 左右，从烧嘴进入炉中的煤气少、空气多，控制空气消耗系数大于 1，使煤气及从低温无氧化区进入的不完全燃烧产物完全燃烧，产生大量的热，形成高温区，并透过炉膛下部的保护气层对坯料进行辐射传热，使坯料达到锻造温度，实现少无氧化加热。

图 3-25　一室两区敞焰少无氧化加热原理图

少无氧化加热炉结构简单，加热成本低，坯料的适应性广，烧损率一般在 0.3% 或 0.1% 以下，为普通火焰炉的 1/40～1/30，能够满足精密锻造工艺的要求。但是防止脱碳的效果不好，有待进一步完善。

思 考 题

1. 金属锻前加热的方法有哪几种？有色金属为什么一般采用电加热？
2. 金属锻前加热的主要缺陷有哪几种？产生的原因是什么？有哪些防止措施？
3. 锻造温度范围如何确定？为什么中碳钢要加热到单相区锻造，而高碳钢要加热到双相区锻造？
4. 锻造加热规范包括哪些内容？为什么要采用多段加热规范？
5. 如何确定装炉温度、加热速度？均热保温的目的是什么？
6. 少无氧化加热有哪些方法？各有什么特点？
7. 试述一室两区敞焰少无氧化加热的结构特点？

第 4 章 自由锻造工艺

4.1 概述

自由锻是利用简单的通用性工具，或在锻压设备的上下砧块之间使被加热的金属产生塑性变形，从而获得所需形状、尺寸和性能的锻件的一种加工方法。

根据锻造设备的类型及作用力性质的不同，自由锻可分为手工自由锻和机器自由锻。手工自由锻主要用于生产中小型锻件，如小型工具或用具，它是利用简单的工具靠人力直接对坯料进行锻打而获得所需锻件的一种方法。机器自由锻造简称自由锻，机器自由锻根据其所使用的设备类型不同，又可分为锻锤自由锻和水压机自由锻两种，它是依靠专用的自由锻设备和专用工具对坯料进行锻打，来改变坯料的形状、尺寸和性能，从而获得所需锻件的一种加工方法。机器自由锻主要用以锻造大型或者较大型的自由锻件。

自由锻工艺所研究的内容主要包括金属在自由锻过程中的变形规律和特点以及如何提高锻件质量的方法。自由锻一般以热、冷轧型坯和初锻毛坯或钢锭坯等作为所用原材料。对于碳钢和低合金钢的中小型锻件，其所用原材料大多是经过锻轧的型坯，这类坯料内部质量较好，在锻造时主要是解决成形问题；要灵活应用各种工序，选择恰当的工具，从而提高成形效率并准确地获得所需零件的形状和尺寸。而对于大型锻件和高合金钢锻件，其所用原材料为内部组织较差的钢锭，由于其内部组织存在较多缺陷，如成分偏析、夹杂、气泡、缩孔和疏松等缺陷，所以，其锻造时关键的问题是改变性能和提高锻件质量。

自由锻相对其他锻造工艺的优点是所用工具简单，通用性强，灵活性大。因此，自由锻非常适合于单件、小批量的生产。此外，由于自由锻在成形时坯料是经过逐步的局部变形来完成的，工具与坯料部分接触，所以对生产同样尺寸锻件，自由锻所需设备的功率比模锻所需设备的功率要小得多，因此自由锻也非常适合于大型锻件的生产。比如万吨自由锻水压机可锻造几十甚至几百吨以上的大型锻件，而万吨模锻水压机却只能锻造几百千克的锻件。自由锻的缺点是：锻件精度低，加工余量大，劳动强度大，生产率低等。

自由锻的应用领域主要是制造大型锻件较多，如重型机器制造工业、冶金、电站设备、造船、航空、矿山机械以及机车车辆制造等领域。对于小型锻件，自由锻多应用于农机器具、工具、工装夹具、非标准紧固和定位件生产等。此外，自由锻有时和模锻配合使用，为模锻工序中完成制坯件的生产，这样可使模锻过程中锻模结构得以简化并可减轻模锻设备的负担。

4.2 自由锻工序及自由锻件分类

4.2.1 自由锻工序组成

自由锻件在成形过程中，由于其形状的不同而导致所采用的变形工序也不同，自由锻的变形工序有许多种，为应用方便起见，通常将自由锻工序按其性质和作用分为三大类：基本工序、辅助工序和修整工序。各种自由锻工序的简图见表4-1。

表4-1 自由锻工序简图

基本工序		
镦粗	拔长	冲孔
芯轴扩孔	芯轴拔长	弯曲
切割	错移	扭转
辅助工序		
压钳把	倒棱	压痕
修整工序		
校正	滚圆	平整

（1）基本工序 较大幅度地改变坯料形状和尺寸的工序，是锻件变形与变性的核心工序，也是自由锻的主要变形工序，如镦粗、拔长、冲孔、芯轴扩孔、芯轴拔长、弯曲、切割、错移、扭转等。

（2）辅助工序 为了配合完成基本变形工序而做的工序。如预压夹钳把、钢锭倒棱和缩颈倒棱、阶梯轴分锻压痕（锻阶梯轴时，为了使锻出来的过渡面平整齐直，需在阶梯轴变截面处压痕或压肩）等。

（3）修整工序 当锻件在基本工序完成后，需要对其形状和尺寸作进一步精整，使其达所要求的形状和尺寸的工序。如镦粗后对鼓形面的滚圆和截面滚圆、凸凹面和翘曲面的压平和有压痕面的平整、端面平整、锻斜后或拔长后弯曲的校直和校正等。

4.2.2 自由锻件分类

由于自由锻方法灵活，工艺通用性较强，其锻件形状复杂程度各有所异，为了便于安排生产和制订工艺规程，通常将自由锻件按其工艺特点进行分类，即把形状特征相同、变形过程类似的锻件归为一类。这样，可将自由锻件共分为七类：实心圆柱体轴杆类锻件、实心矩形断面类锻件、盘饼类锻件、曲轴类锻件、空心类锻件、弯曲类和复杂形状类锻件。

各类锻件分类简图见表4-2。

表 4-2 自由锻件分类

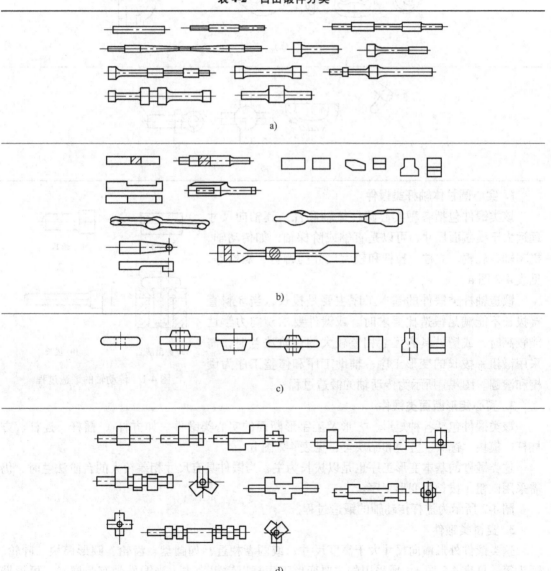

（续）

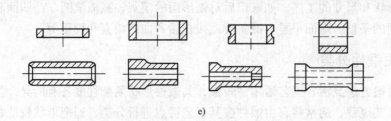

e)

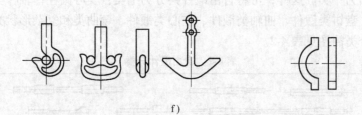

f)

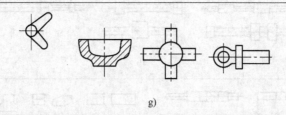

g)

1. 实心圆柱体轴杆类锻件

该类锻件包括各种实心圆柱体轴和杆，其轴向尺寸远远大于横截面尺寸，可以是直轴或阶梯轴，如传动轴、机车轴、轧辊、立柱、拉杆和较大尺寸的铆钉、螺栓等，见表4-2图a。

锻造轴杆类锻件的基本工序主要是拔长，当坯料直接拔长不能满足锻造比要求时，或锻件要求横向力学性能较高时，或锻件具有尺寸相差较大的台阶法兰时，需采用镦粗＋拔长的变形工序；辅助工序和修整工序为倒棱和滚圆。图4-1所示为传动轴的锻造过程。

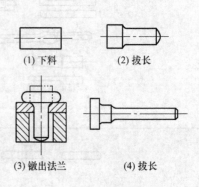

图 4-1　传动轴的锻造过程

2. 实心矩形断面类锻件

该类锻件包括各种矩形、方形及工字形断面的实心类锻件。如方杆 、摇杆、连杆、方杠杆、模块、锤头、方块和砧块等，见表4-2图b。

这类锻件的基本变形工序也是以拔长为主，当锻件具有尺寸相差较大的台阶法兰时，仍需采用镦粗＋拔长的变形工序。

图4-2所示为摇杆传动轴的锻造过程。

3. 盘饼类锻件

这类锻件外形横向尺寸大于高度尺寸，或两者相近，如圆盘、齿轮、圆形模块、叶轮、锤头等，见表4-2图c。所采用的主要变形工序是以镦粗为主。当锻件带有凸肩时，可根据凸肩尺寸的大小，分别采用垫环镦粗或局部镦粗。如果锻件带有可以冲出的孔时，还需采用冲孔工序。随后的辅助工序和修整工序为倒棱、滚圆、平整等。图 4-3 所示分别为齿轮和锤头的锻造过程。

4. 曲轴类锻件

这类锻件为实心轴类，锻件不仅沿轴线有截面形状和面积变化，而且轴线有多方向弯曲，包括各种形式的曲轴，如单拐曲轴和多拐曲轴等，见表 4-2 图 d。

锻造曲轴类锻件的基本工序是拔长、错移和扭转。锻造曲轴时，应尽可能采用那些不切断纤维和不使钢材心部材料外露的工艺方案，当生产批量较大且条件允许时，应尽量采用全纤维锻造。另外，在扭转时，尽量采用小角度扭转。辅助工序和修整工序为分段压痕、局部倒棱、滚圆、校正等。图 4-4 所示为三拐曲轴的锻造过程，图 4-5 所示为 195 型单拐曲轴的全纤维锻造工艺过程。

5. 空心类锻件

这类锻件有中心通孔，一般为圆周等壁厚锻件，轴向可有阶梯变化，如各种圆环、齿圈、炮筒、轴承环和各种圆筒（异形筒）、空心轴、缸体、空心容器等，见表 4-2 图 e。

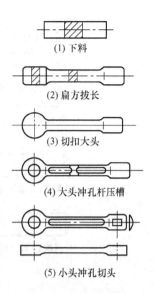

(1) 下料

(2) 扁方拔长

(3) 切扣大头

(4) 大头冲孔杆压槽

(5) 小头冲孔切头

图 4-2　摇杆传动轴的锻造过程

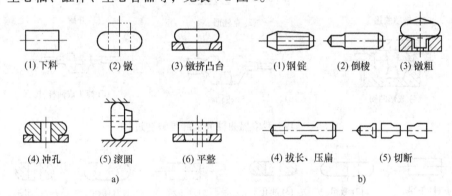

(1) 下料　(2) 镦　(3) 镦挤凸台　(1) 钢锭　(2) 倒棱　(3) 镦粗

(4) 冲孔　(5) 滚圆　(6) 平整　(4) 拔长、压扁　(5) 切断

a)　　　　　　　　　　　　　　b)

图 4-3　盘饼类锻件的锻造过程

a) 齿轮的锻造过程　b) 锤头的锻造过程

空心类锻件所采用的基本工序为镦粗、冲孔，当锻件内、外径较大或轴向长度较长时，还需要增加扩孔或芯轴拔长等工序；辅助工序和修整工序为倒棱、滚圆、校正等。图 4-6 所示分别为圆环和圆筒的锻造过程。

6. 弯曲类锻件

这类锻件具有弯曲的轴线，一般为沿弯曲轴线一处弯曲或多处弯曲，截面可以是等截面，也可以是变截面。弯曲可能以是对称或非对称弯曲，如各种吊钩、弯杆、铁锚、船尾架、船架等，见表 4-2 图 f。

锻造该类锻件的基本工序是拔长、弯曲。当锻件上有多处弯曲时，其弯曲的次序一般是先弯端部及弯曲部分与直线部分的交界处，然后再弯其余的圆弧部分。对于形状复杂的弯曲件，弯曲时最好采用垫模或非标类工装等，以保证形状和尺寸的准确性并提高生产效率。该类锻件的辅助工序和修整工序为分段压痕、滚圆和平整。图 4-7 所示为弯曲类锻件的锻造

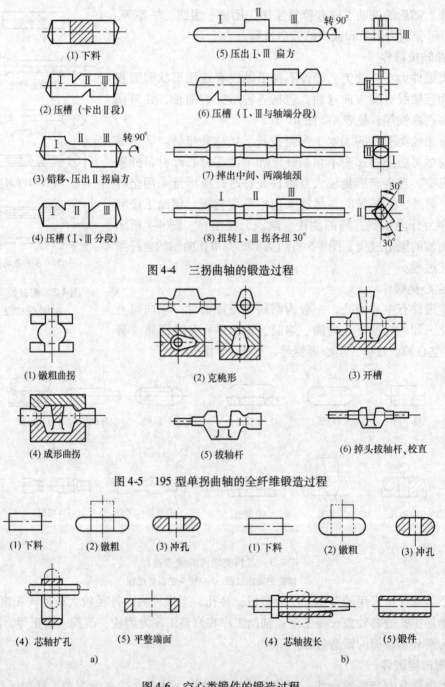

(1) 下料　　(5) 压出 Ⅰ、Ⅲ 扁方

(2) 压槽（卡出 Ⅱ 段）　　(6) 压槽（Ⅰ、Ⅲ 与轴端分段）

(3) 错移、压出 Ⅱ 拐扁方　　(7) 摔出中间、两端轴颈

(4) 压槽（Ⅰ、Ⅲ 分段）　　(8) 扭转 Ⅰ、Ⅲ 拐各扭 30°

图 4-4　三拐曲轴的锻造过程

(1) 镦粗曲拐　　(2) 克桃形　　(3) 开槽

(4) 成形曲拐　　(5) 拔轴杆　　(6) 掉头拔轴杆、校直

图 4-5　195 型单拐曲轴的全纤维锻造过程

(1) 下料　(2) 镦粗　(3) 冲孔　　(1) 下料　(2) 镦粗　(3) 冲孔

(4) 芯轴扩孔　(5) 平整端面　　(4) 芯轴拔长　(5) 锻件

a)　　　　　　　　　b)

图 4-6　空心类锻件的锻造过程
a）圆环的锻造过程　b）圆筒的锻造过程

过程。

7. 复杂形状类锻件

这类锻件是除了上述六类锻件以外的其他复杂形状锻件，也可以是由上述六类锻件中某些特征所组成的复杂锻件，如羊角、高压容器封头、十字轴、吊环螺钉、阀体、叉杆等，见表 4-2 图 g。

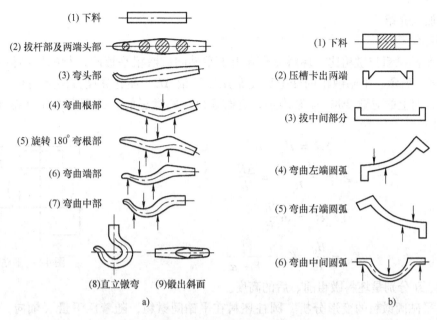

图 4-7 弯曲类锻件的锻造过程

a) 20t 吊钩的锻造过程　b) 卡瓦的锻造过程

由于这类锻件锻造难度较大，所用辅助工具较多，因此，在锻造时应合理选择锻造工序，保证锻件顺利成形。

4.3 自由锻基本工序分析

基本工序是自由锻件在变形过程中的核心工序，了解和掌握自由锻每种基本工序中的金属流动规律和变形分布，对合理选择成形工序、准确分析锻件质量和制订锻件自由锻工艺规程是非常重要的。

4.3.1 镦粗

使坯料高度减小而横截面增大的成形工序称为镦粗。在坯料上某一部分进行的镦粗叫做局部镦粗。镦粗工序是自由锻基本工序中最常见的工序之一。

镦粗的目的在于：

1）由横截面积较小的坯料得到横截面积较大而高度较小的坯料或锻件。

2）增大冲孔前坯料的横截面积以便于冲孔、平整端面。

3）反复镦粗、拔长，可提高下一步坯料拔长的锻造比。

4）反复镦粗和拔长可使合金钢中碳化物破碎，达到均匀分布。

5）提高锻件的力学性能和减小力学性能的异向性。

在镦粗过程中，坯料的变形程度、应力和应变场分布与坯料的形状、尺寸和镦粗的方式有很大关系，其变化差别很大。

镦粗从原料来分可分为圆截面镦粗、方截面镦粗、矩形截面镦粗等；从镦粗方式来分可分为平砧镦粗、垫环镦粗和局部镦粗。下面仅以圆截面坯料的平砧镦粗、垫环镦粗和局部镦粗的内容加以介绍。

1. 平砧镦粗

(1) 平砧镦粗与镦粗比 坯料完全在上下平砧间或镦粗平板间进行的压制称为平砧镦粗。如图4-8所示。平砧镦粗的变形程度常用压下量 ΔH、坯料高度方向上的相对变形 ε_e、坯料高度方向上的对数变形 ε_H 来表示，有时还以坯料镦粗前后的高度之比（镦粗比）K_H 来表示，即

$$\Delta H = H_0 - H$$

$$\varepsilon_e = \frac{H_0 - H}{H_0} = \frac{\Delta H}{H_0}$$

$$e_H = \ln \frac{H_0}{H}$$

$$K_H = \frac{H_0}{H} \quad K_H = \frac{1}{1 - \varepsilon_e}$$

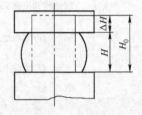

图4-8 平砧镦粗

式中 H_0、H 分别是坯料镦粗前、后的高度。

(2) 平砧间镦粗的变形分析 圆柱坯料在平砧间镦粗，随着压下量（轴向）的增加，径向尺寸不断增大。由于坯料与工具之间的接触面存在着摩擦，造成坯料变形分布不均匀，从而使镦粗后坯料的侧表面出现鼓形，即中间直径大，上下两端直径小，如图4-8所示。

同时，通过采用对称面网格法的镦粗实验和有限元模拟，可以看到刻在坯料上的网格镦粗后的变化情况，如图4-9所示。从对试件变形前后网格的测量和计算可以看出镦粗时坯料内部的变形是不均匀的，此外，由图还可以看出，在变形过程中，其应力和应变沿径向和轴向都是不均匀分布的。

变形区按变形程度大小大致可分为三个区。区域Ⅰ属于难变形区，该变形区受端面摩擦影响，变形十分困难，变形程度很小，其原因主要是工具与坯料端面之间摩擦力的影响，这种摩擦力使金属变形所需的单位压力增高。区域Ⅱ属于大变形区，该变形区处于坯料中段内部，受摩擦影响小，应力状态有利于变形，因此变形程度最大。区域Ⅲ属于小变形区，该区变形程度介于区域Ⅰ和区域Ⅱ之间。区域Ⅲ的变形是由于区域Ⅱ的金属向外流动时对其产生压应力所引起，并使其在切向产生拉应力，越靠近坯料表面切向拉应力越大，当切向拉应力超过材

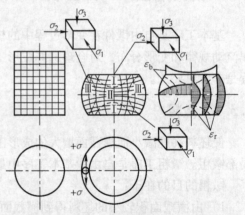

图4-9 平砧镦粗时变形分布与应力状态

料当时的抗拉强度或切向应变超过材料允许的变形程度时，便引起纵向裂纹的产生。低弹塑性材料由于抗剪切能力弱，常在侧表面45°方向上产生裂纹。

此外，在平板间镦粗热毛坯时，产生变形不均匀的原因除工具与毛坯接触面的摩擦影响外，温度不均也是一个很重要的因素，与工具接触的上下端金属（Ⅰ区）由于温度降低块，变形抗力大，故比Ⅱ区的金属变形困难。由于此原因，在镦粗锭料时Ⅰ区金属的铸态组织不易被破碎和再结晶，结果仍然保留粗大的铸态组织。而Ⅱ区的金属由于变形程度大且温度

高，铸态组织被破碎和再结晶充分，从而形成细小晶粒的锻态组织，而且锭料中部的原有孔隙也被焊合。

由上述可见，镦粗时产生鼓肚、侧表面裂纹和内部组织不均匀都是由于变形不均匀所引起。因此，为保证内部组织均匀和防止侧表面裂纹产生，应改善或消除引起变形不均匀的因素或采取合适的变形方法。

（3）减小镦粗时产生鼓肚和裂纹的措施

1）使用润滑剂和预热工具。镦粗低弹塑性材料时可使用玻璃粉、玻璃布和石墨粉等作为润滑剂，为防止变形金属温度降低过快，镦粗时所用的工具应预热至 200 ~ 300℃。

2）侧凹坯料镦粗。锻造低弹塑性材料或大锻件时，镦粗前可将坯料预压成凹形（图 4-10a），可以明显提高镦粗时的允许变形程度，这是因为侧凹形坯料在镦粗时，在侧凹面上产生径向压应力分量（图 4-10b 和图 4-10c），对侧表面的纵向开裂起阻止作用，并减小鼓肚形状产生。

通常获得侧凹坯料的方法有铆镦与端面辗压，如图 4-11 所示。

图 4-10　侧凹坯料镦粗时的受力情况

3）采用软金属垫镦粗。镦粗时，在工具与坯料之间放置一块温度不低于坯料温度的软金属垫板或垫环（图 4-12），由于放置了这种易变形的金属软垫，变形金属不直接受工具的作用，软垫的变形抗力较低，易先发生变形并拉着金属向外作径向流动，使端头金属在变形过程中不易形成难变形区，从而使坯料变形均匀。

对于高径比较大的坯料，在变形前期可能形成侧凹，继续镦粗可减小鼓形，获得较大的变形量。

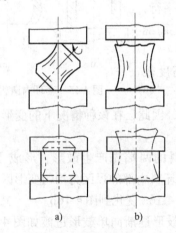

图 4-11　铆镦与端面辗压

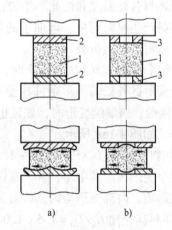

图 4-12　软金属垫镦粗
1—坯料　2—板状软垫　3—环状软垫

4）采用铆镦、叠料镦粗。铆镦就是预先将坯料端部局部成形，然后再重击镦粗把中间内凹部分镦出，使其变成圆柱形。对于小批料，可先将坯料放斜轻击，旋转打棱成图 4-13a 的形状，然后再放正镦粗（图 4-13b 和图 4-13c）。高速钢坯料在镦粗时常因出现鼓形而产生纵向裂纹，为了防止产生纵向裂纹，常用此铆镦方法。

叠料镦粗主要用于扁平的圆盘类锻件。将两件坯料叠起来镦粗，直到形成鼓形后，再把坯料上下翻转180°对叠，继续镦粗，如图4-14所示。叠料镦粗不仅能使金属变形均匀，而且能显著降低其变形抗力。

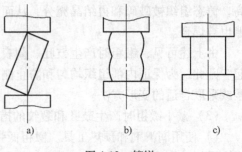

图4-13　铆镦

5）套环内镦粗。这种镦粗方法是在坯料外圈加一个碳钢外套，如图4-15所示。靠套环的径向压应力来减小坯料由于变形不均匀而引起的外侧表面附加拉应力，镦粗后将外套去掉。这种方法主要用于镦粗低塑性的高合金钢等。

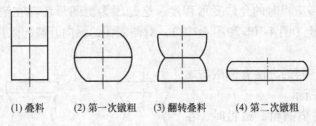

(1) 叠料　　(2) 第一次镦粗　　(3) 翻转叠料　　(4) 第二次镦粗

图4-14　叠料镦粗过程

6）反复镦粗与侧面修直。在镦粗坯料产生鼓形后，可以通过圆周侧压将鼓形修直，再继续镦粗，这样可以消除鼓形表面上的附加拉应力，同时可以获得侧面平直、没有鼓形的镦粗锻件。

（4）镦粗与高径比的关系

1）坯料高径比为 $H_0/D_0 > 3$ 时，坯料镦粗时易产生失稳，导致纵向弯曲。尤其在当坯料端面不平或与坯料轴线不垂直，或坯料各处温度和性能不均匀，或锤砧上下面不平行，都会使坯料产生纵向弯曲。弯曲了的坯料若不及时校正而继续镦粗，就可能产生折叠。

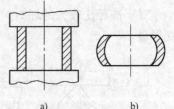

图4-15　套环内镦粗

2）坯料高径比 $H_0/D_0 < 0.5$ 时，由于坯料相对高度较小，三个变形区各处的变形条件相差不太大，坯料的上下变形区 I 相接触，当继续变形时，该区也产生一定的变形，因此，在该种情况下的变形，鼓肚相对较小，如图4-16d所示。

3）坯料高径比 $D_0/H_0 = 2.5 \sim 1.5$ 时，开始在坯料的两端先产生鼓形，形成 I 、 II 、 III 、 IV 四个变形区。其中 I 、 II 、 III 区与前述相同，而坯料中部的 IV 区为均匀变形区。该区不受摩擦影响，内部变形均匀，侧面保持圆柱形，如图4-16a变化到图4-16b。

4）坯料高径比 $H_0/D_0 = 1.5 \sim 1.0$ 时，由开始的双鼓形逐渐向单鼓形过渡如图4-16b变化到4-16c。

由上述可见，坯料在镦粗过程中，鼓形是不断变化的，其变化规律如图4-17所示。镦粗开始阶段鼓形逐渐增大，当达到最大值后又逐渐减小。如果坯料体积相等，高坯料（H_0/D_0 大）产生的鼓形比矮坯料（H_0/D_0 小）产生的鼓形要大。

（5）镦粗时应注意的事项

1）为了避免镦粗时产生纵向失稳弯曲，圆柱体坯料高径比不宜超过2.5～3，在2～2.2

范围内最好；方形或矩形截面坯料，其高度和较小基边之比不应大于 3.5 ~ 4。

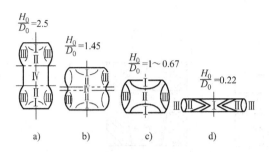

图 4-16 不同高径比坯料镦粗时
鼓形情况与变形分布
Ⅰ—难变形区 Ⅱ—大变形区
Ⅲ—小变形区 Ⅳ—均匀变形区

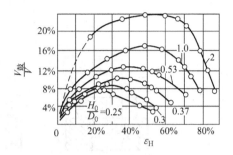

图 4-17 不同高径比坯料镦粗过
程中鼓形体积的变化
V—坯料体积 $V_{鼓}$—鼓形体积

2）镦粗前坯料断面应平整，端面与轴线要垂直，且加热温度要均匀，镦粗时要使坯料围绕它的轴线不断地转动，坯料发生弯曲时必须立即校正。

3）对有皮下缺陷的锭料，镦粗前应进行倒棱制坯，可使皮下缺陷得以焊合，以免在镦粗时表面产生裂纹。

4）为了减小镦粗时所需的力量，坯料应加热到其所允许的最高温度。

5）镦粗时每次的压下量应小于材料所允许的变形范围。

2. 垫环镦粗

坯料在单个垫环上或两个垫环间进行镦粗称为垫环镦粗，又称为镦挤，如图 4-18 所示。这种镦粗方法可用于锻造带有单边或双边凸台的齿轮或带法兰的饼类锻件。由于锻件凸台和高度比较小，采用的坯料直径要大于环孔直径，因此，垫环镦粗变形实质属于镦挤变形。

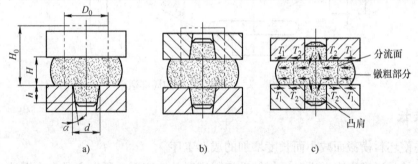

图 4-18 垫环镦粗

垫环镦粗既有挤压又有镦粗，它和平砧镦粗的不同点是：金属既有径向流动，增大锻件外径，也有向环孔中的轴向流动，增加凸台高度。由此可知，金属在变形时必然存在一个使金属分流的分界面，这个面被称为分流面，而且，在镦挤过程中分流面的位置是在不断变化的，如图 4-18c 所示。分流面的位置与下列因素有关：坯料高径比（H_0/D_0）、环孔与坯料直径之比（d/D_0）、变形程度（ε_H）、环孔侧斜度（α）及摩擦条件等。

3. 局部镦粗

坯料只在局部长度上（端部或中间）产生镦粗变形，称为局部镦粗，如图 4-19 所示。这种镦粗方法可以锻造凸台直径较大和高度较高的饼块类锻件，如图 4-19a 所示，或端部带有较大法兰的轴杆类锻件，如图 4-19b 所示，此外，还可镦粗双凸台类的锻件，如图 4-19c 所示。

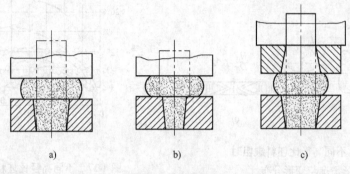

图 4-19　局部镦粗

局部镦粗时的金属流动特征与平砧镦粗相似，但受不变形部分的影响，称为"刚端"影响。

局部镦粗成形时的坯料尺寸，应按杆部直径选取。局部镦粗时变形部分的坯料同样存在产生纵向失稳弯曲的问题，为了避免镦粗时产生纵向弯曲，坯料变形部分高径比 $H_{头}/D_0$ 不应大于 3。对于头部较大而杆部较细的锻件，一般不能采用局部镦粗，而是用大于杆部直径的坯料，采取先镦粗头部，然后再拔长杆部，或者先拔长杆部，然后再镦粗头部的方法，如图 4-20 所示。

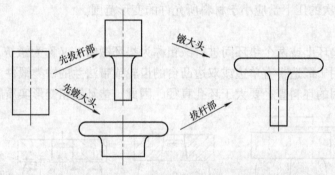

图 4-20　头大杆细类锻件的局部镦粗

4.3.2　拔长

拔长是使坯料横截面减小而长度增加的成形工序。

由于拔长是通过逐次送进和反复转动坯料进行压缩变形，所以它是自由锻造生产中耗费时间最多的一个工序（拔长工序约占工作总台时的 70%）。因此，在保证锻件质量的前提下，如何提高拔长效率显得尤为重要。

1. 拔长类型

按坯料拔长所使用的工具不同，拔长可分为平砧拔长、型砧拔长和芯轴拔长三类。根据坯料截面形状不同，拔长又可分为矩形截面拔长、圆截面拔长和空心截面拔长三类。下面仅以第一种分类方式加以介绍。

（1）平砧拔长　平砧拔长是生产中用得最多的一种拔长方法。在平砧拔长过程中有以下几种坯料截面变化情况。

1）方→方截面拔长。它是将较大的方形截面坯料，经拔长后得到截面尺寸较小的方形锻件的过程，亦称为方截面坯料拔长，如图 4-21 所示。矩形截面拔长也属于这一类。

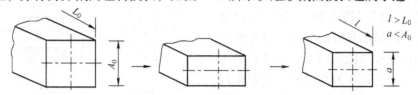

图 4-21　方截面坯料拔长

2）圆→方截面拔长。它是将圆截面坯料经拔长后得到方截面锻件的拔长，除最初变形过程不同外，以后的拔长过程的变形特点与方截面坯料拔长相同，如图 4-22 所示。

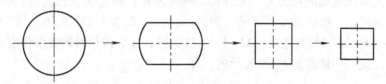

图 4-22　圆截面坯料拔长

3）圆→圆截面拔长。它是将较大尺寸的圆截面坯料，经拔长后得到较小尺寸圆截面锻件，称为圆截面坯料拔长。这种拔长过程是由圆截面锻成四方截面、八方截面，最后倒角滚圆，获得所需直径的圆截面锻件，如图 4-23 所示。

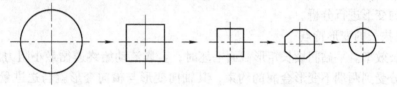

图 4-23　平砧拔长圆截面坯料时的截面变化过程

（2）型砧拔长　型砧拔长是指将坯料放在 V 型砧或圆弧型砧中进行的拔长。其中 V 型砧拔长又可有两种方式：一是在上平砧下 V 型砧上拔长；二是在上、下 V 型砧中拔长，如图 4-24 所示。

型砧拔长主要用于拔长低弹塑性材料和为了提高拔长效率，它是利用型砧的侧面压力限制金属的横向流动，迫使金属沿轴向伸长。

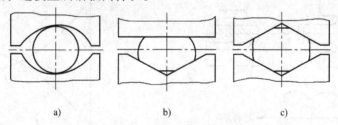

a)　　　　　　　　　b)　　　　　　　　　c)

图 4-24　在型砧中拔长

a) 圆弧型砧　b) 上平砧下 V 型砧　c) 上下 V 型砧

（3）芯轴拔长　芯轴拔长也称空心件拔长，空心件通常为管件，这类坯料拔长时，在孔中穿一根芯轴。芯轴拔长是一种减小空心坯料外径（壁厚）并增加其长度的锻造工序，用于锻制长筒类锻件，如图 4-25 所示。

2. 拔长变形过程分析

（1）拔长时的变形参数　拔长是在长坯料上局部进行压缩（图4-26），属于局部加载、局部受力、局部变形的情况。其变形区的变形和金属流动与镦粗相近，但又有别于自由镦粗，因为它是在两端带有不变形金属的镦粗。此时，变形区金属的变形和流动除了受工具的影响外，还受其两端不变形金属的影响。

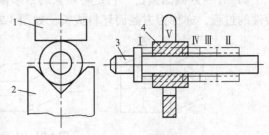

图 4-25　芯轴拔长
1—上砧　2—V型砧　3—芯轴　4—坯

若拔长前变形区金属的长为 l_0、宽为 b_0、料高为 h_0，则 l_0 称为送进量，l_0/b_0 称为相对送进量，也称进料比。拔长后变形区的长为 l、宽为 b、高为 h（图4-26），则 $\Delta h = h_0 - h$ 称为压下量，$\Delta b = b - b_0$ 称为展宽量，$\Delta l = l - l_0$ 称为拔长量。拔长时的变形程度是以坯料拔长前后的截面积之比——锻造比 K_L 来表示的，即

$$K_L = \frac{A_0}{A} = \frac{h_0 b_0}{hb}$$

式中，A_0 是坯料拔长前的截面积（mm^2）；A 是坯料拔长后的截面积（mm^2）；h_0、b_0 是坯料拔长前的高度和宽度（mm）；h、b 是坯料拔长后的高度和宽度（mm）。

（2）拔长时的变形分析　下面分别对不同形状的坯料在平砧间拔长、型砧内拔长和芯轴上拔长时的变形进行分析。

1）平砧拔长的变形特点

① 拔长效率。平砧间拔长矩形截面毛坯时，金属流动始终遵循最小阻力定律的原则，由于拔长部分受到两端不变形金属的约束，其轴向变形与横向变形就与送进量 l_0 有关，如图4-26所示。

当 $l_0 = b_0$ 时，$\Delta l \approx \Delta b$；当 $\Delta l_0 < b_0$ 时，则 $\Delta l > \Delta b_0$，轴向变形程度 ε_1 较大，横向变形程度 ε_b 较小；当 $l_0 > b_0$ 时，$\Delta l < \Delta b$，横向变形程度 ε_b 较大，轴向变形程度 ε_1 较小，轴向变形程度 ε_1 与横向变形程度 ε_b 随相对送进量 l/b 的变化情况如图4-27所示。

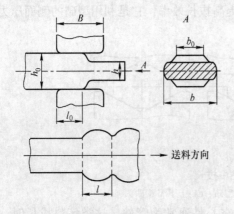
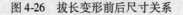

图 4-26　拔长变形前后尺寸关系

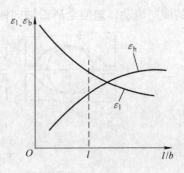

图 4-27　轴向与横向变形程度随相对送进量的变化情况

由图 4-27 可以看出，随着 l/b 的不断增大，ε_1 逐渐减小，ε_b 逐渐增大，当 $l/b = 1$ 时，$\varepsilon_1 > \varepsilon_b$，即拔长时沿横向流动的金属量少于沿轴向流动的金属量。而在自由镦粗时，沿轴向和横向流动的金属量相等，这是拔长时两端不变形金属的影响造成的，它阻止了变形区金属的横向变形和流动。由此可见，采用小送进量时，有利于坯料的轴向拔长而不利于坯料的展宽，即 $\varepsilon_1 > \varepsilon_b$，有利于提高拔长效率。但送进量不能太小，否则会增加总的压下次数，反而降低拔长效率，另一方面还会造成表面缺陷。

此外，拔长效率与相对压缩程度 ε_h 和相对压缩量 l_i/h_i 也有很大关系。相对压缩程度 ε_h 大时，压缩所需的次数可以减小，故可以提高生产率，但在生产实际中，对于塑性较差的金属材料，应选择适当的变形程度；对于塑性较好的金属材料，也要适当控制其变形程度，应控制在每次压缩后的宽度 b_i 与高度 h_i 之比 $b_i/h_i < 2.5$，否则在下一次翻转 $90°$ 再压缩时坯料有可能发生弯曲和折叠。

相对压缩量的确定主要考虑了避免拔长时缺陷的产生。在实际生产中确定相对压缩量时常取 $l_i/h_i = 0.5 \sim 0.8$ 较为合适，绝对送进量常取 $l_t = (0.4 \sim 0.8)B$，B 为平砧的宽度。

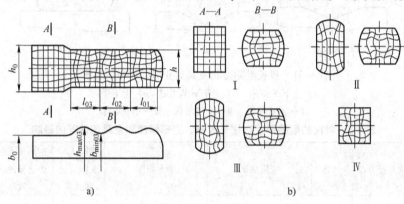

图 4-28　拔长时坯料截面的变化

a) 拔长时坯料纵向剖面的网格变化　b) 拔长时坯料横向剖面的网格变化

② 拔长时的变形与应力分布。矩形截面坯料在平砧间拔长时的每一次压缩，其内部的变形情况与镦粗很相似，通过网格法的拔长实验和有限元模拟可以证明这一点，如图 4-28 所示。所不同的是拔长有"刚端"影响，表面应力分布和中心应力分布与拔长时的各变形参数有关。如当送进量小时（$l_i/h_i < 0.5$），拔长变形区出现双鼓形，这时变形集中在上下表面层，中心不但锻不透，而且出现轴向拉压力，如图 4-29a 所示。当送进量大时（$l_i/h_i > 1$），拔长变形区出现单鼓形。这时心部变形很大，能锻透，但在鼓形的侧表面和棱角处受拉应力，如图 4-29b 所示。

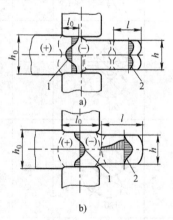

图 4-30 所示为拔长时压下量对变形分布的影响。由图可以看出，增大压下量，不但可以提高拔长效率，还可以加大心部变形程度，有利于锻合锻件内部缺陷。但变形量的大小应根据材料的塑性好坏而定，以避免产生缺陷。

图 4-29　送进量对变形和应力的影响

a) $l_0/h_0 < 0.5$　b) $l_0/h_0 > 1$

1—轴向应力　2—轴向变形

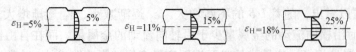

图 4-30　拔长时压下量对变形分布的影响

ε_H—相对压下量

2）型砧拔长的变形特点。型砧拔长是为了解决圆形截面坯料在平砧间拔长时轴向伸长小、横向展宽大而采用的一种拔长方法。如图 4-31 所示，坯料在型砧内受到砧面法线方向的侧向压力，可以减小坯料的横向流动，迫使金属沿轴向流动，提高拔长效率。一般在型砧内拔长比平砧间拔长提高生产率 20% ~ 40%。

当采用圆弧型砧和 V 型砧（图 4-24）时，由于型砧弧段包角 α 不同，其对拔长效率、变形程度、金属塑性和表面质量的影响也不同，常用的型砧形状及使用情况见表 4-3。

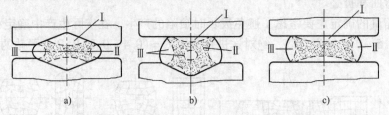

图 4-31　拔长型砧形状及其对变形区分布的影响

a) 上下 V 型砧　b) 上平下 V 型砧　c) 上下平砧

Ⅰ—难变形区　　Ⅱ—大变形区　　Ⅲ—小变形区

表 4-3　常用的型砧形状对拔长效率、变形程度和金属塑性等的影响

序号	型砧形状及受力点	展宽	应用情况	变形程度	相同压缩次数的表面质量	相同压下量和送进量的拔长效率	能锻造的直径范围
1	60°	实际上没有	用于塑性很低的金属	变形深透（中心部分有较大变形）	很高	很高	很小
2	90° 90°	不大	用于塑性低的金属	变形深透	较低	高	很小
3	120° 120°	中等	用于塑性中等的金属	沿断面变形较均匀	较低	高	小
4	135° 90°	中等	用于塑性中等的金属	外层变形大，中心变形较小	低	中等	较小

（续）

序号	型砧形状及受力点	展宽	应用情况	变形程度	相同压缩次数的表面质量	相同压下量和送进量的拔长效率	能锻造的直径范围
5		较大	用于塑性中等的金属	外层变形大中心变形小	低	中等	较大
6		大	用于塑性较好的金属	外层变形大中心变形小	高	较低	大

3）芯轴拔长的变形特点。芯轴上拔长与矩形截面坯料拔长一样，被上下型砧压缩的那一部分金属是变形区，其左右两侧金属为外端，变形区又可分为 A 区和 B 区，如图 4-32 所示。其中 A 区是直接受力区，B 区是间接受力区。B 区的受力和变形主要是由 A 区的变形引起的。

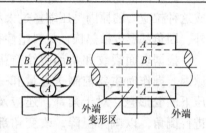

图 4-32　芯轴拔长时金属的变形流动情况

在平砧上拔长时，变形的 A 区金属沿轴向和切向流动，当 A 区金属沿轴向流动时，借助外端的作用拉着 B 区金属一道伸长，而 A 区金属沿切向流动时，则受到外端的限制，因此，芯轴拔长时外端起着重要的作用。外端对 A 区金属切向流动的限制越强烈，越有利于变形金属的轴向伸长；反之，则不利于变形区金属的轴向流动。如果没有外端的存在，则在平砧上拔长的环形件将被压成椭圆形，并变成扩孔变形。

外端对变形区金属切向流动限制的能力与空心件的相对壁厚（即空心件壁厚与芯轴直径的比值 t/d）有关。t/d 越大时，限制的能力越强；t/d 越小时，限制的能力越弱。

当 t/d 较小时，即外端对变形区金属切向流动限制的能力较小时，可以将下平砧改为 V 型砧，以便借助工具的侧向压力来阻止 A 区金属的切向流动。当 t/d 很小时，可将上下砧都采用 V 型砧。

芯轴拔长过程中的主要质量问题是孔内壁裂纹（尤其是端部孔壁）和壁厚不均。孔壁裂纹产生的原因是：经一次压缩后内孔扩大，转一定角度再次压缩时，由于孔壁与芯轴间有一定间隙，在孔壁与芯轴上下端压靠之前，内壁金属由于弯曲作用受切向拉应力，如图 4-33 所示。另外，内孔壁长时间与芯轴接触，温度较低，塑性较差，当应力值或伸长率超过材料允许的变形指标时便产生裂纹。为了防止孔壁裂纹的产生，锻件两端部锻造终了的温度比一般的终锻温度高 100～150℃；锻造前芯

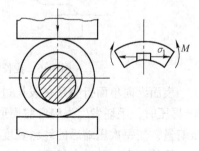

图 4-33　芯轴拔长时内壁金属的受力情况

轴应预热到 150～250℃。

在芯轴上拔长后取出芯轴也是一个重要问题，应采取以下两点措施：

① 在芯轴上做出 1/100～1/150 的锥度，一头有凸缘。表面加工应比较平滑，使用时应涂水剂石墨作润滑剂。

② 按照一定顺序拔长，如图 4-34 所示，以使内孔壁与芯轴形成间隙，尤其是最后一遍拔长时应特别注意。在锻造时如果芯轴被锻件"咬住"（芯轴与锻件分不开），可将锻件放在平砧上，沿轴线轻压一遍，然后翻 90°再轻压使锻件内孔扩大一些，即可取出芯轴。

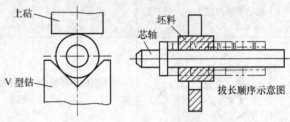

图 4-34　芯轴拔长

3. 坯料拔长时易产生的缺陷与防止措施

（1）表面横向裂纹与角部裂纹　在平砧上拔长低弹塑性材料和锭料时，在坯料外部常常引起表面横向裂纹和角部裂纹，如图 4-35 所示，其开裂部位主要是受拉应力作用，而造成这种拉应力的原因是压缩量过大和送进量过大（出现单鼓形）。而角部裂纹除了变形原因外，因角部温度散热快，材料塑性有所降低，并且产生了温度附加拉应力而引起的。

根据表面裂纹和角部裂纹产生的原因，操作时主要控制送进量和一次压下的变形量；对于角部，还应及时进行倒角，以减少温降，改变角部的应力状态，避免裂纹产生。

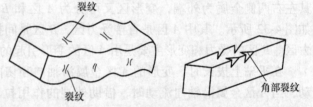

图 4-35　表面裂纹与角部裂纹

（2）表面折叠　表面折叠分为横向折叠与纵向折叠。折叠属于表面缺陷，一般经打磨后可去除，但较深的折叠会使锻件报废。

表面横向折叠的产生，主要是送进量过小与压下量过大所引起的，如图 4-36 所示。当送进量 $l_0 < \Delta h/2$ 时易产生这种折叠。因此，避免这种折叠的措施是增大送进量 l_0，使每次送进量与单边压缩量之比大于 1～1.5，即 $l_0/(\Delta h/2) > 1～1.5$。

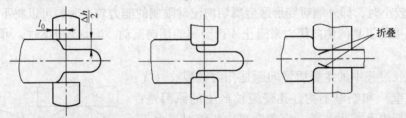

图 4-36　拔长横向折叠形成过程示意图（$l_0 < \Delta h/2$ 时）

表面纵向单面折叠是在拔长过程中，前一次毛坯被压缩得太扁，即 $b/h > 2.5$，当翻转 90°再压时，毛坯发生失稳弯曲而形成的，如图 4-37 所示。避免产生这种折叠的措施是减小压缩量，使每次压缩后的坯料宽度与高度之比小于 2.5（即 $b/h < 2.5$）。

另外还有一种纵向折叠，是在纠正坯料菱形截面时所产生的。这种折叠比较浅，一般为双面同时形成，如图 4-38 所示。这类折叠多数发生在有色金属拔长时。避免这种折叠的措

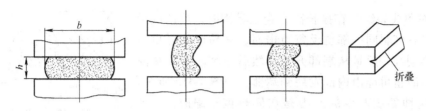

图 4-37 纵向折叠形成过程示意图

施是，在坯料拔长过程中，控制好翻转角度为 90°，避免坯料出现菱形截面，同时还应注意选择合适的操作方式。

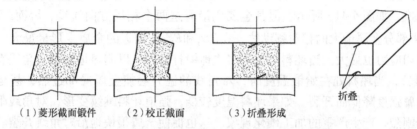

（1）菱形截面锻件   （2）校正截面   （3）折叠形成

图 4-38 截面校正时折叠形成过程示意图

（3）内部纵向裂纹   内部纵向裂纹也称为中心开裂。这种裂纹除了隐藏在锻件内部外，有可能沿轴线方向发展到锻件的端部。有时，也会由端部随着拔长的深入而向锻件内部发展，如图 4-39a 所示。这种裂纹的产生，主要是在平砧上拔长圆截面坯料时，拔长进给量太大，压下量相对较小，金属沿轴向流动小，而横向流动大，而且中心部分没有锻透所引起，如图 4-39c 所示。方截面坯料在倒角时，其坯料受力状况与在平砧上拔长圆截面相似，但变形量过大则会引起中心开裂，如图 4-39b 所示。

为了防止内部纵向裂纹的产生，通常需要选择合理的压下量和进给量，使坯料中心部分得到足够量的变形，并确保金属沿轴向流动大于横向流动。另外，还可以采用 V 型砧拔长，以减小横向流动的金属在锻件中心造成大的拉应力。对于方截面坯料，在倒角时应采用轻击，减小一次变形量，尤其对塑性较差的材料，可采用型砧倒角的方法。

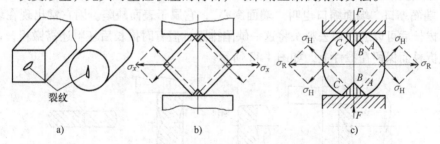

a)   b)   c)

图 4-39 拔长时内部纵向裂纹与坯料受力情况

a）锻件内部裂纹 b）方截面坯料倒角 c）圆截面坯料压扁

（4）内部横向裂纹   图 4-40 所示为拔长时锻件内部产生的横向裂纹，主要是由于相对压下量太小（$l_0/h_0 < 0.5$）、拔长变形区出现双鼓形，而中心部位受到轴向拉应力的作用，如图 4-29a 所示，从而产生中心横向裂纹。为了避免这种裂纹的产生，可适当增大相对送进量，控制一次压下量。改变变形区的变形特征，避免出现双鼓形，使坯料变形区内应力分布合理。对于塑性较差的合金钢等材料，要选择合适的变形量。

（5）对角线裂纹　在拔长高合金工具钢时，当送进量较大，并且在坯料同一部位反复重击时，常易产生对角线裂纹。该类裂纹一般是从端部开始，然后沿轴向向坯料内部发展，有时也可能由内部发展到端部，如图 4-41a 所示。一般认为这种裂纹产生的原因是在坯料被压缩时，A 区（难变形区）的金属（图 4-41b）带着靠近它的 a 区金属向坯料中心方向移动，而 B 区金属带着靠近它的 b 区金属向两侧流动。因此，a、b 两区的金属向着两个相反方向流动，当坯料翻转 90°再锻打时，a、b 两区相互调换，如图 4-41c 所示。但其金属仍沿着这两个相反方向流动，因而 $\overline{DD_1}$ 和 $\overline{EE_1}$ 便成为 a、b 两部分金属最大的相对移动线，在 $\overline{DD_1}$ 和 $\overline{EE_1}$ 线附近的金属变形量最大，且在此线附近产生的切应力也最大。当坯料被反复多次地锻打时，可以明显地看到对角线有温升现象（热效应引起），当坯料处在始锻温度时，对角线的温升会使金属局部过热，甚至过烧，引起对角线金属强度降低而开裂。如果坯料温度较低，强迫坯料继续变形，对角线附近金属相对流动过于剧烈，产生严重的加工硬化现象。这也促使金属很快地沿对角线开裂。

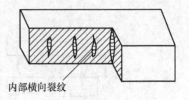

图 4-40　拔长时锻件的内部横向裂纹

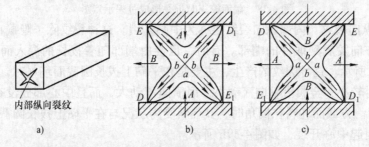

图 4-41　对角线裂纹与坯料变形情况

为了避免拔长坯料沿对角线开裂，必须控制锻造温度、进给量的大小，避免金属变形部分横向流动大于轴向流动，还应注意一次变形量不能过大和反复在同一个部位上连续翻转锻打。在锻造低塑性的合金工具钢时，要特别注意。

（6）端面缩口　端面缩口也叫"端面窝心"，它属于表面缺陷。因它常出现在坯料的端面心部，拔长后可以通过切去料头将这一缺陷排除，但有时拔长后坯料还需镦粗，这时缩口就会形成折叠而保留在锻件上，如图 4-42 所示。

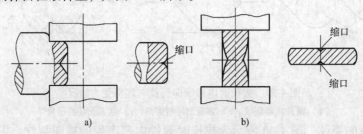

图 4-42　拔长和侧面修直时坯料端面缩口

a）拔长　b）侧面修直后镦粗

这种缺陷的产生，主要是拔长的首次送进量太小，表面金属变形，中心部位金属未变形或变形较小而引起的。因此，防止的措施是：坯料端部变形时，应保证有足够的送进量和较大的压缩量，使中心部位金属得到充足的变形。

端部拔长的长度应满足下列规定：

对矩形截面坯料（图4-43a），当 $B/H > 1.5$ 时，$A > 0.4B$；当 $B/H < 1.5$ 时，$A > 0.5B$。

对圆形截面坯料（图 4-43b），$A > 0.3D$。

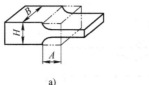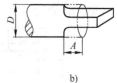

图4-43 端部拔长时的坯料长度

（7）孔壁端部裂纹 孔壁端部裂纹指在芯轴上拔长时，由于受到芯轴表面的摩擦影响，以及内表面由于与芯轴接触温度比外表面低，变形抗力较大，使空心件外表面金属比内表面流动快而造成的裂纹。此时，端部形成内喇叭口，如图4-44a所示。当继续拔长时，端部金属温度较低，而中空的环形径向坯料又处于受压状态，其受压部位的内表面受切向拉应力作用，如图4-44b所示，便在端部的内孔表面产生了裂纹。

为了提高拔长效率和防止孔壁裂纹的产生，一般采取以下防止措施：

1）当 $t/d > 0.5$ 时，一般采用上平砧下 V 型砧拔长。

2）当 $t/d \leqslant 0.5$ 时，上下均采用 V 型砧拔长。

3）如果在平砧上拔长，必须将坯料先锻成六边形，达到一定尺寸后，再倒角修圆。

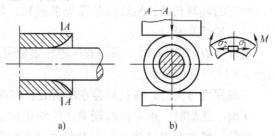

图4-44 芯轴拔长时端部金属受力情况

4）拔长时为了避免两端温度降低过快，应先拔长两端，顺序如图4-34所示。

5）芯轴在使用前应预热至 $150 \sim 250℃$。

4. 拔长操作方法

拔长操作方法是指坯料在拔长时的送进与翻转方法，一般有三种，如图4-45所示。

（1）螺旋式翻转送进法 每压下一次，坯料翻转 $90°$，每次翻转为同一个方向，连续翻转，如图4-45a所示。这种方法坯料各面的温度均匀，因此变形也较均匀，用于锻造台阶轴时，可以减小各段轴的偏心。

（2）往复翻转送进法 每次往复翻转 $90°$，如图4-45b所示。用该方法时，坯料只有两个面与下砧接触，而这两个面的温度较低。一般这种方法用于中小型锻件的手工操作中。

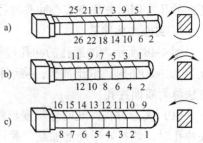

图4-45 拔长操作方法

（3）单面压缩法 即沿整个坯料长度方向压缩一面后，翻转 $90°$ 再压缩另一面，如图4-45c所示。这种方法常用于锻造大型锻件。因为这种操作易使坯料发生弯曲，在拔长另一面之前，应先翻转 $180°$ 将坯料校直后，再翻转 $90°$ 拔长另一面。

另外，在拔长短坯料时，可从坯料一端拔至另一端；而拔长长坯料或钢锭时，则应从坯料的中间向两端拔。

采用以上的操作方法，还应注意拔长第二遍时的变形位置，应与前一遍的变形位置错开，如图4-46所示。这样可使锻件沿轴向的变形趋于均匀，并改变表面和心部的应力状态，避免缺陷的产生。

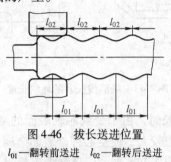

图 4-46　拔长送进位置

l_{01}—翻转前送进　l_{02}—翻转后送进

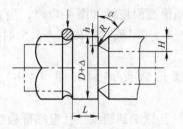

图 4-47　分段拔长时压痕与压肩

5. 压痕与压肩

在锻造阶梯轴类锻件时，为了锻出台阶和凹挡，应先用三角压棍压肩或用圆压棍压痕，切准所需的坯料长度，然后再分段局部拔长，如图 4-47 所示。这样可使过渡面平齐，减小相邻区的拉缩变形。

通常当 $H < 20\text{mm}$ 时，采用圆压棍压痕便可：当 $H > 20\text{ mm}$ 时，应先压痕再压肩，压肩深度 $h = (1/2 \sim 2/3) H$。

压肩深度过大时，拔长后会在压肩处留有深痕或折叠，严重时可使锻件报废。

压痕、压肩时，也有拉缩现象，拉缩值的大小与压肩工具的形状和锻件凸肩的长度有关。为此，锻件凸肩（法兰）部分的直径要留有适当的修整量 Δ，以便最后进行精整。

4.3.3　冲孔

在坯料上用冲子冲出通孔或不通孔的锻造工序称为冲孔。不通孔通常称为盲孔。

冲孔工序主要用于冲出锻件上带有的盲孔或通孔（大于 $\phi 30\text{ mm}$），或为后续工序需要扩孔或需要拔长的空心件预先冲出通孔。

通常将冲孔分为开式冲孔和闭式冲孔两大类。在实际生产中，使用最多的是开式冲孔。开式冲孔常用的方法有实心冲头冲孔、空心冲头冲孔和在垫环上冲孔三种。

1. 实心冲头冲孔

图 4-48 所示为冲通孔的冲孔过程。将实心冲头从坯料的一端冲入，当孔深达到坯料高度 70% ~80% 时，取出冲头，将坯料翻转 $180°$，再用冲头从坯料的另一面把孔冲穿。这种方法称为双面冲孔。

（1）实心冲头冲孔时坯料变形特点　由于实心冲头冲孔时，坯料处于局部加载，整体受力和整体发生变形的状态。这种整体变形的应力、应变状态可以用简化的方式来分析，如图 4-49 所示。坯料分为冲头下面的圆柱区 A 和 A 区以外的圆环区 B 两部分。在冲孔过程中，圆柱区 A 受冲头的作用发生镦粗变形，但 A 区金属又受到 B 区金属的约束，使其受到较大的三向压应力的作用，其变形为轴向缩短、径向和切向伸

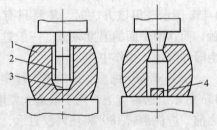

图 4-48　实心冲头冲孔

1—坯料　2—冲垫　3—冲子　4—芯料

长，而 B 区金属在 A 区金属的挤压下，径向扩大，同时轴向产生拉缩。随着冲头下压，A 区金属不断向 B 区转移，B 区圆环外径也相应扩大。B 区的受力和变形主要是由于 A 区的变形

引起的，使其处于径向、轴向受压、切向受拉的应力状态，变形为切向伸长、径向缩短、轴向先缩短后伸长（图 4-49）。

上述变形过程和坯料形状的变化规律与坯料外径 D_0 和冲头直径 d 有很大关系，如图 4-50 所示。

当 $D_0/d \leqslant 2 \sim 3$ 时，外径明显增大，上端面拉缩严重，如图 4-50a 所示；

当 $D_0/d = 3 \sim 5$ 时，端面几乎没有拉缩，而外径仍有增大，如图 4-50b 所示；

当 $D_0/d > 5$ 时，因环壁较厚，扩径困难，多余金属由上端面挤出，形成环形凸台，如图 4-50c 所示。

（2）冲孔坯料尺寸计算

1）冲孔后坯料外径的计算。冲孔后坯料外径可按下式估算，即

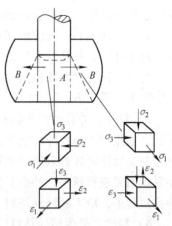

图 4-49　冲孔时的应力应变简图

$$D = 1.13 \sqrt{\frac{1.5}{H} \left[V + A_{\text{冲}}(H - h) - 0.5 A_{\text{坯}} \right]}$$

式中，V 是坯料的体积（mm^3）；$A_{\text{冲}}$ 是冲头的横截面面积（mm^2）；$A_{\text{坯}}$ 是坯料的横截面面积（mm^2）；H 是冲孔后坯料的高度（mm）；h 是孔底余料（冲头下面的坯料）的厚度（mm）。

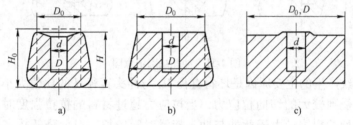

图 4-50　冲孔时坯料形状变化的情况

2）冲孔件坯料高度的计算。实心冲头冲孔，在 $D_0/d \geqslant 2.5 \sim 3$，$H_0 \leqslant D_0$ 时，坯料原始高度可按以下式考虑：

当 $D_0/d \geqslant 5$ 时，取 $H_0 = H$；

当 $D_0/d < 5$ 时，取 $H_0 = (1.1 \sim 1.2)H$。

实心冲头冲孔的优点是操作简单，芯料损失少，芯料高度 $h \approx 0.25H$。这种方法广泛用于孔径范围在 $30 \sim 400mm$ 的冲孔锻件。

（3）冲孔时易产生的缺陷及防止措施　冲孔时如果操作不当、坯料尺寸不合适、坯料温度不均匀等，可能会使锻件形状"走样"，产生孔冲偏、斜孔、裂纹等缺陷。下面分别介绍各种缺陷产生的原因及防治措施。

1）走样。开式冲孔时，坯料高度减小，外径上小下大，上端面中心下凹，下端面中心凸起的现象统称为走样，如图 4-50a 所示。

产生这种变形的原因主要是由于环壁厚度 D_0/d 太小，D_0/d 越小，冲孔件走样越严重。因此，一般在冲孔前，应将坯料镦至 $D_0/d > 3$ 后再冲孔，冲孔后可进行端面整平，以达到锻件的尺寸要求。

2）孔冲偏。冲孔过程中孔冲偏也是常见到的一个问题，如图 4-51a 所示。

引起孔冲偏的原因很多，如冲子放偏、环形部分金属性质不均、坯料加热温度不均匀、冲头各处的圆角和斜度不一致等，均可产生孔冲偏。针对上述原因，冲孔初期，先用冲头在坯料上压一浅印，经目视观察确定冲印在坯料中心后，再在原位继续下冲。如果因坯料温度不均匀引起的偏心，就应该注意坯料在加热时，使坯料温度均匀后再进行冲孔。此外，应尽量采用平冲头，并使冲头各处的圆角和斜度加工的均匀一致。

另外，冲孔时原坯料高度越高，越容易冲偏。因此，坯料高度 H_0 一般要小于 D_0，在个别情况下，采用 $H_0/D_0 \leqslant 1.5$。

3）斜孔。冲孔时产生斜孔的情况也时有发生，如图 4-51b 所示。产生冲斜孔也有诸多原因，如操作不当，坯料或工具不规范，坯料两端不平行，冲头端面与轴线不垂直，冲头本身弯曲，操作时坯料未转动或转动不均匀，冲头压入坯料初产生倾斜等。因此，在冲孔前，坯料端面要进行压平，冲头要标准；在冲头压入坯料后，要检查冲头是否与坯料端面垂直；冲孔过程中，应不断转动坯料，尽量使冲头受力均匀。

4）裂纹。低弹塑性材料或坯料温度较低时，则在开式冲孔过程中常在坯料外侧面和内孔圆角处产生纵向裂纹，如图 4-51c 所示。

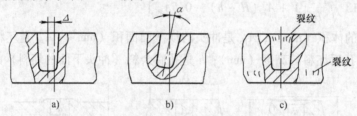

图 4-51　冲孔缺陷示意图

外侧表面裂纹产生的主要原因是坯料直径 D_0 与冲头直径 d 的比值太小，坯料冲孔时使得外侧表面金属受到较大的切向拉应力，当拉应力超过材料的抗拉强度时，便产生裂纹破坏。而内孔圆角处的裂纹是由于此处与冲头接触时间较长、温度降低较多造成坯料塑性降低，加之冲头一般都有锥度，当冲头向下运动时，此处被连续胀大而开裂。

防止冲孔时产生裂纹的方法：一是增大 D_0/d 的比值，减小冲孔坯料走样程度；二是冲低弹塑性材料时，不仅要求冲头锥度要小，而且要采用多次加热冲孔的方法，逐步冲成。

2. 空心冲头冲孔

大型锻件在水压机上冲孔时，当孔径大于 400mm 时，一般采用空心冲头冲孔，如图 4-52 所示。冲孔时坯料形状变化较小，但芯料损失较大。当锻造大锻件时，能将钢锭中心质量差的部分冲掉。为此，钢锭冲孔时，应把钢锭冒口端向下。

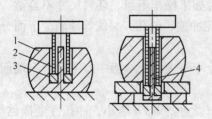

图 4-52　空心冲头冲孔

1—坯料　2—冲垫　3—冲子　4—芯料

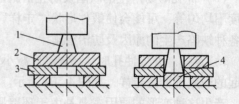

图 4-53　在垫环上冲孔

1—冲子　2—坯料　3—垫环　4—芯料

3. 垫环上冲孔

垫环上冲孔过程如图 4-53 所示。冲孔时坯料形状变化很小，但芯料损失较大，芯料高度为 $h = (0.7 \sim 0.75)H$。这种冲孔方法只适应于高径比 $H/D < 0.125$ 的薄饼类锻件。

4.3.4 扩孔

减小空心坯料壁厚而使其内、外径增大的锻造工序称为扩孔。

扩孔工序用于锻造各种带孔锻件和圆环类锻件。

在自由锻中，常用的扩孔方法有冲子扩孔、芯轴扩孔（又称马杠扩孔或马架扩孔）和辗压扩孔。另外，还有楔扩孔、液压扩孔和爆炸扩孔等不太常用的一些方法。

此外，从变形区的应变情况来看，扩孔又可分为拔长类扩孔（如芯轴扩孔和辗压扩孔）和胀形类扩孔（如冲子扩孔、楔扩孔、液压扩孔和爆炸扩孔等）。

以下仅介绍冲子扩孔、芯轴扩孔和辗压扩孔。

1. 冲子扩孔

如图 4-54 所示，冲子扩孔是采用直径比空心坯料内孔要大并带有锥度的冲子，穿过坯料内孔而使其内、外径扩大，从坯料变形特点看，冲子扩孔时，坯料径向受压应力，切向受拉应力，轴向受很小压应力，与开式冲孔时 B 区的受力情况近似，坯料尺寸的相应变化是壁厚减薄，内、外径扩大。

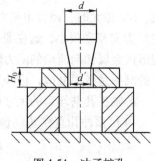

图 4-54　冲子扩孔

由于冲子扩孔时坯料切向受拉应力，如果扩孔量过大，很容易将坯料胀裂。故每次扩孔量不宜过大，一般可参考表 4-4 选用。

表 4-4　冲子扩孔每次允许的扩孔量

坯料预冲孔直径 d_0/mm	扩孔量/mm
30 ~ 115	25
120 ~ 270	30

根据经验，当锻件质量小于 30kg 时，冲孔后可直接扩孔 1 ~ 2 次，再加热一火，允许再扩孔 2 ~ 3 次；当锻件质量大于 30kg 时，冲孔后可直接扩孔一次，再加热一火，允许再扩孔 2 ~ 3 次。

冲子扩孔一般用于 $D_0/d > 1.7$ 和 $H \geq 0.125D_0$ 且壁厚不太薄的锻件（D_0 为锻件外径）。

2. 芯轴扩孔

图 4-55a 所示为芯轴扩孔示意图，它是将芯轴穿过空心坯料并放在"马架"上，然后将坯料每转过一个角度压下一次，逐渐将坯料的壁厚压薄、内外径扩大。因此，这种扩孔也称为马架上扩孔。

芯轴扩孔的应力、应变情况与冲子扩孔不同，它近似于拔长。但它与长轴件的拔长又不同，它是环形坯料沿圆周方向的拔长，是局部加载，整体受力，局部变形。从图 4-55b 可知，坯料变形区为一扇形体，与芯轴接触面较窄，与上砧接触面较宽，也就是说在一次压下的变形中，孔内侧金属比外侧金属流动量要少，而变形区的金属主要沿切向和宽度（坯料高度）方向流动。这时除宽度（坯料高度）方向的流动受到变形区两侧金属（外端）的限制外，切向流动也受到限制。外端对变形区金属切向流动的阻力大小与相对壁厚（t/d）有

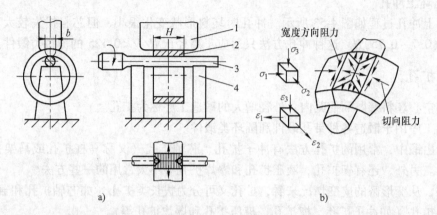

a)   b)

图 4-55 芯轴扩孔

1—扩孔型砧 2—锻件 3—芯轴（杠） 4—支架（架）

关。t/d 越大时，阻力也越大。芯轴扩孔时金属坯料主要是沿切向流动，而在宽度（坯料高度）方向流动很小，这主要是因为，一般情况下芯轴扩孔的锻件相对壁厚（t/d）较小，对变形区金属切向流动的阻力限制较小，再加上变形区沿切向的长度远小于宽度，因此，其变形的结果是壁厚减薄，内外径扩大，宽度略有增加。

芯轴扩孔前坯料的尺寸可按以下方法计算。

（1）预冲孔直径 d_0 预冲孔直径 d_0 计算公式为

$$d_0 = \frac{1.1}{3}D$$

式中，D 是锻件直径（mm）；1.1 是考虑冲孔芯料和金属烧损的系数。

（2）坯料外径 D_0 坯料外径 D_0 按体积不变原理进行计算，即

$$D_0 = 1.13\sqrt{\frac{V_{锻}}{H}}$$

式中，H 是锻件高度（mm）；$V_{锻}$ 是锻件体积（mm³）（应考虑火耗）。

（3）坯料高度 H_0 因扩孔后坯料高度略有增加，则坯料高度 H_0 应比锻件高度略小。对碳钢和合金钢，冲孔前的坯料高度 H_0 可按下式估算，即

$$H_0 = \frac{H}{K}$$

式中，K 是展宽系数，可按图 4-56 求出。

求解步骤是 $d/d_0 \rightarrow d_0/H \rightarrow K \rightarrow H_0$。

扩孔所用芯轴相当于一根受均布载荷的梁，随着锻件壁厚的减薄，芯轴上所受的载荷变大，为了保证芯轴的强度和刚度，其尺寸大小应合适，并且马架的跨距也不宜过大。如果芯轴太细，不但容易折断，还会使锻件内壁形成梅花压痕。因此，锤上扩孔时，芯轴最小直径可参考表 4-5 选用。

为了使坯料内孔表面光滑，芯轴直径可随孔径扩大而增大，一般可更换三次芯轴。

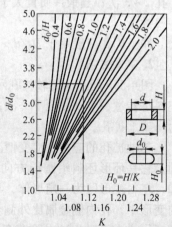

图 4-56 展宽量系数 K 的选择图

表4-5　锤上芯轴扩孔用最小芯轴直径

锻锤吨位/t	0.3 ~ 0.5	0.75	1.0	2.0	3.0	5.0
芯轴最小直径/mm	40	60	80	100	120	160

芯轴扩孔时，为保证锻件壁厚均匀，每次转动量和压缩量应尽可能一致。另外，在批量生产时，为提高扩孔的效率，可以采用窄上砧（$b = 100 ~ 150$mm）。

在水压机上扩孔时，芯轴最小尺寸可参考另外的相关资料。

3. 辗压扩孔

图4-57所示为辗压扩孔工作原理图，环形坯料1套在芯辊2上，在气缸压力F的作用下，旋转的辗压轮压下，坯料壁厚减薄，金属沿切线方向伸长（轴向也有少量展宽），坯料内、外径尺寸增大，在摩擦力F_f的作用下，辗压辊3带动环形坯料和芯辊2一起转动。因此，坯料的变形是一个连续的局部变形。当环的外径增大到与导向辊4接触时，使环在外径增大的同时产生弯曲变形，使环的中心线向左偏移，另外，导向辊在辗压过程中能使环转动平稳，环的中心不发生左右摆动。当环外圈与信号辊5接触时，辗压轮停止下压，并开始回程，辗压完成。锻件的外径尺寸由辗压终了时辗压辊、导向辊和信号辊三者的位置决定。

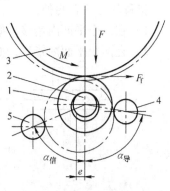

图4-57　辗压扩孔工作原理图
1—环形坯料　2—芯辊　3—辗压辊
4—导向辊　5—信号辊

辗压扩孔时的应力、应变和变形情况与芯轴扩孔相同，辗压扩孔时一般压下量较小，故具有表面变形的特征。为了保证辗压件的质量，根据生产实践经验，导向辊与机床中心线夹角$\alpha_导$应大于65°，信号辊与机床中心线夹角$\alpha_信$应大于55°。

辗压工艺有如下优点：

1）锻件精度比其他自由锻方法高，金属流线分布均匀，零件的使用寿命较长。

2）材料利用率比其他自由锻方法可提高10% ~ 20%，切削加工时间可减少15% ~ 25%。

3）劳动条件好。

用辗压扩孔生产环形件的尺寸范围很广，直径范围为40 ~ 5000mm，质量可达6t或更高。在辗压机上可以轧制火车轮箍、轴承套圈、齿圈和法兰环等环形锻件。

4.3.5　弯曲

将坯料弯曲成规定外形的锻造工序称为弯曲，这种方法可用于锻造各种弯曲类锻件，如起重吊钩、弯曲轴杆等。

坯料在弯曲时，弯曲变形区的金属内侧受压缩，可能产生折叠，外侧金属受拉伸，容易引起裂纹，而且弯曲处坯料断面形状要发生畸变，如图4-58所示，断面面积减小，长度略有增加。弯曲半径越小，弯曲角度越大，上述现象越严重。

由于上述原因，坯料弯曲时，一般将坯料断面比锻件断面增大10% ~ 15%，锻时先将不弯曲部分拔长到锻件尺寸，然后再进行弯曲成形。

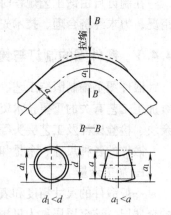

图4-58　弯曲坯料截面变化情况

当锻件有数处弯曲时，弯曲的次序一般是先弯端部及弯曲部分与直线部分的交界处，然后再弯其余的圆弧部分。

4.3.6 错移

将坯料的一部分相对另一部分平行错移开的锻造工序称为错移。这种方法常用于锻造曲轴类锻件等。

错移的方法有两种：

1）在一个平面内错移，如图 4-59a 所示。

2）在两个平面内错移，如图 4-59b 所示。

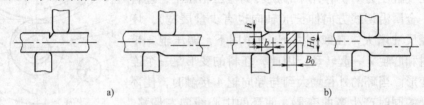

图 4-59　错移
a）在一个平面内错移　b）在两个平面内错移

错移前坯料压肩的尺寸可按下式确定，即

$$h = \frac{H_0 - 1.5d}{2} \qquad b = \frac{0.9V}{H_0 B_0}$$

式中，H_0、B_0 是坯料高与宽（mm）；d、V 是锻件轴颈直径（mm）和轴颈体积（mm³）。

4.4　自由锻工艺规程的制订

自由锻工艺规程一般包括以下内容：①根据零件图绘制锻件图；②确定坯料的质量和尺寸；③制订变形工艺和确定锻造比；④选择锻造设备；⑤确定锻造温度范围，制订坯料加热和锻件冷却规范；⑥制订锻件热处理规范；⑦制订锻件的技术条件和检验要求；⑧填写工艺规程卡片等。

在制订自由锻工艺规程时，必须密切结合现有的生产条件、设备能力和技术水平等实际情况，力求经济合理、技术先进，并能确保正确指导生产。

4.4.1　锻件图的制订与绘制

锻件图是编制锻造工艺、设计工具、指导生产和验收锻件的主要依据，也是联系其他后续加工工艺有关的重要技术资料。它是在零件图的基础上考虑了加工余量、锻造公差、锻造余块、检验试样及工艺夹头等因素绘制而成的。

锻件的各种尺寸、余量和公差的关系如图 4-60 所示。

1. 加工余量

一般锻件的尺寸精度和表面粗糙度达不到零件图的要求，锻件表面应留有供机械加工用的金属层，该金属层称为机械加工余量（简称余量）。

余量大小主要取决于零件的形状尺寸、加工精度、表面质量要求、锻造加热质量、设备工具精度和操作技术水平等。对于非加工面，则无须加放余量。零件公称尺寸加上余量，即为锻件公称尺寸。

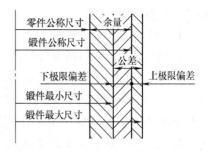

图 4-60　锻件的各种尺寸、余量和公差的关系

2. 锻造公差

锻造生产中，由于各种因素的影响，如终锻温度的差异，锻压设备、工具的精度和工人操作技术水平的差异，锻件实际尺寸不可能达到公称尺寸，允许有一定的偏差，这种偏差称为锻造公差，锻件尺寸大于其公称尺寸的偏差称为上极限偏差（正偏差），小于其公称尺寸的偏差称为下极限偏差（负偏差）。锻件上各部位不论是否需机械加工，都应注明锻造公差。通常锻造公差为余量的 1/4~1/3。

锻件的余量和公差具体数值可查阅相关标准确定。

3. 锻造余块

为了简化锻件外形或根据锻造工艺需要，零件上较小的孔、狭窄的凹槽、直径差较小而长度不大的台阶等（图 4-61）难于锻造的地方，通常都需填满金属，这部分附加的金属叫做锻造余块。

4. 检验试样及工艺夹头

除了锻造工艺要求加放余块之外，对于某些有特殊要求的锻件，尚需在锻件的适当位置添加试样余料，以供锻后检验锻件内部组织及测试力学性能。另外，为了锻后热处理的吊挂、夹持和机械加工的夹持定位，常在锻件的适当位置增加部分工艺余块和夹头。这样设计的锻件形状与零件形状往往有差异，如图 4-61 所示。

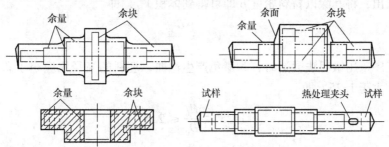

图 4-61　锻件的各种余块

5. 绘制锻件图

在余量、公差和各种余块确定后，便可绘制锻件图。

在锻件图中，锻件的形状用粗实线描绘。为了便于了解零件的形状和检验锻后的实际余量，一般在锻件图内用双点画线画出零件形状（零件的外轮廓）。锻件的尺寸、公差标注在尺寸线上面，零件的公称尺寸加括号后标注在相应尺寸线下面。如锻件带有检验试样、热处理夹头时，在锻件图上应注明其尺寸和位置。在图上无法表示的某些要求，以技术条件的方式加以说明。

4.4.2　坯料质量和尺寸的确定

自由锻用原材料有两种：一种是型材、钢坯，多用于中小型锻件；另一种是钢锭，主要用于大中型锻件。

1. 坯料质量的计算

坯料质量 $G_坯$ 应包括锻件的质量和各种损耗的质量，可按下式计算，即

$$G_坯 = (G_锻 + G_芯 + C_切)(1 + \delta)$$

式中，$G_坯$ 是锻件质量(kg)，按锻件公称尺寸算出体积，然后再乘以密度即可求得；$G_芯$ 是冲孔芯料损失(kg)，取决于冲孔方式、冲孔直径(d)和坯料高度(H_0)，具体计算为：实心冲子冲孔 $G_芯 = (0.15 \sim 0.2)d^2H_0\rho$，空心冲子冲孔 $G_芯 = 0.78d^2H_0\rho$，垫环冲孔 $G_芯 = (0.55 \sim 0.6)d^2H_0\rho$，其中 ρ 为锻造材料的密度(g/cm^3)；$G_切$ 是锻件拔长后由于端部不平整而应切除的料头质量(kg)，与切除部位的直径(D)或截面宽度(B)和高度(H)有关，具体计算为：圆形截面 $G_切 = (0.21 \sim 0.23)\rho D^3$，矩形截面 $G_切 = (0.28 \sim 0.3)\rho B^2H$；$\delta$ 是钢料加热烧损率，与所选用的加热设备类型有关，可按表4-6选取。

表4-6 不同加热炉中加热钢的一次火耗率

加热炉类型	δ（%）	加热炉类型	δ（%）
室式油炉	3 ~ 2.5	电阻炉	1.5 ~ 1.0
连续式油炉	3 ~ 2.5	高频加热炉	1.0 ~ 0.5
室式煤气炉	2.5 ~ 2.0	电接触加热炉	1.0 ~ 0.5
连续式煤气炉	2.5 ~ 1.5	室式煤炉	1.0 ~ 2.5

2. 坯料尺寸的确定

坯料尺寸与锻件成形工序有关，采用的工序不同，计算坯料尺寸的方法也不同。由于坯料的质量已求出，将其除以材料密度 ρ 即可得到体积 $V_坯$，即

$$V_坯 = \frac{G_坯}{\rho}$$

当头道工序采用镦粗法锻造时，为避免产生弯曲，坯料的高径比应小于2.5；为便于下料高径比则应大于1.25，即

$$1.25 \leq \frac{H_0}{D_0} \leq 2.5$$

根据上述条件，将 $H_0 = (1.25 \sim 2.5)D_0$ 代入到 $V_坯 = \frac{\pi}{4}D_0^2H_0$ 后，便可得到坯料直径 D_0（或方形料边长 a_0）的计算式，即

$$D_0 = (0.8 \sim 1.0)\sqrt[3]{V_坯}$$
$$a_0 = (0.75 \sim 0.9)\sqrt[3]{V_坯}$$

当头道工序为拔长时，原坯料直径应按锻件最大截面积 $A_锻$，并考虑锻造比 K_L 和修整量等要求来确定。从满足锻造比要求的角度出发，原坯料截面积 $A_坯$ 为

$$A_坯 = K_L A_锻$$

由此可算出原坯料直径 D_0，即

$$D_0 = 1.13\sqrt{K_L A_锻}$$

初步算出坯料直径 D_0（或边长 a_0）后，应按材料规格国家标准，圆整到标准直径或标准边长的坯料，然后根据选定的直径（或边长），计算坯料高度（即下料长度）：

圆坯料
$$H_0 = \frac{V_{坯}}{\frac{\pi}{4}D_0^2}$$

方坯料
$$H_0 = \frac{V_{坯}}{a_0^2}$$

3. 钢锭规格的选择

当选用钢锭为原坯料时，选择钢锭规格的方法有两种。

1) 首先确定钢锭的各种损耗，求出钢锭的利用率 η 为

$$\eta = \left[1 - (\delta_{冒口} + \delta_{锭底} + \delta_{烧损})\right] \times 100\%$$

式中，$\delta_{冒口}$、$\delta_{锭底}$ 分别是保证锻件质量被切去的冒口和锭底的质量占钢锭质量的百分比；$\delta_{烧损}$ 是加热烧损率。

碳素钢钢锭：$\delta_{冒口} = 18\% \sim 25\%$，$\delta_{锭底} = 5\% \sim 7\%$；

合金钢钢锭：$\delta_{冒口} = 25\% \sim 30\%$，$\delta_{锭底} = 7\% \sim 10\%$。

然后计算钢锭的计算质量 $G_{锭}$ 为

$$G_{锭} = \frac{G_{锻} + G_{损}}{\eta}$$

式中，$G_{锻}$ 是锻件质量；$G_{损}$ 是除冒口、锭底及烧损以外的损耗质量；η 是钢锭利用率。

根据钢锭计算质量 $G_{锭}$，参照有关钢锭规格表，选取相应规格的钢锭即可。

2) 根据锻件类型，参照经验资料先定出概略的钢锭利用率 η，然后求得钢锭的计算质量 $G_{锭} = G_{锻}/\eta$，再从有关钢锭规格表中，选取所需的钢锭规格。

4.4.3　制订变形工艺和确定锻造比

1. 制订变形工艺

制订变形工艺的内容主要包括确定锻件成形必须采用的变形工序以及各变形工序的顺序、计算坯料工序尺寸等。

制订变形工艺是编制自由锻工艺规程最重要的部分。对于同一锻件，不同的工艺规程会产生不同的效果。好的工艺能使变形过程工序少、时间短，省时省力，并能保证锻件的质量；否则，不仅工序多、耗时多，而且锻件质量也较难保证。

锻件所需的变形工序及工序顺序安排应根据锻件的形状、尺寸和技术要求，并结合现有的生产条件来综合考虑。此外，还应参考相关工艺的技术资料等具体确定。例如，制订在锤上或水压机上锻造空心锻件的工艺方案时，可参考图4-62和图4-63。

坯料的各工序尺寸设计和工序选择是同时进行的，在确定各工序毛坯尺寸时应注意下列事项：

1) 坯料各工序的变形尺寸必须符合变形工艺规则。如镦粗时毛坯尺寸应符合 $H_0/D_0 \leq 3$，冲孔时坯料高度会略有减小，扩孔时坯料高度会略有增加等。

2) 必须保持锻件各部分有足够的体积，锻件最后需要精整时，应留有充足的修整量。

3) 在多火次锻打较大锻件时，应考虑中间各火次加热的可能性。

4) 有些长轴类锻件的轴向尺寸要求精确，且因锻件太长不能镦粗（例如曲轴等），必须预计到锻件在精修时轴向会略有伸长。

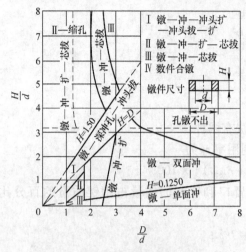

图 4-62 锤上锻造空心锻件的
工艺方案选择图线

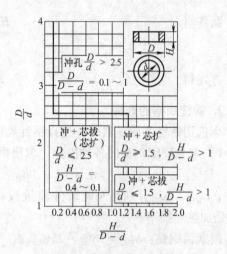

图 4-63 水压机锻造空心锻件
的工艺方案选择图线

2. 确定锻造比

锻造比（常用 K_L 来表示）是表示锻件变形程度的指标，它是指在锻造过程中，锻件镦粗或拔长前后的截面积之比或高度之比，即 $K_L = A_0/A = D_0^2/D^2$ 或 $K_L = H_0/H$（A_0、D_0、H_0 和 A、D、H 分别为锻件锻造前后的截面积、直径和高度）。

锻造比也是衡量锻件质量的一个重要指标，它的大小能反映锻造对锻件组织和力学性能的影响。一般规律是，随着锻造比增大，锻件的内部缺陷被焊合，铸态树枝晶被打碎，锻件的纵向和横向力学性能均可得到提高；当锻造比超过一定数值时，由于形成纤维组织，垂直于纤维方向的力学性能（抗拉强度、塑性和韧性等）急剧下降，导致锻件出现各向异性。因此，在制订锻造工艺规程时，应合理地选择锻造比的大小。

对用钢材锻制的锻件（莱氏体钢锻件除外），由于钢材经过了大变形的锻或轧，其组织与性能均已得到改善，一般不必考虑锻造比。用钢锭（包括有色金属铸锭）锻制大型锻件时，就必须考虑锻造比。

由于各锻造工序变形特点不同，则各工序锻造比和变形过程总锻造比的计算方法也不尽相同，因此，可参照表 4-7 计算。另外，为能合理选择锻造比，表 4-8 列出了各类常见锻件的总锻造比要求，使用时可作为参考。

4.4.4 选择锻造设备

自由锻常用的设备为锻锤和水压机。这类设备虽无过载损坏问题，但若设备吨位选得过小，则锻件内部锻不透，而且生产效率低；反之，若设备吨位选得过大，不仅浪费动力，而且由于大设备的工作效率低，同样也影响生产率和锻件成本。因此，正确选择锻造设备吨位是编制工艺规程的重要环节之一。

自由锻所需设备吨位，主要与变形面积、锻件材质、变形温度等因素有关。在自由锻中，变形面积由锻件大小和变形工序性质而定。镦粗时，锻件与工具的接触面积相对于其他变形工序要大得多，而很多锻造过程均与镦粗有关，因此，常根据镦粗力的大小来选择自由锻设备。

确定设备吨位的方法有理论计算法和经验类比法两种，下面分别予以介绍。

表 4-7　锻造工序锻造比和变形过程总锻造比的计算方法

序号	锻造工序	变形简图	总锻造比
1	钢锭拔长		$K_L = \dfrac{D_1^2}{D_2^2}$
2	坯料拔长		$K_L = \dfrac{D_1^2}{D_2^2}$ 或 $K_L = \dfrac{l_2}{l_1}$
3	两次镦粗拔长		$K_L = K_{L1} + K_{L2} = \dfrac{D_1^2}{D_2^2} + \dfrac{D_3^2}{D_4^2}$ 或 $K_L = \dfrac{l_2}{l_1} + \dfrac{l_4}{l_3}$
4	芯轴拔长		$K_L = \dfrac{D_0^2 - d_0^2}{D_1^2 - d_1^2}$ 或 $K_L = \dfrac{l_1}{l_0}$
5	芯轴扩孔		$K_L = \dfrac{A_0}{A_1} = \dfrac{D_0^2 - d_0^2}{D_1^2 - d_1^2}$ 或 $K_L = \dfrac{t_0}{t_1}$
6	镦粗		轮毂 $K_L = \dfrac{H_0}{H_1}$ 轮缘 $K_L = \dfrac{H_0}{H_2}$

注：1. 钢锭倒棱锻造比不计算在总锻造比之内。

　　2. 连续拔长或连续镦粗时，总锻造比等于分锻造比的乘积，即 $K_L = K_{L1} K_{L2}$。

　　3. 两次镦粗拔长和两次镦粗间有拔长时，可按总锻造比等于两次分锻造比之和计算，即 $K_L = K_{L1} + K_{L2}$，并且要求分锻造比 $K_{L1} K_{L2} > 2$。

表 4-8 典型锻件的锻造比

锻件名称	计算部位	总锻造比	锻件名称	计算部位	总锻造比
碳素钢轴类锻件	最大截面	2.0 ~ 2.5	曲轴	曲拐	≥2.0
合金钢轴类锻件	最大截面	2.5 ~ 3.0		轴颈	≥3.0
热轧辊	辊身	2.5 ~ 3.0	锤头	最大截面	≥2.5
冷轧辊	辊身	3.5 ~ 5.0	模块	最大截面	≥3.0
齿轮轴	最大截面	2.5 ~ 3.0	高压封头	最大截面	3.0 ~ 5.0
船用尾轴、中间轴、	法兰	>1.5	汽轮机转子	轴身	3.5 ~ 6.0
推力轴	轴身	≥3.0	发电机转子	轴身	3.5 ~ 6.0
水轮机主轴	法兰	最好≥1.5	汽轮机叶轮	轮毂	4.0 ~ 6.0
	轴身	≥2.5	旋翼轴、涡轮轴	法兰	6.0 ~ 8.0
水压机立柱	最大截面	≥3.0	航空用大型锻件	最大截面	6.0 ~ 8.0

1. 理论计算法

理论计算法是根据塑性成形理论建立的公式来计算设备吨位的。尽管目前这些计算公式还不够精确,但仍能在选择设备吨位时提供一定的参考依据。

(1) 在水压机上锻造 采用水压机锻造时,锻件成形所需最大变形力可按以下公式计算,即

$$F = pA$$

式中,F 是变形力(N);A 是坯料与工具的接触面在水平方向上的投影面积(mm²);p 是坯料与工具接触面上的平均单位压力(MPa)。

平均单位压力 p 需根据不同情况分别计算。

1) 圆形截面锻件镦粗。

当 $\dfrac{H}{D} \geq 0.5$ 时,$p = \sigma_s \left(1 + \dfrac{\mu}{3} \dfrac{D}{H}\right)$

当 $\dfrac{H}{D} < 0.5$ 时,$p = \sigma_s \left(1 + \dfrac{\mu}{4} \dfrac{D}{H}\right)$

式中,D、H 分别是锻造终了锻件的直径和高度(mm);σ_s 是材料在相应变形温度和速度下的真实流动应力(MPa);μ 是摩擦系数,热锻时 $\mu = 0.3 \sim 0.5$,如无润滑一般取 $\mu = 0.5$。

2) 长方形截面锻件的镦粗。坯料长、宽、高分别为 L、B、H 时,单位压力 p 的计算公式为

$$p = 1.15\sigma_s \left(1 + \dfrac{3L - B}{6L}\mu \dfrac{B}{H}\right)$$

3) 矩形截面坯料在平砧间拔长。矩形截面坯料在平砧间拔长时,单位压力 p 的计算公式为

$$p = 1.15\sigma_s \left(1 + \dfrac{\mu}{3} \dfrac{l}{h}\right)$$

式中,l 是送进量(mm);h 是坯料截面高度(mm)。

4) 圆截面坯料在圆弧砧上拔长。圆截面坯料在圆弧砧上拔长时,单位压力计算公式为

$$p = \sigma_s \left(1 + \dfrac{2}{3}\mu \dfrac{l}{d}\right)$$

式中，d 是坯料直径（mm）；l 是送进量（mm）。

（2）在锻锤上锻造　在锻锤上自由锻时，由于其打击力是不定的，所以应根据锻件成形所需变形功来计算设备的打击能量或吨位。

1）圆柱体坯料镦粗变形功 $W(\mathrm{J})$ 为

$$W = 1.15\sigma_{\mathrm{s}}V\left[\ln\frac{H_0}{H} + \frac{1}{9}\left(\frac{D}{H} - \frac{D_0}{H_0}\right)\right] \times 10^{-3}$$

式中，D_0、H_0 是坯料的直径和高度（mm）；D、H 是坯料镦粗后的直径和高度（mm）；V 是锻件的体积（mm^3）。

2）长方形坯料镦粗变形功 W（J）为

$$W = \sigma_{\mathrm{s}}V\left[\ln\frac{H_0}{H} + \frac{1}{8}\left(\frac{B}{H} - \frac{B_0}{H_0}\right)\right] \times 10^{-3}$$

式中，B_0、H_0 是坯料的宽度和高度（mm）；B、H 是坯料镦粗后的宽度和高度（mm）。

镦粗时，根据最后一次锤击的变形功 W（变形程度可取 $\varepsilon = 3\% \sim 5\%$），考虑锻锤打击效率 η 便可算出所需打击能量 E（J），即

$$E = \frac{W}{\eta}$$

通常锻锤吨位是以落下质量 G（kg）表示，与打击能量有如下关系，即

$$G = \frac{2g}{v}\frac{W}{\eta}$$

式中，g 是重力加速度，$g = 9.8\mathrm{m/s}^2$；v 是锻锤打击速度，一般取 $v = 6 \sim 7\mathrm{m/s}$；η 是锻锤打击效率，一般取 $\eta = 0.7 \sim 0.9$。

当锻锤打击速度取 $v = 6.5\mathrm{m/s}$，打击效率取 $\eta = 0.8$ 时，则

$$G = \frac{W}{1.72}$$

2. 经验类比法

经验类比法是在统计分析生产实践数据的基础上，总结归纳出的经验公式或图表，用来估算所需锻造设备吨位的一种方法。应用时只需根据锻件的某些主要参数（如质量、尺寸、材质等）便可迅速确定设备吨位。

锻锤吨位 G（kg）可按如下公式计算。

（1）镦粗时

$$G = (0.002 \sim 0.003)kA_{锻}$$

式中，k 是与钢材抗拉强度 σ_{b} 有关的系数，按表4-9查取；$A_{锻}$ 是锻件镦粗后的横截面面积（cm^2）。

表4-9　系数 k

$\sigma_{\mathrm{b}}/\mathrm{MPa}$	k
400	3 ~ 5
600	5 ~ 8
800	8 ~ 13

（2）拔长时

$$G = 2.5A_{坯}$$

式中，$A_{坯}$ 是坯料横截面面积（cm^2）。

自由锻锤的锻造能力范围，可参照表 4-10。

表 4-10 自由锻锤锻造能力

锻件类型	设备吨位/t	0.25	0.5	0.75	1.0	2.0	3.0	5.0
圆饼	D/mm	<200	<250	<300	≤400	≤500	≤600	≤750
	H/mm	<35	<50	<100	<150	<250	≤300	≤300
圆环	D/mm	<150	<350	<400	≤500	≤600	≤1000	≤1200
	H/mm	≤60	≤75	<100	<150	<200	<250	≤300
圆筒	D/mm	<150	<175	<250	<275	<300	<350	≤700
	d/mm	≥100	≥125	>125	>125	>125	>150	>500
	H/mm	≤150	≤200	≤275	≤300	≤350	≤400	≤550
圆轴	D/mm	<80	<125	<150	≤175	≤225	≤275	≤350
	G/kg	<100	<200	<300	<500	≤750	≤1000	≤1500
方块	H/mm	≤80	≤150	≤175	≤200	≤250	≤300	≤450
	G/kg	<25	<50	<70	≤100	≤350	≤800	≤1000
扁方	B/mm	≤100	≤160	<175	≤200	<400	≤600	≤700
	H/mm	≥7	≥15	≥20	≥25	>40	>50	≥70
锻件成形	G/kg	5	20	35	50	70	100	300
吊钩	起吊质量/t	3	5	10	20	30	50	75
钢锭直径/mm		125	200	250	300	400	450	600
钢坯变长/mm		100	175	225	275	350	400	550

注：D——圆形锻件外径，d——圆筒形锻件内径，H——锻件高度，B——锻件宽度，G——锻件质量。

4.4.5 制订自由锻工艺规程举例

现以齿轮零件为例（图 4-64）来说明自由锻工艺规程的制订过程。

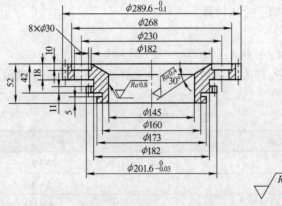

图 4-64 齿轮零件图

该零件材料为 45 钢，生产数量 20 件，由于生产批量小，采取自由锻锻制齿轮坯，其工艺规程的制订过程如下。

1. 设计、绘制锻件图

由于采用自由锻，要锻出零件的齿形和圆周上的狭窄凹槽，技术上是不可能的，应加上余块，以简化锻件外形便于锻造。

根据 GB/T 21469—2008 中"圆环类自由锻件机械加工余量和公差"查得：锻件水平方向的双边余量和公差为 $a = (12 \pm 5)$ mm，锻件高度方向双边余量和公差为 $b = (10 \pm 4)$ mm，内孔双边余量和公差为 (14 ± 6) mm，于是便可绘出齿轮的锻件图，如图 4-65 所示。

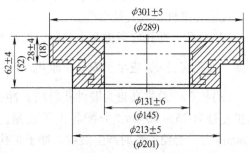

图 4-65　齿轮锻件图

2. 确定变形工序及中间坯料尺寸

根据锻件图尺寸可知：$D = 301$ mm，$d = 131$ mm，$H = 62$ mm；凸肩部分 $D_1 = 213$ mm，高度 $H_1 = 34$ mm，得到 $D_1/d = 1.63$，$H/d = 0.47$，如图 4-62 所示，变形工序为：镦粗—冲孔—冲子扩孔。其中由于锻件带有单面凸肩，镦粗时需采用垫环镦粗。具体工序顺序、工序尺寸如图 4-66 所示。

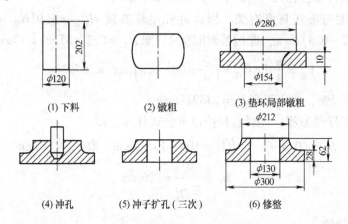

(1) 下料　　(2) 镦粗　　(3) 垫环局部镦粗

(4) 冲孔　　(5) 冲子扩孔 (三次)　　(6) 修整

图 4-66　齿轮锻造工艺过程

各工序坯料尺寸的具体计算如下：

（1）镦粗　首先确定垫环尺寸。

垫环孔腔体积 $V_{垫}$ 应比锻件凸肩体积 $V_{肩}$ 大 10% ~ 15%（厚壁取小值，薄壁取大值），本例取 12%，经计算 $V_{肩} = 753000$ mm^3，于是

$$V_{垫} = 1.12 V_{肩} = 1.12 \times 753000 \text{mm}^3 = 843360 \text{mm}^3$$

考虑到冲孔时会产生拉缩，垫环高度 $H_{垫}$ 应比锻件凸肩高度 $H_{肩}$ 增大 15% ~ 35%（厚壁取小值，薄壁取大值），本例取 20%。

$$H_{垫} = 1.2 H_{肩} = 1.2 \times 34 \text{mm} = 40.8 \text{mm}, 取 H_{垫} = 40 \text{mm}$$

根据体积不变条件求得垫环内径 $d_{垫}$ 为

$$d_{\text{垫}} = 1.13\sqrt{\dfrac{V_{\text{垫}}}{H_{\text{垫}}}} = 1.13\sqrt{\dfrac{843360}{40}}\,\text{mm} \approx 164\,\text{mm}$$

垫环内壁应有斜度($7°$)，上端孔径为 $\phi163\text{mm}$，下端孔径为 $\phi154\text{mm}$。

为去除氧化皮和满足垫环镦粗的工艺要求，在垫环上镦粗之前应进行自由镦粗，工艺过程如图 4-66 所示。自由镦粗后坯料的直径应略小于垫环内径，而经垫环镦粗后上端法兰部分直径应比锻件最大直径小些。

(2)冲孔　冲孔应考虑两个问题，即冲孔芯料损失要小，同时又要照顾到扩孔次数不能太多，冲孔直径 $d_{\text{冲}}$ 应小于 $D/3$，即 $d_{\text{冲}} \leqslant \dfrac{D}{3} = \dfrac{213}{3}\,\text{mm} = 71\,\text{mm}$，实际选用 $d_{\text{冲}} = 60\,\text{mm}$。

(3)扩孔　总扩孔量为锻件孔径减去冲孔直径，即 $131\text{mm} - 60\text{mm} = 71\text{mm}$。按表 4-4 每次扩孔量为 $25 \sim 30\text{mm}$，分配各次扩孔量。现分三次扩孔。各次扩孔量为 21mm、25mm、25mm。为了避免扩孔时产生裂纹，冲子扩孔前应再次加热坯料。

(4)修整锻件　按锻件图进行最后修整。

3. 计算原坯料尺寸

原坯料体积 V_0 包括锻件体积 $V_{\text{锻}}$ 和冲孔芯料体积 $V_{\text{芯}}$，并考虑到烧损体积，即

$$V_0 = (V_{\text{锻}} + V_{\text{芯}})(1 + \delta)$$

锻件体积按锻件图公称尺寸计算，$V_{\text{锻}} = 2368283\text{mm}^3$。

冲孔芯料厚度与毛坯高度有关。因为冲孔毛坯高度 $H_{\text{孔坯}} = 1.05H_{\text{锻}} = 1.05 \times 62\text{mm} = 65\text{mm}$，$H_{\text{芯}} = (0.2 \sim 0.3)H_{\text{孔坯}}$，此例系数取 0.2，则 $H_{\text{芯}} = 0.2 \times 65\text{mm} = 13\text{mm}$。于是

$$V_{\text{芯}} = \frac{\pi}{4}d_{\text{冲}}^2 H_{\text{芯}} = \left(\frac{\pi}{4} \times 60^2 \times 13\right)\text{mm}^3 = 36757\text{mm}^3$$

烧损率 δ 取 3.5%，代入得到 $V_0 = 2489216\text{mm}^3$。

由于第一道工序是镦粗，坯料直径按以下公式计算，即

$$D_0 = (0.8 \sim 1.0)\sqrt[3]{V_0} = 108 \sim 135.8\text{mm}, \quad \text{取 } D_0 = 120\text{mm}$$

$$H_0 = \frac{V_0}{\frac{\pi}{4}D_0^2} = 220\text{mm}$$

4. 选择设备吨位

根据锻件形状尺寸查表 4-10，选用 0.5t 自由锻锤。

5. 确定锻造温度范围

45 钢的始锻温度为 1200℃，终锻温度为 800℃。

6. 填写工艺卡片(略)

4.5　大型锻件自由锻造工艺特点

大型锻件通常指在大吨位锻压设备上锻造的外形尺寸与质量均较大的重型锻件，这类锻件主要是用自由锻工艺来完成的。在重型机械制造业中，通常把在 10000kN 以上锻造水压机或 5t 以上自由锻锤上锻造的锻件，称为大型锻件。

目前，大型锻件的单件质量已达 250t，而锻造用钢锭达到 600t。

大型锻件多数都是各种大型机器设备中的关键零件或重要零件，如电力工业中大型汽轮机的转子、发电机护环；核电设备用管板、封头；大型汽轮机的主轴、叶轮、水轮机主轴；冶金工艺中轧钢机轧辊，石化工业中反应器筒体；船舶工业中的曲轴、舵杆；重型机器制造业中的各种大轴和高压工作缸；国防工业中的炮管、大型轴承圈、大型环齿轮；锻造机械中的水压机立柱、大型模块等。因此，大型锻件生产技术进步对国民经济的发展具有重要的意义，而且其技术水平、生产能力、经济技术指标往往成为衡量一个国家工业发展水平的重要标志之一。

大型锻件生产的主要特点如下：

(1)质量要求严格　由于大型锻件多数是机器中的关键件和重要件，一般工作条件特殊，承受载荷大，所以要求其质量必须可靠，性能必须优良，才能确保运行安全。随着工业机器向高性能、高参数、大型化方面发展，对锻件的制造技术和质量水平要求日益提高。但是，目前原材料冶金质量的控制，锻造、热处理技术的优化与控制，质量分析与测试技术的进展等基础工艺水平，还不能与之相适应，于是，如何提高大型锻件的质量问题，就成为大型锻件生产中的主要矛盾。

(2)工艺过程复杂　大型锻件的生产过程包括冶炼、铸锭、加热、锻造、粗加工、热处理等。工艺环节多，设备大，周期长，连续性强，生产过程复杂，技术要求高。

(3)生产费用高　大型锻件的原材料、能源、劳动力及工具消耗大，生产周期长，占用大型设备多，因而生产成本高。所以，提高材料利用率，降低消耗，减少废品率，在技术和经济上具有重要的意义。

下面简要介绍大型锻件生产中的几个重要问题。

4.5.1　钢锭冶金质量的提高

由于大型锻件多用钢锭直接锻造，所以，优质钢锭的生产是优质大型锻件制造的基础。优质钢锭主要指：钢锭中夹杂物少，钢质纯净度好，结晶结构合理，钢锭缺陷少。因此，钢的冶炼、浇注过程以及钢锭的形状、尺寸等参数对钢锭质量有着重要的影响。

钢锭的主要缺陷有缩孔、疏松、偏析、夹杂、气体、裂纹等。有关这些缺陷对锻件质量的影响已在前面的章节中有所介绍。以下着重介绍提高钢锭冶金质量应注意的几个问题。

1)提高炼钢用炉料、辅料和耐火材料等的质量，提高钢液纯净度，防止冶铸过程中受到污染。

2)采用实用的炉外精炼技术。所谓炉外精炼，也称为二次炼钢，即把一次炼钢的钢液，再在精炼炉内或钢包内进行精炼提纯，从而使冶金质量进一步提高。炉外精炼的方法很多，功能各异，但是，炉外精炼对提高钢液质量确有明显的效果。随着锻件技术要求的提高和特殊钢产量的上升，适合我国情况的炉外精炼技术得到了广泛的应用。

例如，大型电站锻件用钢及新型合金钢采用钢包精炼法。它是将初炼钢液兑入钢液包，然后进行真空脱气及电弧加热，并使钢液在电磁搅拌作用下得到熔渣的精炼。结果钢液脱氢脱氧率可达到60%，硫的质量分数降至0.01%～0.001%，几乎没有夹杂，力学性能均匀，锻件质量显著提高。

再如电渣重熔法，它是将用一般方法冶炼的钢制成自耗电极，再重熔为液滴，经渣洗精炼，逐渐结晶成电渣锭的方法。其脱气率达50%～60%，钢中夹杂总质量分数降至0.01%

~0.005%，无明显偏析，组织结构致密，塑性良好，结晶结构合理，污染少。用该法生产的轴承钢，锻件寿命明显提高。我国已拥有当今世界上最大的200t级的大型电渣炉，并已成功地生产了许多优质大型锻件。

3）发展电炉炼钢，逐步淘汰平炉炼钢。随着电力工业的发展，电炉炼钢将会取代平炉炼钢，这样钢液质量将会明显改善。

4）改进铸锭技术，严格控制浇注温度与浇注速度。积极采用发热冒口、保护浇注等技术。推广大钢锭下注法，减少钢锭底部夹杂，提高表面质量。

对于大型重要合金钢锻件，多采用真空处理。例如，在我国已成功采用真空碳脱氧方法制造了许多大型电站锻件。真空碳脱氧是将钢液先不进行硅、铝终脱氧就真空浇注，于是，未脱氧的钢液在真空条件下，靠自身的碳脱去钢中的氧，形成 CO 与 CO_2 排出。脱气效果显著，氢的质量分数降至 $0.4 \times 10^{-4}\% \sim 1.2 \times 10^{-4}\%$，去除夹杂效果明显。

综上所述，提高钢液纯净度，改善铸锭冶金质量，不仅为生产优质锻件提供了良好的前提条件，而且对锻压工艺的改进、钢锭利用率的提高都有非常重要的意义。

4.5.2　大型钢锭加热的特点

大型钢锭或钢坯的横断面尺寸大，加热时内外温度差比中小型锻坯大得多，温度应力也大得多，尤其当加热速度过快时，温度差会更大。倘若钢料化学成分复杂，热扩散率小，塑性差，又处在低温加热阶段，即弹塑性转变以前。这时温度应力及组织应力叠加之后，超过钢料的抗拉强度，就会引起加热裂纹。

为了保证大型锻件的质量，要制订严格的加热规范，加热时要严格控制好升温速度，保证加热充分且均匀热透，以防在锻压时发生不均匀变形，导致组织性能不均匀和附加内应力，降低锻件承载能力。

对某些高合金重要锻件用钢，加热时要保证进行高温扩散，以减少偏析和不均匀结构对锻件质量的不良影响。

4.5.3　锻造对钢锭组织和性能的影响

大型锻件锻造，不仅要得到一定形状和尺寸，更重要的是通过锻造改善钢锭的铸态组织，提高锻件的力学性能。

1. 锻造对钢锭组织和缺陷的改善

钢锭在热锻变形过程中，可以破碎铸态组织使晶粒细化，降低偏析程度并改善碳化物和夹杂物的分布，此外还能焊合内部组织缺陷，获得合理的组织纤维分布。下面分别从几个方面加以叙述。

（1）破碎铸态组织，获得再结晶细晶粒组织　钢锭在热锻变形时，其变形程度（锻造比）达到一定数值时，铸态组织的粗晶、树枝状结构和晶界物质被破碎，经过变形时的动态再结晶和变形后的静态再结晶，形成新的等轴细晶组织，如图4-67所示。

但是，锻件的最终晶粒度大小与变形时的温度和变形程度有关。如果终锻时温度较高时，则停锻后晶粒会有继续长大的趋势；如果变形量落在临界变形程度附近，则锻件也会出现晶粒粗大现象，如图4-68所示。因此，对某些无相变的铁素体不锈钢、奥氏体不锈钢和其他不能通过热处理来改变晶粒尺寸和强化的钢种，必须严格控制其变形温度，并保证足够的变形量,才能够获得均匀细小的晶粒组织。

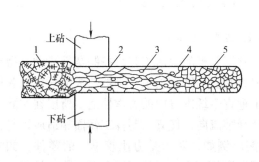

图 4-67 钢锭锻造变形组织转变示意图
1—锻前的树枝晶 2—晶粒变形伸长
3—再结晶晶核 4—再结晶晶粒长大 5—再结晶完成

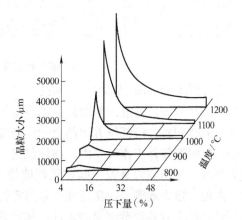

图 4-68 $w_C = 0.39\%$ 碳钢再结晶图

(2)降低偏析程度,改善碳化物和夹杂物分布 钢锭中的碳化物、非金属夹杂物和过剩相,其物理性质和力学性能与基体材料一般有很大差异,如果偏析于晶界或呈团、片状连续分布于基体,对锻件使用性能有很大影响。此外,钢锭中的宏观偏析和过度偏析等,都会引起锻件力学性能的下降。

在锻造过程中,当钢锭加热到高温并延长热时间时,由于原子间的扩散作用显著,枝晶偏析和晶间偏析都可得到不同程度的降低,通过锻造变形击碎枝晶和其后的再结晶作用,微观偏析可基本得到消除。在宏观偏析区域内或晶界处聚集的较大夹杂物,如碳化物、氧化物、硫化物等,在变形中被破碎,再加上高温扩散和相互溶解的作用,使之较均匀地分散在金属基体内,因而改善了钢锭组织,提高了锻件的使用性能。这对含有大量碳化物的钢种,如高速钢、高铬钢、高碳钢等,有着重要意义。因此,当锻造这类钢锭时,必须反复进行大锻造比的变形,如十字镦拔、反复镦粗与拔长等,可以很好地改善碳化物及其他夹杂物的分布。

在我国标准中,将碳化物的不均匀性分为 10 级,铸态为第 10 级(不均匀分布最大级),实践证明,经锻造变形后可得到的 5 级以下的碳化物组织分布。

(3)形成合理的纤维组织 随着锻造变形的增大,钢锭中晶粒沿金属塑性流动的主变形方向被拉长,晶界物质随之也发生了改变。其中塑性夹杂物,如硫化物则被拉成条状,而脆性夹杂物,如氧化物及部分硅酸盐,将被破碎,并沿主变形方向呈链状分布。晶界上的过剩相和杂质被拉长后也呈定向分布。这种不均匀的分布,即使经过再结晶,也不会消失,于是锻件中留下明显的变形条纹,经过腐蚀清楚可见。这种方向性的热变形组织结构,称为"纤维组织"或"流线",如图 4-69 所示。

锻件中出现纤维组织的内因是钢中晶界物质的存在,外因是锻造沿某方向变形流动的结果。比如锻件只进行拔长,在锻造比达到 3 时,便出现了纤维组织,如先镦粗而后拔长,则拔长锻造比达到 4~5 时,才能形成纤维组织。这是因为金属塑流方向的改变,影响了定向纤维的形成。

图 4-69 钢锭锻造形成纤维组织示意图

锻件纤维的分布，取决于金属的流动，因此制订合理的锻造工艺，控制塑性流动，得到正确的流线分布，将能改善制件的承载能力。因为明显的纤维组织，必然造成力学性能和理化性质的方向性，沿纤维方向的力学性能要高于垂直于纤维方向的力学性能。所以在实际工作中，可根据零件工作时受力、破坏状况，设计纤维流向，使其与制件工作面相适应，与正应力平行，与切应力垂直，则使用性能将会提高。例如，对于受力比较单一的零件，如立柱、曲轴、扭力轴等，应使流线分布与零件几何外形相符合，并使流线方向与最大拉应力方向一致；对于容易疲劳剥损的零件，如轴承套圈、热锻模、模丝板等，由于纤维在零件工作表面外露形成一个微观缺陷，当受到交变载荷作用时，很容易在缺陷处造成应力集中，成为疲劳破坏源，使零件过早失效。因此，这类锻件的流线应与工作表面平行；对于受力比较复杂的零件，如汽轮机和电动机主轴、锤头等，因对各个方向性能都有要求，所以不希望锻件具有明显的流线方向。

图 4-70 所示为曲轴制造工艺的改进，是使纤维合理分布的一个例证。最初用扁钢坯先切削加工出曲拐，再加热扭出各拐相互间的角度，这种方法切断了主轴颈和连杆轴颈的纤维，如图 4-70a 所示，降低了曲轴承载能力和使用寿命。其次是半纤维锻造，是用六方型钢坯，错挤出六个曲拐，大部分纤维按零件外形分布，但曲拐的轴颈处还需要切削加工，该处纤维被切断，如图 4-70b 所示，对使用性能有不良影响。最后采用全纤维弯曲镦锻法锻造，即每次弯曲镦锻出一个拐，依次完成六个曲拐的成形。这样每个曲拐的纤维连贯，分布合理，如图 4-70c 所示。所以这种方法锻制的曲轴质量最好，寿命最长，材料最节约。同理，起重机吊钩，也要经弯曲、模锻成形，以确保纤维连贯，并沿工作表面合理分布。

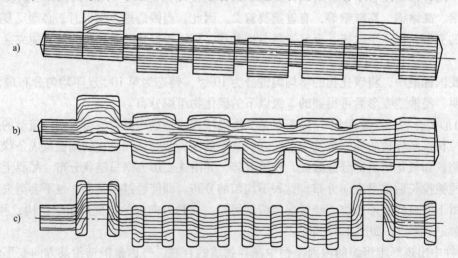

图 4-70 六拐曲轴锻件中纤维分布图

a) 切断纤维锻造 b) 半连续纤维锻造 c) 全纤维弯曲锻造

(4) 锻合内部孔隙类缺陷　钢锭内部的孔隙类缺陷有疏松、缩孔、微裂纹和微孔隙等。

如果这类缺陷不被锻合压实，则锻件致密性低，力学性能差，容易发生断裂性灾难事故。实践证明，通过锻造完全可将这类缺陷逐步缩小到完全焊合，如图4-71所示。

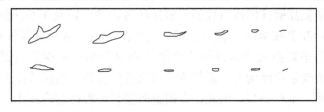

压下量

图4-71　热锻压过程对孔隙类缺陷消除示意图

锻合钢锭内部孔隙类缺陷的基本条件是：孔隙表面未被氧化；锻造时应有良好的应力状态（处于较大的三向压应力状态）；锻造温度要足够高；要求有足够大的变形程度。

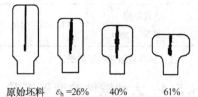

原始坯料　$\varepsilon_h=26\%$　40%　61%

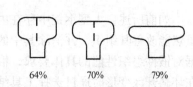

64%　70%　79%

图4-72　镦粗时宏观缺陷的锻合过程

一般认为孔隙类缺陷分为微观缺陷和宏观缺陷。微观缺陷由于尺寸很小，在足够的三向压应力下即可锻合。宏观缺陷尺寸较大，其锻合过程可分为两个阶段，首先使缺陷区金属产生塑性变形，使孔隙变形直到两壁相互靠合，称为孔隙闭合阶段，然后在三向压应力的作用下，加上高温条件，使孔隙两壁焊合为一体，即焊合阶段。

实践证明，当镦粗高径比 $H/D \geqslant 1$ 的坯料时，轴向缺陷趋于扩大，不能焊合，当坯料镦到 $H/D < 1$ 时，轴向缺陷开始收缩并从心部先焊合，随着变形程度继续增大，锻合区逐渐向两端扩大。当镦粗比足够大时，沿轴线的孔隙全部焊合，如图4-72所示。

因此，在镦粗时，为了保证坯料心部孔隙得到锻合，变形必须达到一定的镦粗比。对于高径比 $H/D = 2$ 左右的普通钢锭，镦粗比 K_H 不得小于 $2 \sim 2.5$；而对高径比 $H/D < 1$ 的钢锭，K_H 应达到 $1.4 \sim 1.5$。

2. 锻造对锻件力学性能的影响

由前述可知，通过锻造使钢锭中的微观和宏观缺陷得到锻合压实，晶粒破碎再结晶，组织结构的致密性和均匀性都有所提高。例如，在平砧上拔长钢锭时，当锻造比增加到3，纵向和横向的塑性和强度指标均有明显的增高。继续增大锻造比，不仅指标增长减缓，而且由于形成了纤维组织，横向塑性、韧性指标将明显低于纵向，出现了异向性。图4-73所示为碳钢拔长试验时锻造比与力学性能的关系。由图可知，拔长锻造比为2以前，各项性能指标增长都比较快，当锻造比达到4以上时，强度指标增长减慢，而横向塑性、韧性指标开始下降，异向性增大。

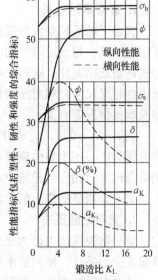

图4-73　碳素钢锭拔长锻造比对力学性能的影响

由上述可知，为使锻件获得较高力学性能，锻造时应达到一定的锻造比，一般大型锻件的锻造比在 2~6 的范围的。

此外，锻造还能提高锻件的疲劳性能。钢锭通过锻造，提高了组织的致密性和均匀性，宏观和微观缺陷得到改善和消除，有利于减少应力集中源，从而可使锻件的抗疲劳性能提高。这可以从广泛用于航空大型锻件的合金结构钢 40CrNiMoA 钢锭的锻造试验结果看到，见表4-11，随着锻造变形程度增大，锻件疲劳极限得到提高，当锻造比达到一定数值时，疲劳极限保持同一水平，不再提高。因此，在锻造时控制大锻件的锻造比，也是提高钢的疲劳极限的重要途径之一。

表4-11　锻造比对 40CrNiMoA 钢疲劳极限的影响

锻造比 K_L	0	2	3	4	6	8	12	20	40
疲劳极限 $\sigma_{-1}/\mathrm{MPa}(n > 10^7)$	370	460	480	490	500 ~ 510	530 ~ 540	530 ~ 540	530 ~ 540	530 ~ 540

注：试样是沿纵向切取的。

4.5.4　大型锻件的变形工艺

如前所述，大型钢锭中存在内部组织不均匀和各种冶金缺陷的现象比较严重，热锻变形虽然能改善其组织，并消除其中的部分缺陷，但是要生产出质量合格的大型锻件，就必须根据对锻件组织性能的具体要求，恰当地选用变形工艺和方法，合理地制订工艺操作规程。如在坯料开坯变形时通过选择工具结构，改进操作方法，以及利用坯料不均匀的温度场和应力场等，使坯料锻透，内部孔隙类缺陷得到焊合，从而达到改善锻件的内部质量和提高锻件力学性能的目的。

实践证明，提高大型锻件变形质量的工艺方法中，拔长和镦粗是两个最基本，也是最重要的变形工序。下面简要介绍目前常用的几种大型锻件的锻造方法。

1. 普通平砧拔长

普通平砧拔长是大型锻件成形的最基本工序，也是应用最多的工序之一。拔长时使用上下砧宽相等，每次压缩时的应力、应变场和金属流动情况，主要取决于拔长工艺参数，如相对送进量或砧宽比，这两个参数分别代表拔长压缩时，开始阶段及压缩完成后砧面与坯料接触面的相对尺寸；相对压缩量代表拔长变形时压缩的变形程度；此外，还与锻坯内的温度分布及摩擦情况等有关。

当 $L_0/H_0 = 0.5$，$\varepsilon_h = 20\%$ 时，锻坯心部应变强度较小，而且有拉应力出现，这种变形特点称为中心产生曼内斯曼（Mannesmann）效应，在这种情况下成形时锻坯中心的空隙不可能锻合压实，相反会导致中心裂纹产生。

有关普通平砧拔长的内容前面已有较详细的介绍，这里不再赘述。

2. 宽平砧腔压法

宽平砧腔压法也称为宽平砧高温强压法，也叫 WHF 锻造法。它是一种在宽平砧上利用高温大变形条件，使钢锭中的缺陷锻合的锻造工艺方法。

经过对锻坯中心孔隙锻压研究证明，采用砧宽比 0.6~0.8、压下率 20%~25% 时最为合理。在此参数下锻压，坯料内应力、应变分布最合理，中心孔穴和疏松组织将被有效地压实。

采用 WHF 锻造法拔长时，沿型砧外缘，占砧宽的 35% ~ 50% 区域，孔隙难以闭合。因此，在采用这一工艺时，应注意在两次压下部分的中间应有 10% 左右的砧宽搭接量，并在翻转施压时也要注意错砧，以达到钢坯均匀压实的目的。

WHF 锻造法已在国内生产的 600 MW 整体低压转子的锻造生产中应用，并取得了很好的技术和经济效果。

3. FM 锻造法

FM 锻造法(Free from Mannesmann)即中心无拉应力锻造法，也叫免除曼内斯曼效应锻造法。它与一般平砧拔长的不同点在于，下砧改为宽平砧，上砧为窄砧，如图 4-74 所示。坯料在不对称的平砧间变形，在锻坯内部产生不对称变形，各部位应力状态也发生改变。由滑移线场原理分析可知，在坯料变形区内，形成拉应力的部位移至坯料下部，而中心部位受压应力作用，这种方法对锻合钢锭内部孔隙类缺陷很有效果。

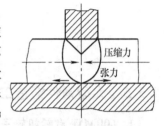

图 4-74 FM 锻造法原理

FM 锻造法的最佳工艺参数为砧宽比 0.6，压下率 14% ~ 15%。

近些年来，国内相关行业经过共同研究，已将 FM 锻造法用于 V 型砧上，提出了一种新的大型锻件压实法，即 FMV 锻造法。研究证实：FMV 锻造法的压实效果优于上下对称的普通 V 型砧锻造法和 FM 锻造法。

4. 中心压实法

中心压实法也称表面降温锻造法、硬壳锻造法，或 JTS 锻造法。

这种工艺方法的特点是：将钢锭倒棱后，锻成边长为 B 的方截面坯，然后加热到 1220 ~ 1250℃(始锻温度)保温后，从炉中取出，采用表面空冷、吹风或喷雾冷却到 720 ~ 750℃(终锻温度)，钢锭表层形成一层"硬壳"，这时钢锭心部的温度仍保持 1050 ~ 1100℃，内外温差为 230 ~ 270℃，用窄平砧沿钢锭纵向加压，借助表层低温硬壳的包紧作用，达到显著压实心部的目的。

研究证明，当锻坯内外温度差由 0℃ 增至 250℃ 时，锻合锻坯中心缺陷所需的临界压下率降低 28% 左右，静水压应力增加 3 倍左右，同时变形更能聚集于中心，且断面上变形分布趋于均匀。

中小压实法变形方式有三种：上小砧下平砧单面局部纵压(图 4-75a)，上下小砧双面局部纵压(图 4-75b)，上下平砧拔长(图 4-75c)。三种变形方式的效果为，单面局部纵压优于平砧拔长，而平砧拔长优于双面局部纵压。对于前两种变形方式，小砧只压坯料截面中部，砧宽 $B = 0.7b_0$，砧长 $L = (3 ~ 4)B$，单面时压下量为 7% ~ 8%，双面压时压下量为 13% 左右。

表面降温锻造沿坯料整个长度压完一遍后，将坯料锻方，再加热到始锻温度，重复表面冷却过程，在坯料另一面再继续锻压一遍，如此重复。

实践表明，用这种工艺并采用小锻造比，可明显压实坯料中心的孔隙类缺陷，而且可以采用较小吨位的水压机。目前，国内生产的大型转子、轴辊类锻件，已广泛采用了这一工艺方法。

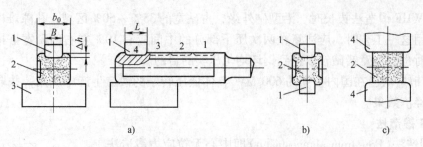

图 4-75　中心压实法变形方式
1—小砧　2—锻坯　3—平台　4—平砧
b_0—坯料宽度　B—小砧宽度　L—小砧长度

4.5.5　大型锻件锻造工艺实例

1. 600MW 汽轮机转子的锻造

汽轮机低压转子是电站设备中最重要的锻件之一，现代电站设备的容量越来越大，对转子质量的要求也越来越高。国外曾经多次发生由于转子的破裂而引起整个发电机爆炸的严重事故。后经检查分析，锻件试样的力学性能指标合格，但由于锻件内部存在缺陷，安装前未被检出，在长期的交变、复杂载荷条件下运转，其内部缺陷处产生了应力集中，引起疲劳裂纹产生、扩展，最终导致了转子的破裂。因此，对于至关重要的大型锻件，除了要保证其力学性能等合格外，还必须重视其内部缺陷的消除工艺及控制方法。

（1）技术要求　汽轮机低压转子在工作时承受高速旋转（3000r/min）产生的巨大离心力，并承受扭转应力和弯曲应力，因此要求强度高、韧性好、组织性能均匀、残余应力最小。为了确保转子长期安全运转，对转子质量要作严格的检查。

汽轮机转子用钢为 33Cr2Ni4MoV。气体含量：$\varphi_{H_2} \leqslant 0.0002\%$，$\varphi_{O_2} \leqslant 0.004\%$，$\varphi_{N_2} \leqslant 0.007\%$；力学性能 $\sigma_{0.2} = 760\text{MPa}$，$\sigma_b = 860 \sim 970\text{MPa}$，$\delta = 16\%$，$\psi = 45\%$，$a_K = 42\text{J/cm}^2$，脆性转变温度为 13℃；超声波探伤当量缺陷直径小于 $\phi 1.6\text{mm}$，内孔潜望镜和磁粉检验，不允许有任何长度大于 3mm 的缺陷；金相检验要求晶粒度不大于 ASTM No.2（美国标准），夹杂物不大于 ASTM No.3。此外，对粗加工精度、残余应力、硬度均匀性等均有严格的要求。

（2）转子钢的冶炼与浇注　先在电炉、平炉内初炼钢液，要求低磷、高温，倒入钢包精炼炉，经还原渣精炼，氩气搅动，真空碳脱氧，净化钢液质量。再用 24 棱短粗棒锭模铸锭。凝固前加发热剂与稻壳，保证充分收缩。最后热运至加热炉升温。

（3）锻造　在试制阶段，为充分可靠地锻造压实，采用 WHF 与 JTS 联合锻压成形的方案，保证了锻件的高质量。具体锻造过程见表 4-12。

表 4-12　大型转子 CAD 锻造工艺卡片

零件名称	600MW 汽轮机转子	钢号	33Cr2Ni4MoV	
锻件单个质量	116550kg	锻件级别	特	
钢锭质量	230000kg	设备	12000t 水压机	
钢锭利用率	0.506	锻造比	镦粗 4.4	拔长 17.3
每个钢锭制锻件数	1	每个锻件制零件数	1	

（续）

锻件图

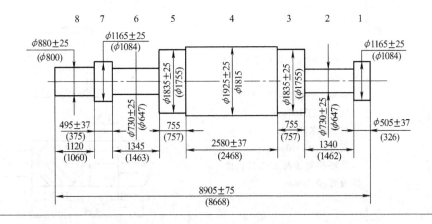

技术条件：

按照转子技术条件生产验收。

钢锭必须真空，采用单锥度冒口，钢锭热送至水压机车间。

钢锭第一热处理按专用工艺进行。

各工序必须严格执行工艺，精心操作。

生产路线：加热—锻造—热处理—发送金工。

印记内容：生产编号、图号、熔炼炉号。

编制		校对		批准	

火次	温度/℃	操作说明及变形过程简图	
1	1260~750	拔冒口端到图示尺寸，压 φ1280mm×1200mm 钳口	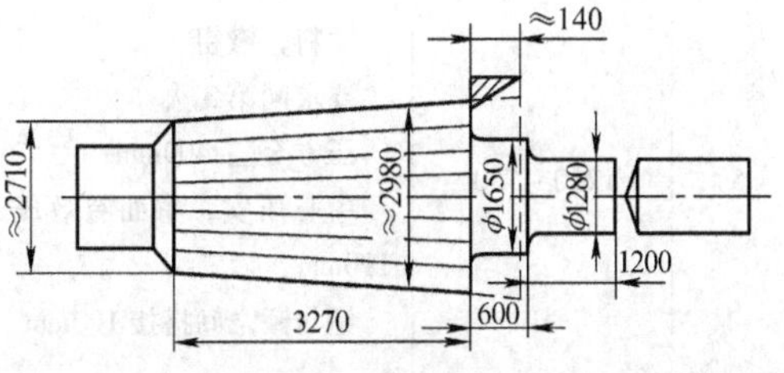
2	1260~750	用 B=1700mm 宽平砧压方至 □2160mm 按 WHF 法操作要领操作 倒八方至 2310mm 略滚圆 φ2310mm 剁水口，严格控制 4320mm 尺寸 重压 φ1280mm×1200mm 钳口	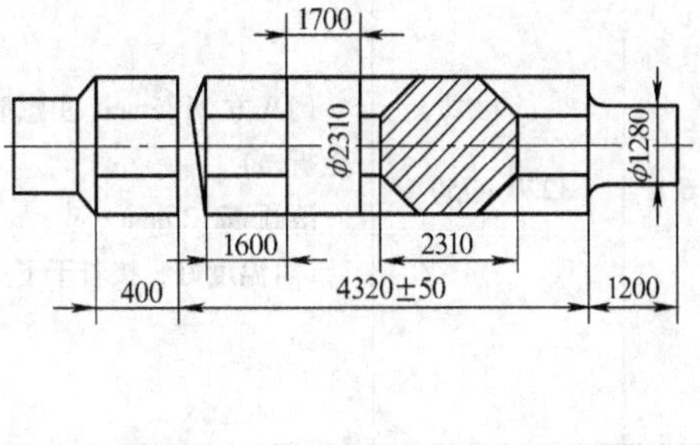

(续)

火次	温度/℃	操作说明及变形过程简图
3	1260~750	立料，镦粗，先用平板镦至3900mm 再换球面板镦至图示尺寸 压方至□2160mm 其余要求同二火 倒八方至2310mm 严格控制锭身及钳口长度，略滚圆φ2310mm 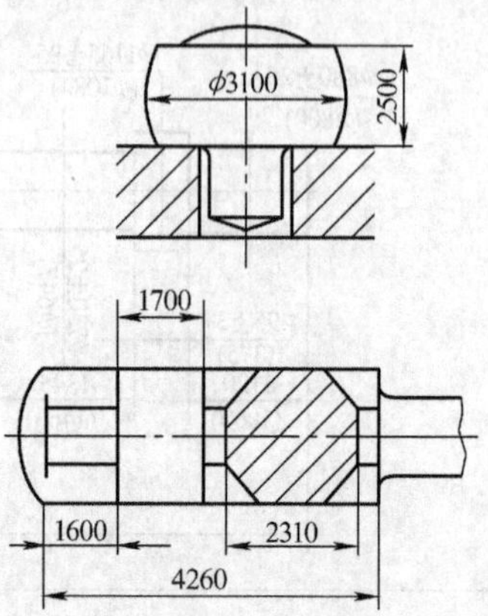
4	1260~750	立料，镦粗 压方至□2160mm 倒八方2310mm（操作要求同第3火） 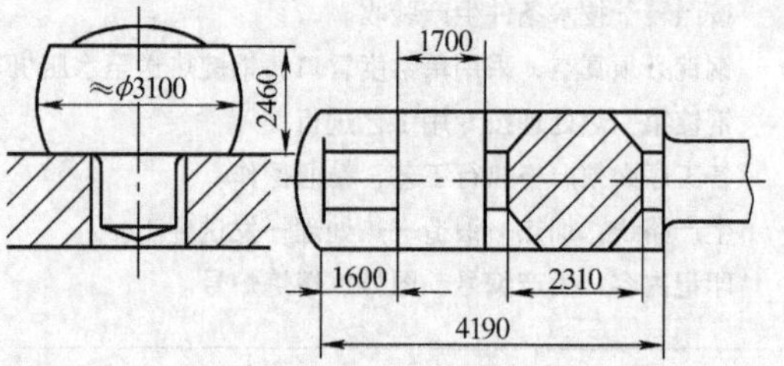
5	1260~750	立料，镦粗 要求同第3火 压方至□2400mm 中心压实，每面有效压下量190mm 锤与锤之间搭接100mm 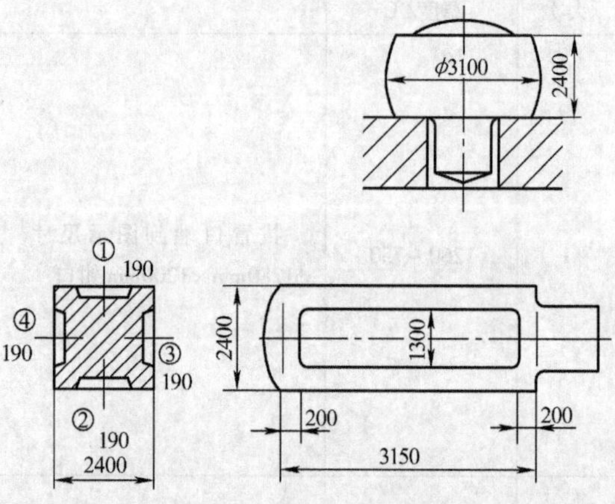
6	1220~750	倒八方2125mm（注意防止产生折伤） 滚圆φ2125mm （若温度好，接着干下火） 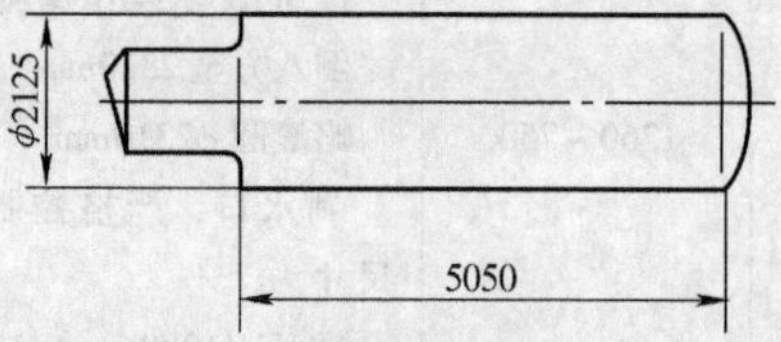

（续）

火次	温度/℃	操作说明及变形过程简图
7	1220~750	滚圆至 φ1965mm 分料 滚两头至图示尺寸 如图示分料 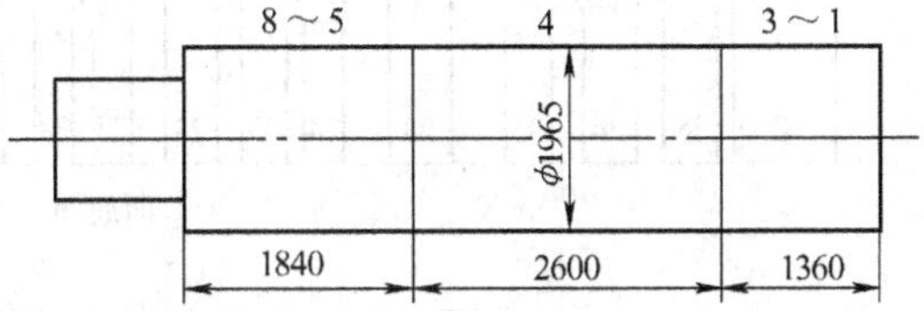 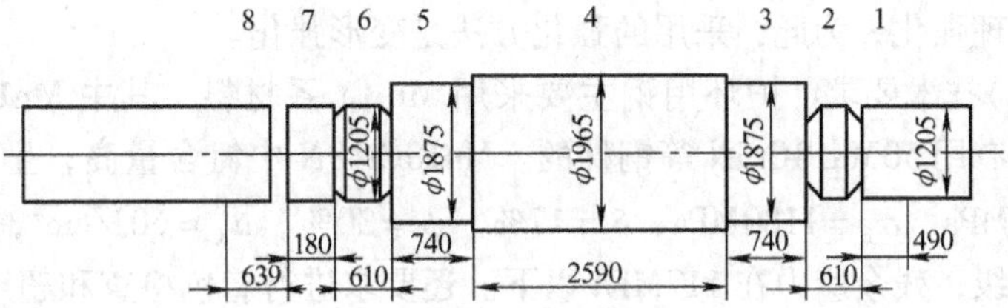
8	1220~750	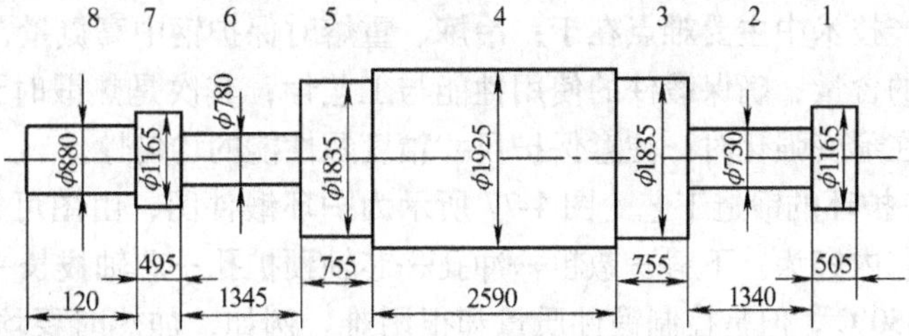 锻出各部 精密锻造各部至成品尺寸 剁切修整出成品

（4）热处理 因为33Cr2Ni4MoV钢的淬透性好，高温奥氏体稳定，有粗晶与组织遗传倾向，所以，除严格控制最后一火加热规范和变形量外，采用了多次重结晶，即930℃、900℃、870℃三次高温正火。过冷至180~250℃有利于晶粒细化与扩氢。具体工艺见锻后热处理规范（图4-76）。

调质热处理：840℃淬火，590~570℃回火，可以满足技术条件的要求。

经过全面检查，该转子质量达到了国际先进水平（符合美国西屋电气公司验收标准）。

2.600MW发电机护环的锻造

护环锻件是一个厚壁的空心圆筒件，锻件经切削加工后安装在发电机转子两端卡箍导线用。在发电机高速运转下，护环受很大的离心力、热套应力和弯曲应力。要求有很高的强度、良好的韧性和一定的屈强比，以及均匀的力学性能与最小的残余应力和抗应力腐蚀能力。为防止产生涡流影响发电机效率，护环要采用无磁性的奥氏体钢制造。由于奥氏体钢不

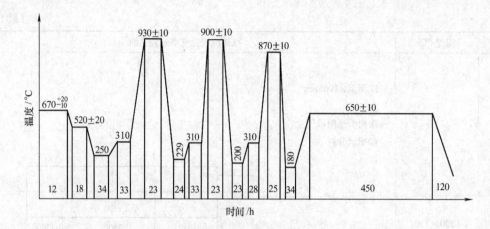

图 4-76 600MW 低压转子锻后热处理规范

能热处理强化，为此，采用的强化方法是变形强化。

（1）技术要求 护环用钢主要采用 Mn-Cr 系材料，其中 Mn18Cr18N 属于抗应力腐蚀钢种。也有用 50Mn18Cr5N 等钢种的。Mn18Cr18N 中氮含量高，生产难度大。力学性能：$\sigma_{0.2}$ = 1076MPa，σ_b = 1180MPa，δ = 17%，ψ = 30%，a_K = 60J/cm²，磁导率 $\mu \leqslant 1.1$H/m，晶粒度为 1 级，残余应力在 117MPa 以下。还要求进行着色检查和超声波探伤。

（2）生产流程及其要点 护环锻件的生产流程为：冶炼—铸锭—热锻成形—水冷—粗加工—固溶处理—变形强化—回火去应力处理—质量检查。

生产技术中主要难点在于：冶炼、重熔时保护钢中高氮量，并严格控制钢中氧含量与微量元素的含量，确保锻件的使用性能与工艺性；其次是热锻时预防开裂及粗晶、混晶组织；此外，在形变强化时，注意保护尺寸精度及性能的均匀性。

（3）护环的锻造工艺 图 4-77 所示为护环锻件图，由图可知，护环锻造工艺并不复杂，主要工艺内容为：下料—镦粗—冲孔—芯轴预扩孔—芯轴拔长—芯轴扩孔。锻造温度范围为 1220~850℃。但是控制锻件质量却很困难。例如，加热时要均匀并充分高温扩散，还要严格防止粗晶。这就需要保持炉温均匀，严格控制加热温度与保温时间。锻造时，开始要轻压，防止开裂。压下量按加热温度高低确定，温度较低时，压下量应减少，以免开裂。

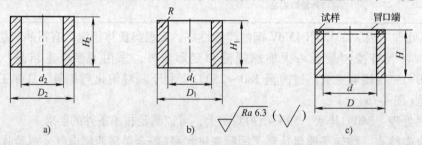

图 4-77 护环锻件图

a）环坯锻件图 b）环坯粗加工图 c）护环锻件图

在锻造过程中，如果发现有锻造裂纹，应及时清除，以防扩展。芯轴扩孔时，转动要均匀，每次压下量要均匀，以保证变形分布均匀，减少混晶现象。

（4）护环的水冷 护环的锻后水冷是为了防止该奥氏体钢的晶粒粗化。

(5)固溶处理 固溶处理的作用是使碳化物完全固溶于奥氏体基体中去,从而保持力学性能均匀,电工性能稳定。

(6)护环锻件的强化 变形强化法是利用钢在冷变形或温变形时所产生的加工硬化现象,来提高钢的屈服强度。变形强化分为温变形强化和冷变形强化两种方法。

1)温变形强化又称为半热锻,是在钢的再结晶温度以下对护环坯进行变形强化,变形方式一般是采用芯轴扩孔。

2)冷变形强化是在室温下对环坯进行变形强化。采用的变形方式有芯轴扩孔、爆炸变形、鼓形冲子扩孔、楔块胀形、液压胀形等。各种变形强化的原理如图 4-78 ~ 图 4-81 所示。其中液压胀形法是利用锻造水压机,对液压胀形装置的上冲头施压,使密封在环坯内的水压增大,于是环坯在内压力下胀形强化。该方法工作原理简单,受力均匀,生产率高,效果好,在生产中用得最多。

护环变形强化后,为了稳定尺寸,要进行 350℃ 回火去应力处理。

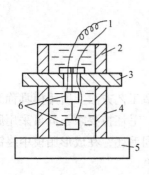

图 4-78 护环爆炸变形装置
1—导线 2—水筒 3—盖板
4—坯料 5—垫板 6—炸药

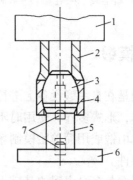

图 4-79 护环鼓形冲子扩孔装置
1—上砧 2—第二个护环 3—鼓形冲子
4—第一护环 5—顶柱 6—底板 7—销柱

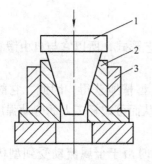

图 4-80 护环楔块胀形装置
1—冲头 2—楔块 3—护环

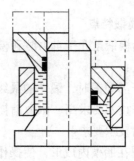

图 4-81 护环液压胀形装置

近些年来,国内许多科技人员在按压胀形法基础上,改进工艺技术,实现了外补液胀形法和内增压胀形法强化新工艺,如图 4-82 和图 4-83 所示。外补液法是将环坯置于专用水压机上加压密封,然后用超高压泵向环坯内注入超高压水,使环坯在内压作用下扩胀强化。

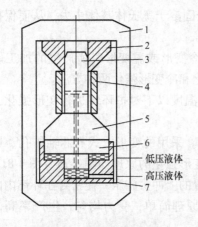

图 4-82 外补液胀形装置
1—框架 2—上锥模 3—减力柱 4—护环
5—下锥模 6—柱塞 7—补液缸

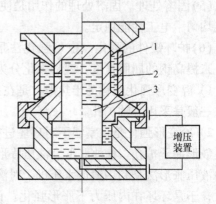

图 4-83 内增压胀形装置
1—环坯 2—减力柱 3—增压活塞

4.6 胎模锻

　　胎模锻是在自由锻设备上进行模锻件生产的一种锻造工艺方法。所用模具称为胎模。胎膜结构简单，形式多样，使用时不需固定于上下砧块上。毛坯按要求不同可采用原棒料，也可采用经自由锻或用简单胎模制坯至接近锻件形状的中间毛坯，在成形胎模中终锻得到符合要求的模锻件。

　　胎模锻造是在自由锻的基础上发展起来的，其后的发展又进一步形成了模锻工艺，因此它是介于自由锻和模锻两者之间的一种独特工艺形式，是使锻件逐步精化的一个过渡阶段。但是，随着锻造工艺的不断进步，胎模锻技术本身也得到了长足的发展。

4.6.1 胎模锻特点及胎模锻分类

1. 胎模锻特点

　　由于胎模锻是介于自由锻和模锻两者之间的一种工艺形式，所以它与自由锻和模锻比较有如下优点：

　　1）由于胎模锻时，锻件的最终形状与尺寸是靠模具型槽所获得，因此，它能完成自由锻中对操作技术要求高、体力消耗大的某些复杂工序，从而可减轻工人的劳动强度，也降低了对工人的技术要求。

　　2）金属在胎模内成形，使操作简化，火次减少，同时由于金属流动受到型槽模壁的限制，使内部组织比较致密，纤维连续，因此锻件的质量与产量都比自由锻有较大提高。

　　3）锻件表面质量、形状及尺寸精度比自由锻高，从而使原来在机械加工余量、工艺余块、烧损等方面造成的金属损耗大为降低，节约了金属，并减少了后续工序的机械加工工时。

　　4）工艺操作灵活，可以局部成形，改变制坯程度，这样就能随时调整金属在胎模内的变形量，能在较小设备上制出同样形状与尺寸的模锻件。

5)胎模锻模具结构简单，精度要求低，容易制造，因此，生产成本低，生产准备周期短。

6)胎模部件可以灵活组合更换，容易实现两向分模，可锻出带侧凹的复杂锻件。采用闭式套模时还可以获得无飞边、无斜度的模锻件。

胎模锻作为一种锻造工艺方法，也存在着以下不足之处：

1)胎模活动、分散、加热次数多，因此劳动强度仍然很大，生产效率也不高。

2)胎模锻润滑条件差，操作时氧化皮难清除，所以锻件精度低且表面质量不高，机械加工余量和公差都比模锻件大。

3)加热金属长期闷模操作，不仅易冷、增大变形抗力，同时模温升高，随后浸水冷却，使模具工作条件变差而导致寿命短。此外砧面也易被打凹或磨损，降低锤杆使用寿命。

基于以上特点，胎模锻一般适合于中小批生产。

2. 胎模分类

胎模结构与锻件成形工艺有紧密的联系，由于胎模工艺变化较多，结构灵活，所以胎模种类也很多，一般根据模具的主要用途大致可分为制坯整形模、成形模及切边冲孔模三大类，其结构与用途见表4-13。

表4-13　胎模分类及其主要用途

类别	名称	简　图	主要用途
制坯整形模	漏盘（垫图）	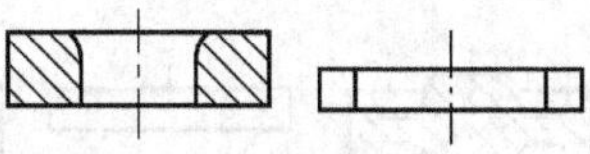	旋转体工件的局部镦粗、镦挤、镦粗成形等
	摔子（克子、上下扣）	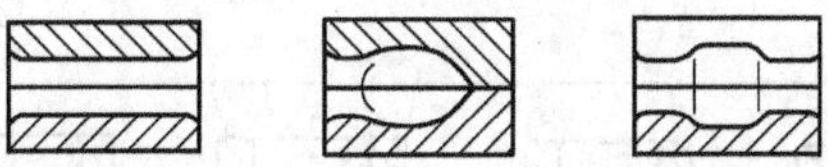	旋转体工件的杆部拔细、摔台阶、摔球、校形等
	扣模	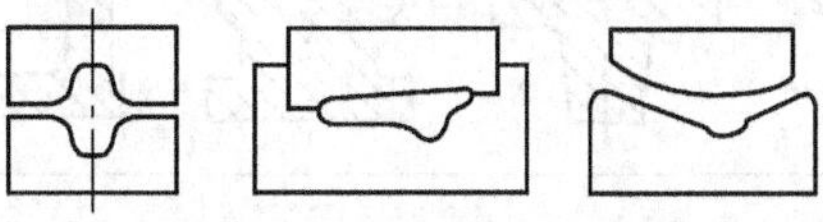	非旋转体工件的成形；亦作弯曲模使用
成形模	开式简模	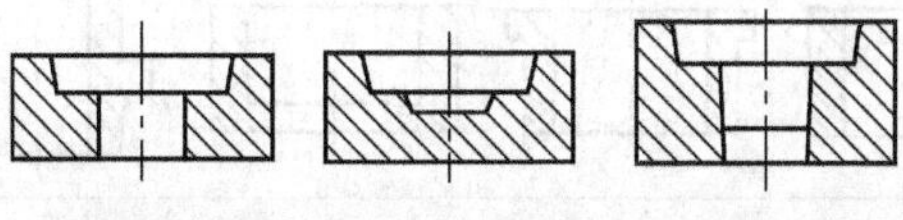	旋转体工件的镦头成形
	闭式简模	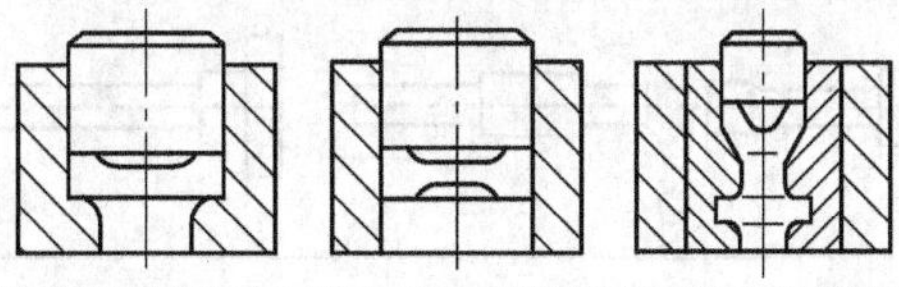	旋转体工件的无飞边镦粗、冲孔成形
	翻边拉深模	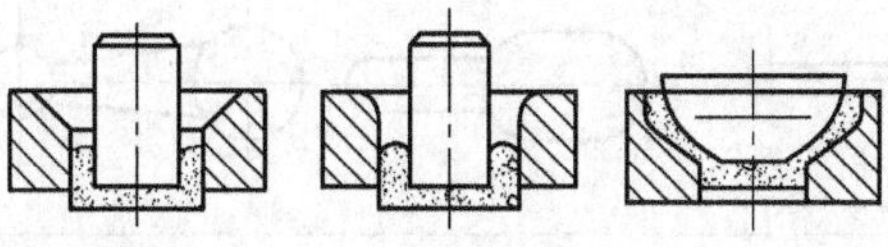	旋转体工件的翻边拉深成形
	合模	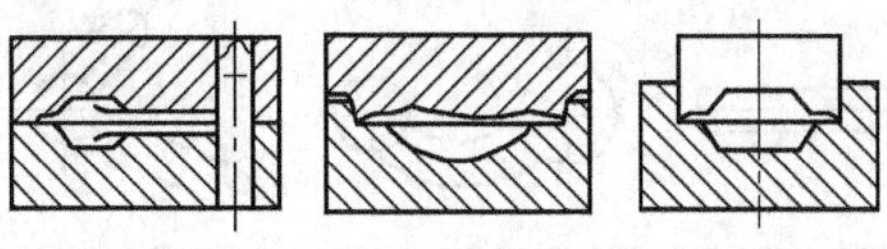	非旋转体工件的终锻成形

（续）

类别	名称	简　　图	主要用途
切边冲孔模	切边模	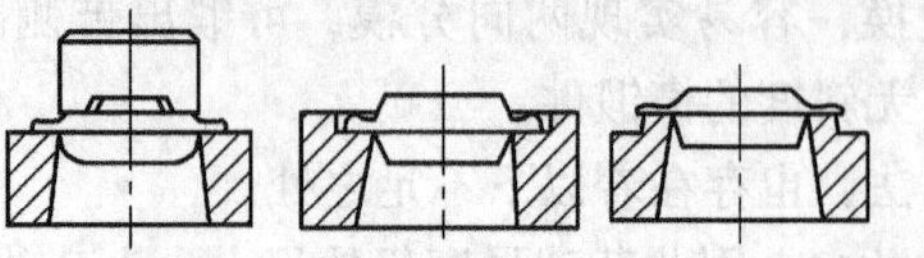	切除飞边
	冲孔模	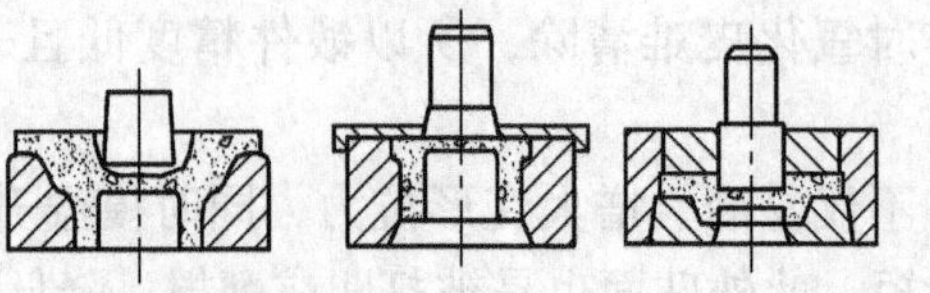	冲除连皮

3. 胎模锻件分类

胎模锻件主要为各种机电产品中的中小型结构零件，其形状各异，工艺也各不相同。为了便于制订胎模锻造工艺及胎模设计，必须对胎模锻件进行分类。通常根据锻件的外形尺寸、几何形状及其成形特点将锻件分成九类，即圆饼类、盲孔类、通孔类、圆轴类、直轴类、弯轴类、带叉类、枝芽类及其他类，具体见表 4-14。

表 4-14　胎模锻件分类

序号	类别	典型锻件简图
1	圆饼类	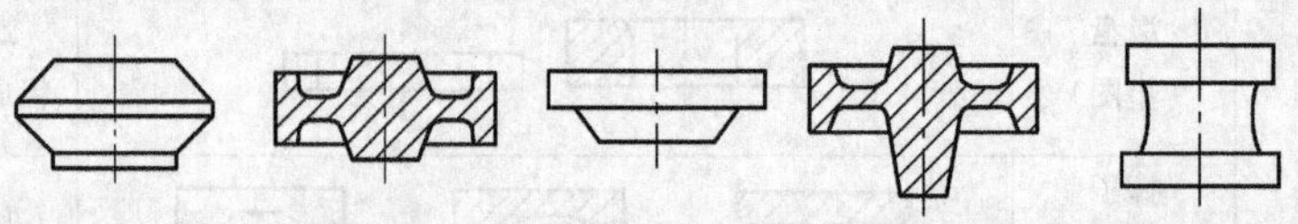
2	盲孔类	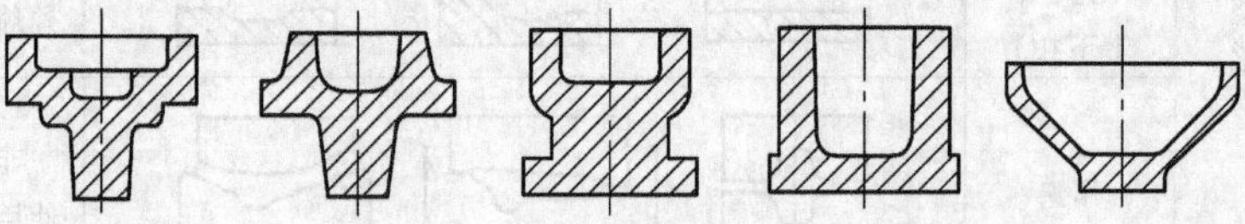
3	通孔类	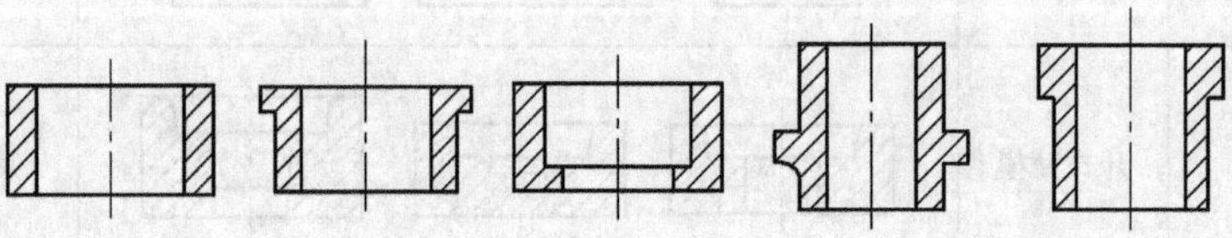
4	圆轴类	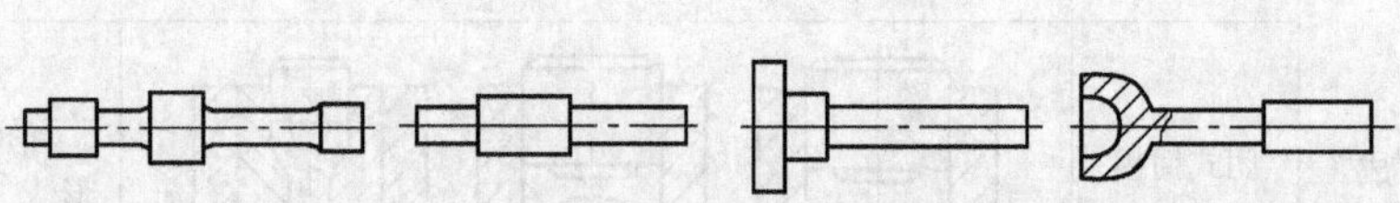
5	直轴类	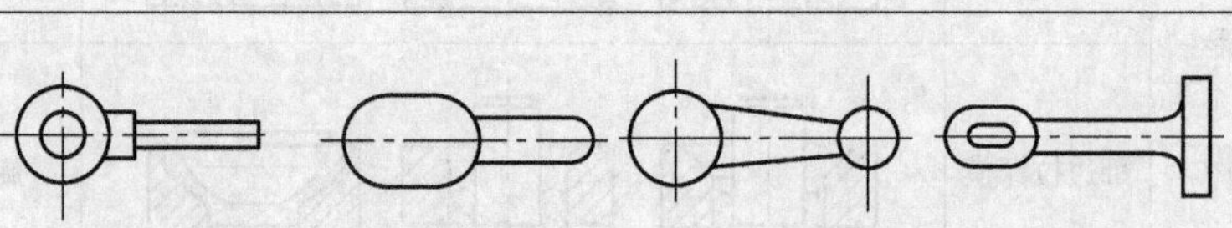
6	弯轴类	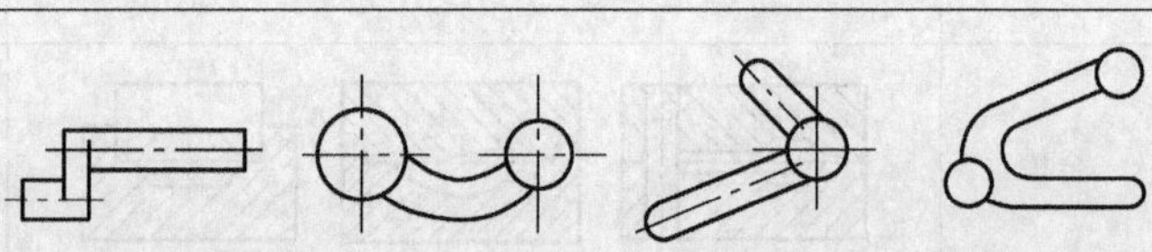

（续）

序号	类别	典型锻件简图
7	带叉类	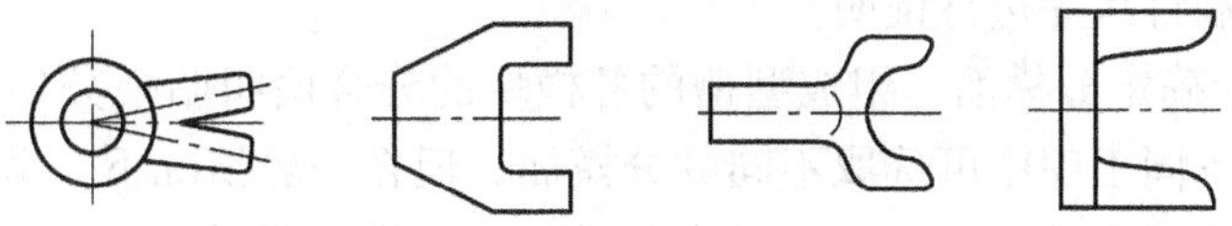
8	枝芽类	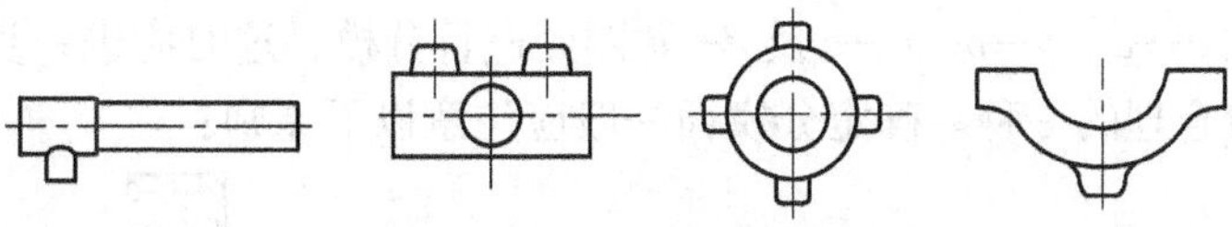
9	其他类	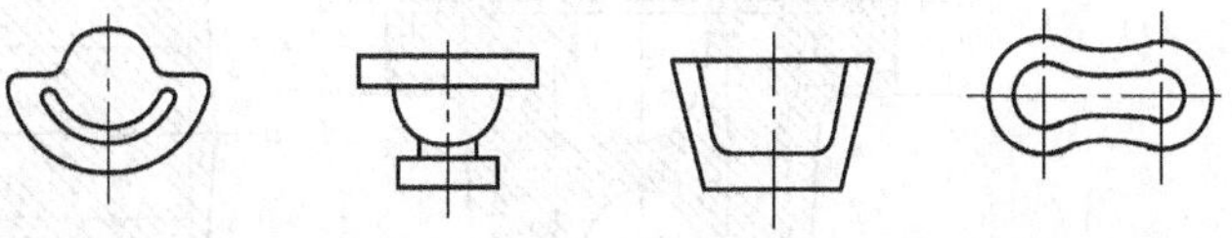

4.6.2 胎模锻工艺

在胎模锻造中，制订胎模锻工艺至关重要，其主要内容包括制订锻件图、确定工序及工艺方案、计算毛坯尺寸和确定设备吨位等，下面分别进行介绍。

1. 制订锻件图

锻件图是在零件图的基础上，考虑了胎模锻生产特点并加以修改而成的，锻件图有冷锻件图和热锻件图两种。冷锻件图表明锻件在室温状态时的几何形状和尺寸，供检验锻件使用。热锻件图表明锻件在变形终了温度时的几何形状与尺寸，供制造和检验胎模使用。胎模锻件图的制订方法及内容类似于锤上模锻，主要包括确定分模面、余块、余量、公差、模锻斜度、圆角半径、连皮、技术条件等。但又有它自身一些不同的特点，如分模面的选择比锤模锻灵活多样，而且与采用的模具类型有关，必要时可同时采用两个分模面；余块采用较少，余量、公差、模锻斜度等的确定与采用的模具类型有关；预冲孔连皮的使用条件为：30mm＜直径＜100mm，常用方式为平底连皮和端面连皮。

此外，胎模锻造时，金属是在加热状态下置于模具型槽内发生变形的，因此制订锻件图应满足下列要求：

（1）出模方便 金属变形后，要保证模具能得开、锻件能取得出，即锻件的分模面要选得合理，必要时还须在妨碍出模的地方添加上被称为工艺余块的多余金属。若无顶出条件，模具型槽的垂直面应设模锻斜度以便锻件出模。

（2）保证尺寸 金属经过加热，表面氧化皮很难清除干净，冷却后还有体积收缩，为了保证零件所需的表面粗糙度及尺寸精度要求，在设计模具时应将零件尺寸放大，即在要求加工部位加上机械加工余量，然后对所有尺寸再按收缩率放大。此外，考虑模具磨损以及锻件在冷却过程中的形变，需要对全部尺寸给出合理的公差范围。

（3）变形合理 胎模锻造时，金属在外力作用下产生塑性流动，然后充满型槽而得到成形。因此在型槽设计时，尽可能减少金属的流动阻力，首先在转折处，应给出必要的圆角半径，否则金属在充填过程中会因倒流而出现折叠。此外，需要冲孔的地方要设计冲孔连皮或压凹。

综合上述三方面要求，制订锻件图时应考虑分模面、工艺余块、模锻斜度、机械加工余量、收缩率、尺寸公差、圆角半径以及冲孔连皮、压凹等因素，然后注上必要的技术条件。下面按制订次序进行说明。

(1)确定分模面　组成型槽的各模块的分合面叫胎模分模面。胎模锻比较灵活，模具套数多，不同工序中可选取不同的分模面，但在一般情况下，锻件多在最大截面处进行分模并垂直于作用力的方向。当有多个分模方案可供选择时，如图4-84所示锻件若采用合模生产，就可在 a—a、b—b、c—c 及 d—d 四处进行分模，这时应进一步比较其他的工艺因素，以选择比较合理的一种。确定分模面一般应注意以下原则：

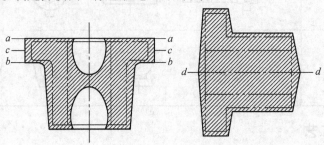

图 4-84　分模面方案的选择

1)容易发现上下模相对错移。图4-84所示锻件中的 a—a、b—b 两种分模面虽都是最大截面但不如在 c—c 与 d—d 分模容易发现上下模的相对错移。

2)金属容易充满型槽。当在 a—a、b—b、c—c 三个截面分模时，金属主要依靠镦粗成形易于充满型槽，而按 d—d 分模，锻件法兰处的金属则需由挤压充填成形。

3)提高金属利用率。采用 a—a、b—b、c—c 分模时可进行冲孔或压凹。若按 d—d 分模不仅没有这个可能，同时为了保证出模，还必须在内孔添加工艺余块成为实心件，这样，金属利用率就大力降低。

4)简化模具制造。图4-84中表示的四种分模面均为平面，比折面、弧面的制造方便，尤其是前三种分模面，其型槽均为旋转体，可在一部车床上加工，制模过程大为简化。

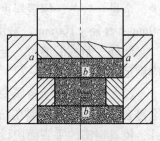

图 4-85　简模锻造时的
锻件分模面选择

比较上述几点分析，以 c—c 截面分模为宜。若不冲内孔或模外冲孔也可取 a—a 分模，当锻件杆部较长时则应采用 d—d 分模。对于尺寸较小的锻件，选用 d—d 分模还可实行一模多件生产。

对于大多数轴对称形的锻件，胎模锻多应用简模进行成形，这样上述几种因素的影响就不是很大，分模面可选在主要变形区的大端面处，如图4-85所示的 a—a 截面。

简模结构灵活，还可运用组合模块形式。这时就能在几处同时分模，除横向外，还可在纵向分模，如图4-85中的 b—b 截面。

(2)确定机械加工余量及公差　影响机械加工余量及公差的因素主要是锻件的外形尺寸、生产批量、生产设备、模具、技术条件及技术要求等。确定机械加工余量及公差可根据锻造工艺手册相关标准执行，也可按表4-14来选取。表4-15是在通常情况下选用的胎模生产锻件机械加工余量及公差的统计数值。当表面粗糙度 Ra 值大于 $1.6\mu m$ 时，可将该处余量增加 $0.25 \sim 0.5mm$，公差不变。但在通常情况下，锻件的单边余量很少超过 $5mm$，上、下极限偏差很少超过 $^{+3.0}_{-1.5}mm$ 的。

表 4-15　胎模生产锻件的机械加工余量及公差　　　　　　（单位：mm）

锻件外形尺寸	单边余量	上、下极限偏差
<150	1.5 ~ 2.5	$^{+1.0}_{-0.5}$　$^{+1.6}_{-0.8}$
150 ~ 300	2.5 ~ 3.5	$^{+1.6}_{-0.5}$　$^{+2.2}_{-1.1}$
>300	3.5 ~ 4.5	$^{+2.2}_{-1.1}$　$^{+2.8}_{-1.4}$

胎模锻造时的模具磨损、欠压都易使锻件尺寸增大，高度方向尤其如此，因此上极限偏差较大，下极限偏差取其一半。选用筒模闭式锻造时，欠压现象更为普遍，高度方向的上极限偏差还可比表 4-15 所列数值再略大一些。内孔或压凹的尺寸公差应取相反符号并改变上下位置而余量比外径余量增大 $0.5mm$，以保证机械加工后的零件尺寸。例如，对外形尺寸 $<150mm$ 的锻件，其内孔单边余量为 $2.0 \sim 3.0mm$，而上、下极限偏差为 $^{+0.5}_{-1.0}$　$^{+0.8}_{-1.6}mm$。

（3）模锻斜度　由于锻件变形后模具弹性变形恢复时产生的力作用于锻件上，继而转化成为锻件出模的摩擦阻力，另外锻件冷缩紧抱模芯，又使内壁出模阻力比外壁更大些。这些因素都给锻件出模带来很多困难。为了变形后便于上下模分开、锻件不卡在型槽内，可在型槽内、外壁上做出斜度，该斜度称为模锻斜度。其数值在制模业中已有系列：$30'$、$1°$、$1°30'$、$3°$、$5°$、$7°$、$10°$、$12°$ 等。图 4-86 所示锻件，其外壁斜度一般取 $\alpha = 5° \sim 7°$，内壁斜度增一级，即 $\beta = 7° \sim 10°$，并可适当再增。若有顶出可能，锻件外壁以及有些合模的个别地方，可取 $1° \sim 3°$，甚至可不设斜度。对杆部较长而很少变形部分可取 $30' \sim 1°30'$。

型槽开出模锻斜度后，锻件一端会比原尺寸增大，即 $D = D_0 + 2X$（图 4-86），需要时可按公式 $X = H\tan\alpha$ 计算或查表。当分模面上因型槽深度不一（即 $H_1 \neq H_2$）而出现增宽不同时，则应以增宽的一端为准。

（4）圆角半径　在金属充填型槽的过程中，锻件凹圆角半径 R 是一个重要的工艺因素，尤其对于具有明显金属流动转折的锻件，如有轮辐、轮毂的齿轮件、有工字截面的连杆件等更是如此。当 R 太小，锻造时模具会很快自然磨损，甚至因金属倒流而形成折叠（图 4-87）；若 R 太大，又会使金属损耗增加。

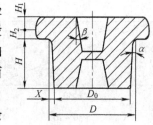

图 4-86　锻件的模锻斜度

锻件凸圆角半径 r 可小些，但需保证该处留有足够的加工余量。考虑到凸圆角处有可能充填不满，一般希望 r 不要超过该处单边余量 a 的一倍，即 $r \leq 2a$。

锻件凹、凸圆角半径 R、r 与该处的高度 h 及宽度 b 有关（图 4-87），其数值可按图 4-88 箭头所示查取。由于制模标准中的圆角半径已成系列（$1mm$、$1.5mm$、$2mm$、$3mm$、$4mm$、$5mm$、$6mm$、$7mm$、$8mm$、$10mm$、$12mm$、$15mm$ 等），故从图中查得的数值应向系列靠拢，同一锻件上的圆角半径数值不要选得太多，以方便模具制造。

（5）冲孔连皮及压凹　胎模锻造时，锻件的内孔无法直接冲出，需要留下一层称为冲孔连皮的金属，锻后再将其冲掉。当内

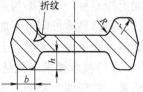

图 4-87　锻件的圆角半径

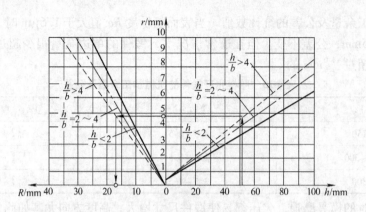

图 4-88 锻件圆角半径选用图

孔不深时连皮可留于端面，内孔较深时则留于中间较为合适。由于胎模锻件的孔径一般不大，如孔径 $d<30\sim50mm$ 时不予冲孔，内孔只需添放工艺余块，所以连皮采取平底形式，其厚度尺寸可查表 4-16。

连皮尺寸过小容易引起变形抗力增加，冲头变形严重而使模具寿命降低。尺寸过大，金属损耗增大。所以，只有当内孔较深或设备吨位不足时才考虑适当增厚 $1\sim2mm$。若内孔孔径较大，在制坯过程中建议采用自由锻方法预先将孔冲去。

对于盲孔锻件可采用压凹形式锻出浅孔，孔底以球面为宜。孔径 $d<25mm$ 时不压凹。

经过上述五方面的考虑，就可在零件图的基础上绘制出冷锻件图。当制订热锻件图时还需考虑冷缩率。

表 4-16　连皮形式及尺寸　　　　　　　　（单位：mm）

连皮形式												
	H	≤25			>25~50			>50~75			>75~100		
d	连皮尺寸	S	R_1	R_2	S	R_1	R_2	S	R_1	R_2	S	R_1	R_2
≤50		3	4	5	4	6	8	5	8	12	6	14	16
>50~70		4	5	7	5	7	10	6	10	14	7	16	18
>70~100		5	6	8	6	8	12	7	12	16	8	18	20

（6）冷缩率　锻件锻造完成后从热状态到室温状态时会产生尺寸收缩，称为冷缩。为了保证金属在锻造冷缩后能达到冷锻件要求的尺寸，设计模具时，应将冷锻件各尺寸放大，即加上冷缩量。冷缩率与金属物理性能、锻件终锻温度及外形尺寸有关。对于尺寸较小或细长、扁薄易冷件则可不加考虑。表 4-17 所列为常用有色金属合金及黑色金属的冷缩率。终锻温度高、尺寸大的取上限值。

（7）技术要求　凡是在锻件图上无法表明的其他要求，如锻件热处理、测试项目、表面质量、外形偏差及图上未注明的圆角半径、模锻斜度等内容，均可在图的右下方以技术要求形式提出。

表 4-17　常用有色金属合金及黑色金属的冷缩率　　　　　　　（%）

终锻温度 材料	镁合金	铝合金	铜、钛合金	黑色金属
较低(一般条件)	0.5 ~ 0.8	0.6 ~ 1.0	0.7 ~ 1.1	0.8 ~ 1.2
较高(终锻前重新加热)	0.8 ~ 1.0	1.0 ~ 1.2	1.1 ~ 1.4	1.2 ~ 1.5

有时由于受到生产批量及技术条件的限制，往往不绘制锻件图而直接确定锻件的外形尺寸，制造胎模；也有在零件图上用红铅笔画出锻件外形，注上必要的尺寸公差及技术要求立即制模投产。但对批量较大或定期生产的固定产品，绘制锻件图对合理生产是有帮助的。

锻件图确定后，就基本上决定了生产工艺及采用的胎模结构形式。

2. 胎模锻工艺方案的选择

由于胎模锻是介于自由锻和模锻之间的一种锻造方法，它大量吸收了自由锻、模锻、冲压、挤压等工艺的基本工序，并在这些基本工序的基础上发展成为独特工序，如镦粗、拔长、冲孔、扩孔、弯曲、剁切等是吸取自由锻的基本工序；摔形是吸取模锻的滚挤工序；扣形是吸取模锻的成形工序；闷形是吸取模锻的终锻工序；冲切是吸取模锻的切边、冲孔工序；劈形是吸取自由锻的切割工序；翻边是吸取冲压基本工序；挤压是吸取挤压基本工序等。所以，胎模锻的基本工序较多，工艺灵活性又较大，在选择锻件的工艺方案时，应力求技术先进、经济合理。下面只将胎模锻几种常见锻件的工艺方案进行简单介绍。

(1)齿轮类锻件　常采用镦粗制坯，筒模或垫模成形。由于齿轮的种类较多，可按下面四种情况处理：无孔单边轮毂齿轮采用垫模成形，若设备吨位足够时也可采用跳模成形；有轮毂及轮辐齿轮采用筒模成形挤出轮毂和轮辐；高轮毂齿轮采用筒模镦挤成形；工字形双连齿轮采用拼分镶块在筒模内成形。

(2)法兰类锻件　小型法兰类锻件与齿轮类锻件相同，即采用垫模或筒模成形；大型法兰类锻件常用外翻边工序来成形法兰的凸缘。

(3)台阶轴类锻件　常采用摔子成形各阶梯，再用校正摔来整形。

(4)圆环类锻件　小型件采用筒模或合模成形；大型件考虑到材料的利用率，多采用镦粗—冲孔—芯轴扩孔等工序成形。

(5)非回转体类锻件　采用合模最终成形，关键在于成形的制坯工序选择，原则上是力争以最少的火次，使坯料的分配有利于终锻成形。

3. 毛坯尺寸确定

胎模锻一般由于其批量不大、库存材料规格也不能固定，所以毛坯多经过估算，即对现有锻件称重或与其他同类产品比较，试锻后再确定下料尺寸。有时为了适应现有材料规格而改变工艺，因此比较灵活。需要时，毛坯质量和尺寸可通过下述方法进行计算。

(1)毛坯质量计算　毛坯质量 $G_毛$ 应包括锻件质量 $G_件$ 和在锻造生产过程中的工艺损耗质量 G_I 及加热烧损质量 $G_火$，即 $G_毛 = G_件 + G_I + G_火$。

1)锻件质量 $G_件$(kg)计算

$$G_件 = 7.85 \times 10^{-6} \mathrm{kg/mm^3} V_件$$

式中，$V_体$(mm³)是锻件体积，对于几何形状规则的锻件可按表 4-18 所列公式分别计算，然后叠加求得锻件总体积。

2）工艺损耗质量 $G_{\mathrm{I}}(\mathrm{kg})$ 计算。工艺损耗主要是冲孔连皮质量 $G_{\mathrm{冲}}$ 及开式模锻时的飞边质量 $G_{\mathrm{飞}}$，有时杆部拔长时也会有料头损耗质量 $G_{\mathrm{料}}$，即 $G_{\mathrm{I}} = G_{\mathrm{冲}} + G_{\mathrm{飞}} + G_{\mathrm{料}}$。

冲孔连皮质量 $G_{\mathrm{冲}}(\mathrm{kg})$ 为

$$G_{\mathrm{冲}} = 6.2 \times 10^{-6}\mathrm{kg/mm^3}\, d^2 h$$

式中，d 是冲孔直径（mm）；h 是连皮厚度（mm）。

料头损耗 $G_{\mathrm{料}}(\mathrm{kg})$ 为

$$G_{\mathrm{料}} = 1.5 \times 10^{-6}\mathrm{kg/mm^3}\, d^3 \qquad （其中料头长度 l \approx 1/4d）$$

式中，d 是拔出杆部的直径（mm）。

表 4-18　常见几何形状的计算参数

名称	简　图	横截面积 A	体积 V	简化系数 K
方柱		$A = a^2$	$V = a^2 l$	0.357
梯形柱		$A = \dfrac{1}{2}(a+b)h$	$V = \dfrac{1}{2}(a+b)hl$	
正六角柱		$A = 2.6a^2$ $a = R$	$V = 2.6a^2 l$	0.383
圆柱		$A = \dfrac{\pi}{4}d^2$	$V = \dfrac{\pi}{4}d^2 l$	0.403
弓形柱		$A = \dfrac{1}{2}\left[rL - c(r-h)\right]$ $c = 2\sqrt{h(2r-h)}$ L 为弧长	$V = Al$	
圆锥台体			$V = \dfrac{\pi}{3}h(R_1^2 + R_2^2 + R_1 R_2)$	

（续）

名称	简　图	横截面积 A	体积 V	简化系数 K
球缺体			$V = \dfrac{\pi}{6}h\left(\dfrac{3}{4}L^2 + h^2\right)$	
球体			$V = \dfrac{\pi}{6}d^3$	0.493

飞边质量 $G_飞$（kg）为

$$G_飞 = 7.85 \times 10^{-6}\,\text{kg/mm}^3\,\eta A_飞 L$$

式中，η 是飞边槽充满系数，对于旋转体或外形简单易充满件 $\eta = 0.2 \sim 0.5$，否则 $\eta = 0.4 \sim 0.7$。其中形状复杂、制坯粗糙者取上限值；$A_飞$ 是飞边槽截面积（mm^2）；L 是锻件沿分模面的飞边长度（mm），由计算或测量获得。

3）加热烧损质量 $G_火$（kg）计算。毛坯在加热过程中，由于其表面会形成氧化皮而受到损失，这部分损耗主要与加热火次、毛坯表面积、炉内气氛及加热时间等有关，所以很难准确计算。一般按火耗系数 a 进行估算，第一火取加热金属质量的 $1.5\% \sim 2.5\%$，以后每火取 $1\% \sim 1.5\%$，其中小件、空心件取上限，即

$$G_火 = a(G_件 + G_I)$$

式中，a 是加热中的总火耗系数。

当锻件不大，一、二火内能完工时可采用简化方法，或将毛坯质量的小数化整，或按锻件名义尺寸加 1/2 上极限偏差进行计算。

这样，毛坯总质量

$$G_毛 = (1 + a)(G_件 + G_I)$$

（2）毛坯尺寸计算　已知毛坯质量 $G_毛$ 后，就需合理选择毛坯直径 D 及长度 L，选择时应考虑胎模锻造工艺的要求。

1）对于要经镦粗制坯的锻件，在选择毛坯尺寸时应按下列两方面考虑：

①　毛坯的长径比应满足镦粗时不发生纵向弯曲及下料和加热的高效率要求，可在 $1 \leqslant L/D \leqslant 2.5$ 的范围内进行选择。

②　锻件带有杆部需采用镦拔联用工艺的毛坯直径既要符合头部镦粗部分的长径比关系，又要保证杆部的卡料长度大于 $0.3D$，以防在拔长操作过程中产生凹心。若卡料长度小于 $0.3D$，可考虑二件合锻，然后切开或放大毛坯尺寸，拔长后切去余料。

2）不经镦粗制坯的锻件一般按其最大直径 $D_{\max}$ 来选择，并根据下述三种情况进行修正：

①　采用摔子滚挤头部时，金属会有积聚，所以毛坯尺寸 D 可比锻件最大直径 $D_{\max}$ 略小一些，即取 $D = (0.95 \sim 1.0)D_{\max}$。

②　只用拔长锻出台阶时产生的拉缩经过摔光修整，其外径将会缩小，所以毛坯尺寸应

比最大直径略大，以取 $D = (1.0 \sim 1.02)D_{max}$ 为宜。

③ 对于锻件需要弯曲、压扁杆部的工序时，毛坯截面积会有所缩小，因此应将毛坯直径适当放大一些，一般取 $D = (1.02 \sim 1.05)D_{max}$。

4. 设备吨位的确定

胎模锻与其他方式锻造一样，合理选用设备对正常生产具有很大的意义。若设备吨位太小，则会出现型槽充填不满、火次增多、生产率降低以及设备和模具都易损坏等现象；若设备吨位过大，往往会引起模具破裂、砧面凹陷、设备动力消耗增大且不安全等。但由于胎模锻工艺灵活多变，操作不当又会使变形力出现差异，所以很难确定统一的计算方法。一般来说，制坯所需设备吨位可比成形时小些；开式成形时比闭式时小些。下面仅介绍筒模成形和合模成形时的设备计算方法。

(1) 筒模成形 表4-19为一般锻件在闭式筒模内无飞边成形时，在不同吨位设备上达到的直径尺寸。其复杂程度及材料强度为中等，一火内完成。当锻件扁薄、需要冲出连皮或材料强度较高时，此尺寸应减小；而对外形简单的锻件，预锻准备或终锻前再次加热时，则锻件外径可略加放大。

表 4-19 闭式筒模内成形时设备吨位选择

设备吨位 G/kg	锻件最大直径 $D_{闭}/\mathrm{mm}$
250	100
400	125
560	150
750	175
1000	200

锻件在开式筒模内成形时允许有更大的外形尺寸，在同一设备上其最大直径 $D_{开}$ 可为闭式时 $D_{闭}$ 的 $1.1 \sim 1.2$ 倍，即 $D_{开} = (1.1 \sim 1.2)D_{闭}$。

跳模锻造需要采用较大吨位的设备，锻件才能在重击几次后从模内自动跳出。这时在同一设备上，其外径 $D_{跳}$ 一般只能取 $D_{闭}$ 之半或略高，即

$$D_{跳} = (0.5 \sim 0.6)D_{闭}$$

以上关系式中，大尺寸锻件取系数小值，反之取大值。

(2) 合模成形 合模与锤上模锻的工作状态近似，也可采用下列简单关系式进行计算，即

$$G = kA$$

式中，G 是所需锻锤的落下部分质量(kg)；A 是锻件变形部分(不计飞边)的投影面积(mm²)；k 是锻件形状系数，外形简单或制坯较好时取 $5 \sim 6$，外形复杂或局部有筋时取 $6 \sim 7$，小件不制坯直接成形时取 $7 \sim 9$，扁薄锻件或薄幅齿轮件取 $8 \sim 10$。

按上述方法选出设备吨位后即可进行试锻调整。当车间已有设备的吨位不够时，应充分发挥胎模锻的特点，采取局部锤击成形；提高制坯精度，增加预锻工序的变形，如预先冲出飞边、连皮部分金属；加快操作，采用终锻前再次加热以及加厚飞边、连皮的厚度等措施以减少终锻时的变形力。

跳模锻造时可改为开式筒模结构或在模内加放锯末以提高出模能力。

4.6.3 胎模设计

胎模工艺灵活机动，可以局部变形，也可整体成形。因此，胎模结构也相应很简单但又变化多样，既可作制坯用，又可作为成形使用。胎模设计的任务就是解决这些模具的型槽及其外部形状与尺寸，使模具轻巧耐用而又操作方便，既能保证得到图样要求的产品锻件，又能最大限度地减轻锻工体力劳动。

根据模具的主要用途，胎膜大致可分为制坯整形模、成形模及切边冲孔模三大类，下面分别予以介绍。

1. 制坯整形模

胎模锻件一般都需要经过制坯工序，常用的制坯整形模有漏盘、摔子和扣模。

（1）漏盘 漏盘又称垫圈，这是胎模中结构最为简单的通用模具，主要用于带杆法兰件的局部镦粗或镦挤凸台制坯，也可作圆饼、环筒形等短粗旋转体工件的镦粗成形模具（图4-89）。

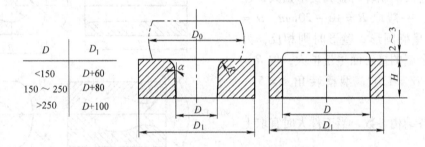

D	D_1
<150	$D+60$
150~250	$D+80$
>250	$D+100$

图4-89 漏盘结构尺寸（单位为mm）

漏盘外径在孔径基础上加大60~100mm，并要比工件的凸缘外径略大，即 $D_1 = D + (60 \sim 100)\text{mm} > D_0$，这样既能保证模具强度又不会使镦粗凸缘时金属流出模外。漏盘的入口半径还应与锻件相适应，孔壁设斜度 $\alpha = 1° \sim 3°$。模高与杆部一致或加高，使用时放入适当厚度的垫块，这样可增加模具强度及通用性。作镦粗成形用时，内孔为直壁。为了充填良好，漏盘应比工件高度低2~3mm。

（2）摔子 摔子是锻工最常用的工具之一，也是一种最简单的胎模，一般由上、下摔及摔把组成。

摔子主要用于旋转体毛坯的局部拔细、卡槽、滚圆等制坯工序，使金属沿轴向得到合理分配。此外也作锻后整形校直使用。摔子按其用途可分为四种形式，如图4-90所示。

1）卡摔又称窄摔，如图4-90a所示，长度方向尺寸较小，一般 $L/D < 0.5$，用于卡槽（压痕）、卡台（压肩）及小凹挡成形。

2）型摔如图4-90b所示，相当于锤模锻的滚挤型槽，用于卡料和聚料，坯料在摔形过程中变形量较大，型摔变形后，既可保证各台阶的同心度，又能起定位作用，为专用工具。

3）光摔如图4-90c所示，长度方向尺寸较大，一般 $L/D = 1.5 \sim 3$，是最常用的一种摔模，用于坯料已在平砧拔长后截面转形摔光。当坯料的变形量较小时，也可直接用光摔摔形。

4) 校正摔如图 4-90d 所示,相当于由型摔和光摔组成,用于回转体长轴类锻件的校正与整形,为专用工具。

光摔和校正摔又称为整形摔子。

常用摔子结构尺寸如图 4-91 所示。

摔子孔径 D 与工件的制坯要相适应,高度 $H = 0.5D + (25 \sim 30)\text{mm} > 35\text{mm}$,模宽 $B = 2H$。长度 L 按工作需要决定:对拔细摔子,为有利金属的轴向流动,L 不宜过长,一般取 $L = B$;卡槽时按实际槽宽确定;对滚圆及整形摔子,$L = L_1 + D + L_2$,其中 $L_1 \approx L_2 \approx 20 \sim 40\text{mm}$,以保证锻件的同心度及垂直度。

用摔子成形时,需不断地翻转坯料,既不产生飞边,也不产生毛刺。设计合理与否主要在于是否操作方便,除要求模具型槽表面光洁外,还希望开口处以圆弧过渡。制坯时金属变形量大,连接应圆滑,一般取 $R = 10 \sim 20\text{mm}$,$\alpha \approx 90°$,型槽呈椭圆形;整形时则相反,为使型槽与金属的接触面尽量扩大,取 $R = 5 \sim 0\text{mm}$,$\alpha = 120°$,型槽转角 $r = 5 \sim 10\text{mm}$。

以上各结构参数,当工件大时宜取上限值。

(3)扣模 扣模也称扣子或成形模,由上、下扣模或仅有下扣模(上模用上平砧代替)组成。扣形时坯料不翻转,扣形后需翻转 90°,在锤砧上平整侧面。通常,往往需扣形与平整侧面交替进行几次,扣形后锻件不产生飞边和毛刺。用于扁平类锻件的坯料沿长度方向局部成形,既可作为制坯,也可作为简单形状工件的终锻成形使用。扣模的形式如图 4-92 所示。

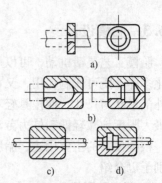

图 4-90 摔子形式
a) 卡摔 b) 型摔
c) 光摔 d) 校正摔

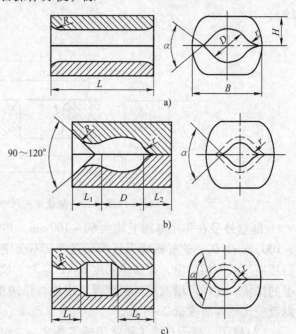

图 4-91 摔子结构尺寸
a) 拔细摔子 b) 滚圆摔子 c) 整形摔子

扣模在结构上分开口和闭口两种。开口扣模多用于工件的局部变形(图 4-93a、b、c)和对外形要求不严格的工件成形(图 4-93d)。反之则用闭口扣模(图 4-93e、f)。

此外,根据变形受力情况,扣模又可分为无导向和有导向两种形式。当工件外形简单、对称时可不需定位。相反,当形状复杂、变形量大、出现水平错移力时,则应在工艺上加以考虑或扣模上设计导向装置。对于开口扣模,工件可以对称排列(图 4-93a),可以单边自导(图 4-93b),必要时可设计成导锁形式(图 4-93c)。对于闭口扣模,可以设计导锁,也可利用两端侧面自导(图 4-93f),后者结构简单,可靠耐用。

扣模多作为合模成形前的制坯使用,因此其模膛与锻件轮廓相似。为了制坯后易于放入合模型槽，要求每边缩小 $1 \sim 3$ mm，或仅在局部形状复杂处缩小。当它作为最后成形使用时，其型槽应根据锻件尺寸再加放冷缩率。

扣模高度与模膛最大深度 h 有关，为了保证模具强度，要求不低于 40mm，即 $H = (1.8 \sim 2)h > 40$ mm。当模具较长时，H 取上限值。若 h 不大，H 还可略为放大一些。

为使金属在变形时不外流、操作方便，扣模宽度 B 应比工件扣形后的尺寸 B_1 大，取 $B = B_1 + (20 \sim 40)$ mm。

关于导向尺寸 L_1、L_2 及 H_1，当 $h \le 50$ mm 时，$L_1 = H_1 = 12 \sim 25$ mm；设导锁时，$L_2 = L_1 - (3 \sim 6)$ mm（即斜度 $\ge 7°$）。

开口扣模的口部尺寸 L_3 及 R 依需要而定，一般取 $L_3 = 20 \sim 40$ mm，$R = 10 \sim 15$ mm，这样，叠加各部分长度的总和即为模具长度 L。上下扣模的单边间隙为 $1 \sim 1.5$ mm。

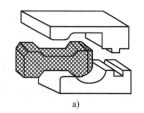

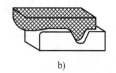

图 4-92　扣模形式
a) 双扇扣模　b) 单扇扣模

2. 成形模

胎模生产中，终锻成形所使用的成形模主要有筒模和合模两大类。筒模多用于旋转体工件，而非旋转体工件一般选用合模。成形模受力大，磨损严重，为了安全生产及操作灵活，模具尺寸既需保证强度又要轻便。下面介绍的结构尺寸是在普通工作条件下由实践统计得来的，当锻件高径比过大、过小或"大锤干小活"时，则还需适当加以放大。

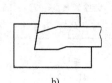

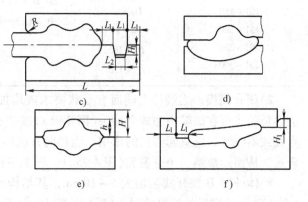

图 4-93　扣模结构尺寸

（1）筒模　筒模也是一种广泛应用的胎模形式，特别适宜旋转体或近似旋转体工件进行镦粗、局部镦粗以及镦挤等工序。下面介绍几种常用的结构形式。

1）开式筒模。当锻件的端面为平面并可用砧块直接锤击成形时多采用这种形式。

开式筒模一般多为无垫通底整体式，侧壁设斜度为 α，锻后工件从孔中顶出（图 4-94a）；当锻件不高、外形简单，侧壁设较大斜度（$\ge 7°$），以及设备吨位有余时，工件能在 $2 \sim 3$ 次锤击下成形并自动跳出，这时也可不通底，因此又将这种形式的模具称为跳模（图 4-94b）；当锻件下端面有形状要求及为了一模多用，或模具太薄为了增加强度和返修量时，可以加放模垫（图 4-94c）。

锻件上端面有浅槽需在成形时压出，则可另放压块。

开式筒模的结构尺寸可查表 4-20。由于工件是在上砧块直接锤击下成形，需考虑欠压及出现飞边，所以端部型槽深度应比锻件相应部位尺寸少 $1 \sim 3$ mm。其缺点是锻件的高度尺寸波动较大。

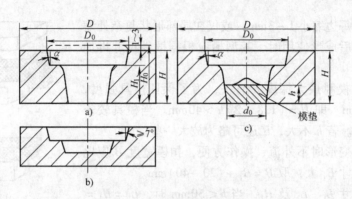

图 4-94 开式筒模结构尺寸

a)无垫通底式 b)不通底式 c)有垫通底式

表 4-20 开式筒模的结构尺寸 （单位：mm）

锻件最大直径 D_0	模具外径 D	模具高度 H		斜度 α
		无垫式	有垫式	
≤40	$D_0 + 55$			
41～70	$D_0 + 65$		$H = H_0 + h - (1～3)$	
71～100	$D_0 + 75$	$H = H_0 - (1～3) \geqslant 45$	$h = (0.3～0.6)d_0 \geqslant 30$	
101～150	$D_0 + 85$	式中 H_0——锻件高度	式中 h——模垫高度	3°～5°
151～200	$D_0 + 95$		d_0——孔径	
201～250	$D_0 + 105$			
251～300	$D_0 + 115$			

2)闭式筒模。当锻件上端面有形状要求或增加模具强度时可采用这种形式。为了达到上述目的，可在筒模内加放上冲头(图 4-95a)或冲头与模垫(见图 4-95b)。这时筒体内壁呈直线或斜线状，它只起限位的作用。当径向有成形要求又能顺利脱模时，可将凹模设计成组合式，从而形成第二个分模面(图 4-95c)。以上三种形式都属闭式无飞边胎模。

筒体外径 D 按开式再加大 5～10mm，其结构尺寸查表 4-21。若为可分的组合凹模形式(图 4-95c)，选择外形尺寸时，建议 D_1 按 D_0 由表 4-20 中查取，D 以 D_1 为锻件最大直径由表 4-21 中查取。

表 4-21 闭式筒模的结构尺寸 （单位：mm）

锻件最大直径 D_0	模具外径 D	模具高度 H		单边间隙 δ
		无垫式	有垫式	
≤40	$D_0 + 60$			
41～70	$D_0 + 70$			
71～100	$D_0 + 80$	$H = H_0 + h_2$		
101～150	$D_0 + 90$	式中 H_0——锻件	$H = h_1 + H_0 + h_2$	$\delta = 0.25～0.5$
151～200	$D_0 + 100$	高度		
201～250	$D_0 + 110$			
251～300	$D_0 + 120$			

冲头内的成形型槽较深时，需开顶出孔。为了冲头与模垫的装卸方便，可用内锥形套筒。一般 $\alpha = 1°～3°$；$\beta = 3°～7°$，如要求脱模迅速，可放大至 $\beta = 10°～30°$。这时只要加工

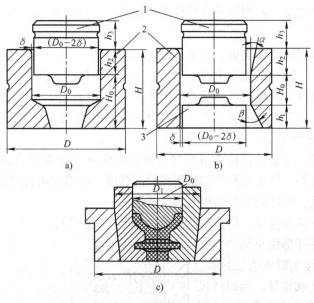

图 4-95　闭式筒模结构尺寸

a)无垫式　b)有垫式　c)结合凹模式

1—冲头　2—筒模　3—下垫

与润滑良好,当套筒上抬就能自动脱模,使生产效率提高,也易于实行脱模操作机械化。

3)拉深筒模。这种胎模适用于薄壁深孔件、大型盲孔件的拉深成形(图 4-96)。它的设计关键在于入口导角及转角半径的正确选定。

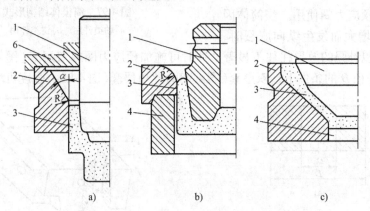

图 4-96　拉深筒模结构尺寸

a)喇叭口型　b)圆弧口型　c)锥底型

1—冲头　2—凹模　3—锻件　4—支撑筒　5—下模垫　6—冲头定位圈

喇叭口型适宜小型深孔件,一般取 $\alpha = 30° \sim 35°$, $R = 50 \sim 100\text{mm}$;为了不使锻件的中心线偏差超出范围,需要设计定位装置。对于毛坯可在凹模 2 端部车出定位槽;对于冲头 1,若在坯料上不能自动定位,则可在凹模 2 端部加放冲头定位圈 6。

圆弧口型适宜大型浅盲孔件,取 $R \geqslant 50\text{mm}$,以利于成形,因为锻件尺寸较大,相对偏差就小,所以不考虑冲头定位。

以上几种模具都是通底式,口部内径与锻件 3 外径相同,拉延后锻件从底部漏出。锥底型适宜于锥形筒体件成形，孔型尺寸由锻件外形决定，凹模底部需留顶出孔，变形时放置下模垫5。

拉深模的结构与开式筒模类似，由于拉延时的变形力不大，所以其模体外径尺寸可参考表4-18，或略以缩小。凹模口部是主要变形区，其余部分仅起支撑作用。因此，除小型套筒设计成整体外，大型模具宜将凹模2及支撑筒4分开成组合式。

冲头1的外形与锻件内孔形状相合，其高度以能使锻件漏出口部（直筒形）或贴合凹模（锥筒形）以便于夹持为准。

4）减轻模重措施。金属在筒模内成形时，筒体内壁承受很大压力，往往会因发生弹性变形而胀大，甚至破裂。如果依靠增加壁厚来提高强度，必然使模重增加，特别对于大型长轴工件情况更为严重，因此必须在结构上加以改进。

① 减小非变形部分直径，将直筒体改成阶梯形（图4-97）。

对于轴类件可在杆部缩小筒径，并要求 $D_1 > D_0$，以免锤击时失去稳定性。或在筒体中段开槽以减重量。当锻件尺寸较大时，模具宜设计成组合形式（图4-97a右部），这样既能达到制造方便又能达到合理使用模具材料的作用。

对于饼类件可在轮缘部分加强，一般多在中段加套圈，焊接端面固定（图4-97b）。

② 凹模预应力圈使用。当筒体因内壁侧内压力增大而发生纵向胀裂时，

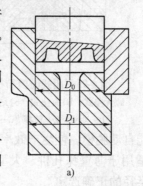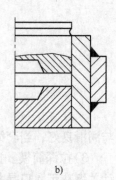

图4-97 筒模体结构形式

a）轴类件用 b）饼类件用

仅靠扩大筒径以补强的效果往往不显著，这时可施加预应力圈或双层套（图4-98）。使在同样内径 D_0 及外径 D 的条件下，双层套（图4-98b）比单层套（图4-98a）强度可增加1.3倍。

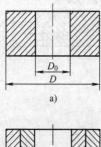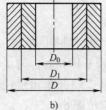

图4-98 多层套筒结构

a）单层筒体 b）双层筒体

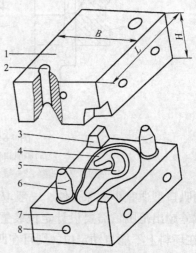

图4-99 合模结构

1—上模 2—销孔 3—导锁 4—飞边槽
5—型槽 6—导柱 7—下模 8—抬模孔

双层套为起到预加压应力的作用，需有 3% ~6% 的过盈量，即当内套的外径为 D_1 时，外套内径应为 $[1-(0.003 ~ 0.006)]D_1$，然后加以红套（直筒形）或冷套压入（壁部斜度 $1°30'$）。外套应比内套的材料塑性及硬度低，采用中碳结构钢 45、40Cr 等即可。外套对凹模施加的附加压应力能阻止凹模在成形时过分地向外扩张，从而防止了模具过早胀裂，提高了使用寿命。

（2）合模　合模是一种有飞边槽的开式胎模（图 4-99）。它由上模、下模及导向定位装置三部分组成，在模块侧面钻有抬模孔用来插入或焊上抬棒以便搬动。这种模具结构不受锻件平面形状的限制，通用性较大。特别是对于外形复杂、精度要求高的非旋转体锻件，在缺少模锻设备又无法在筒模内锻造时都可使用合模进行中小批量的生产。合模在模具设计方面和筒模有下列几方面的差别。

1）飞边槽。与模锻锤上的锻模一样，合模中也开有飞边槽，以便更好地充满型槽，并容纳少量的多余金属，同时兼起缓冲上下模对击作用。合模中采用的飞边槽主要有平面式和单面开仓式两种，见表 4-22。

平面式结构简单，对金属外流阻力大且容纳体积小，适宜外形对称、下料准确的锻件。需要时飞边槽也可只开在下模或不开而将型槽深度作相应减小即可。而单面开仓式与一般锻模结构一样，它有桥部及容积略小的仓部，因此通用性强使用也多。有时为了切边方便而将其倒置。

表 4-22　飞边槽形式及结构尺寸　　　　　　　　　　　（单位：mm）

飞边槽形式	平面式			单面开仓式					
锻锤吨位/t	h	b	R	h	h_1	b	b_1	R	R_1
0.25 ~ 0.33	1.4	15	1.5	1.4	3	8	20	1.5	3.0
0.4 ~ 0.75	2.0	20	2.0	2.0	4	10	22	2.0	4.0
1.0 ~ 2.0	3.0	25	3.0	3.0	5	12	24	3.0	5.0

2）导向定位装置。合模在工作时不固定于砧块上，为了易于上下模的定位并阻止其受力错移，需要设计导柱、导锁、导套等导向定位元件。

① 导柱。导柱细长，强度与刚性都较差，由于加工简单导向部分高，上模不易跳出，所以当错移力不大时可考虑使用。其结构尺寸如图 4-100 所示。

导柱直径 d 可取 $\phi18mm$、$\phi20mm$、$\phi22mm$、$\phi25mm$、$\phi28mm$、$\phi30mm$、$\phi35mm$、$\phi40mm$、$\phi45mm$ 等系列尺寸，当模块较高，锻锤吨位偏大时应尽量选取大直径规格，见表 4-23。

在图 4-99 中有关尺寸如下：$L_1 \approx H-5mm$，$L_2 < 0.9H$，$l_1 = 10$ ~15mm，$l_2 = (0.3 ~ 1.0)d_1$，$\delta = 0.15 ~ 0.3mm$，$R = 3 ~ 5mm$，α

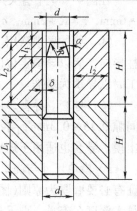
图 4-100　导柱结构尺寸

$= 7.5° \sim 15°$。

表 4-23　导柱直径选择

模块高度 H/mm	导柱直径/mm	适用设备/kg
<50	18 ~ 20	250
50 ~ 80	20 ~ 30	560
80 ~ 120	30 ~ 40	750
>120	40 ~ 45	1000

导柱长度应保证在变形开始时，其圆柱部分已进入上模透孔，深度不少于 10 ~ 15mm。它与下模销孔采用压入配合。为减少上下模的错移量及扩大导向间距，一般多将其布置在模块的对角线上。

② 导锁。导锁防止错移能力强，不易损坏，起模方便，因此虽然模块耗料多，加工麻烦，但仍用得很普遍。其结构尺寸如图 4-101 所示。导锁布置与锻模一样，按错移力大小、方向不同，有对角、四角、两侧等几种布置形式。对旋转体锻件可设计环形导锁（图 4-102），若不易出模则需在导锁上开出缺口。

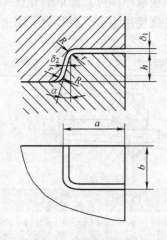

图 4-101　导锁结构尺寸

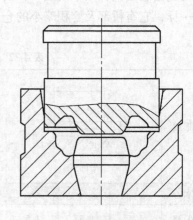

图 4-102　环形导锁

在图 4-100 中有关尺寸如下：$h = 25 \sim 40$mm，$\delta_1 = 1 \sim 1.5$mm，$\delta_2 = 0.1 \sim 0.5$mm，$R = 4 \sim 6$mm，$r = R + 2$mm，$a = b \geqslant h + 5$mm，$\alpha = 3° \sim 5°$。

③ 导柱导锁联用。当锻件精度要求较高时，可采用导柱导锁联用方式。运行时先以导柱导向，后以导锁定位（图 4-99）。导锁间隙同前，导柱单边间隙可放大至 0.5 ~ 0.8mm。加工时以导锁为基准。

④ 导套。导套多用于小型胎模上，其结构与筒模的外套相同，壁厚 30 ~ 40mm，单边间隙 0.15 ~ 0.3mm，导套与下模也可以 3°锥面配合，这样能减少锻件的错移量并便于锻件出模。导套也适用于矩形模块，但四角应有 $R12 \sim R15$mm 的圆角半径，其余结构同上。

3）模块尺寸与浇口。模块尺寸以能够紧凑安排型槽（包括飞边槽）、导向定位装置并保证有必要壁厚为原则（图 4-99）。长宽比 L/B 一般小于 1.6 ~ 1.7，不超过 2。壁厚 S 与型槽最大深度 T 有关，取 $S = 0.5T + (20 \sim 25)$mm。模高 H 也与 T 有关，当 $T < 50$mm 时，$H = T + (40 + 60)$mm；当 $T > 50$mm 时，$H = T + (50 \sim 70)$mm，模具材料强度高时取下限值。模块的长、宽、高应有一定的比例，通常情况下可按表 4-24 选用。

表 4-24　合模模块尺寸

$L \times B /$mm × mm	$H/$mm	$L \times B /$mm × mm	$H/$mm
≤20000	60 ~ 70	60000 ~ 80000	90 ~ 100
20000 ~ 40000	70 ~ 80	80000 ~ 100000	100 ~ 110
40000 ~ 60000	80 ~ 90	>100000	110 ~ 120

合模型槽无钳口时，需要设计浇口以便浇注铅型检验。浇口直径为 $\phi 20 \sim \phi 30$mm，深 $10 \sim 12$mm。浇道宽 $6 \sim 14$mm，高同飞边的仓部。熔铅有毒，比较危险无条件时可用熔融的蜡油拌细砂代替。

3. 切边冲孔模

胎模锻件的切边冲孔多在锻锤上进行，分冷态与热态两种形式。冷切劳动条件好且设备利用率高，适合于有色金属及低碳结构钢锻件，只要设备能力及生产条件允许应优先考虑，这时模具按冷锻件图设计。当锻件的含碳量或合金元素含量较高、切边后还需热校正或热弯曲、冷切时设备能力不够等情况时则采用热切，模具设计按热锻件图进行。此外，从结构上来看，切边冲孔模有切边模和冲孔模两种。切边模用来切除合模锻件的横向飞边。冲孔模用于冲掉带孔锻件形成的连皮。这类胎模一般由凹模和凸模组成。

（1）切边模　锤上切边模结构较简单，一般由凹模与冲头组成（图 4-103a），当锻件上端面为平面时，冲头可由上砧代替（图 4-103b）。

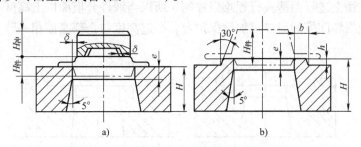

图 4-103　常见切边模结构

凹模型腔按锻件的分模面轮廓尺寸设计。刃口部分高度为

$$e = h + (3 \sim 5)\text{mm}$$

式中，h 是飞边槽桥部高度（mm）。

凹模宽度 B 和长度 L 尺寸取决于锻件的最大宽度 $B_{\max}$ 和长度 $L_{\max}$，可参见表 4-25。

表 4-25　切边凹模平面尺寸　（单位：mm）

$\dfrac{B_{\max}}{L_{\max}}$	≤60	60 ~ 90	90 ~ 120	120 ~ 150	150 ~ 200	>200
B	$B_{\max} + (60 \sim 70)$	$B_{\max} + (70 \sim 80)$	$B_{\max} + (80 \sim 90)$	$B_{\max} + (90 \sim 100)$		
L	$L_{\max} + 70$	$L_{\max} + 80$	$L_{\max} + 90$	$L_{\max} + 100$	$L_{\max} + 110$	$L_{\max} + 120$

凹模高度 H 取决于锻件与冲头接触面至底面的尺寸 $H_{件}$ 及冲头高度 $H_{冲}$，为不使切边后将锻件压坏，应保证 $H \geqslant H_{件} + H_{冲}$，通常 $H_{冲} = 20 \sim 50$mm。在不用冲头的情况下，凹模高度 H 应比锻件最大高度 $H_{\max}$ 更高，可取 $H = H_{\max} + (20 \sim 40)$mm > 50mm。

为节约模具材料，凹模不宜太高。若尺寸不够可用垫块及垫圈。批量大时，应设计专用模垫。冲头与锻件接触表面的形状尺寸应与锻件相适应并可予以简化，在侧面留有间隙。冲头与凹模之间也需有间隙，间隙数值一般取 $\delta = 1 \sim 1.5\text{mm}$。

冲头一般利用锻件外形定位，特殊情况下可依靠与凹模配合的冲头定位板进行工作（图4-104）。无法定位时，与凹模之间的间隙量需放大。

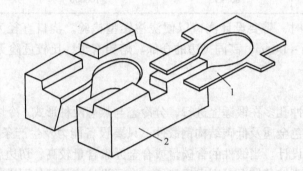

图4-104　带冲头定位板的开式切边凹模
1—冲头定位板　2—开式切边凹模

若切边时锻件的飞边仓部朝下，凹模刃口部分上端形成切边台（图4-105a），其高度 h_1 及宽度可与飞边的仓部高及桥部宽相匹配。

由于切边在锤上进行而锤头行程难以控制，所以当锻件分模面以上高度不大或锻锤吨位较大时，为避免损坏凹模的刃口可加设保护台，凸起高度与仓部高度相一致（图4-105b）。

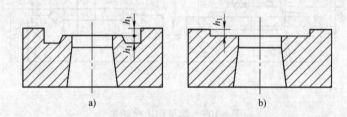

a)　　　　　　　　　　b)

图4-105　带切边台和保护台的切边凹模

（2）冲孔模　冲孔模一般结构形式如图4-106所示。冲孔时将锻件放入凹模，然后将凸模放在连皮上，锤击凸模即可完成冲孔。冲除连皮时，刃口开在冲头处，凹模仅起承压作用，只要设计相应的模座即可。当锻件下端面为平面时，且锻件刚性又好，冲孔时可不用凹模，将锻件直接放在下砧上，凸模放在连皮上，锤击凸模即可完成冲孔，如图4-107所示。

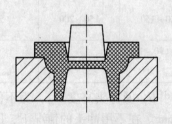

图4-106　有凹模冲孔模

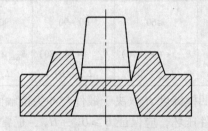

图4-107　无凹模冲孔模

4.6.4　胎模锻工艺举例

例 4-1　图 4-108 所示为内啮合齿轮的胎模锻工序及模具简图，锻件材料为 18CrMnTi，锻件最大直径为 ϕ185mm，高 60mm。坯料直径为 ϕ130mm，高 55mm。

根据锻件最大直径值查表 4-19 选用 1000kg 锻锤。考虑到齿轮轮毂较高，并要求冲出内孔，成形较为困难。因此，需采用预锻工步，并在终锻前重新加热一次，即在两火内完成预锻、终锻和冲切连皮三道工序。预锻使用开式套模，终锻用闭式套模，冲切连皮采用简易模具将连皮冲去。采用此方法最终可获得无飞边和局部无斜度的模锻件。

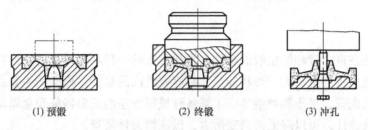

(1) 预锻　　　　(2) 终锻　　　　(3) 冲孔

图 4-108　内啮合齿轮的胎模锻

例 4-2　图 4-109 所示为工字齿轮的胎模锻工序简图，锻件材料为 45 钢，锻件最大直径为 ϕ92mm，高 71mm。坯料直径为 ϕ60mm，高 93mm。其锻造过程如下：①下料、加热；②用摔子拔长尾部；③放在垫模中镦粗端部；④放在带有可分凹模的套模中终锻成形。

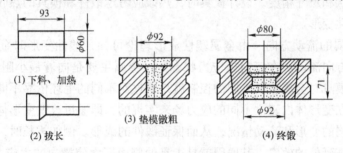

(1) 下料、加热

(2) 拔长

(3) 垫模镦粗

(4) 终锻

图 4-109　工字齿轮的胎模锻

思 考 题

1. 自由锻有何特点？
2. 自由锻工序如何分类？各工序变形有何特征？
3. 何谓锻造比？有什么实用意义？镦粗和拔长时的锻造比如何表示？
4. 平砧镦粗时，坯料的变形与应力分布有何特点？不同高径比的坯料镦粗结果有何不同？
5. 拔长时坯料易产生哪些缺陷？是什么原因造成的？如何防止？
6. 冲孔时易产生哪些缺陷？如何防止？
7. 自由锻工艺规程包括哪些内容？
8. 纤维组织是如何形成的？它对锻件性能有什么影响？
9. 锻造对钢锭的组织和性能有何影响？
10. 胎模锻有何特点？
11. 制订胎模锻件图应考虑哪些方面的问题？
12. 胎膜按模具主要用途可分为哪几类？

第 **5** 章 模锻成形工序分析

5.1 概述

模锻工序是在自由锻和胎模锻的基础上发展起来的一种利用模具使坯料变形而获得锻件的锻造方法，适于生产批量大、形状和尺寸精度要求高的锻件。模锻的主要成形工艺方法有开式模锻、闭式模锻、挤压和顶镦等。了解各种成形方法的成形特征和金属流动规律，合理进行工艺和模具设计，可以降低模锻变形力，保证模锻件质量。

模锻时金属的变形和流动遵循自由锻金属变形规律。总的看来，模具形状对金属变形和流动的主要影响有如下几方面：

(1) 控制锻件的最终形状和尺寸　模锻用的终锻模膛决定了锻件最终的形状和尺寸。为保证锻件的形状和尺寸精度，设计模具时，热锻应考虑锻件和模具的热收缩，精密成形还应考虑模具的弹性变形。

(2) 控制金属的流动方向　由金属塑性成形理论可知，塑性变形时金属主要是向着最大主应力增大的方向流动。在三向压应力状态下，金属主要是向着最小阻力（增大）的方向流动。因此，模具对金属流动方向的控制就是通过对不同的毛坯依靠不同的模具，采取不同的加载方式，在变形体内建立不同的应力场来实现的，即通过改变变形体内应力状态和应力顺序来得到不同的变形和流动情况，从而保证锻件的成形。例如拔长时，采用型砧比采用平砧更有利于提高延伸的效率。其原因就是工具的侧面压力使横向的主应力 σ_2 远小于轴向的主应力 σ_1，使更多的金属沿最大主应力（最小阻力）的增大方向（即轴向）流动。

(3) 控制塑性变形区　利用不同工具在坯料内产生不同的应力状态，使部分金属满足屈服准则，而另一部分金属不满足屈服准则，即通过塑性区和刚性区的合理分布，达到控制变形区的目的。

(4) 提高金属的塑性　金属的塑性与应力状态有很大关系。压应力个数越多，静水压力数值越大，材料的塑性就越好。闭式模锻时，金属在终锻的最后阶段处于三向压应力状态，材料具有较高的塑性。

(5) 控制坯料失稳，提高成形极限　长杆料顶镦时容易产生失稳而弯曲，并可能发展成折叠。为控制顶镦时失稳，要求模孔直径 D 小于 1.25 倍坯料直径 d_0（即 $D < 1.25d_0$）。这样可利用模壁限制弯曲的发展，避免折叠的产生。又例如弯曲管坯时，变形区较易失稳，先变成椭圆形，随后在内侧产生折皱。如果用合理形状的模具或芯轴，让管坯从其内（或其外）强制通过，则变形区的失稳将受到模具（或芯轴）的限制，从而获得理想的制品。

5.2 开式模锻

开式模锻时,金属是在不完全受限制的模腔内变形流动的,模具带有一个容纳多余金属的飞边槽。模锻开始时,金属先流向模腔,当模腔阻力增加后,部分金属开始沿水平方向流向飞边槽形成飞边。随着飞边的不断减薄和该处金属温度的降低,金属向飞边槽处流动的阻力加大,迫使更多金属流入模腔。当模腔充满后,多余的金属由飞边槽处流出。开式模锻时,金属变形流动的过程如图 5-1 所示。由图中可看出,模锻变形过程可以分为三个阶段:第Ⅰ阶段是由开始模压到金属与模具侧壁接触为止;第Ⅰ阶段结束到金属充满模腔为止是第Ⅱ阶段;金属充满模腔后,多余金属由桥口流出,此为第Ⅲ阶段。

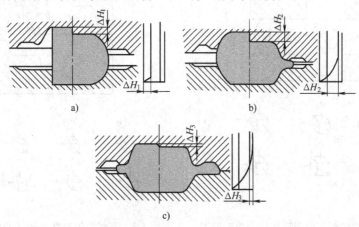

图 5-1 开式模锻时金属流动过程的三个阶段
a) 镦粗阶段 b) 充满模腔阶段 c) 多余金属挤入飞边槽

5.2.1 开式模锻各阶段的应力应变分析

1. 第Ⅰ阶段

开式模锻的第Ⅰ阶段是由开始模压到金属与模具侧壁接触为止,这个阶段的变形犹如孔板间镦粗(在没有孔腔时犹如自由镦粗)。假设模孔无斜度,如图 5-2 所示,该阶段属于局部加载,整体受力,整体变形。变形金属可分为 A、B 两区,A 区为直接受力区,B 区的受力主要是由 A 区的变形引起的。A 区的受力情况犹如环形件镦粗,故又可分为内外两区,即 $A_内$ 和 $A_外$,其间有一个流动分界面。但这时由于 B 区金属的存在使 $A_内$ 区金属向内流动的阻力增大,故与单纯的环形件镦粗相比,流动分界面的位置要向内移。B 区内金属的变形犹如在圆型砧内拔长。各区的应力应变情况如图 5-2 所示。

各变形区金属主要沿最大主应力增大的方向流动,如图 5-2 中箭头所示,即 $A_内$ 区和 B 区金属向内流动,流入模孔;$A_外$ 区金属向外流动。在坯料内每一瞬间都有一个流动分界面,分界面的位置取决于两个方向金属流动阻力的大小。

2. 第Ⅱ阶段

在第Ⅱ阶段,金属也有两个流动方向:一部分金属充填模腔;另一部分金属由桥口处流出形成飞边,并逐渐减薄。这时由于模壁阻力,特别是飞边桥口部分的阻力(当阻力足够大时）作用，迫使金属充满模膛。由于这一阶段金属向两个方向流动的阻力都很大，处于明显的三向压应力状态，变形抗力迅速增大。

根据对第Ⅱ阶段变形的应力应变分析，这一阶段凹圆角充满后变形金属可分为五个区，如图5-3所示。A区内金属的变形犹如一般环形件镦粗，$A_外$为外区，$A_内$为内区。B区内金属的变形犹如在圆型砧内拔长。C区为弹性变形区，D区内金属的变形犹如外径受限制的环形件镦粗。各区的应力应变简图和金属流动方向如图5-3所示。如果凹圆角未充满，金属的变形和分区情况还要更复杂一些。

第Ⅱ阶段是锻件成形的关键阶段，研究锻件的成形问题，主要研究第Ⅱ阶段。

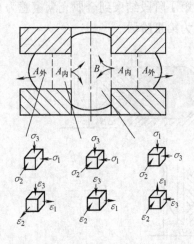

图5-2　孔板间镦粗时各变形区的应力应变简图　　图5-3　开式模锻时各变形区的应力应变简图

3. 第Ⅲ阶段

第Ⅲ阶段主要是将多余的金属排入飞边槽。此时流动分界面已不存在，变形仅发生在分模面附近的区域内，其他部位则处于弹性状态。变形区的应力应变状态与薄件镦粗相同，如图5-4所示。

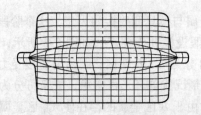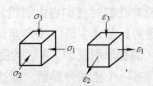

图5-4　模锻第Ⅲ阶段变形区及其应力应变简图

此阶段由于飞边厚度进一步减薄和冷却等原因，多余金属由桥口流出时的阻力很大，使变形抗力急剧增大。因此，第Ⅲ阶段是模锻变形力最大的阶段。计算变形力时，按第Ⅲ阶段计算。从减小模锻所需的能量来看，希望第Ⅲ阶段尽可能短些。

5.2.2　开式模锻时影响金属成形的主要因素

开式模锻时影响金属变形流动的主要因素有内因和外因两种。内因主要有终锻前坯料的形状和尺寸，以及坯料本身性质的不均匀性，主要指由于温度不均引起的各部分金属流动应力的不均匀性。外因主要有模膛（模锻件）的尺寸和形状，飞边槽桥口部分的尺寸和飞边槽的位置，以及设备的工作速度。下面主要对影响金属变形的外因进行具体分析。

1. 模膛（模锻件）尺寸和形状的影响

一般地说，金属以镦粗方式比以压入方式更容易充填模膛。以压入方式成形时，锻件本身的各种因素对模膛内的阻力的影响主要有：

（1）变形金属与模壁的摩擦系数　模膛表面粗糙度值较低和润滑较好时，摩擦阻力小，有利于金属充满模膛。

（2）模壁斜度　为了便于锻件取出，模膛通常制成一定的斜度，但是模壁斜度对金属充填模膛是不利的。金属充填模膛的过程实质上是一个变截面挤压过程，金属处于三向压应力状态，如图 5-5 所示。为了使充填过程得以进行，必须使已填充模膛的前端金属满足屈服条件，即 $|\sigma_3| \geqslant \sigma_s$（在前端面 $\sigma_1 = 0$，$\sigma_3 = \sigma_s$）。为保证获得一定大小的 σ_3，当模壁斜度越大时所需的压挤力 F 也越大。在不考虑摩擦的条件下，所需的压挤力 F 与 $\tan\alpha$ 成正比，即 $F \propto \sigma_3 \tan\alpha$。但如果考虑摩擦的影响，尤其当摩擦阻力较大（等于 τ_s）时，摩擦力在垂直方向的分力 $\tau_s \cos\alpha$ 随 α 角的增大而减小，则所需压挤力的大小与 $\tan\alpha$ 不再成正比关系，如图 5-6 所示。

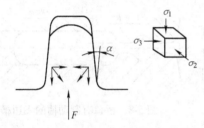

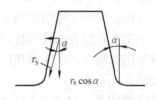

图 5-5　模壁斜度对金属充填模膛的影响　　　图 5-6　摩擦力对金属充填模膛的影响

（3）孔口圆角半径　模具孔口的圆角半径 R 对金属流动的影响很大。当 R 很小时，在孔口处金属质点要拐一个很大的角度再流入孔内，需消耗较多的能量，故不易充满模膛。而且 R 很小时，对某些锻件还可能产生折叠和切断金属纤维；同时模具此处温度升高较快，模锻时容易被压塌。而孔口处 R 太大会增加金属消耗和机械加工量。因此，从保证锻件质量出发，孔口的圆角半径应适当地大一些。

（4）模膛的宽度与深度及模具温度　在其他条件相同的情况下，模膛越窄时，金属流向模膛的阻力将越大，金属温度的降低也越严重，故充满模膛越困难；模膛越深时，充满也越困难。模具温度较低时，金属流入模膛后，温度很快降低，变形抗力增大，使金属充填模膛困难，尤其当模膛窄（小）时更为严重。在锤和水压机上模锻铝合金、高温合金锻件时，模具一般均预热至 $200 \sim 300$℃。但是，模具温度过高也是不适宜的，会降低模具的寿命。

2. 飞边槽的影响

常见的飞边槽结构如图 5-7 所示，它包括桥口和仓部。桥口的主要作用是阻止金属外流，迫使金属充满模膛。另外，使飞边厚度减薄，以便于在后续工序中切除。仓部的作用是容纳多余的金属，以免金属流到分模面上，影响上下模打靠。

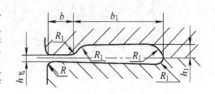

图 5-7　飞边槽

设计飞边槽，最主要的是合理确定桥口的高度和宽度。桥口阻止金属外流主要是靠桥口处坯料上下表面与桥口的摩擦阻力。该摩擦力在桥口处引起的径向压应力（或称桥口阻力）的大小与桥口的宽度和高度的比值 $b/h_飞$ 有关：桥口越宽，高度越小，阻力越大。为保证金属充满模膛，希望桥口阻力大一些；但是若过大，变形抗力将会很大，因此阻力的大小应取得适当。当模膛较易充满时，如镦粗成形的锻件，$b/h_飞$ 取小一些；反之，金属较难充满模膛时，如压入成形的锻件，$b/h_飞$ 取大一些。

桥口部分的阻力还与飞边部分的变形金属的温度有关。如果变形过程中此处金属的温度降低很快，则桥口处的阻力急剧增加，锻件很难继续变形，因此桥口部分的 $b/h_飞$ 值应适当取小一些。如胎膜锻造和螺旋压力机上模锻时，桥口部分的 $b/h_飞$ 值比锤上模锻都小一些。高速锻时，由于变形速度快，变形时间极短，以及由于径向惯性力的作用和飞边温度降低较少，飞边桥口处的阻力较小，有较多的金属流出，造成模膛不易充满。因此，高速锻时桥口的高度应比锤上模锻时小。对较难充满的锻件还必须采取其他措施，例如采用无飞边或小飞边模锻。

在具体设计飞边槽时，仅考虑 $b/h_飞$ 值是不够的，还应考虑 b 与 $h_飞$ 的绝对值。在实际生产中 b 取得太小是不合适的，因太小了容易被打塌，或很快被磨损掉，具体数据可参考有关资料。

同一锻件的不同部分充满的难易程度也不一样，有时可以在锻件上较难充满的部分加大桥口阻力，生产中常常是加大此处的桥口宽度。此外，对锻件上难充满的地方，还常常在桥口部分加一个制动槽，如图 5-8 所示。

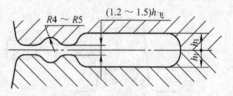

图 5-8　桥口有制动槽的飞边槽

值得注意的是，对图 5-7 所示的一般飞边槽，即使选用了适当的宽度和高度，模锻时流入飞边部分的金属仍然较多，一般占锻件重量的 20% ~ 30%，造成了大量的金属浪费。这是由于模锻过程中桥口高度是随着上、下模的逐渐接近而不断减小的。模锻初期，由于上下模距离较大，产生的阻力较小，因此，大量金属流入飞边槽；直到最后阶段上下模距离较小时，才能产生足够大的阻力。为此，要减小飞边部分金属的消耗，应当从模锻初期就建立足够大的阻力。因而，可以改变分模面的位置，将飞边设置在变形较困难的毛坯端部，如图 5-9 所示。模锻初期，中间部分金属的变形流动就受到了侧壁的限制，迫使金属充满模膛，因此大大减少了飞边金属的消耗。这种飞边槽的模锻，在生产上称为小飞边模锻。但对某些形状的锻件，在模锻最后阶段，变形区集中在分模面附近，远离分模面的部分 A 常不易充满，如图 5-10 所示。因此，小飞边模锻在锤上应用受到一定限制。

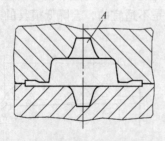

图 5-9　小飞边模锻

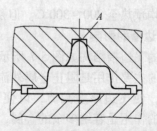

图 5-10　小飞边模锻 A 处未充满情况

另外还有一种楔形飞边槽，如图 5-11 所示。它主要依靠桥口斜面产生的水平分力阻止金属外流，从模锻初期就产生了足够大的阻力。与第一种飞边槽相比，可使飞边部分金属消耗减少 1 倍，模具寿命提高 1.55 ~ 3.5 倍。但是，由于飞边在与锻件连接处较厚些，切边较困难，故这种飞边槽在实际应用中受到一定限制，一般用于圆形锻件。

实际生产中，有些锻件形状简单，比较容易充满成形；但由于某些原因变形力较大，常易产生模锻不足，模具也易磨损。为此人们设计了如图 5-12 所示的扩张型飞边槽。在模锻的第一和第二阶段，桥口部分对金属外流有一定的阻碍作用，但比前几种飞边槽的作用小。而最后阶段，对多余金属的外流则没有任何阻碍作用，因而可以较大程度地减小变形力，使上下模压靠。扩张型飞边槽主要用于某些回转类锻件。

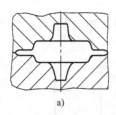

图 5-11　楔形飞边槽

a）楔形飞边模锻　b）阻力分析

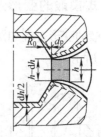

图 5-12　扩张型飞边槽

3. 设备工作速度的影响

一般来说，设备工作速度高时，金属变形流动的速度也快，使摩擦系数有所降低，金属流动的惯性和变形热效应作用也显得更加突出。模锻时正确地利用这些因素，有助于金属充填模膛，得到外形复杂、尺寸精确的锻件。

在高速锤上模锻时，由于变形金属具有很高的变形速度，所以在工具停止运动时，变形金属仍可以依靠流动惯性继续充填模膛。在高速锤上模锻时，可以锻出厚度为 1.0 ~ 1.5mm 的薄筋；在模锻锤上一般是 1.5 ~ 2mm；而压力机上一般则是 2 ~ 4mm。设备工作速度对金属充填模膛的影响详见表 5-1。

表 5-1　设备工作速度对金属充填模膛的影响　　　　　　　　（单位：mm）

锻件特征尺寸	锻压设备类型		
	高速锤	模锻锤、螺旋压力机	热模锻压力机
最小壁厚	1.5	2.0	3.0 ~ 4.0
最小筋厚	1.0 ~ 1.5	1.5 ~ 2.0	2.0 ~ 4.0
最小辐板厚	1.0	1.5 ~ 2.0	2.0 ~ 3.0
最小圆角半径	0 ~ 1.0	2.0 ~ 3.0	3.0 ~ 5.0

5.3　闭式模锻

闭式模锻也称无飞边模锻。一般在锻造过程中，上模和下模的间隙不变，坯料在四周封闭的模膛中成形，不产生横向飞边，少量的多余材料将形成纵向飞边，飞边在后续工序中除去。闭式模锻的优点是：①减少飞边材料损耗，提高金属材料的利用率；②节省切边设备；③有利于金属充满模膛,便于进行精密模锻,锻件的几何形状、尺寸精度和表面质量最大限度地接近产品;④闭式模锻时金属处于明显的三向压应力状态,有利于低弹塑性材料的成形等。

闭式模锻能够正常进行的必要条件主要有:①坯料体积准确;②坯料形状合理并能在模膛内准确定位;③能够较准确地控制打击能量或模压力;④有简便的取件措施或顶料机构。

由于以上条件,使闭式模锻在模锻锤和锻压机上的应用受到一定限制。而摩擦压力机、液压机和平锻机则较适合进行闭式模锻。

闭式模锻较适用于轴对称变形或近似轴对称变形的锻件,目前应用最多的是短轴线类的回转体锻件。

5.3.1 闭式模锻的变形过程分析

闭式模锻的变形过程如图 5-13 所示,可以分为三个变形阶段,各阶段模压力的变化情况如图 5-14 所示。

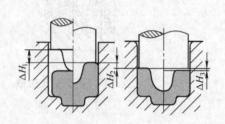

图 5-13 闭式模锻变形过程简图

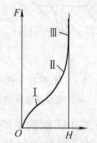

图 5-14 闭式模锻各阶段
模压力的变化情况

1. 第 I 阶段——基本成形阶段

第 I 阶段由开始变形至金属基本充满模膛(上模的压下量为 ΔH_1)。此阶段变形力的增加相对较慢。根据锻件和坯料的不同情况,金属在此阶段的变形流动可能是镦粗成形、压入成形、冲孔成形或者是挤压成形;可以是整体变形或者是局部变形。

2. 第 II 阶段——充满阶段

第 II 阶段是由第 I 阶段结束到金属完全充满模膛为止(上模的压下量为 ΔH_2)。此阶段变形力将急剧增加,结束时的变形力比第 I 阶段末可增大 2~3 倍,但变形量 ΔH_2 却很小。无论在第 I 阶段以什么方式成形,在第 II 阶段的变形情况都是类似的。此阶段开始时,坯料端部的锥形区和坯料中心区都处于三向等(或接近等)压应力状态,如图 5-15 所示,不发生塑性变形。坯料的变形区位于未充满处(C 为未充满处角隙的宽度)附近的两个刚性区之间,如图 5-15 中阴影处,并且随着变形过程的进行逐渐缩小,最后消失。

此阶段作用于上模和模膛侧壁的正应力 σ_z 和 σ_R 的分布情况如图 5-15 所示。模压力 F 和模膛侧壁作用力 F_Q 分别为

$$F = 2 \int_0^R \pi R \sigma_z \mathrm{d}R \tag{5-1}$$

$$F_Q = 2 \int_0^H D \sigma_R \mathrm{d}H \tag{5-2}$$

式中,R 是锻件的半径(mm);H 是锻件的高度(mm)。

锻件的高径比 H/D、相对角隙宽度 C/D 对模膛侧壁作用力 F_Q 和模压力 F 的比值 F_Q/F 的影响如图 5-16 所示。

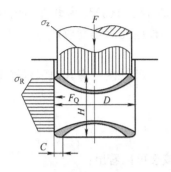

图 5-15　充满阶段变形特点示意图

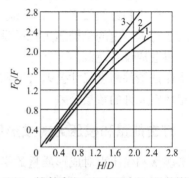

图 5-16　锻件高径比 H/D 对 F_Q/F 的影响

1—$C/D = 0.05$　2—$C/D = 0.01$　3—$C/D = 0.005$

3. 第Ⅲ阶段——形成纵向飞边阶段

此阶段坯料基本上已成为不变形的刚性体，只有在极大的模压力作用下，或在足够的打击能量作用下，才能使端部的金属产生变形流动，形成纵向飞边（上模的压下量为 ΔH_3）。飞边的厚度越薄、高度越大，模压力越大，模膛侧壁的压应力也越大。这个阶段的变形对闭式模锻有害无益，它不仅影响模具寿命，而且容易产生过大的纵向飞边，清除比较困难。

通过对闭式模锻变形过程的分析可以看出：

1）闭式模锻变形过程宜在第Ⅱ阶段末结束，即在形成纵向飞边之前结束；应该允许在分模面处存在少量充不满或仅形成很小的纵向飞边。

2）模壁的受力情况与锻件的高径比 H/D 有关，H/D 越小，模壁受力状况越好。

3）坯料体积的精确性对锻件尺寸和是否出现纵向飞边有重要影响。

4）打击能量或模压力是否合适对闭式模锻的成形有重要影响。

5）坯料形状和尺寸比例是否合适、在模膛中定位是否正确，对金属分布的均匀性有重要影响。坯料形状不合适或定位不准确，将可能使锻件一边已产生飞边而另一边尚未充满，如图 5-17 所示。生产中，整体都变形的坯料一般以外形定位，而仅局部变形的坯料则以不变形部位定位。为防止模锻过程中产生纵向弯曲引起的"偏心"流动，对局部镦粗成形的坯料，应使变形部分的高径比 $H_0/D_0 \leqslant 1.4$；对冲孔成形的坯料，一般使 $H_0/D_0 \leqslant 0.9 \sim 1.1$。

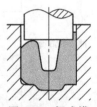

图 5-17　闭式模锻时金属分布不均匀的情况

5.3.2　坯料体积和模膛体积偏差对锻件尺寸的影响

闭式模锻时，忽略纵向飞边的材料损耗，如果坯料体积和模膛体积之间存在偏差 ΔV，则锻件高度尺寸将发生变化，其变化量 ΔH 为

$$\Delta H = \frac{4 \Delta V}{\pi D^2} \tag{5-3}$$

式中，D 是锻件最大外径（mm）。

影响 ΔV 的因素有两方面：一方面是坯料实际体积的变化，其中主要是坯料直径和下料长度的公差、烧损量的变化、实际锻造温度的变化等；另一方面是模膛实际体积的变化，其中主

要是模膛的磨损、设备和模具因工作载荷变化引起的弹性变形量的变化、锻模温度的变化等。这些因素对 ΔV 值的影响，在具体的生产条件下，都是可以计算或按统计数值估算的。

对于液压机和锤类设备，在正确操作的条件下，ΔH 仅仅只表现为锻件高度尺寸的变化。但对于行程一定的机械压力机类设备，ΔH 则表现为模膛充满程度或产生飞边。当飞边过大时，将造成设备超载。

为了保证锻件高度尺寸公差（或限制 ΔH 的允许值），可以在考虑其他因素影响的条件下，确定坯料允许的重量公差。

5.3.3　打击能量和模压力对成形质量的影响

打击能量和模压力对成形质量的影响见表 5-2。由该表可以看出：

1）在不加限程装置的情况下，打击能量（或模压力）合适时，成形良好，而过大时则产生飞边，过小时则充不满。

2）闭式模锻时，对体积准确的坯料，增加限程装置，可以改善因打击能量（或模压力）过大而产生飞边的情况，以获得成形良好的锻件。

3）对机械压力机，由于行程一定，模压力大小和成形情况取决于坯料体积的大小。

另外，闭式模锻时采取有效措施吸收剩余打击能量和容纳多余金属是保证成形质量、改善模具受力状况、提高模具寿命的重要途径。

表 5-2　打击能量和模压力对成形质量的影响

载荷性质	载荷情况	坯料体积大小	成形情况	
			不加限程装置	加限程装置
冲击性载荷	打击能量合适	大	成形良好，但锻件偏高	
		小	成形良好，但锻件偏低	充不满
		正好	成形良好，锻件高度合乎要求	
	打击能量过小	大	充不满	
		小		
		正好		
	打击能量过大	大		产生飞边
		小	产生飞边	充不满
		正好		成形良好
可控制的静载荷（如液压机）	模压力合适	大	成形良好，但锻件偏高	
		小	成形良好，但锻件偏低	充不满
		正好	成形良好，锻件高度合乎要求	
	模压力过小	大	充不满	
		小		
		正好		
	模压力过大	大		产生飞边
		小	产生飞边	充不满
		正好		成形良好

（续）

载荷性质	载荷情况	坯料体积大小	成形情况	
			不加限程装置	加限程装置
不可控制的静载荷（如热模锻压力机、平锻机）	模压力合适	正好	成形良好，且高度合乎要求	
	模压力过小	小	充不满	
	模压力过大	大	产生飞边	

5.4　挤压

挤压是金属在三个方向的不均匀压应力作用下，从模孔中挤出或流入模腔内以获得所需尺寸、形状的制品或零件的锻造工序。采用挤压工艺不但可以提高金属的塑性，生产复杂截面形状的制品，而且可以提高锻件的精度，改善锻件的力学性能，提高生产率和节约金属材料等，是一种先进的少屑或无屑的锻压工艺。

根据挤压时坯料的温度不同，挤压工艺可分为热挤压、温挤压和冷挤压；根据金属的流动方向与冲头的运动方向，可分为正挤压、反挤压、复合挤压和径向挤压；此外还有静液挤压、水电效应挤压等。挤压可以在专用的挤压机上进行，也可以在液压机、曲柄压力机或摩擦压力机上进行，对于较长的制件，可以在卧式水压机上进行。

挤压时金属的变形流动对挤压件的质量有直接的影响。因此，可以通过控制挤压时的应力应变和变形流动来提高挤压件质量。

5.4.1　挤压的应力应变分析

挤压是局部加载、整体受力。变形金属可分为 A、B 两区，A 区是直接受力区，B 区的受力主要是由 A 区的变形引起的。当坯料不太高时，A 区的变形相当于一个外径受限制的环形件镦粗，B 区的变形犹如在圆型砧内拔长。正挤压时各变形区及其应力应变简图如图 5-18 所示。

由分析可知，在 A 区：$\sigma_{径} - \sigma_{轴A} = \sigma_s$，在 B 区：$\sigma_{轴B} - \sigma_{径} = \sigma_s$，则有：$\sigma_{轴B} - \sigma_{轴A} = 2\sigma_s$。由此可知，在 A、B 两变形区的交界处，轴向应力相差 $2\sigma_s$，即此处存在轴向应力的突变。坯料较低时，该轴向应力突变的情况可以通过试验测出，如图 5-18 中的应力分布曲线。这种轴向应力突变的现

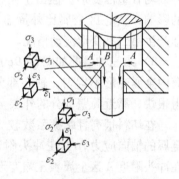

图 5-18　正挤压时各变形区及其应力应变简图

象在闭式冲孔（反挤）、孔板间镦粗、开式模锻的第 I 和第 II 阶段等工序中都是存在的。

5.4.2　挤压时筒内金属的变形流动

挤压时，挤压筒内金属的变形流动是不均匀的，主要取决于 A 区的受力和变形情况。在 A 区内沿着高度方向最小主应力（轴向应力）σ_3 的数值受三方面因素的影响：环形受力面积与挤压筒横截面积的比值（与挤压比有关，挤压比越小，这个比值越小）、摩擦系数大小、在筒内的坯料高度。

如果不考虑摩擦的影响，且坯料较高时，在凹模口处由于环形受力面积小，$|\sigma_3|$ 较大；在远离凹模口处由于受力面积大，$|\sigma_3|$ 较小。挤压比越小时，两处 $|\sigma_3|$ 的差值越大。当坯料较低时，由于沿高度上的差值较小，可以认为 σ_3 是均匀的。在考虑摩擦的影响时，凹模筒壁对坯料的摩擦阻力抵消了一部分主作用力，使得凹模口处 A 区的 $|\sigma_3|$ 减小。摩擦系数越大，坯料越高，这种影响越显著。由于上述各因素对 A 区内沿高度方向 σ_3 数值的影响是不同的，在各种不同的具体条件下挤压时，金属会出现不同的变形和流动情况。

　　下面以平底凹模正挤为例，金属在挤压筒内的流动大致有三种情况，分别进行说明。

　　1）第一种情况如图 5-19a 所示，仅区域Ⅰ内金属有显著的塑性变形，称为剧烈变形区；在区域Ⅱ内金属变形很小，可近似地认为是刚性移动。

　　当坯料很高（h 很大）但摩擦系数 μ 较小时，在孔口附近环形面积上的 $|\sigma_3|$ 较大，而坯料上部的 $|\sigma_3|$ 较小。因此，孔口附近的 A 区金属较易满足塑性条件。变形主要在孔口附近，即产生第一种变形流动情况。当挤压比较小（即环形面积相对较小）时，产生这种变形情况的倾向更大。

　　在凹模出口附近的 α 区内，金属变形极小，称为死角或死区。死区的大小受摩擦力、凹模形状等因素的影响。在第一种情况下死区较小。

　　2）第二种情况如图 5-19b 所示，挤压筒内所有金属都有显著的塑性变形，并且轴心部分的金属比筒壁附近的金属流动得快，死区比第一种情况大。

　　当坯料较高且摩擦系数较大时，这两种因素造成的两方面的影响相近，变形区各处均有塑性变形。但由于筒壁摩擦阻力的影响，轴心区金属比外周金属流动快，即产生第二种变形流动情况。

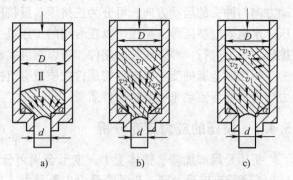

图 5-19　正挤压时金属在挤压筒内的流动情况
a）均匀流动　b）不均匀流动　c）最不均匀流动

　　3）第三种情况如图 5-19c 所示，挤压筒内金属变形不均匀，轴心部分金属流动得很快，靠近筒壁部分的外层金属流动很慢，死区也较大。

　　在坯料很高且摩擦系数较大时，由于摩擦阻力大，抵消了很大一部分作用力，使 A 区金属的轴向应力 $|\sigma_3|$ 在冲头附近比其他部位都大，故此处较易满足塑性条件，变形较大。在冲头附近 A 区金属被压缩变形的同时，B 区金属要有伸长变形，并向孔口部分流动；孔口附近的 A 区金属由于受 B 区金属附加拉应力的作用，也将随着塑性变形。但 A 区中间高度处的金属由于 $|\sigma_3|$ 小，不易满足塑性条件，变形很小。这样变形和流动的结果，使原坯料后端的外层金属经挤压后进入了零件的前端。

　　当挤压比较大时，由于受力面积变化对金属流动的影响较小，摩擦系数的影响就更为突出，产生这种变形流动的倾向更大。

　　反挤时，如图 5-20 所示，由于只有第一种因素的影响，A 区在孔口处的轴向应力 $|\sigma_3|$ 大，最易满足塑性条件，变形主要在孔口附近，即与第一种变形流动情况近似。

　　挤压时影响金属变形流动的因素除以上三者外，还有模具的形状、预热温度及坯料的性质等。

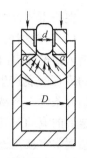

模具的形状对挤压筒内金属的变形和流动有重要影响。采用锥角模具，筒内金属特别是孔口附近金属的应力应变状态将发生很大变化。由图 5-21 可以看出，中心锥角的大小直接影响金属变形流动的均匀性。中心锥角较小时（$2\alpha = 30°$），变形区集中在凹模口附近，金属流动最均匀，挤出部分横向坐标网格的弯曲不大。外层和轴心部分金属的变形差别最小，死区也最小。此时在锥角处的径向水平分力很大，变形由挤压而变为缩颈，因此，不存在两区。随着中心锥角的增大，变形区的范围逐渐扩大，挤出金属的外层部分和轴心部分的变形的差别也增大，死区也相应增大。对平底凹模，即当中心锥角 $2\alpha = 180°$ 时，变形区和变形的不均匀程度都将达到最大。

图 5-20　杆件反挤时金属流动情况示意图

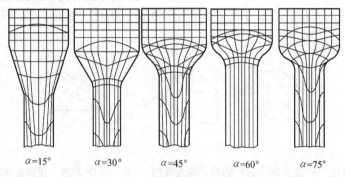

$\alpha=15°$　　$\alpha=30°$　　$\alpha=45°$　　$\alpha=60°$　　$\alpha=75°$

图 5-21　正挤压时凹模中心锥角大小对金属流动的影响

一般减小锥角可以改善金属的变形流动情况，但不是在所有情况下都适用。一方面是受挤压件本身形状的限制，另一方面是某些金属，例如铝合金挤压时，为防止脏物挤进制件表面，均采用 180° 的锥角，即平底凹模。

另外，模具的预热温度越低，变形金属的性能越不均匀，挤压时金属的变形流动也越不均匀。

以上介绍的是实心件的挤压情况，空心件的挤压模具如图 5-22 所示，其中图 5-22a 为正挤压，图 5-22b 为反挤压。空心件挤压时的应力应变状态与实心件挤压基本相似。

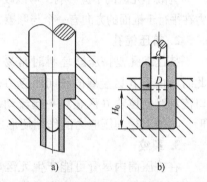

a)　　　　　　　　b)

图 5-22　空心件的挤压模具

a）正挤压　b）反挤压

5.4.3　挤压时常见缺陷分析

挤压件在挤压筒内可能产生的缺陷有死区的剪裂和折叠、挤压缩孔以及在杆部常易产生各种形式的裂纹。

1. 死区的剪裂和折叠

死区形成的原因主要是凹模底部摩擦的影响：越靠近凹模侧壁处摩擦阻力越大，而孔口部分摩擦阻力较小，因此死区一般呈三角形，如图 5-23 中 C 区。另外，热挤压时，越靠近筒壁处，金属温度降低越多，变形也越困难。

在挤压过程中，死区金属可能出现两种情况：

1）一般情况下，死区金属还是有少量变形的，即该区高度减小，被压成扁薄状，金属被挤入凹模孔口内，其应力应变简图如图 5-24 所示。可以看出，径向应力 σ_1 除了要能使相邻的 B 区金属产生塑性变形外，还要能克服摩擦力的作用，因此死区金属比 A 区金属难满足塑性条件，不易发生塑性变形。但是在一定的条件下，例如当 A 区的金属变形强化或 B 区金属的流动对其作用有附加拉应力后，该区可能满足塑性条件，产生塑性变形。此时，C 区金属常常被拉进凹模孔内，尤其当润滑较好或凹模有一定锥角时，位移的距离更大。

2）如果摩擦阻力很大或此区金属温度降低较大时，C 区金属与 A 区金属相比更不易满足塑性条件，于是便成为真正的"死区"了。这时，由于该区金属不变形，而与其相邻的上部金属有变形和流动，于是便在交界处发生强烈的剪切变形，并可能引起金属剪裂。有时可能由于上部金属的大量流动带着死区金属流动而形成折叠，如图 5-25 所示。

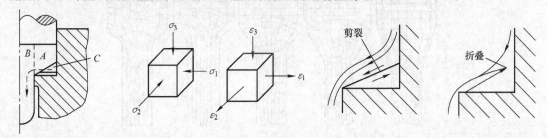

图 5-23 挤压时的死区　　图 5-24 死区的应力应变简图　　图 5-25 死区金属的剪裂和折叠

为减小死区的不良影响，可以改善润滑条件和采用带合理锥角的凹模。锥角的作用是使作用力在平行于锥面的方向有一个与摩擦力方向相反的分力，从而有利于金属的变形和流动。

2. 挤压缩孔

挤压缩孔是挤压矮坯料时常易产生的缺陷，如图 5-26 所示。此时，由于 B 区金属的轴向压应力很小，故当 A 区金属往凹模孔口流动时便拉着 B 区金属一起流动，使其上端面离开冲头并呈凹形，再加上径向压应力的作用便形成缩孔。

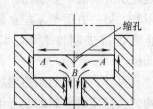

3. 裂纹

在挤压筒内尽管可能产生死区剪裂和挤压缩孔等缺陷，但由于变形金属处于三向压应力状态，使金属内部的微小裂纹得以焊

图 5-26 挤压缩孔

合。尤其当挤压比较大时，这样的应力状态对提高金属的塑性是极为有利的。但是在挤压制品中常常产生各种裂纹，如图 5-27 所示。这些裂纹的产生与筒内的不均匀变形（主要是死区引起的）及凹模孔口部分有很大关系。

挤压时，变形金属在经过孔口部分时，由于摩擦的影响，表层金属流动慢，轴心金属流动快，使筒内已经形成的不均匀变形进一步加剧，内、外层金属间的附加应力增大。由于外层受拉应力作用，就产生了图 5-27a 所示的裂纹。当坯料被挤出一段长度而成为外端金属后，更增大了附加拉应力的数值。

如果凹模孔口形状复杂，例如挤压叶片时，由于厚度不均，各处的阻力也不一样。较薄处摩擦阻力大，冷却也较快，故金属流动较慢，受附加拉应力作用，常易在此处产生裂纹，如图 5-27b 所示。挤压低弹塑性材料时更是如此。

挤压空心件时，如果孔口部分冲头和凹模间的间隙不均匀，间隙小处，摩擦阻力相对较大，金属温度降低也较大，金属流动较慢，受附加拉应力作用，可能产生图 5-27c 所示的横向裂纹。流动快的部分受附加压应力，但是其端部却受切向拉应力作用，因此常常产生纵向裂纹，如图 5-27d 所示。

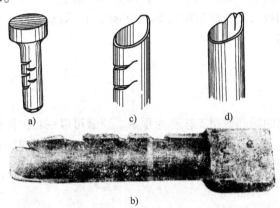

图 5-27　挤压时的裂纹

凹模孔口部分的表面状态（如表面粗糙度）是否一致、润滑是否均匀、圆角是否相等、凹模工作带长度是否一致等，对金属的变形流动也都有很大影响。因此，要解决挤压件的质量问题，应使筒内变形和孔口部分的变形尽可能均匀，可以采取以下几方面的措施。

1）减小摩擦阻力，如改善模具表面粗糙度，采用良好的润滑剂和采用包套挤压等。冷挤压钢材时，将坯料进行磷化和皂化处理。热挤压合金钢和钛合金时，除了在坯料表面涂润滑剂外，还可以在坯料和凹模孔口间加玻璃润滑垫。热挤铝合金型材时，为防止产生粗晶环等，在坯料外面包一层纯铝。

2）在锻件图允许的范围内，在孔口处做出适当的锥角或圆角。

3）用加反向推力的方法进行挤压，以减小内、外层变形金属的流速差和附加应力，尤其适用于低弹塑性材料的挤压。

4）采用高速挤压，以减小变形时的摩擦系数。

5）对形状复杂的挤压件可以综合采取一些措施，在难流动的部分设法减小阻力，而在易流动的部分设法增加阻力，以使变形尽可能均匀。如在凹模孔口处采用不同的锥角，凹模孔口部分的定径带采用不同的长度（图 5-28），设置一个过渡区，使金属通过凹模孔口时变形尽可能均匀些（图 5-29）等。

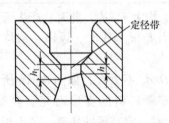

图 5-28　具有不同定径带长度的凹模

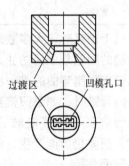

图 5-29　具有过渡区的挤压凹模

近年来，我国开始采用冷静液挤压和热静液挤压技术。静液挤压是指挤压杆挤压液体介质，使其产生超高压（可达2000~3500MPa或更高些），由于液体的传力特点使毛坯顶端的单位压力与周围的侧压力相等。由于坯料与挤压筒之间无摩擦力，变形较均匀，又由于挤压过程中液体不断地从凹模和坯料之间被挤出，即液体以薄层状态存在于凹模和坯料之间，形成了强制润滑，因而凹模与坯料间摩擦很小，变形均匀，附加拉应力小，产品质量好，可以挤压一些低弹塑性材料。

5.5 顶镦

细长杆形坯料端部的局部镦粗工艺称为顶镦。顶镦可以在自由锻锤、螺旋压力机、平锻机和自动冷镦机等设备上进行。顶镦的生产效率较高，在生产中应用较普遍。螺钉、发动机的气阀、汽车上的半轴等用顶镦生产最为适宜。

5.5.1 顶镦概述

细长（l_B较长）杆形坯料顶镦时，如图5-30所示，当压力超过临界载荷后，杆件便因失稳而产生弯曲，然后发展成折叠。折叠是顶镦时的主要问题。因此，细长杆形坯料的顶镦工艺关键是使坯料不产生弯曲，或仅有少量弯曲而不致发展成折叠，其次是尽可能减少顶镦次数以提高生产率。

图5-30 顶镦

生产实践表明，当坯料端面平整且垂直于坯料轴线，其变形部分的长度与坯料直径的比（长径比）$l_B/d_0 < 3$时，可以一次顶镦到任意大的直径，这就是顶镦第一规则。实际生产中，由于坯料端面不平整且常常有斜度等，容易引起弯曲，所以坯料变形部分的长径比的允许值小于3。生产中一次行程允许的长径比的许可值$\psi_{许}$按表5-3确定。

表5-3 一次行程 $\psi_{许}$ 的数值

冲头形式 棒料 直径/mm 棒料端面情况	平冲头		冲孔冲头	
	$d_0 \leqslant 50$	$d_0 > 50$	$d_0 \leqslant 50$	$d_0 > 50$
0~3°（锯切）	$\psi_{许} = 2.5 + 0.01d_0$	$\psi_{许} = 3$	$\psi_{许} = 1.5 + 0.01d_0$	$\psi_{许} = 2$
3°~6°（剪切）	$\psi_{许} = 2 + 0.01d_0$	$\psi_{许} = 2.5$	$\psi_{许} = 1 + 0.01d_0$	$\psi_{许} = 1.5$

在平锻机上顶镦时，大多数锻件变形部分的长度 l_B 均大于 $3d_0$。此时，产生弯曲是不可避免的，关键的问题是如何防止发展成折叠。因此，当 $l_B/d_0 > 3$ 时，顶镦一般均在模具内进行，靠模壁来限制弯曲的进一步发展。

在凹模内顶镦时，如果凹模直径与坯料直径之比 D/d_0 不太大，如图5-31a所示，顶镦初期产生的弯曲在与模壁接触后便不再发展，而是随着坯料的变形而充满模腔。但是，D/d_0 较大时，折叠仍可能产生，如图5-31b所示。因此对一定直径的坯料，防止折叠产生的关键是控制凹模直径。

根据生产实践，一般规定如下：在凹模中进行顶镦时，当顶镦后直径 $D \leqslant 1.5d_0$ 时，则露在模具外面的坯料长度 $a \leqslant d_0$；当 $D \leqslant 1.25d_0$ 时，则取 $a \leqslant 1.5d_0$，则即使局部镦粗的长径比超过允许值，也可以进行正常的顶镦而不产生折叠，此即顶镦第二规则。通常，$D = 1.5d_0$ 适用于 $l_B/d_0 < 10$ 的情况，$D = 1.25d_0$ 适用于 $l_B/d_0 > 10$ 的情况。由该规则可知，每次顶镦的镦缩量是有限的。当坯料的 l_B 较长时，需要经过多次顶镦，使坯料尺寸满足 $l_B \leqslant (2.2 \sim 2.5)d_0$ 的要求后再顶镦到所需的尺寸和形状。

在凹模内顶镦时，金属容易从坯料端部和凹模分模面间挤出而形成毛刺。在下一次顶镦时，毛刺被压入锻件内部，形成折叠。所以生产中常采用凸模内顶镦，如图 5-32 所示。在凸模内顶镦时，坯料产生的弯曲也是靠模壁来限制的。但模膛直径较大时，也可能产生折叠。为此，需要通过控制模膛直径来防止折叠的产生。

模膛大头直径 D（或镦缩长度 a）越小时，越不易产生弯曲和折叠，但要增加工步次数，降低生产效率。因此，根据科研和生产实践，一般规定如下：在凸模中进行顶镦时，当 $D \leqslant 1.5d_0$ 时，$a \leqslant 2d_0$；当 $D \leqslant 1.25d_0$ 时，$a \leqslant 3d_0$，即可进行正常的顶镦而不产生折叠，此即顶镦第三规则。当局部镦粗的长径比较大时，需要进行多次顶镦。

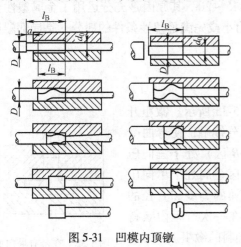

图 5-31　凹模内顶镦　　　　　　　　　图 5-32　凸模内顶镦

5.5.2　电热镦粗

电热镦粗的基本工作原理如图 5-33 所示。垫铁 1 和活动夹头 2 接在降压变压器 8 的副绕组电路上，变压器的初级绕组通过接触器接在 50Hz 的电力网路上。工作时，夹头 2 夹住坯料 6（夹持的松紧度由液压缸 4 的压力控制），坯料一端被液压缸 5 的活塞由砧头 3 顶向垫铁 1，这时垫铁 1 和活动夹头 2 成为变压器的两个电极。通电后坯料 A 段迅速被加热，当温度达到 $900 \sim 1150\text{℃}$ 时，A 段由于液压缸 5 的压缩作用而被镦粗。随着砧头 3 不断向左移动，A 段被连续地镦粗，直到砧头 3 抵住定位挡铁 7 为止。电热镦粗初期，在坯料被镦缩的同时，垫铁 1 也要向左移动一段距离，直到挡铁 9 为止，其目的是减小初期变形区的长径比。垫铁 1 向左移动是靠液压缸 5 和液压缸 10 的压力差产生的。

电热镦粗属于无模镦粗，多数用来预成形，镦粗后坯料一般呈蒜头状。电热镦粗的变形过程如图 5-34 所示。镦粗变形过程中的某一瞬时，变形部分的长度与其平均直径之比均小于 $2.5 \sim 3$，因此，一般情况下不会产生弯曲和折叠。电热镦粗后坯料温度尚保持在 $1000 \sim 1200\text{℃}$，卸载后可直接送到螺旋压力机上终锻成所需形状的锻件。

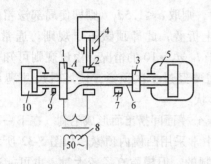

图 5-33　电热镦粗工作原理图

1—垫铁　2—夹头　3—砧头
4、5、10—液压缸　6—坯料　7—定位挡铁
8—变压器　9—挡铁

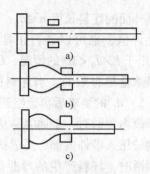

图 5-34　电热镦粗变形过程

a) 初始情况　b) 中间阶段　c) 最后阶段

电热镦粗的生产率可达 400 ~ 500 件/h。从目前已有的生产实践看，电热镦粗的坯料变形部分长度与其直径之比可达 60 以上，一般为 15 ~ 20。其原因是充分运用了金属塑性变形不均匀的规律，即变形首先发生在那些变形抗力小或先满足塑性条件的部分，是局部塑性变形区控制原理的运用。

5.5.3　在带有导向的模具中镦粗

在带有导向的模具中镦粗的变形过程如图 5-35 所示。镦粗开始时，坯料稍有变粗和弯曲，并与模具导向部分接触，使弯曲受到限制。继续镦粗时，位于导向部分的坯料（B 区）处于三向压应力状态，且横向的变形被限制；而下部的 A 区金属处于单向压应力状态，因此 A 区发生变形。且由于 A 区金属的高度和直径的比值较小，不会产生失稳弯曲。这种方法可以在一次行程内获得较大的压缩变形，适用于一般通用设备上细长坯料的镦粗。

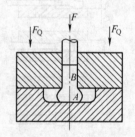

图 5-35　在带有导向的模具中的镦粗

但采用这种方法镦粗时，A 区金属侧表面部分受到的附加拉应力比一般镦粗的大（因为外区金属的切向伸长完全是由中心部分金属的向外扩张引起的），容易开裂。因此，对材料的塑性要求高一些。

思 考 题

1. 模具形状对金属变形和流动的主要影响有哪些？
2. 开式模锻时影响金属成形的主要因素有哪些？
3. 分析开式模锻时金属的流动过程，飞边槽的作用及飞边槽桥部高度与宽度尺寸对金属流动的影响。
4. 闭式模锻能够正常进行的必要条件主要有哪些？
5. 分析闭式模锻时坯料体积和模腔体积变化对锻件尺寸的影响。
6. 平底凹模挤压时金属变形流动的影响因素及主要质量问题有哪些？从金属流动特点阐述其原因及应采取的措施。
7. 挤压时常见的缺陷有哪些？解决挤压件质量问题主要采取哪些措施？
8. 分析挤压时"死区"形成的原因，以及对挤压件质量的影响及应采取的措施。
9. 分析在带有导向的模具中镦粗时的变形过程。

第 **6** 章 锤上模锻

利用锻锤驱动锻模完成模锻件成形的过程称为锤上模锻（以下一般简称锤锻）。用于模锻的锻锤包括蒸汽-空气模锻锤、液压模锻锤、对击模锻锤、机械锤和模锻空气锤等，其中，蒸汽-空气模锻锤（图6-1，已有相当大部分改造为电液驱动，以下一般简称锻锤）数量最多，模锻件产量最大。

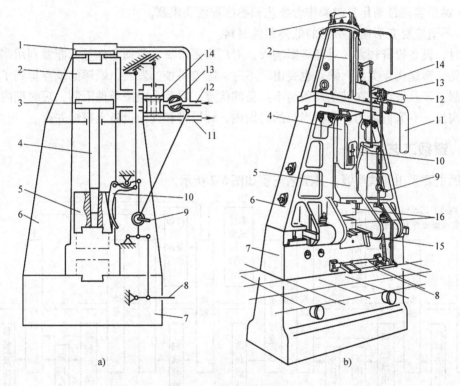

图6-1 蒸汽-空气模锻锤
a) 原理图 b) 外观图（CM-G2）

1—缓冲缸 2—工作缸 3—活塞 4—锤杆 5—锤头 6—立柱 7—砧座 8—操纵踏板 9—手柄
10—月牙板（马刀拐） 11—排气管 12—进气管 13—节气阀 14—滑阀 15—过渡砧 16—锻模

6.1 锻锤工艺特点及锤锻工艺流程

6.1.1 锻锤工艺特点

锻锤的工艺特点可概括为工艺灵活，适应性广。

1）锤头行程和打击速度操控方便，可在所能范围内实时调节打击能量和打击频率。这种性能正是模锻变形（特别是拔长、滚压等制坯）过程所需要的，其他种类设备暂不具备这种性能。这是锻锤的显著突出工艺性能特点。

2）具有一定的抗偏载能力，便于进行多膛模锻，在较大范围内减少对制坯设备的依赖，因而锻锤为主机的锻造生产线比较"精干"，效率也比较高。

3）打击速度快，带来冲击和惯性作用，金属在模膛内的填充能力强。

4）可适应多种形体结构类型锻件，包括短轴类、长轴类和复合类锻件的模锻生产。

5）锻锤属于限能设备，不存在过载危险，为操作提供了方便。

工作原理决定了锻锤工作时的冲击性和强烈振动，存在以下工艺缺点：

1）模具导向难度大，难于设置顶出机构，使得锻件精度不够高。

2）一般采用整体模块制作模具，且锻模寿命较低，使得模具费用较高。

3）难于实现自动化，对操作者技艺和熟练程度要求高。

4）不适应对变形速度敏感的低弹塑性材料。

同时，设备投资较大，对环境影响大，对厂房要求高，劳动条件差，能源利用率低。

可见，锻锤优点突出，缺点也突出。不过，随着科技的发展，锻锤的缺点得到了一定程度的抑制。正是锻锤存在其他设备尚不具备的优点，以及受经济条件限制，短时期内还不能被全部淘汰。专家们认为，在相当长的时期内，锤锻将和其他设备上模锻并存。

6.1.2 锤锻工艺流程

锤锻主要采用开式模锻，其工艺流程如图6-2所示。

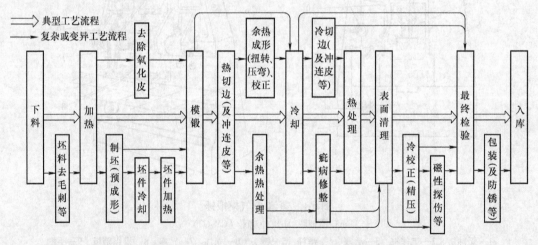

图6-2 锤锻工艺流程（各工序的质量检查未列入）

6.2 模锻件分类

不同种类模锻件的模锻工艺过程和模具结构设计有明显区别，明确锻件结构类型是进行工艺设计的必要前提。锻件分类的主要依据是锻件的轴线方位、成形过程中用到的工步，以及几何形体结构的复杂程度等。业内将一般锻件分为三类，每类中又分为若干组。

第 Ⅰ 类锻件——主体轴线立置于模膛成形，水平方向二维尺寸相近（圆形、方形或近似形状）的锻件，也称为短轴类或饼类锻件。通常会用到镦粗工步。根据成形难度差异分为 3 组。

Ⅰ-1 组　子午面内构造简单的回转体，或周向结构要素凹凸差别不大，且均匀分布，金属在模膛内较容易填充的锻件，如形状较简单的齿轮。

Ⅰ-2 组　子午面内构造稍复杂的回转体，或周向结构要素凹凸有一定差别，或周向存在非均匀分布结构要素的锻件，如轮毂-轮辐-轮缘结构齿轮、十字轴、扇形齿轮。

Ⅰ-3 组　子午面内构造复杂的回转体，或过主轴线的剖面虽然不太复杂，但周向结构要素部分或全部兼备了凹凸差别明显、有起伏、非均匀分布等情况，或在高度方向存在难于填充的窄壁筒或分叉，需要成形镦粗或预锻工步的锻件，如高毂凸缘、凸缘叉。

第 Ⅱ 类锻件——主体轴线卧置于模膛成形，水平方向一维尺寸较长的锻件，也称为长轴类锻件。一般来说，该类锻件横截面差别不太大，通过拔长或滚压等工步能满足后续成形要求。根据主体轴线走向及其组成状况分为 4 组，同组锻件形体结构差异仍较大，可再酌情分小组。

Ⅱ-1 组　主体轴线为直线的锻件，含主体轴线在铅垂面内存在起伏不大的弯曲，但不用弯曲工步的锻件。按轴线上是否有孔等特征再细分为两个小组（见表 6-1）。

Ⅱ-2 组　主体轴线为曲线的锻件。除需要一般长轴类锻件的制坯工步（卡压、成形、拔长、滚压）外，还会用到弯曲工步。按主体轴线走向再细分为分模面内弯曲及空间弯曲两个小组（见表 6-1）。

Ⅱ-3 组　主体中段一侧有较短分枝（水平面投影为 ├ 形）的锻件。

Ⅱ-4 组　主体端部有分叉的锻件。该组锻件一般需要带劈料的预锻工步。

第 Ⅲ 类锻件——兼备两种或两种以上结构特征，横截面差别很大，制坯过程复杂，金属在模膛内较难填充的锻件，也称为复合类锻件，如"轴-盘-耳"结构的转向节、平衡块体积明显大于轴颈体积的单拐曲轴等。

以上分类是基于终锻直接得到的锻件形状，不含通过后续（压弯等）工序得到的形状更复杂的锻件。各类锻件图例见表 6-1。

应当指出，实际生产中遇到的锻件构造及采用的成形工艺是千变万化的，具体锻件如何分类可根据其形状特征、相对尺寸关系和企业设备条件分析确定。

以下主要讨论第 Ⅰ、Ⅱ 类锻件的工艺与模具设计问题。

表 6-1　模锻件分类

类别	组别	图　例	补充描述
第Ⅰ类： 短轴类	Ⅰ-1	（略）	平面分模
	Ⅰ-2	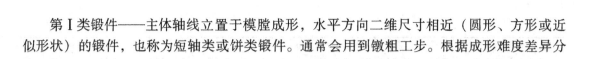	平面分模

（续）

类别	组别	图 例	补充描述
第Ⅰ类： 短轴类	Ⅰ-3	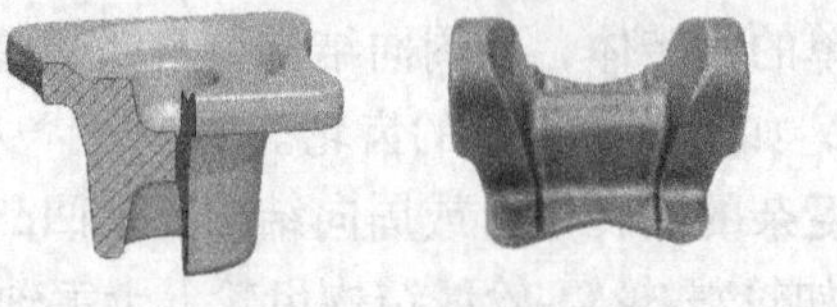	平面或曲面分模
第Ⅱ类： 长轴类	Ⅱ-1-a		含主体轴线在铅垂面内存在起伏不大的弯曲，但不用弯曲工步的锻件。平面或曲面分模
	Ⅱ-1-b	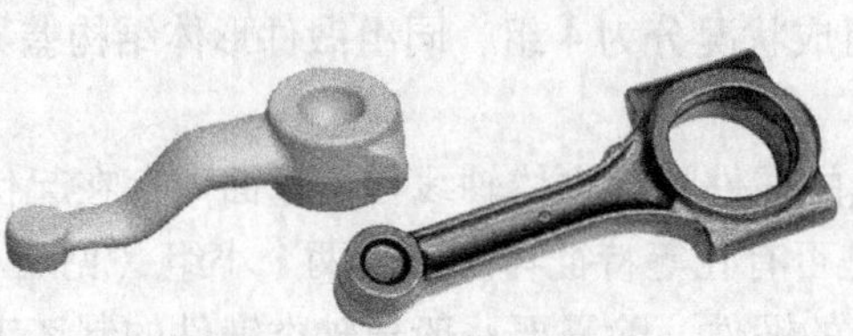	主体轴线上存在孔。含主体轴线在铅垂面内存在起伏不大的弯曲，但不用弯曲工步的锻件。平面或曲面分模
	Ⅱ-2-a	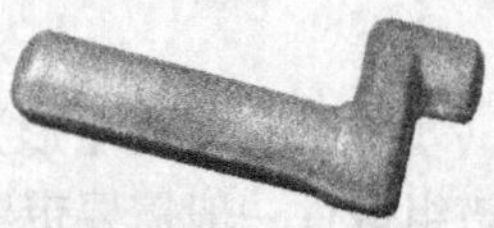	主体轴线在分模面内弯曲，需要弯曲工步。平面分模
	Ⅱ-2-b	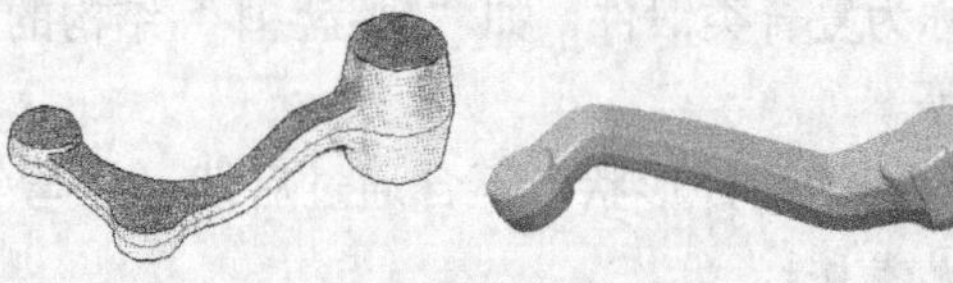	主体轴线空间弯曲，需要弯曲工步。曲面分模
	Ⅱ-3	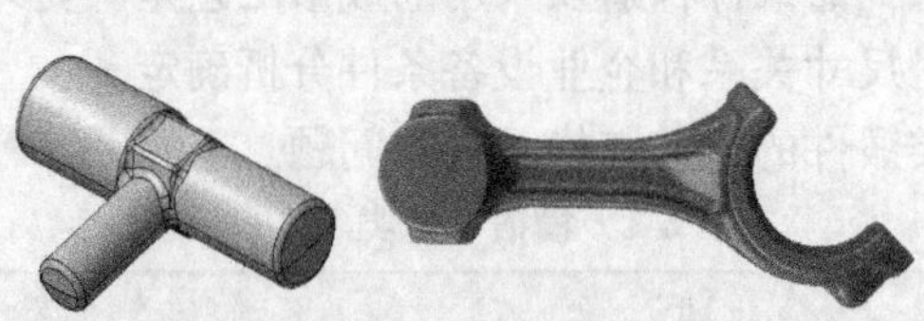	主体轴线不一定为直线，平面或曲面分模
	Ⅱ-4	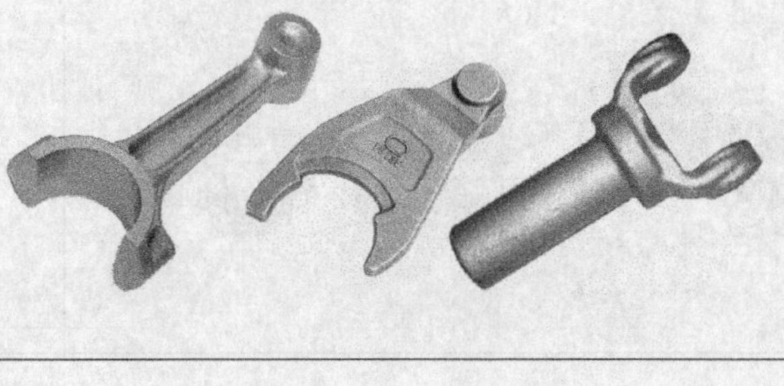	两分枝构造相近，相对主轴线呈对称或基本对称分布，平面或曲面分模 两分枝相差过大，或分枝部分所占比例明显大于主体部分等情况下，则转化为Ⅱ-3组

（续）

类别	组别	图 例	补充描述
第Ⅲ类：复合类			平面或曲面分模

6.3 模锻件图设计

常规模锻件（以下简称锻件）的尺寸精度和表面质量有限，通常需经过切削加工才能成为零件。反过来，对零件图进行相应的转化，将零件的具体需要和模锻可能达到的技术水平综合考虑，并以工程图样的形式表达出来的过程称为锻件图设计。模锻工艺规程制订、锻模设计与制造都围绕锻件图展开，锻件检验交货的主要技术依据也是锻件图。可见，锻件图是模锻工艺设计的出发点与归宿，科学合理设计锻件图，对确保模锻技术经济效果具有重要意义。

显然，锻件形状应该尽量接近零件形状，零件形体结构、尺寸大小、切削精度、材料种类、技术要求以及生产批量、实际生产条件等都是锻件图设计应该考虑的因素。

6.3.1 分模面

1. 分模面构造

锤锻模一般由上、下两半模（简称为上、下模）组成，上、下模的接合面就是分模面。为适应锻件形体结构和模锻工艺的需要，分模面的构造有一些差别。

（1）平面分模 就是以一个水平面将上、下模分开。平面分模模具制造容易，应用较多，但难以适应复杂构造锻件的需要。

（2）对称曲面分模 分模面由水平面和对称分布的曲面组合而成，适用于铅垂面内存在对称弯曲的锻件（图6-3a），也可用于立锻叉形锻件等。对称曲面分模模具工作时能自动平衡部分或全部错移力。

（3）非对称曲面分模 分模面由水平面和非对称分布的曲面（空间曲面）组合而成，适用于铅垂面内存在非对称弯曲的锻件，也适用于构造复杂的锻件（图6-3b）。非对称曲面分模模具必须采取有效措施平衡错移力才能正常工作。

曲面分模还可用于局部改变上、下模膛相对深度，以利金属填充（图6-4）。为保证正常切边，曲面必须有足够的倾斜，一般要求曲面的法线与水平面的夹角 $\alpha > 15°$（图6-3）。分模曲面若能展开为平面，模具制造难度不大；不能展开为平面，模具制造难度增大。由于曲面部分一般难于作为承击面，所以，分模面一般应以水平面为主体，曲面所占比例应尽量小。

就锻件来说，被分模面一分为二。分模面与模膛边缘（也就是锻件表面）的交线就是分模线，通常为封闭曲线。分模线以内，还存在内分模面。如果内分模面与分模面共面，上

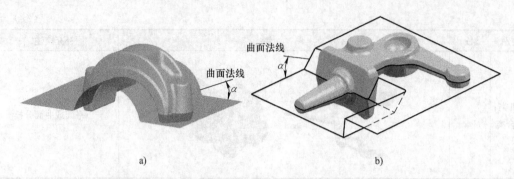

图 6-3　曲面分模示例

a）对称曲面分模（492 连杆盖）　b）非对称曲面分模（BS111 转向臂）

图 6-4　为局部改变模膛深度而采用曲面分模示例

模模膛在分模面之上，下模模膛在分模面之下。某些存在跨越分模面的模膛（图 6-5），内分模面与分模面不共面，可看做曲面分模应用的特例，模具设计制造时须特别对待。

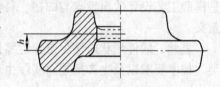

图 6-5　内分模面示例

锻件图上用点画线表示分模线，在需要明确的局部可用文字注明。

2. 分模面选用

具体锻件如何分模，采用何种分模面，涉及选择锻造方位和确定分模位置两个方面。

锤锻模不能像压铸模或注塑模那样设置抽芯机构，锻造方位选择的基本原则是，不允许存在铅垂方向（及很小偏角范围内）平行光线不能直达的区域，否则锻件成形后无法取出。

其次，尽量锻出较多凹挡（零件所需）是选择锻造方位需要照顾的重点。图 6-6a 所示零件，为减少内孔余块，宜立锻（图 6-6b），但小头外围凹挡不能锻出；H/D 较大时则宜卧锻（图 6-6c），否则小头外围凹挡余块太大。锻出凹挡也就是减少余块与余量，不仅可以节省材料，更重要的是能提供比较理想的纤维分布，有利于提高零件的承载能力。

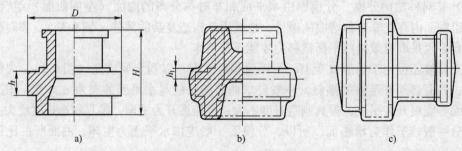

图 6-6　锻造方位与分模面

a）零件　b）立锻锻件　c）卧锻锻件

再次，模膛深度较浅是锻造方位选择的另一重要出发点。因为模膛太深，难于填充，会增加飞边消耗；且锻件难于出模。正是基于这样的考虑，第Ⅰ类锻件一般为立锻，第Ⅱ类锻件一般为卧锻，第Ⅲ类锻件则应在凹挡能否锻出和模膛深浅之间做出抉择。

此外，由于惯性作用，上模充填效果比下模好得多；上模模膛不会存留氧化皮，锻件表面质量也更好。所以，锻件的复杂部分及模膛相对深度较大的部分应尽可能由上模成形。

锻造方位确定后，分模面的具体位置一般选在锻件侧面的中部，以便实时目测发现错差。同时，这样还便于切边定位，并可减少切边形成毛刺的可能性。如图 6-6b 中 h_1 一般应大于 3mm。

零件受力的最佳状态是纤维组织与剪应力方向垂直，对于某些关键零件，应该注意发挥塑性成形能较合理分布金属纤维组织的优势（图 6-7）。由此，可能使平面分模变为曲面分模。

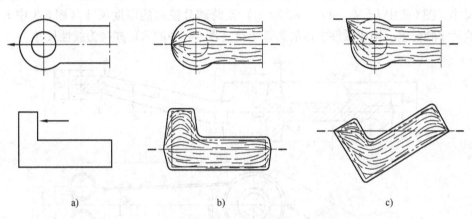

图 6-7 合理分布纤维组织而采用的分模位置

a）零件受力 b）纤维组织分布不够好 c）纤维组织分布较好

此外，粗加工基准应避免选在分模线上。

上述选择分模面的约束条件存在一些冲突，应协调矛盾，统筹考虑。

6.3.2 余块、余量和锻件公差

对于零件上某些细节（如窄槽、小孔、落差很小的台阶等），以及影响锻件出模（与锻造方位有关）的凹挡/侧孔，应增设余块，即增加大于余量的敷料（图 6-12 中 K 处）。余块虽然增加了材料消耗，但简化了锻件结构，降低了锻造难度，有利于提高锤锻模使用寿命。有些零件还需要工艺余块和检测试样。

常规锻件表面质量、尺寸精度和形位精度均不够高，其原因是多方面的。

1）加热引起表面氧化、脱碳等。

2）脱落的氧化皮滞留在模膛内，压入锻件表面，清理后残留凹坑。

3）坯料体积波动、终锻温度波动、温度不够均匀以及操作偏差，使得锤锻模打击不到位或锤锻模塌陷，引起高度方向尺寸波动。

4）磨损或塑性变形引起模膛尺寸变化。

5）锤锻模导向精度有限，造成错差。

6）热锻件在工序间流转受到磕碰，引起凹陷、变形。

7）锻造后续工序（切边、冷却、清理等）引起翘曲、歪扭。

以上原因使得在零件的高质量表面必须增设余量，并允许存在一定偏差。过大的表面余量，将增加切削加工量和金属损耗，余量不足，则将增加锻件的废品率。20世纪80年代开始，我国制定并逐步贯彻执行了与德国标准（DIN7526等）相当的余量与锻件公差标准，现行国家标准序号为GB/T 12362—2003。

锻件图设计起始阶段，有一个从零件图起步，估选余块、余量的环节，可参照同类型锻件或查表确定。这样，零件就初步转换为锻件，才可以开始后续工作。后续工作中发现估选值不合适时，再返回修改。

1. 锻件公差的种类

（1）尺寸公差

1）锻件长、宽、高尺寸公差，是指在分模面一侧（在同一模块上成形）的长、宽、高三维尺寸（图6-8中 l_1、b_1 和 b_2，h_1 和 h_2）及跨越分模面的厚度尺寸（图6-8中 t_1 和 t_2）等线性尺寸的公差。构成锻件主体的圆弧半径（图6-8中的 R）亦视为线性尺寸。

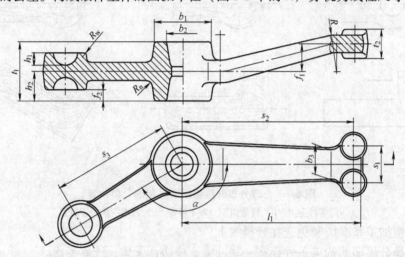

图6-8　锻件线性尺寸与角度尺寸

线性尺寸公差规定为非对称分布，外量尺寸上极限偏差大于下极限偏差，内量尺寸（图6-8中 b_2）上极限偏差小于下极限偏差。实体增大方向一般占公差的2/3，实体减小方向占1/3。这样有利于稳定工艺过程，提高锤锻模使用寿命。

锤锻模欠压（未打靠）或塌陷与否会影响锻件的全部厚度尺寸，故同一锻件厚度尺寸的公差是一致的，一般按最大厚度尺寸确定。

锻件内、外圆角半径（图6-8中的 R_n、R_w）一般不规定公差。

2）中心距与落差尺寸（图6-8中 s_1、s_2、s_3 与 f_1、f_2）的公差，一般呈对称分布，且与其他公差无关。

3）锻件各部分之间呈一定角度时，其角度公差按构成夹角的短边长度（图6-8中以 s_3 判定 α）确定，一般呈对称分布。

模锻斜度一般不规定公差。

（2）几何公差

1）形状公差包括直线度、平面度等。

2）位置公差包括位置度、同轴度等，其中同轴度常用壁厚差表示。

3）方向公差包括平行度、垂直度等。

4）跳动公差包括圆跳动和全跳动。

5）错差是指以分模面为界，锻件的上、下两半部分在水平方向的相对偏移（图6-9）。错差有纵向、横向和旋转3个自由度，实际错差还可能以组合形式出现。

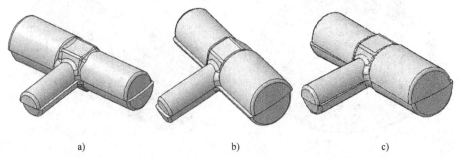

a)   b)   c)

图6-9 锻件的错差

a）纵向错差 b）横向错差 c）旋转错差

错差的应用与其他公差无关。

（3）表面允许缺陷

1）残留飞边及飞边过切量是指终锻模膛分模面尺寸与切边凹模刃口尺寸不吻合，造成锻件分模面不理想的现象（图6-10a、b）。残留飞边一般会同时出现毛刺。

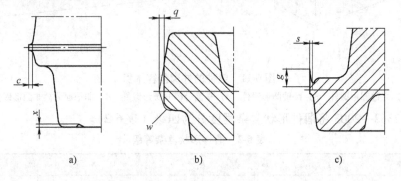

a)   b)   c)

图6-10 几种锻件表面缺陷

a）残留飞边 b）飞边过切量 c）毛刺

c—残留飞边 x—凹陷 q—飞边过切量 w—拉缩 g—毛刺高度 s—毛刺宽度

2）毛刺是一种切边不彻底的表现，分模面与锻件本体的高度差 h_1 过小（图6-6b）的情况下，容易沿切边方向拉成毛刺（图6-10c）。

3）表面凹陷包括氧化皮压入留下的凹坑、碰伤、折叠与裂纹修磨后的凹坑等。

（4）质量偏差 对于某些保留较多锻造表面的零件（如多缸发动机连杆），仅控制锻件尺寸公差难于满足使用要求，可能需要规定质量（Mass）偏差。

判定锻件质量（Quality）是否合格时，各项公差不能相互叠加。

2. 影响余量与锻件公差的因素

（1）公称尺寸和锻件质量 锻件公称尺寸为零件尺寸与初选余量之和，若有修订，则为零件尺寸与余量之和。

锻件质量（m）按公称尺寸计算。

（2）锻件形状复杂程度　锻件形状复杂程度用复杂系数 S 表示，被定义为锻件占据的体积 V_d 与外廓包容体积 V_b 之比，即 $S = V_d/V_b$。外廓包容体积有两种，即圆形锻件为圆柱体，其他锻件为长方体（图6-11）。

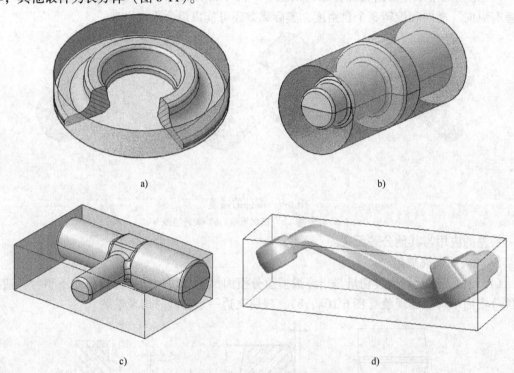

a)　　　　　　　　　　　　　　　　b)

c)　　　　　　　　　　　　　　　　d)

图6-11　锻件的外廓包容体积

a）立锻圆形锻件　b）卧锻圆形锻件　c）平面分模非圆形锻件　d）非平面分模非圆形锻件

GB/T 12362—2003 将锻件形状复杂程度分为四级（表6-2）。

表6-2　锻件形状复杂等级

等　级	S_1	S_2	S_3	S_4
S 值	$0.63 < S \leqslant 1$	$0.32 < S \leqslant 0.63$	$0.16 < S \leqslant 0.32$	$0 < S \leqslant 0.16$
复杂程度	简单	一般	较复杂	复杂

（3）材质系数　按锻造难易程度及造成锤锻模磨损速度，材质系数划分为两类（表6-3）。

表6-3　锻件材质系数等级

M_1	碳的质量分数低于0.65%的碳钢，合金元素总的质量分数低于3.00%的合金钢
M_2	碳的质量分数等于或大于0.65%的碳钢，合金元素总的质量分数等于或大于3.00%的合金钢

注：铝合金、镁合金、铜合金可较 M_1 严一至二档（视为 M_0）；不锈钢、耐热钢、钛合金等应比 M_2 宽一至二档（视为 M_3）。

（4）零件切削精度与切削工艺过程　零件表面粗糙度 Ra 值小于 $1.6\mu m$（先切削后磨削），零件切削过程中安排有中间热处理等情况下，应加大余量。切削加工的粗基准是锻造应该重点保证的要素，其余量可适当减小。

（5）分模面构造 平面及对称曲面分模较容易控制错差和残留飞边，而非对称曲面分模的错差和残留飞边应宽一档。

（6）其他因素 加热条件、锻锤导向精度、模具材质等也会对余量与锻件公差产生一定的影响。

余量主要与零件形状复杂程度和尺寸、零件切削精度与切削工艺过程、表面与锻造方向的相对位置等因素有关。中小锻件余量范围为 1.5～3.0mm。

锻件公差主要与零件形状复杂程度和尺寸、材质、分模面构造等因素有关。GB/T 12362—2003 设置了普通级和精密级二档公差。

3. 余量与锻件公差的选取

选取余量和锻件公差的程序是：零件公称尺寸→估选余量→锻件公称尺寸→估算锻件质量→查表→修正。

表6-4 给出了普通级锻件公差。查表的方法是：由锻件质量向右看，若材质系数为 M_1，沿水平线继续向右，若材质系数为 M_2，则沿斜线向右下移动到与 M_2 垂线的交点（宽二档）再向右。用同样的方法穿过形状复杂系数（S 小一档，公差宽一档，类推）继续向右，直到与公称尺寸相符的栏，查得锻件尺寸公差。由锻件质量向左看，穿过分模面（非曲面分模宽一档）继续向左，查得残留飞边值和错差值。

例如某锻件估计质量为 4.8kg，材料为 45 钢，形状复杂系数为 S_3，非对称曲面分模，采用普通级公差，尺寸为 135 的极限偏差为 $+2.1mm/-1.1mm$，残留飞边允许值为 1.2mm，错差允许值为 1.2mm（见表 6-4 中粗实线及标有黑三角栏）。

表 6-4　锻件的长、宽、高公差及错差、残留飞边值

（摘自 GB/T 12362—2003，普通级）　　　　　（单位：mm）

错差值	残留飞边值	分模面 非对称曲面	分模面 平面或对称曲面	锻件质量/kg 大于	至	材质系数 M_1	M_2	形状复杂系数 S_1	S_2	S_3	S_4	锻件基本尺寸 大于0 至30	大于30 至80	大于80 至120	大于120 至180	大于180 至315	大于315 至500
0.4	0.5			0	0.4							$1.1^{+0.8}_{-0.3}$					—
0.5	0.6			0.4	1.0							$1.2^{+0.8}_{-0.4}$	$1.4^{+1.0}_{-0.4}$				
0.6	0.7			1.0	1.8							$1.4^{+1.0}_{-0.4}$	$1.6^{+1.1}_{-0.5}$	$1.8^{+1.2}_{-0.6}$	（对称）		
0.8	0.8			1.8	3.2							$1.6^{+1.1}_{-0.5}$	$1.8^{+1.2}_{-0.6}$	$2.0^{+1.4}_{-0.6}$	$2.2^{+1.5}_{-0.7}$		
1.0	1.0			3.2	5.6							$1.8^{+1.2}_{-0.6}$	$2.0^{+1.4}_{-0.6}$	$2.2^{+1.5}_{-0.7}$	$2.5^{+1.7}_{-0.8}$	$2.8^{+1.9}_{-0.9}$	
1.2	1.2			5.6	10							$2.0^{+1.4}_{-0.6}$	$2.2^{+1.5}_{-0.7}$	$2.5^{+1.7}_{-0.8}$	$2.8^{+1.9}_{-0.9}$	$3.2^{+2.1}_{-1.1}$	$3.6^{+2.4}_{-1.2}$
1.4	1.4			10	20							$2.2^{+1.5}_{-0.7}$	$2.5^{+1.7}_{-0.8}$	$2.8^{+1.9}_{-0.9}$	$3.2^{+2.1}_{-1.1}$	$3.6^{+2.4}_{-1.2}$	$4.0^{+2.7}_{-1.3}$
1.6	1.7			20	50							$2.5^{+1.7}_{-0.8}$	$2.8^{+1.9}_{-0.9}$	$3.2^{+2.1}_{-1.1}$	$3.6^{+2.4}_{-1.2}$	$4.0^{+2.7}_{-1.3}$	$4.5^{+3.0}_{-1.5}$

余量与其他公差表的使用方法类似。

过去，还有一种按照锻锤吨位选取余量和锻件公差的方法（吨位法），考虑因素过少，

现一般不采用。

由于生产实际中的情况千变万化，在基本遵循标准规定的前提下，余量与锻件公差的具体量值可由供需双方协商决定，一般需会签图样或签订补充技术协议。

6.3.3 模锻斜度

金属在力的作用下填充模膛，迫使模膛发生微量弹性变形，外力撤除后，模膛会反过来夹持锻件。同时，热锻件冷却收缩，对模膛中的岛屿、半岛、长埋状部位形成箍、夹作用。此外，模膛与锻件接触面还存在摩擦。这些因素均对锻件出模构成阻碍（忽略锻件自重因素）。为了顺利取出锻件，模膛所有表面不仅不允许存在铅垂方向（特殊情况下允许小偏角）平行光线不能直达的区域，还必须相对铅垂方向有足够的倾斜（图6-12a）。这种倾斜表现在锻件上就是模锻斜度。

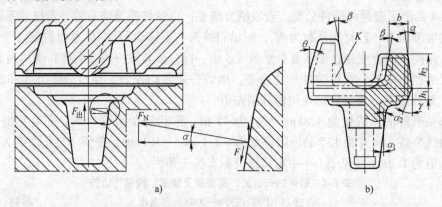

图 6-12 模锻斜度

α—外斜度　β—内斜度　γ—匹配斜度　θ—自然斜度

图6-12b所示为锻件上的各种斜度。热锻件冷缩会离开模膛侧壁的部位称为外斜度（α），而热锻件冷缩会更加紧贴模膛侧壁的部位称为内斜度（β）。

水平方向尺寸相等但上下模膛深度不等时（图6-12中h_1、h_2处），一般按深度较大侧确定分模线。为了使上下模膛的分模线一致，一般采取增大深度较小侧的模锻斜度的方法，这个斜度称为匹配斜度（γ），也称为连接斜度或过渡斜度。

由图6-12a可见，锻件受到模壁正压力F_N（$F_N\sin\alpha$有利于脱模）的作用，还受到摩擦力F（$F=\mu F_N$，$F\cos\alpha$阻碍脱模）的作用，当$F\cos\alpha=F_N\sin\alpha$，即$F/F_N=\tan\alpha=\mu$时，就能自然脱模（$F_{出}=0$）。

显然，模锻斜度较大对脱模有利，但带来的负面影响是增大金属填充模膛阻力，增大斜度余量，还会影响零件美观，因此模锻斜度应尽量选用较小值。

模锻斜度取值主要应考虑模膛相对深度（h/b）。h/b较小，斜度取小值；反之，取较大值。h/b很大的情况下，可采用变换斜度（图6-12b上的α_1、α_2），近模膛底部斜度α_1稍小，近模膛口部斜度α_2稍大。生产实践表明，大多数情况下取$\alpha=7°$、$\beta=10°$即可。若设置顶出机构，模锻斜度可以适当减小。

锻件材质不同，斜度略有差别。铝合金锻件的模锻斜度可小于钢锻件。

同一锻件上的外斜度值应尽量一致，内斜度增大2°或3°，亦应尽量统一。用标准锥形铣刀完成模膛加工时，模锻斜度尽量采用标准系列值（如3°、5°、7°、10°、12°等）。

特殊情况下，允许在下模局部采用 <10°的负斜度（图6-13）。前提条件是要与金属流动方向相适应（能顺利填充），同时，为保证取出锻件（取出方向相对铅垂方向偏转一个小角度），负斜度面与对侧之间的夹角应 >2α（α >7°）。

锻件本身表面足够倾斜时的斜度称为自然斜度（图6-12b 上的 θ），变换锻造方位往往能获取较多自然斜度，但使分模面构造复杂（图6-14）。沿直径面分模的卧置圆柱面和球面具备自然斜度（分模面附近由于去除了飞边桥部高度以及做出分模面圆角，不会阻碍锻件出模）。

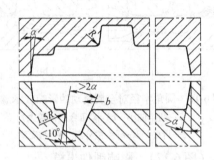

图6-13 局部模膛采用负斜度

b—金属填充方向

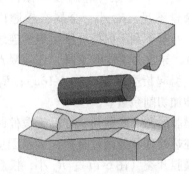

图6-14 变换锻造方位获取自然斜度

模锻斜度是一个几何形体问题，附加模锻斜度后，会造成锻件形体发生改变，图6-15给出了几种常见几何体附加斜度后发生的改变。若再叠加切削余量，还会引起水平方向尺寸改变。

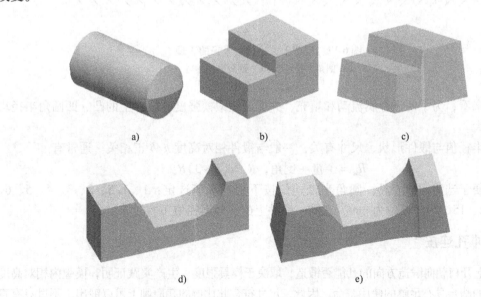

图6-15 几种常见几何体附加斜度后发生的改变（未做圆角）

a）卧锻圆柱端面 b）台阶（无斜度） c）台阶/（附加斜度）

d）组合形状（无斜度） e）组合形状（附加斜度）

6.3.4 锻件圆角

锻件上凸出或凹下的部位均不允许呈棱边状，应当以适当圆角过渡。凸出的圆角称为外圆角 R_w，凹下的圆角称为内圆角 R_n，如图 6-8 所示。

就锻件来说，R_w 小，锻件轮廓清晰、美观，但金属在相对深度 h/b 较大的模膛中难于填充；R_w 大，则锻件轮廓较模糊，还可能使切削余量不足。R_n 小，金属在模膛内流动阻力大，乃至不利于保持纤维组织的连续性（图 6-16a），导致力学性能下降，还容易产生回流现象，引起折叠缺陷（图 6-16a）；R_n 大，主要是增加切削余量。

模膛的凸、凹圆角正好反于锻件圆角。R_w 小，在热处理和使用过程中，容易因应力集中导致模膛开裂（图 6-17）；R_n 小，模膛容易被压塌（图 6-17），影响锻件出模。

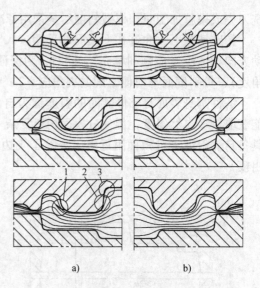

图 6-16 圆角半径对金属流动的影响（示意图）
a）圆角偏小 b）圆角合适（较大）
1—折叠 2—纤维被分断 3—欠充满

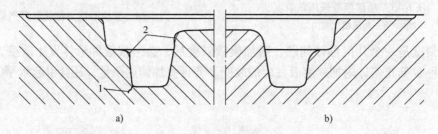

图 6-17 模膛上大小圆角半径的表现
a）圆角半径过小 b）圆角半径适当
1—裂纹 2—塌陷

总体来看，为了便于金属流动和填充，并保证锤锻模强度，锻件上的凸、凹圆角半径均宜适当加大。

圆角半径值与锻件形状、尺寸有关，一般与锻件相对高度 h/b 正相关。通常有

$$R_w = 余量 + 倒角，\quad R_n = (2 \sim 3) R_w$$

为了便于选用标准刀具，圆角半径建议按下列标准值选定：1、1.5、2、3、4、5、6、8、10、12、15、20，单位为 mm。在同一锻件上的圆角半径值不宜过多。

6.3.5 冲孔连皮

零件上开口朝向锻造方向的孔能否锻造，取决于模具强度。生产实践证明，模膛内相对高度 $h/d < 0.5$ 的凸台具有足够的使用寿命。因此，尺寸符合此比例的孔原则上可以锻出。不过只有直径 $d > 30$mm 才具有合适的技术经济意义，所以，$d < 25$mm 的小孔通常被简化（填上余块）。$h/d = 0.5 \sim 1.0$ 时，则需要良好的制坯、预锻配合；$h/d > 1$，模具很容易损坏。

模锻不能直接锻出通孔，必须在孔内保留一层称为连皮的金属（图 6-18）。冲去连皮

后，才得到通孔。显然，连皮薄，废料少，所需冲切力小，但在终锻时单位面积抗力大，容易发生欠压，凸台容易磨损或被压塌；还容易在锻件上形成折叠（参阅图 6-30）。反之，连皮厚，废料多，所需冲切力大，会造成锻件形状严重走样。所以，连皮设计要适当。

1. 中等孔径（30mm < d < 60mm）**锻件**

中等孔径锻件通常采用平底连皮（图 6-18a）。连皮厚度 s 推荐为

$$s = 2.5\text{mm} + (5 \sim 7.5)d/100 \tag{6-1}$$

其中，系数（5～7.5）按 h/d 确定，h/d = 0.5 时取 5，h/d 接近 1 时取 7.5。

连皮与锻件本体之间的过渡圆角 R_1 就是模膛中的凸台圆角，该部位负荷极为繁重，在模锻时承受激烈的金属流动冲刷，为了避免过早损坏并避免锻件上出现折叠，该圆角应大于同一锻件上其他内圆角。

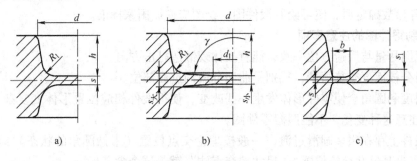

图 6-18 冲孔连皮
a）平底连皮 b）斜底连皮 c）带仓连皮

2. 较大孔径（d > 60mm）**锻件**

锻件孔径较大时，若仍用平底连皮，内孔金属不易转移，凸台容易磨损或被压塌，还容易产生折叠。应将平底面积减小，周边做成顶角为 γ 的锥形，得到斜底连皮（图 6-18b）。尺寸推荐为

$$\left. \begin{array}{l} s_{大} = 1.35s \\ s_{小} = 0.65s \\ d_1 = (0.25 \sim 0.35)d \end{array} \right\} \tag{6-2}$$

式中，s 按式（6-1）计算。

R_1 设计同中等孔径锻件。

合适的斜底连皮有利于金属转移，凸台不容易损坏，还能有效避免折叠。但周边厚度大，所需冲切力大，容易引起锻件形状走样。所以，常用作预锻，终锻采用带仓连皮（图 6-18c），将冲切部位压薄。

带仓连皮的实质是内飞边槽，仓部的作用是为斜底连皮回流提供空间，所以，仓部容积应略大于斜底连皮体积。有关尺寸可按飞边槽设计。带仓连皮不宜单独使用，应与斜底连皮配套。

孔径大，冲切废料多。所以，较大孔径（d > 100mm）锻件，最好先行自由锻制坯（冲孔＋扩孔）再模锻。回转体锻件可用带通孔的坯料辗扩成形。

3. 小孔径（d < 25mm）**和难于穿通孔的锻件**

不宜增大坯料截面的情况下，为了确保锻件填充饱满，锻件上的小孔部位可适当压凹（图 6-8）。倾斜方向难于穿通的孔也可以采用压凹（图 6-3b）。压凹的设计要点是，应确保

模膛凸台具有足够的强度 [$h \leqslant (0.5 \sim 0.8)d$，凸台边缘采用较大的圆角半径]。

由于难免存在错差，压凹可能不利于后续切削加工。

孔径虽然不小，但深度较大的锻件也可锻成盲孔（图6-6b）。压凹和盲孔的后续加工均留待切削完成。

如前所述（参见图6-5），对于有内孔的锻件，选用分模面时应同时考虑冲孔连皮的位置。

应当明确，锻件图设计阶段主要考虑孔能否成形的问题，即在可冲通、盲孔/压凹、不成形之间作出选择。对于可冲通的孔，冲孔连皮的具体尺寸设计留待模膛设计阶段完成，锻件图上不绘连皮，即绘成冲去连皮的状态（参见图6-11a）。

6.3.6　锻件图

上述各参数确定后，便可绘制锻件图。绘图应遵循国家标准。

1. 绘制锻件图的注意事项

1）视图尽量与锻造方位一致，能直接体现锻造打击方向。

2）对分模面要交待清楚，特别是曲面分模的过渡部位。

3）斜度和圆角会使零件形体发生一些改变，使得锻件相应位置形体变复杂，绘制某些截面时要注意这种变化，不能照搬零件图。

4）锻件上存在很多圆滑过渡，一般按理论交点位置（未做圆角的状态）绘出其投影，这样的交点也是尺寸交接位置，"尺寸按交点注"就是这个含义。

5）除了用粗实线绘制锻件外形轮廓和相贯线外，为便于了解余量是否满足要求，主要视图上需要切削加工的部位，应该用双点画线绘制零件的主要轮廓线。若零件轮廓在主要视图上已表示清楚，其他视图不必重复。

6）锻件图上的尺寸基准应尽量与零件图上相应的尺寸基准一致。

7）模膛分模线附近及切边凹模刃口会较快磨损，使得锻件分模面尺寸变动范围较大。所以，粗加工基准应避免选在分模线上。同理，锻件水平方向尺寸一般不标注在分模线上，而标注在与模膛底线相应的轮廓上。

8）已增加余量的锻件公称尺寸与公差写在尺寸线上方，零件尺寸加括号写在尺寸线下方。对于需精压的锻件，精压尺寸及偏差写在尺寸线上方，锻件公称尺寸与公差写在尺寸线下方，并分别用文字注明。

2. 技术要求

锻件图上一般还应有技术要求，列入图上未表示的形体细节与公差说明、表面缺陷、内部品质和其他特殊要求等内容（详见表6-5）。各项要求应根据实际情况取舍，并非所有锻件需要面面俱到。技术要求原则上按锻件生产过程中检验的先后顺序排列。

表6-5　锻件图技术要求内容

形体细节与公差说明	表面缺陷要求	内部品质要求	其他特殊要求
1）尺寸按交点注 2）截面过渡形状说明 3）未注明的模锻斜度 4）未注明的圆角半径 5）未注明的尺寸公差 6）不便表达的几何公差 7）允许的错差量	1）残留飞边宽度、飞边过切量、毛刺高度 2）碰伤、欠充满、氧化皮及缺陷（折叠等），修磨后的凹坑等表面缺陷允许深度（一般要区分加工表面和非加工表面）	1）热处理方式及硬度要求，测试硬度的位置 2）允许脱碳层深度	1）质量偏差 2）允许代用的材料牌号

（续）

形体细节与公差说明	表面缺陷要求	内部品质要求	其他特殊要求
	3）表面清理方法 4）磁性探伤要求 5）粗加工基准	3）低倍 4）纤维方向 5）组织晶粒要求 6）力学性能要求	3）特殊标记内容、部位 4）防锈、包装要求

注：1. 表面缺陷要求还可能需要规定某些不重要的欠充满允许焊补的深度、范围。
　　2. 测试硬度的位置应尽量选在加工表面，调质锻件选在厚处，退火锻件选在薄处。
　　3. 需要检测金相组织和进行力学性能试验时，应注明取样部位、方向、抽查比例。

3. 锻件图示例

锻件图示例如图 6-19 所示。

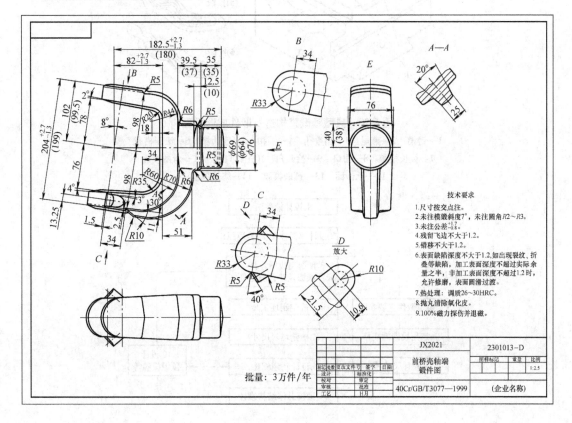

图 6-19　锻件图示例

6.4　模锻模膛设计

锻件成形一般应先制坯后模锻（图 6-20），典型锤锻模应包含制坯模膛和模锻模膛。由于后面工作的需要是安排前面工作的依据，所以，模膛设计往往按终锻→预锻→制坯的顺序进行，即逆向而行（图 6-21）。

预锻模膛和终锻模膛合称为模锻模膛。

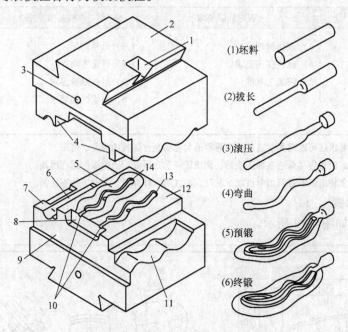

图 6-20　典型锤锻模构造及锻件成形过程
1—键槽　2—燕尾　3—起重孔　4—锁扣　5—飞边槽　6—滚压模膛
7—拔长模膛　8—钳口　9—检验角　10—钳口颈　11—弯曲模膛
12—承击面　13—预锻模膛　14—终锻模膛

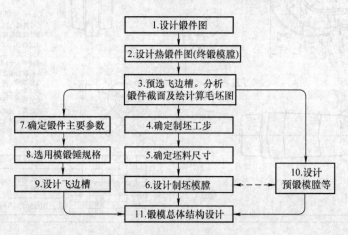

图 6-21　锤锻模设计的一般程序

6.4.1　终锻模膛设计

锻件在终锻模膛内完成最终成形，所以，对终锻模膛的要求最严格。终锻模膛设计的主要任务是设计热锻件图、选择飞边槽，以及设计钳口。

1. 热锻件图设计

模膛是反于锻件形状的空腔，大多构造比较复杂，一般难于将繁杂的尺寸直接标注在模具的空腔中。而反过来以实型表达模膛却比较方便，既能与锻件尺寸对应，也便于电火花成形加工电极制造。这种表达终锻模膛空腔的实型就是热锻件图，它是终锻模膛制造和检验的依据。

热锻件图的设计原则是，设法使工件经过后续工序（切边、冲连皮、弯曲、……、冷却等）之后，得到符合锻件图要求的锻件。由于后续工序还会不同程度改变工件的形状和尺寸，所以，热锻件图并不仅仅是锻件图的简单放大。热锻件图与锻件图的差别体现在以下几个方面。

（1）形状方面

1）连皮是模膛的一部分，且同模膛一道加工，所以，冲孔件的热锻件图要绘上连皮。

2）边缘较薄的锻件，在切边时会发生拉缩变形，为消除这种缺陷，应该在一定范围内增加一些工艺余块，以补偿拉缩变形（参见图6-38b中尺寸 p、q）。

3）相对深度较大的狭小模膛容易存留气体，位于下模的狭小模膛还容易存留氧化皮，且不易清除彻底，这些部位容易出现欠充满现象，应适当加深，以预留一些空间。

4）某些在分模线上直接钻孔的锻件，为了保障分模线附近为足够宽的平面，在该局部增加一定厚度的余块（以能顺利切边，不会造成锻件本体变形为度）。其实质是刻意得到过切面（图6-10b）。

5）锻件被锤击后常常会发生跳动乃至跳出模膛，对于下模部分为非回转体的锻件，可以很容易地将锻件按原方向复位，然后再次锤击，直至完成模锻。对于下模部分为回转体而上模部分为非回转体的锻件（图6-22），则难免发生周向错动，造成已成形的上模部分与模膛发生错位，再次锤击就会被打坏。为了确保能按原方向复位，应在下模增设定位余块（有连皮的锻件最好设在连皮上）。

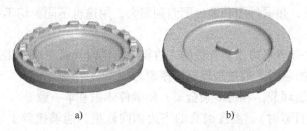

a)   b)

图6-22　防止锻件发生转动的定位余块

a）上模　b）下模（中央凸出长条为定位余块）

（2）尺寸方面　热锻件图上的尺寸一般比锻件图的相应尺寸有所增大。理论上加放收缩率后的尺寸（忽略模块本身的热膨胀）为

$$l_热 = l\,(1 + \delta)$$

式中，$l_热$ 是热锻件尺寸；l 是锻件尺寸；δ 是终锻温度下金属的收缩率，钢为1.5%，不锈钢为1.5%~1.8%，钛合金为0.5% ~0.7%，铝合金为0.8%~1.0%，镁合金为0.8%，铜合金为1.0%~1.3%。

加放收缩率时应注意下列几点：

1）散热尺寸小（细而长、薄而宽）的局部收缩率应适当减小。例如图6-23中

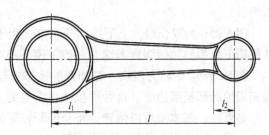

图6-23　中心距尺寸的构成

尺寸（$l - l_1 - l_2$）的收缩率应小于尺寸 l_1 和 l_2，一般取 1.0%。组合尺寸将各段尺寸累加即可。

2）为简化制造，无坐标中心的小圆角半径（$R10\text{mm}$ 以下）不放收缩率。

3）利用终锻模膛进行校正工序的锻件，其收缩率应视校正温度而适当减小。

锻锤吨位偏小时，容易发生欠压现象，应把热锻件高度尺寸整体性减小，以便抵消欠压的影响（飞边厚度可能较大）。相反，锻锤吨位偏大时，锤锻模承击面容易压陷，应把热锻件图的高度尺寸整体性加大。一般情况下，减少或增大高度尺寸应限制在锻件尺寸公差范围内。

模膛易磨损的局部，可在锻件负公差范围内减小模膛尺寸（增加磨损量）。例如十字轴热锻件的悬臂轴根部按最小尺寸 $d_{\min}$ 加放收缩率，轴端部按公称尺寸 d 加放收缩率（图 6-24）。

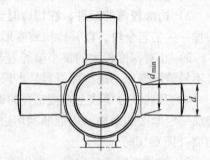

热锻件图的高度方向尺寸一般以分模面为基准，以便于锤锻模切削加工和准备样板。

热锻件尺寸一般精确到 0.1mm 即可。生产实践中往往要经过一定批量试生产后进行修改，才能确定合理的热锻件尺寸。

图 6-24　十字轴热锻件的局部尺寸

（3）图面表达方面　热锻件图上不绘零件轮廓线，不注公差（执行有关模具制造公差标准），不标材料牌号，不列与说明形状无关的技术要求。

锻件形状较简单时，热锻件图可与锤锻模图合绘在一幅图样上。

由以上介绍可见，热锻件图和锻件图差别很大，用途也不同，切不可混为一谈。

2. 飞边槽

终锻模膛周边必设有飞边槽，合适的飞边槽应该同时具备三个作用。

1）造成足够大的阻力，迫使金属充满模膛。

2）作为工艺补偿环节，容纳多余金属，使锻件体积基本一致。

3）终锻后期（打靠时），温度尚高的飞边如同软垫，能够缓解上、下模硬碰硬，保护承击面。

为实现上述作用，并便于飞边被切除，飞边槽一般呈扁平状（图 6-25）。飞边槽由桥部和仓部组成，桥部实现第 1）、3）项作用，仓部实现第 2）项作用。具体锻件采用的飞边槽在结构上有一些差别。

图 6-25a 为基本型，仓部开在上模，这样强度较弱的桥部受热相对少些，不易磨损或被压坍。

图 6-25b 为双仓型，上下模均开仓部，用于形状复杂和坯料体积难免偏多的模膛边缘。从保障下模模膛边缘强度考虑，一般下模桥部宽度 $b_{\text{下}} = (1.2 \sim 1.6)b$。

图 6-25c 为带阻力沟型，在加宽的桥部开设阻力沟，这样能形成更大阻力，一般只用于难充满的局部模膛边缘。这种部位往往需要更大的飞边，故需开双仓。

必要时，基本型可以倒置，将仓部开在下模。此外，还有牺牲阻力仅起容纳作用的扩张型飞边槽，阻力更大的楔型飞边槽等。

影响飞边槽尺寸的因素非常多，如锻件材质、锻件复杂程度、锻件尺寸（变形面积）、

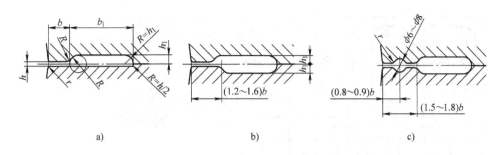

图 6-25　飞边槽构造

a）基本型　b）双仓型　c）带阻力沟型

变形温度、设备吨位、打击次数等，至今尚无精确的理论分析法可用来确定飞边槽尺寸。生产实际中通常从锻锤吨位出发，按表 6-6 查取飞边槽的具体尺寸。在尚未确定锻锤吨位之前，可参照经验预选，完成后续设计再稍作修订。

表 6-6　按锻锤吨位确定基本型飞边槽尺寸

锻锤吨位/t	桥部高度 h/mm	桥部宽度 b/mm	仓部宽度 b_1/mm	仓部高度 h_1/mm	模膛边缘圆角 r/mm
1	1.0 ~ 1.6	8	22 ~ 25	4	1.5
2	1.8 ~ 2.2	10	25 ~ 30	4	2.0
3	2.5 ~ 3.0	12	30 ~ 40	5	2.5
5	3.0 ~ 4.0	12 ~ 14	40 ~ 50	6	3.0
10	4.0 ~ 6.0	14 ~ 16	50 ~ 60	8	3.5
16	6.0 ~ 9.0	16 ~ 20	60 ~ 80	10	4.0

飞边槽的关键尺寸是桥部高度 h 和宽度 b，敏感性强。b/h 太大，会产生过大的阻力，导致欠压，并使锤锻模过早磨损或压坍；b/h 太小，会产生大的飞边，模膛却不易充满，同时，由于桥部强度差而易于被压坍变形。生产实践表明 $b/h = 4 \sim 6$ 比较适宜。

模膛边缘圆角半径 r 也应合适，r 太小，容易压坍内陷，影响锻件出模；r 太大，则所需切边力大，容易造成锻件变形。

同一模膛四周的飞边槽可以分段选用不同类型，仓部宽度也可视需要增减。

3. 钳口

终锻模膛和预锻模膛前方一般需开出称为钳口的凹腔，其作用是容纳夹钳和钳料头（图 6-26），或容纳调头模锻的前一锻件（带飞边）相应部位。对于不需钳料头的短轴类锻件，开出钳口的目的是便于取出锻件。制造锤锻模时，钳口还用作检验模膛用的铸型浇口。

钳口与模膛间的沟槽称为钳口颈，用作浇道时，它先于飞边桥部开出。钳口颈截面（$b \times a$）必须足够大，以利拽锻件出模，更重要的是能防止钳料头飞出伤人。

模膛与前面的距离 l_1 根据模膛布排而定，应大于最小模壁厚度；开出钳口不应过分削弱前面模壁强度，在保证过渡圆角 R 足够大的同时，钳口颈长度 l 按下式确定，即

$$l = (0.5 \sim 0.7)h_0 > 12$$

式中，h_0 是临近钳口的模膛深度（mm）。

为确保钳口牢靠，锤锻模制造和修复时，钳口不允焊补。

钳口宽度 B 和高度 h 应能满足使用要求，不需钳料头的短轴类锻件，高度 h 可减小。

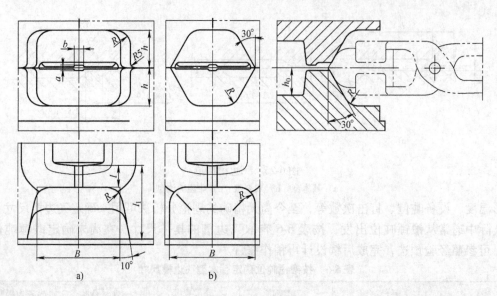

图 6-26　钳口构造

a）通用型　b）紧凑型

预锻模膛与终锻模膛的钳口间壁厚小于 15mm 时，可开通连成一个大钳口。

6.4.2　预锻模膛设计

对于结构比较复杂的锻件，如果制坯后直接终锻，会出现欠充满或折叠缺陷，或会致使终锻模膛迅速磨损。这时，就需要在终锻之前增设预锻工步。同终锻工步一样，预锻模膛一般也是用预锻热锻件图表达。

1. 预锻模膛设计要点

使终锻模膛获得良好的填充是设计的目标，所以，预锻模膛主要参考终锻模膛来设计。相对于终锻模膛，预锻模膛设计需要作一些调整，可以归结为两个方面。

（1）小幅度调整

1）模膛的宽与高。为了使坯料在终锻过程中以镦粗成形为主，预锻模膛的高度应比终锻模膛相应处大 2~5mm，宽度则小 1~2mm。截面面积略有增大，即预锻模膛容积稍大于终锻模膛。具体尺寸应综合考虑包含飞边体积（预锻模膛不设飞边槽）、通常打不靠、允许局部欠充满等因素来确定。

2）模锻斜度。一般情况下，预锻模膛的模锻斜度与终锻的相同。

较深（$h/b > 1$）的模膛局部，为了便于填充和出模，可将模锻斜度加大一档（图 6-27a，将模膛底部尺寸 b 减小为 b_1）。预锻通常打不靠，所以，缩小模膛底部尺寸造成的体积不足，可以在终锻阶段得到补充。

又深又窄的模膛（底部宽度 $b < 20mm$）局部，应保证先得到底部（锻件的顶部）形状，因为这些部位温度下降快，流动性差。所以，应保持底部宽度 b 和模锻斜度不变（图 6-27b），高度适当降低 [$h_1 = (0.8~0.9)h$]，减少的体积通过增大过渡部位圆角（R 增大至 R_1，使 $v_2 \approx v_1$）来弥补；或增加相邻基部体积，因为基部尺寸比较大，散热慢，终锻时可以迫使金属向上流动，自然抬高锻件顶部。这种预锻与终锻的差别设计可称为

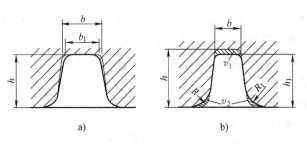

图 6-27　预锻模膛的模锻斜度

a）$b \geqslant 20mm$　b）$b < 20mm$

"分步流动"。

3）圆角半径。预锻模膛的凸圆角半径应比终锻模膛大，目的是减小金属流动阻力，防止产生折叠。预锻模膛分模面边缘圆角也应比终锻模膛增大 $1 \sim 2mm$。

（2）较大幅度调整

1）反向流动。模膛严重偏向一边（上边或下边）的情况下，对于需要向深模膛填充的金属，预锻阶段先向相反方向流动（浅模膛加深，用于储备金属），终锻阶段再转移，达到填充饱满的效果。这个过程中，部分金属经历了折返流动的过程，故称为反向流动。图 6-28 所示为反向流动应用的例子。

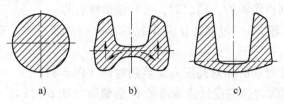

图 6-28　预锻模膛设计中的反向流动

a）坯料　b）预锻　c）终锻

2）分步流动。前已提及分步流动，再介绍一个分步流动实例。

图 6-29 所示为 BS111 转向臂（图 6-3b）预锻件改进前后情况。由制坯后轮廓 p（虚线）预锻，直接成形到轮廓 y（双点画线，同终锻）产生了两个缺陷，c 处出现贯通性折叠，e 处出现欠充满。修改预锻（实线）后，下模凸台部分暂不到位，储备在上模 k 处，既方便 c 处充满，又避免 e 处折叠。终锻时，k 处体积能顺利转移到下模，填充凸台。

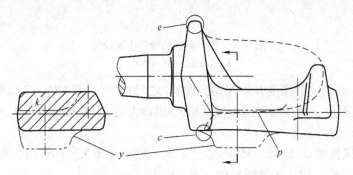

图 6-29　预锻模膛设计中的分步流动

p—制坯形状　y—终锻形状　c—折叠部位　e—欠充满部位

3）局部细节省略。浅压凹、凸标记及类似细节在预锻模膛上可以简化乃至省略。

调整量较少的预锻热锻件图，只要将形状、尺寸、剖面等差别标注在热锻件图上（也可标注在锻模图上）即可；与热锻件图差别较大的预锻热锻件图，需要单独绘制。

2. 典型预锻模膛设计

以下介绍一些避免折叠和欠充满缺陷的经典设计。

（1）H形断面　H形（工字形）断面常被应用于连杆杆部，预锻不良后终锻很容易在内侧转角处出现折叠（图6-30a）。

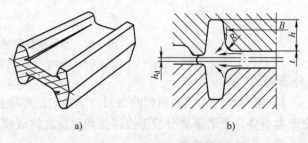

形成这种折叠的原因（图6-30b）是，筋部已基本充满后，模具尚欠压h_d，模具打靠时，腹板部仍有较多金属沿水平方向外流，连带筋部内侧附近的金属外流，筋部表面凹陷，严重

图6-30　H形断面的折叠缺陷
a）折叠示意图　b）折叠形成原因

时就形成折叠。所以，保证预锻后的截面面积（要考虑预锻已形成了窄飞边，通常打不靠）不多于终锻（含飞边）所需面积，使充满模膛后不再有多余的金属流向飞边是设计的关键。换句话说，要尽量做到终锻模膛充满之时，恰好锤锻模打靠。

腹板宽而薄（B/t较大），过渡圆角R半径过小，润滑剂过多，变形太快，容易诱发这种缺陷。

具体设计时，应针对筋的相对高度h/b差别对待（图6-31）。

1）$h/b \geq 2$时，预锻模膛应设计成圆滑的H形截面（图6-31a）。宽度B_1不变，或减小$1 \sim 2$mm；筋顶位置和宽度基本不变，适当加大筋部内、外斜度和筋顶圆角。

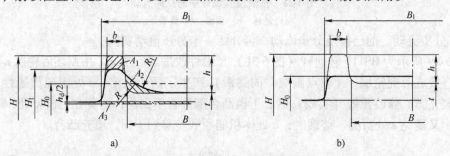

图6-31　H形截面的预锻模膛设计
a）$h/b \geq 2$　b）$h/b < 2$

筋部高度H_1介于终锻高度H与平均高度H_0之间$[H_1 \approx (H + H_0)/2]$。腹板厚度$t$不变；过渡圆角$R$加大至$R_1$，筋顶高度减小的面积$A_1$由增大的$R_1$带来的面积$A_2$补偿，即使$A_1 = A_2$。

若欠压明显或宽度B_1较大（35mm以上）时，则应考虑欠压的影响，应使$A_1 = A_2 + A_3$。$A_3 = B_1 h_d$，欠压高度h_d取决于锻锤吨位，通常取$1 \sim 5$mm。

文献介绍，先让筋部高度H_1略偏小（截面偏小），如果试模终锻后发现筋部欠充满，用打磨的方法将H_1加深，可较方便地消除欠充满缺陷。

2）$h/b < 2$ 时，预锻模膛可设计矩形截面（图6-31b），宽度 B_1 酌量减小，高度可取平均值 H_0（为准确起见同样要考虑欠压等），不过外斜度可适当加大。该做法可看做大调整的一个例子。

3）$h/b < 1$ 时，一般不用预锻。

借助于体积成形数值模拟软件，先行分析，不断修正有关参数，可望获得较理想的设计效果。

（2）叉形体 叉形体有立锻和卧锻两种成形方法。两叉间距离不大的叉形体卧锻时，预锻阶段需要将棒状坯料劈分开（图6-32），使金属向叉部流动，以便终锻能获得良好充满。

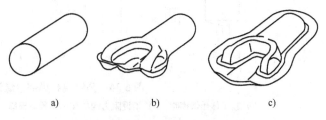

图6-32 叉形体的成形（示意图）
a）坯料 b）预锻 c）终锻

劈分由预锻模膛中的劈料台完成，劈料台的截面如图6-33所示，各尺寸推荐如下：

$$A = 0.25B, 且 8mm < A < 30mm$$
$$h = (0.4 \sim 0.7)H$$
$$\alpha = 10° \sim 45°$$
$$R = 10mm \sim (H/2 - s_{小}), s_{小} 参照图6-18b 设计$$

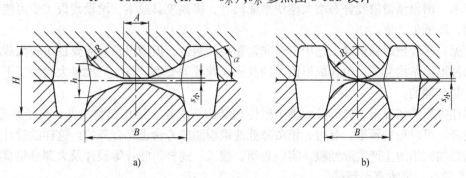

图6-33 劈料台
a）斜面劈料 b）圆柱面劈料

当叉部较窄（$\alpha > 45°$）时，建议采用图6-33b所示的圆柱面劈料形式。

事实上，叉口可看做立锻孔的一半，预锻劈料后叉口内的金属类似斜底连皮（参见图6-18b），终锻阶段叉口内的金属应回流，否则会因类似图6-30b所示原因，出现折叠缺陷，所以，终锻模膛的叉口部应采用双仓飞边槽，且仓部容积要足够。

叉形体立锻属于短轴类锻件，两叉间距离较大的叉形体卧锻则属于复合类锻件。

（3）枝丫体 枝丫体一般为卧锻成形，促使金属向枝丫部流动是预锻模膛的主要任务。一般情况下，将枝丫根部的圆角加大，由模膛底部的适当增大逐渐过渡到分模面上显著增大，使模膛边缘呈约1/4大圆角凸台状（图6-34a）；为约束金属流动，强化分流效果，还可设阻力沟（图6-34b）。

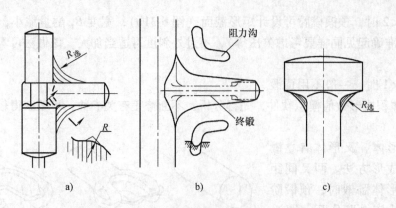

图 6-34　预锻模膛局部边缘设计

a）枝丫体预锻模膛　b）增设阻力沟的枝丫体预锻模膛　c）截面突变部位的预锻模膛

截面突变部位可看作特殊的枝丫，其预锻模膛也可同样处理（图 6-34c）。

增大预锻模膛的圆角还有助于避免汇流折叠（参见图 6-61b）。

预锻模膛边缘一般不设飞边槽。

3. 采用预锻的条件

增设预锻模膛带来的主要问题是迫使锻锤承受比较大的偏心载荷，严重时极容易导致昂贵的锤杆折断或致使锤锻模开裂。偏心受力还容易引起锤锻模错差，且调整困难。彻底消除这种偏心受力的方案是增加设备，预锻与终锻各占用一台设备，这样就须明显提高设备、劳动力成本。增设预锻模膛势必增大模块平面尺寸，提高模具成本。增设预锻工步可能减慢生产节拍，降低生产率。

可见，尽管预锻在模锻工艺中占有非常重要的地位，但增设预锻需要付出较大成本。只有当锻件形体结构复杂，包含成形困难的高筋、深孔等要素，且生产批量大的情况下，采用预锻才是合理的。

制坯得当的情况下，大部分短轴类锻件和结构不太复杂的长轴类锻件，包括某些曲轴、带盖连杆，可以免去预锻；有时，稍微降低终锻模膛的寿命也是合算的。这样的设计思路来自不断总结归纳的生产实际经验。实践表明，拨叉、连杆、叶片等锻件及大部分第Ⅲ类锻件（复合类锻件）通常需要预锻。

6.5　模锻变形工步设计

由图 6-2 及图 6-20 可见，锻件是由坯料经过一系列工序、工步逐步成形的。锤锻中的工步除了模锻工步（含预锻和终锻）外，还有制坯工步，包括镦粗、拔长、滚压、卡压、成形、弯曲等。

制坯工步的作用是，改变坯料形状，使坯料体积得以合理分配，以适应锻件各组成部分的需要，使模锻模膛获得良好的填充。同时，消耗尽量少的变形功。制坯工步一般兼有去除氧化皮的作用。

表 6-1 中三类锻件的制坯工步存在本质的差别。

6.5.1 短轴类锻件制坯工步

短轴类锻件大多为轴对称变形（图6-35），制坯应设法使终锻前的中间坯料按锻件子午面形状需要分配金属，同时兼顾锻件平面形状需要。采用的制坯工步一般为平砧镦粗，表6-1中Ⅰ-3组锻件可能采用成形镦粗。镦粗还兼有去除氧化皮从而提高锻件表面质量和提高锤锻模寿命的作用。

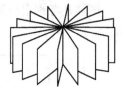

图6-35 短轴类锻件
的流动平面
（轴对称变形）

1. 一般短轴类锻件的制坯

一般短轴类锻件采用平砧镦粗制坯。以齿轮锻件为例，应控制镦粗后坯料的直径 d 介于轮缘内径 d_2 与外径 d_3 之间，即 $d \approx (d_2 + d_3)/2$。镦粗直径 d 过大，对于轮辐-轮缘结构锻件（即环形锻件），可能造成下模轮缘内侧欠充满（图6-36a上图）；对于轮毂-轮辐-轮缘结构齿轮锻件，可能造成轮毂欠充满（图6-36a下图）。

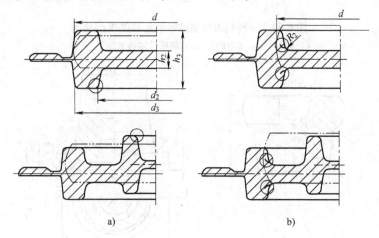

a) b)

图6-36 一般齿轮锻件的镦粗制坯
a) d 过大 b) d 过小

镦粗直径 d 过小，且锤击猛烈时，金属由中心向四周迅速外流，在模具凸台附近形成内凹，金属与轮缘侧壁及底部接触后，产生回流，最终容易在轮缘内侧转角处形成环形折叠（图6-36b）。R_2 偏小更会促使折叠的形成。镦粗直径 d 过小还容易出现坯料偏置，引起半边产生肥大的飞边而另半边欠充满。

环形折叠的形成过程如图6-30b所示。

2. 轮毂较高短轴类锻件的制坯

对于轮毂较高的短轴类锻件，若仍用平砧镦粗制坯，终锻时轮毂部分为压入填充，容易出现欠充满。为此，应采用保留中央有合适体积的成形镦粗制坯。

所谓成形镦粗，是指坯料在具备特定形状的上、下模之间进行的镦粗，其设计要点有：

1）基本成形轮毂部分。即轮毂部分的直径 D、高度 H 应基本填充到位（图6-37）。或参考预锻模膛设计（参见图6-27），D 略减小，H 略增大，斜度也略加大。

若轮毂有盲孔（图6-38），换算为直径 D_0、高度 H_0。

2）参照一般短轴类锻件控制大头直径，高度 m_0 对应的大头体积应等于锻件凸缘部分

（含飞边）的体积，所以，$m_0 > m$。

3）为便于在终锻模膛中定位，成形镦粗大头应做出凸台（图6-37）或盲孔（图6-38）。凸台尺寸 d 应略减小；盲孔尺寸 d 应略增大。

同样是考虑定位问题，成形镦粗相对终锻要倒置。必要时，成形镦粗之前增加平砧镦粗。

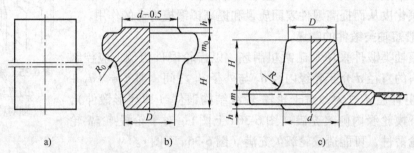

图6-37　一种轮毂较高的短轴类锻件成形过程
a）坯料　b）成形镦粗　c）终锻（左边省略了飞边）

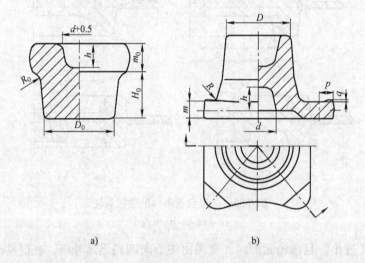

图6-38　轮毂较高且有内孔的短轴类锻件成形镦粗尺寸与锻件尺寸的关系
a）成形镦粗　b）热锻件

由于模块尺寸限制，短轴类锻件一般只能采用 $1 \sim 2$ 个制坯工步。锻件水平方向尺寸较大时，从节省模块的角度考虑，应另配设备担当制坯任务。所以，在锻件批量较小，且不易出现折叠的情况下，可通过谨慎操作，直接在终锻模膛内镦粗直至终锻成形。当然，这样做必然降低模具寿命。

对锻件的纤维方向没有严格要求，一模多件、一料多件等特殊情况下，短轴类锻件也可采用滚压、压扁、卡压等方法制坯。例如，某立锻叉类件采用了镦粗、卡压方法制坯（图6-39）。

6.5.2　长轴类锻件制坯工步

Ⅱ-1 组锻件大多为平面变形（图6-40a），制坯应设法使坯料沿轴线合理分配，也要兼

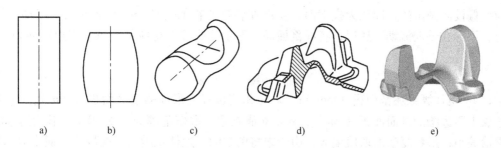

图 6-39 叉类立锻成形过程（示意图）

a）坯料　b）镦粗　c）卡压　d）终锻　e）锻件

顾锻件平面形状需要。采用的制坯工步一般为拔长、压扁、卡压，必要时，拔长后再滚压、成形。

第 Ⅱ 类其他各组锻件均先按 Ⅱ-1 组锻件考虑；然后，Ⅱ-2 组锻件增加弯曲工步；Ⅱ-3 组锻件可能需采用不对称滚压、成形工步；Ⅱ-4 组锻件视叉部体积差别，可能用到拔长、滚压工步。

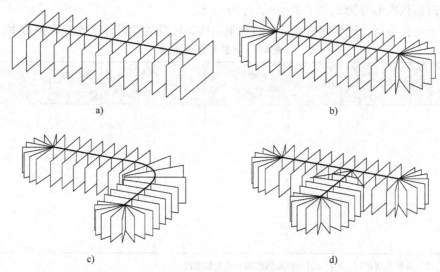

图 6-40 长轴类锻件的流动平面

a）Ⅱ-1 组锻件的理想化变形平面　b）Ⅱ-1 组锻件的变形平面
c）Ⅱ-2 组锻件的变形平面　d）Ⅱ-3 组锻件的变形平面

前人已就第 Ⅱ 类锻件的制坯工步选择进行了系统研究，总结了成套的经验图表。对有一定生产实践经验的技术人员，也可用类比法选择制坯工步。

1. 计算毛坯图

长轴类锻件制坯的目的是使坯料在终/预锻前的体积分布接近热锻件各部位需要，以便锻件填充良好，飞边均匀，这样既节省材料，又减轻模膛磨损。所以，设计制坯工步前应明了热锻件及飞边的体积分配情况。

热锻件及飞边的体积分配情况用计算毛坯图表示，含截面变化图和直径图。

计算毛坯的长度 L 就是热锻件的总长度（暂不考虑两端头的飞边）。计算毛坯是基于平面应变假设而做出的，即认为模锻时，金属在各自所在的与轴线垂直的平面内流动（图6-40a），不存在轴向流动。所以，各横剖面面积等于热锻件上相应剖面积与飞边剖面积之和，即

$$A_计 = A_锻 + 2\eta A_飞 \tag{6-3}$$

式中，$A_计$ 是计算毛坯截面积（mm^2）；$A_锻$ 是相应位置上锻件的剖面面积（mm^2）；$A_飞$ 是相应位置上飞边槽的剖面面积（mm^2）；η 是充满系数，取值范围为0.4~0.8，形状简单的锻件取值偏小，形状复杂的取值偏大，由于未将两端的飞边体积纳入，两端的 η 通常取1.0。

计算毛坯图一般应绘制在毫米级坐标纸上，为提高准确度，全部采用细线。作图步骤如下：

（1）绘出热锻件图 所绘热锻件图应含冲孔连皮、变形敷料等（图6-41a）。为读图方便，比例取1:1。为便于绘制剖面图，应绘出具有代表性的主、俯两个视图。对称形状可省略一半。

（2）选取剖面位置并编号 沿锻件主轴选取若干拟截剖面的位置。为提高准确度，截面变化急剧的部位，各剖面之间的距离应小些；截面变化平缓的部位，各剖面之间的距离可大些。各剖面依次编号为1，2，3，…，i，…，n。

为便于对比分析，通常建立表6-7的专用表格，记录后续设计工作获取的数据。

表6-7 计算毛坯图数据

断面号	$A_锻/mm^2$	η	$2\eta A_飞/mm^2$	$A_计 = A_锻 + 2\eta A_飞$ $/mm^2$	$d_计/mm$	修正 $A_计$ $/mm^2$	修正 $d_计$ $/mm$	ζ	$h_滚/mm$
1		1.0							
2		$\vdots$							
3		$\vdots$							
$\vdots$		$\vdots$							
i		$\vdots$							
$\vdots$		$\vdots$							
n		1.0							

注：ζ 为滚压模膛高度系数，$h_滚$ 为滚压模膛纵剖面相应处的高度。

（3）绘断面图并求其面积 绘出所选各剖面轮廓（对称形状同样可省略一半），计算或读出锻件的剖面积 $A_锻$。

按初选飞边槽计算出相应位置飞边剖面积 $2\eta A_飞$。为便于观察，将飞边轮廓也绘制在热锻件周围（图6-41a中双点画线）。

按式（6-3）求出计算毛坯截面积 $A_计$。将各剖面的 $A_锻$、$2\eta A_飞$、$A_计$ 数据列入表6-7中。

应用Pro/E等造型软件作各断面图，并求出其面积非常方便。

（4）绘制截面变化图 选择适当的缩尺比 M（通常取 $M = 20 \sim 50mm^2/mm$），将计算毛坯截面积 $A_计$ 换算成高度 $h_计$（mm），即

$$h_计 = A_计 / M$$

在与热锻件图对齐的位置上，以锻件轴向尺寸 L 为横坐标，$A_计$ 为纵坐标建立二维空间（图6-41b）。在所选各剖面位置以相应 $h_计$ 为纵坐标，描出各点；光滑连接各点，得到表示截面积变化情况的曲线（p 线），即截面变化图。若有必要，也可先绘制锻件截面变化曲线（q

线),在相应位置上加上飞边面积$2\eta A_飞$就得到截面变化曲线(p线)。

(5)绘制直径图 假设计算毛坯为圆形断面,则各剖面的直径$d_计$(mm)由计算毛坯截面积$A_计$换算而来,即

$$d_计 = (4A_计/\pi)^{1/2}$$

各剖面直径$d_计$的数据也列入表6-7中。以锻件轴向尺寸为横坐标(对称轴),以$d_计$为纵坐标(上下平分,各取$d_计/2$),描出各点,光滑连接各点,得到表示直径变化情况的图形(图6-41c),即圆形断面计算毛坯(直径图)这一回转体的素线。为了便于对比观察,直径图也应与热锻件图对齐。

(6)计算毛坯图的修正 由金属塑性流动规律可知,典型Ⅱ-1组锻件模锻时,金属的流动平面如图6-40b所示,端部约为半个轴对称流动(图6-35);位于轴线上的盲孔/凹坑局部也接近轴对称变形。所以,就这些部位而言,基于平面流动假设所作出的计算毛坯图并未反映金属流动的真实情况,不能满足成形需要。例如,图6-41b大头出现马鞍形,这样的坯料模锻必然会出现横向折叠。所以,对这样的部位,必须作出合理的修正。

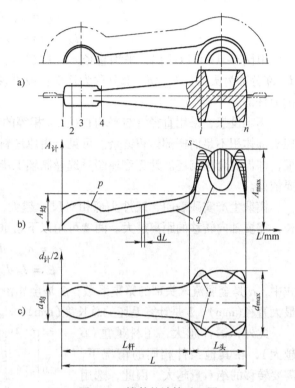

图6-41 锻件的计算毛坯图
a)热锻件图的主要视图 b)截面变化图 c)直径图
p—坯料(含飞边)截面变化曲线 q—锻件截面变化曲线 s—修正的坯料(含飞边)截面变化曲线 t—修正的坯料直径轮廓

修正应遵循的原则有两点:一是体积相等,即图6-41b中增加的竖线部分面积等于减少的横线部分的面积;二是最大截面积A_{max}(直径)不变或稍大,最大截面积的位置应在轴对称变形的轴上。

图6-41b中的s线、图6-41c中的t线分别为修正后的截面变化图和直径图。这样的计算毛坯不仅符合金属流动规律,而且起伏较平缓(形状圆浑),便于制坯。后续设计工作显然应一律按修正后的形状进行。用这样的毛坯模锻,一般能获得填充良好、飞边均匀的锻件。

2. 计算毛坯图的分析与利用

不难理解,截面变化图横坐标以上,曲线p以下,长度L范围内的面积就是计算毛坯的体积$V_计$(热体积)(mm³),即

$$V_计 = \int_0^L A_计 \, \mathrm{d}L = M\int_0^L h_计 \, \mathrm{d}L$$

实际工作中,一般通过数坐标方格求$V_计$。减去飞边部分即为热锻件体积。

计算毛坯质量G为

$$G = V_计 \gamma / \left[100(1+\delta)\right]^3$$

式中，G 是计算毛坯质量(kg)；$V_计$ 是计算毛坯体积(mm^3)；γ 是材料密度(g/cm^3)；δ 是终锻温度下金属的收缩率。

计算毛坯的平均截面积 $A_均(mm^2)$ 和平均直径 $d_均(mm)$ 分别为

$$A_均 = V_计 / L$$

$$d_均 = (4A_均 / \pi)^{1/2}$$

由图 6-41c 可以看出，平均直径 $d_均$(虚线)与 t 线的交点将直径图划分为两部分，$d_计 > d_均$ 部分称为头部，$d_计 < d_均$ 部分称为杆部；或者说，$A_计 > A_均$ 部分称为头部，$A_计 < A_均$ 部分称为杆部。

不难设想，采用直径恰与平均直径 $d_均$ 相等的坯料直接模锻，虽然总体积足够，却会出现头部体积不足而杆部体积富余。可见，由原坯料到锻件之间，需要对金属体积进行重新分配，即需要合理制坯。计算毛坯图是选择制坯工步和设计有关制坯模膛、确定坯料尺寸的重要依据。

模锻生产实践表明，锻件头部相对尺寸越大，需要体积聚集量越多；锻件相对长度越长，需要轴向转移的距离越大。两者可用以下繁重系数表示，即

$$\alpha = d_{max}/d_均$$

$$\beta = L/d_均$$

式中，α 是金属流入头部的繁重系数；β 是金属沿轴向流动的繁重系数；d_{max} 是计算毛坯的最大直径(mm)；L 是计算毛坯的总长度(mm)；$d_均$ 是计算毛坯的平均直径(mm)。

此外，锻件越大，坯料越重(G 越大)，在其他条件相同的情况下，需要转移的绝对量越大。因此，选用制坯工步需要综合考虑 G、α、β 共 3 个因素。

图 6-42 所示是依据锤锻生产经验建立的 II-1 组锻件制坯工步选择图，从中可查得初步制坯方案。其他设备上模锻也可参考使用。

由于生产实际情况千变万化，按该图选择的方案可能会被修改。研究表明，部分小型锻件(坯料质量 $G < 0.5kg$)，α、β 数据处于②区乃至③区也可不经制坯，直接模锻。

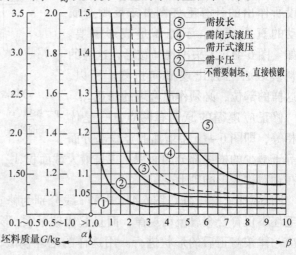

⑤ 需拔长
④ 需闭式滚压
③ 需开式滚压
② 需卡压
① 不需要制坯，直接模锻

图 6-42　II-1 组锻件制坯工步选择图

3. 复杂计算毛坯的转化

图 6-41 分析的是"一头一杆"型锻件，可以直接根据计算毛坯求繁重系数及查图 6-42 选择制坯工步。对于构造更复杂的锻件，计算毛坯可能出现多个头部或多个杆部(图 6-43)，这就是复杂计算毛坯。

复杂计算毛坯须转化成"一头一杆"型才能进行后续工作。转化的方法是将锻件合理分段，使各段杆部多余的体积 $V_{杆余}$ 与头部缺少的体积 $V_{头缺}$(图 6-43)相等。然后，分别确定每段所需的制坯工步，工步最多的制坯方案就是整个锻件的制坯方案。

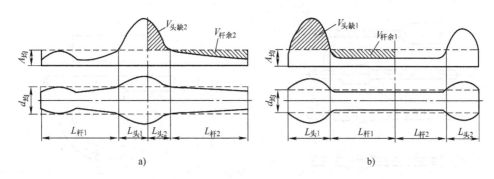

图 6-43　复杂计算毛坯

a)"杆-头-杆"型　b)"头-杆-头"型

4. 弯曲件的展直

计算毛坯的一个很重要的用途是可作为设计滚压模膛的依据。滚压工步先于弯曲工步，所以，对于弯曲轴线的锻件（Ⅱ-2 组锻件及Ⅱ-1-b 组中主体轴线在铅垂面内弯曲的锻件），在作计算毛坯的截面变化图及直径图之前，须先将轴线展开成直线。

实际生产证明，坯料压弯过程中会出现不同程度的伸长，弯曲轴线展开长度的计算要区别对待。

1）对于断面差别不大，只有一个较大曲率半径的弯曲件，取距内侧 $b/3$（b 为断面宽度）处的长度作为展开长度，如图 6-44 中粗单点画线所示。

2）对于在变形过程中存在明显伸长的复杂弯曲件，如多拐曲轴（图 6-45），忽略弯曲，按直轴线对待。

3）介于以上二者之间的弯曲件，取二者的中间值，或参考成功实例设计。

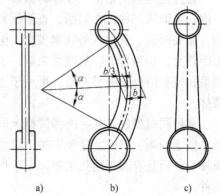

图 6-44　简单弯曲件的展直

a)侧面投影图　b)平面投影图
c)展直后平面投影图

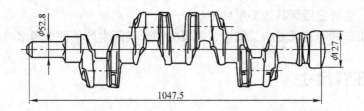

图 6-45　多拐曲轴

5. Ⅱ-3 组锻件的制坯

除需拔长、滚压制坯工步外，视枝丫尺寸大小和所处位置，可能需要成形制坯或不对称滚压工步，迫使部分金属流向枝丫一边（图 6-46）。

图 6-47 所示主体部分较短而叉部较长的锻件，可看做附加枝丫的弯曲轴线锻件，采用拔长、弯曲工步制坯。

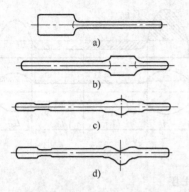

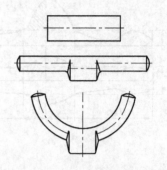

图 6-46 枝丫类锻件的制坯
a)拔长 b)调头拔长 c)滚压 d)成形

图 6-47 弯轴枝丫类锻件的制坯

此外，工步选择还与模锻方法有关，为了提高生产率和降低材料消耗，较小的锻件可用逐件连续模锻、多件同时模锻及调头模锻等方法。图 6-48 所示为模锻方法选择参考图。

逐件连续模锻是指一段坯料锻成一个锻件，切断一次，再锻第二件，再切断，直至倒数第二件不用切断，调头模锻。其优点是效率较高，但锻造温度先后差距较大，切断端部容易残留毛刺，不利于保证锻件质量，也会降低锤锻模寿命，可用于工步简单的小型锻件。

多件同时模锻是在一副锤锻模上同时锻成两个或两个以上的同一锻件。这种方法不仅生产率高、料头损耗小，而且有利于简化工序，用于形状简单的小型锻件。

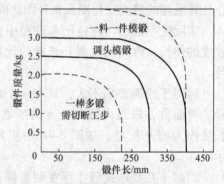

图 6-48 模锻方法选择参考图

调头模锻是指夹持棒料一端，先在另一端锻出一个锻件，然后将坯料调头，夹持已锻成锻件的飞边再锻原先被夹持的一端，先后两次锻成两个锻件，这样省去钳夹头，提高材料利用率，用于工步简单的中小锻件。

第Ⅲ类锻件应根据其主要形体结构特征来选用制坯工步，可能既要用到镦粗工步，也要用到拔长工步，还可能用到其他类型的工步。

选择模锻工步的问题既复杂又灵活，需紧密结合实际生产条件来考虑。

6.6 锤锻坯料尺寸

与自由锻基本相同，锤锻坯料体积 V_0 是锻件本体体积与工艺性消耗体积之和，工艺性消耗包括飞边、连皮、钳料头和烧损等部分。

确定模锻坯料尺寸的问题主要是选择合适的坯料直径，与锻件种类、成形方法有关，且应符合国家标准规格系列。选好坯料规格，就可以计算出下料长度。

6.6.1 短轴类锻件

短轴类锻件常用镦粗制坯，坯料直径应便于下料和镦粗变形。实践证明，平砧镦粗坯料

的高度 H_0 与直径 D_0 之比 (H_0/D_0) 的取值范围为 $1.25 \sim 2.50$。将此值代入 $V_0 = \pi D_0{}^2 H_0/4$ 得

$$D_0 = \sqrt[3]{\frac{4V_0}{(1.25 \sim 2.50)\pi}} \approx (0.80 \sim 1.01)\sqrt[3]{V_0}$$

就是说，坯料直径在此范围均可满足工艺要求。若为局部镦粗，H_0 仅取变形部分计算。

6.6.2 长轴类锻件

长轴类锻件成形过程的共同特点是自坯料开始，长度逐步增大；除头部范围外，横截面减小。头部范围横截面经滚压工步可能有所增大，但幅度有限。因此，坯料横截面至少需大于平均截面积 $A_{均}$（参见图6-41），或取头部平均截面积，乃至接近最大计算截面积 A_{max}，才能满足锻件需要。

1）对应于图6-42区域①～④，有

$$A_0 = kA_{均}$$

式中，A_0 是坯料截面积；$A_{均}$ 是计算坯料平均截面积；k 是扩大系数。

区域①不用制坯，$k = 1.02 \sim 1.05$；区域②用卡压或成形制坯，$k = 1.05 \sim 1.30$；区域③、④用滚压制坯，$k = 1.05 \sim 1.20$。一头一杆锻件应选用较大值，一头两杆锻件选用较小值。

2）对应于图6-42区域⑤，用拔长制坯，则

$$A_0 = V_{头}/L_{头}$$

式中，$V_{头}$ 是锻件头部的体积；$L_{头}$ 是锻件头部长度。

3）用"拔长 + 滚压"联合制坯，则

$$A_0 = (0.75 \sim 0.90)A_{max}$$

式中，A_{max} 是计算毛坯最大截面积。

需要指出，模锻时坯料变形十分复杂，计算得出的坯料截面积（直径）仅能作为选择坯料规格的参考依据；批量生产之前，应通过试模验证，最终确定批量生产所用坯料尺寸。

6.7 制坯模膛设计

长轴类锻件用到的制坯工步种类较多，如滚压、拔长、弯曲、压扁、卡压、成形等，短轴类锻件用到的制坯工步种类较少，主要是镦粗或成形镦粗。完成各种制坯工步的模膛总称为制坯模膛。

6.7.1 滚压模膛

1. 滚压模膛的作用

由6.5节讨论可知，用直径图所表达的理想坯料模锻，能获得填充良好、飞边均匀的长轴类锻件。要获得这种理想坯料，就需要使用滚压模膛。

接近计算毛坯平均直径 $d_{均}$ 的坯料在滚压模膛内发生的变形如图6-49a所示，杆部被压扁、延伸并伴有一定展宽，部分体积转移到头部；由于前后两端的作用，头部横截面积增大（聚料）。不过杆部与模膛接触区较长，且两端受到阻碍，使得杆部体积转移效率不够高，头部聚料也不够快。为此，需将坯料绕主轴旋转90°再次锤击，如此反复滚摆若干次。滚压

时，坯料不作轴向送进，操作劳动强度比拔长低，但仍较大，一般适用于 5t 及其以下吨位的锻锤上。

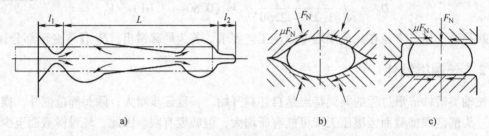

图 6-49　滚压模膛构造及其对坯料的作用
a) 纵剖面　b) 横断面/闭式　c) 横断面/开式
l_1—钳口　L—模膛本体　l_2—尾刺槽　F_N—正压力　μF_N—摩擦力

滚压具有两方面的作用：一是减小某些长度范围的断面积，同时增大另一些长度范围的断面积，对原坯料或经拔长改制坯料在长度方向的体积分配进行更精确的调整；二是使坯料外形圆浑流畅，纵向纤维沿外形轮廓分布。

滚压模膛横断面与坯料的关系如图 6-49b、c 所示。

底面为不可展曲面（横断面轮廓为凹弧），模具打靠时两侧封闭的模膛称为闭式模膛。闭式模膛对坯料产生了正压力的水平分力，与摩擦力共同作用，能在很大程度上约束坯料展宽，迫使坯料沿轴向流动，获得较高的变形效率。同时，闭式滚压获得的坯料较圆浑，有利于后续变形，适用于截面变化较大的锻件。

底面为可展曲面（横断面轮廓为直线），模具打靠时侧面敞开的模膛称为开式模膛。不难理解，坯料在开式模膛中滚压的变形效率较低，获得的坯料不如闭式滚压圆浑，但好于拔长。开式模膛结构简单，制造方便，适用于截面变化不大的锻件，以及 H 形断面、需锻出盲孔或需劈叉的锻件。这些锻件采用矩形截面坯料更有利于成形，或方便在后续工位上定位。

2. 滚压模膛的尺寸

滚压模膛由钳口、模膛本体和尾刺槽三部分组成。滚压模膛设计主要是确定模膛本体高度 $h_{滚}$、宽度 B。

（1）模膛本体高度　滚压工步的目标是直径图，所以，直径图是设计滚压模膛本体纵向主剖面的主要依据。要获得预期变形效果，杆部模膛高度 $h_{杆}$ 与头部高度 $h_{头}$ 应区别对待，不能简单照搬直径图。

1）杆部模膛高度。滚压时必然伴随展宽，使得高度与直径图相同的模膛得到坯料截面会大于计算坯料截面，所以，杆部模膛高度 $h_{杆}$ 应小于杆部对应计算毛坯直径 $d_{杆}$。

就闭式滚压而言，近似认为得到长轴（宽度）为 $b_{杆闭}$，短轴（高度）为 $h_{杆闭}$ 的椭圆状截面，且长短轴之比 $b_{杆闭}/h_{杆闭} \approx 3/2$，于是

$$\frac{\pi}{4} b_{杆闭} h_{杆闭} = \frac{\pi}{4} d_{杆}^2$$

即

$$h_{杆闭} = \sqrt{\frac{2}{3}} d_{杆} \approx 0.81 d_{杆}$$

考虑到滚压时上、下模未必打靠，即使模膛偏浅，加深模膛更方便（只需修磨），故 $h_{杆闲}$ 应再酌量减小，实践中一般取

$$h_{杆闲} = (0.80 \sim 0.70)d_{杆}$$

同理，近似认为开式滚压得到长边（宽度）为 $b_{杆开}$，短边（高度）为 $h_{杆开}$ 的长方形，且长短边之比 $b_{杆开}/h_{杆开} \approx 1.25 \sim 1.50$，于是

$$b_{杆开}h_{杆开} = \frac{\pi}{4}d_{杆}^2$$

即

$$h_{杆开} = \sqrt{\frac{\pi}{4 \times (1.25 \sim 1.50)}}d_{杆} \approx (0.79 \sim 0.72)d_{杆}$$

实践中一般取

$$h_{杆开} = (0.75 \sim 0.65)d_{计}$$

2）头部模膛高度。头部模膛的作用是聚料，应尽量减小金属流入的阻力，头部模膛高度 $h_{头}$ 应比计算毛坯直径 $d_{计}$ 略大，实践中一般取

$$h_{头} = (1.05 \sim 1.15)d_{计}$$

头部与杆部交点处的模膛高度可与计算毛坯的直径近似相等。

3）主剖面轮廓形状的简化与表达。按上述方法确定的滚压模膛本体纵向主剖面轮廓形状可能存在台阶或波浪，考虑坯料后续还需变形，实际设计工作中可以适当简化，主剖面轮廓形状应尽量以圆弧和直线表示，并标注完整的尺寸。图 6-50 所示为某滚压模膛的尺寸标注。

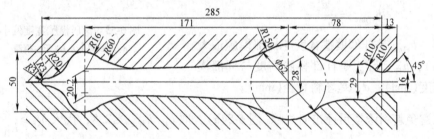

图 6-50　某滚压模膛尺寸标注

对于 Ⅱ-3 组等分模面上存在非对称形体构造的锻件，附属部分体积所占比例不太大的情况下，可将头部模膛做成上、下深度不相等的不对称形状（图 6-51），使之兼有滚压与成形功能。这样不仅可省略成形模膛，而且成形效果更好。但上、下深度差别太大将限制滚压的连续翻滚，故一般限制在 $h_{上}/h_{下} < 1.8$ 范围内。考虑到模膛深度较浅更容易去除氧化皮，一般将较浅的模膛设于下模。不对称滚压模膛采用开式断面操作较方便。

4）闭式滚压模膛断面形状。闭式滚压模膛断面一般为凹弧形，圆弧半径由模膛宽度 B 和高度 h 决定（图 6-52a），由于模膛高度 $h_{滚}$ 沿纵轴线是变化的，所以，在高度不同的横截面上，圆弧半径是不同的。为简化标注，一般标 $R_{选}$。

坯料直径 $d_{坯}$ 大于 80mm 时，杆部模膛断面也可设计成菱形（图 6-52b），类似于自由锻型砧拔长中的 V 型砧，以增强滚压效果。由于相同宽度和高度的菱形截面小于椭圆截面，使得菱形截面模膛宽度要增大。

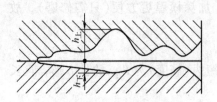

图 6-51 不对称滚压模膛

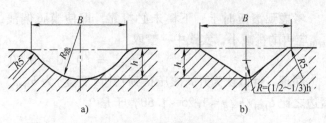

图 6-52 闭式滚压模膛断面
a)弧形断面 b)菱形断面

(2)模膛宽度 模膛宽度偏小时,尽管可缩小模块尺寸,但模膛闭合后容易出现坯料展宽超出模膛边缘的情况,坯料翻转后就形成折叠(图 6-53)。宽度较大时,操作方便些,但所需模块尺寸增大,对于闭式模膛来说,因侧壁阻力减小而降低滚压效率。所以,模膛宽度应适当。

模膛高度确定之后,由计算毛坯截面积就可以求出所需模膛的宽度 B。

1)未拔长坯料。对于闭式滚压,忽略轴向流动,杆部模膛椭圆横断面积应不小于坯料横断面积,即应满足

$$\frac{\pi b_{杆} h_{杆}}{4} \geqslant \frac{\pi d_{杆}^2}{4} \quad 即 \quad b_{杆} \geqslant \frac{d_{杆}^2}{h_{杆}}$$

所以

$$b_{杆max} = \frac{d_{杆}^2}{h_{杆min}}$$

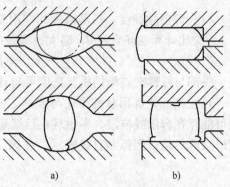

图 6-53 滚压模膛宽度偏小
a)闭式模膛 b)开式模膛

式中,$b_{杆}$、$b_{杆max}$ 是杆部模膛宽度与杆部模膛最大宽度(mm);$h_{杆}$、$h_{杆min}$ 是杆部模膛高度与杆部模膛最小高度(mm);$d_{坯}$ 是坯料直径(mm)。

为了避免坯料滚摆后锤击时失稳(图 6-54a),取 $b_{杆}/h_{杆min} \leqslant 2.8$,代入 $b_{杆} \geqslant \frac{d_{杆}^2}{h_{杆}}$,得

$$b_{杆} \leqslant 1.67d_{坯}$$

头部模膛宽度 $b_{头}$ 应比计算毛坯头部的最大直径 d_{max} 稍大些,以利体积积聚,一般

$$b_{头} \geqslant 1.10d_{max}$$

综上所述,闭式滚压模膛宽度 $B_{闭}$ 应满足

$$1.10d_{max} \leqslant B_{闭} \leqslant 1.67d_{坯}$$

对于开式滚压(图 6-54b),就杆部来说,同样遵循面积相等原则,即

$$b_{杆} h_{杆} \geqslant \frac{\pi}{4}d_{坯}^2 \quad 即 \quad b_{杆} \geqslant \frac{\pi d_{坯}^2}{4h_{杆}}$$

式中,$b_{杆}$ 是杆部模膛宽度(mm);$h_{杆}$ 是杆

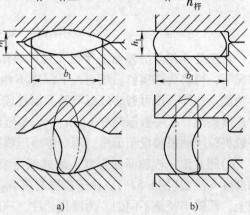

图 6-54 滚压模膛宽度偏大
a)闭式模膛 b)开式模膛

部模膛高度(mm);$d_{坯}$ 是坯料直径(mm)。

将 $b_{杆}/h_{杆min} \leq 2.8$ 代入得

$$b_{杆} \leq 1.48d_{坯}^2$$

但开式模膛存在坯料被放偏的可能性,模膛宽度应增加一定宽裕量,所以

$$b_{杆} \leq 1.48d_{坯}^2 + 10mm$$

就头部来说,头部模膛宽度 $b_{头}$ 应比计算毛坯头部的最大直径 d_{max} 稍大些,一般

$$b_{头} \geq d_{max} + 10mm$$

综上所述,开式滚压模膛宽度 $B_{开}$ 应满足

$$d_{max} + 10mm \leq B_{开} \leq 1.48d_{坯} + 10mm$$

能用圆坯料直接滚压,说明计算毛坯截面差别不太大,在不等式两端相差不太大的情况下,可取较大值作为整个滚压模膛的宽度。

2)拔长改制坯料。经过拔长改制的坯料一般头部仍为原坯料,区别在杆部,杆部截面减小,转移到头部的体积减小,滚压模膛宽度也应相应减小,以下为经验计算方法。

闭式滚压模膛宽度 $B_{闭}$ 范围为

$$1.10d_{max} \leq B_{闭} \leq (1.40 \sim 1.60)d_{坯}$$

式中,d_{max} 是计算毛坯头部的最大直径(mm);$d_{坯}$ 是拔长后杆部的直径(mm),一般需折算。

开式滚压模膛宽度 $B_{开}$ 范围为

$$d_{max} + 10mm \leq B_{开} \leq (1.40 \sim 1.60)d_{坯} + 10mm$$

无论开式还是闭式,经拔长改制的坯料头部与杆部截面积相差较大,若计算结果表明头部与杆部的宽度之比大于1.5,应采用变宽度。

(3)模膛其他尺寸

1)钳口。钳口的作用是在滚压过程中,将坯料本体和钳持部分分开,留下较小截面的连接部分,这样可以减少料头消耗。连接部分太大,会降低聚料效果;连接部分太小将难于承受坯料重量。钳口尺寸设计请参阅有关手册。

钳持部分坯料不参与滚压变形的情况下,可不设钳料头,滚压模膛就不需要钳口。

2)尾刺槽。尾刺槽用来容纳滚压时产生的端部毛刺,对端部质量良好的坯料,也可省略尾刺槽,而以较大圆弧过渡到分模面。尾刺槽尺寸设计请参阅有关手册。

3. 滚压模膛结构形式的选用

滚压模膛横断面、宽度、主剖面三方面存在变数,设计工作中应注意借鉴成功经验,视具体情况组合选用。

按横断面构造差别,滚压模膛有三种,除了开式模膛、闭式模膛外,还可采用混合式模膛,即杆部和头部分别采用闭式和开式断面(图6-55a)。

按宽度差别,滚压模膛有等宽和不等宽两种。

(1)等宽滚压模膛 模膛全长范围宽度相等。开式模膛和大部分闭式模膛一般为等宽形式。

(2)不等宽滚压模膛 坯料头部与杆部截面积差别悬殊,减小杆部模膛宽度有利于成形时采用,用于部分闭式和混合式模膛(图6-55b)。

按主剖面构造差别,滚压模膛有对称和不对称两种。

(1)对称滚压模膛 上、下模膛各深度相等,相对于分模线呈对称分布。

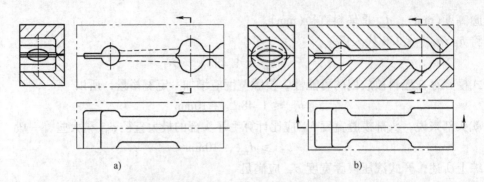

图 6-55　混合式滚压模膛和不等宽闭式滚压模膛

a) 混合式滚压模膛　b) 不等宽闭式滚压模膛

（2）非对称滚压模膛　上、下模膛局部深度不相等，相对于分模线呈不对称分布。

6.7.2　卡压模膛及成形模膛

1. 卡压模膛

将坯料选择性压扁、展宽，并可获得少量聚料效果的制坯工步称为卡压。一般只锤击 1 次，是一种简便滚压，用于某些中段宽扁而各截面差别不太大的长轴类锻件。坯料卡压后，一般平移至下一工位继续变形。

卡压模膛一般采用开式断面（图 6-56），与滚压模膛类似，也是以计算毛坯的直径图为设计依据。

模膛高度 h 与直径图（已修正）各 $d_{计}$ 之间的关系为 $h = \zeta d_{计}$（ζ 为经验系数，见表 6-8）。

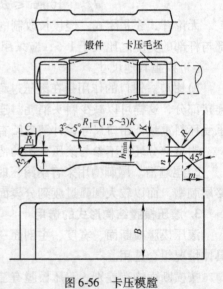

图 6-56　卡压模膛

表 6-8　卡压模膛高度经验系数 ζ

$d_{坯}$/mm	>30	>30 ~ 60	>60
杆部	0.75	0.65	0.60
头部	1.00	1.05	1.10

为促使压扁部位坯料向头部流向，杆部与头部过渡区可做成 3°~5° 的斜度。

若坯料截面积为 $A_{坯}$，近似认为卡压到最低高度 h_{min} 后截面成矩形，适当增加（5~10）mm 宽裕量，就得到模膛宽度 $B = A_{坯}/h_{min} + (5 ~ 10)$ mm。为简化模具制造，模膛全长宽度统一。

钳口和尾刺槽设计与滚压模膛同，一料一件情况下可不设钳口。

2. 成形模膛

水平面投影形状严重不对称的锻件，滚压、卡压、弯曲等制坯工步均难于直接适应，可用成形工步制坯。

成形工步一般也只锤击 1 次，但模膛采用闭式断面，兼有弯曲、聚料功能，坯料体积转移效果比卡压明显，其目的是使坯料获得近似锻件在水平面上的投影形状。坯料经成形工步后，一般应绕纵轴转动 90° 送入下一工位继续变形。

成形模膛纵剖面形状尺寸应参照锻件水平面投影设计，如图 6-57 所示。模膛高度略小于锻件在水平面上的相应投影宽度，一般头部单边减小 1～2mm，杆部单边减小 3～5mm。成形模膛宽度 B 的设计类似于卡压模膛。

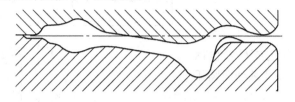

图 6-57　成形模膛

6.7.3　拔长模膛

计算坯料头部与杆部横截面积相差较大或杆部较长的情况下（对应于图 6-42 中区域⑤），需采用拔长方法对原坯料进行改制。拔长一般安排在滚压之前进行，坯料发生的变形情况及操作方法与自由锻相同，即坯料间歇送进，伴随绕主轴反复旋转 90°，锤击一次，坯料动作一次，直到坯料获得预期变形量。由于操作劳动强度大，拔长主要适用于 3t 及更小吨位锻锤上生产的锻件。获得不同截面坯料的方法还有辊锻、楔横轧、平锻聚料等，大批量生产可以考虑订购周期轧制坯料。

1. 拔长模膛的构造

拔长模膛一般位于模块的最边缘（左边或右边，参见图 6-20），由拔长坎和仓部组成（图 6-58）。与滚压模膛类似，拔长坎也有开式和闭式两种形式。开式拔长坎由可展曲面组成（图 6-58a），其拔长效率较低，但容易制造。闭式拔长坎由不可展曲面组成，坯料在其中变形类似于自由锻中型砧拔长，效率较高，且得到的坯料较圆浑（图 6-58b）。

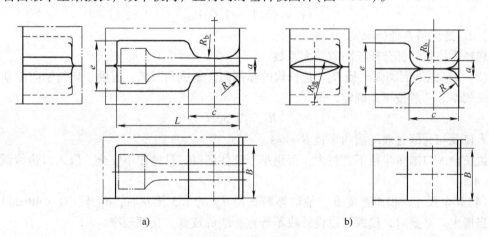

图 6-58　拔长模膛
a)开式拔长坎　b)闭式拔长坎

仓部除了发挥容纳功能外，还便于控制拔长尺寸和避免坯料弯曲，但占据了较大比例的承击面；对于杆部较长的锻件，可将模膛中心线相对燕尾中心线偏转一定角度（一般不大于 20°），以利用模块外的空间，减少其占据承击面的比例。

杆部位于端头且长度较短的情况,可不设仓部,拔长模膛就转化为拔长台(图6-59),拔长效果由操作者掌握。

2. 拔长模膛尺寸

拔长模膛需控制的主要尺寸包括拔长坎高度a、长度c以及纵剖面圆弧半径R_b(图6-58)。

(1)坎部高度a　坯料同一截面在拔长变形时一般是在相互垂直的两个方向(与主轴垂直)各压扁$1\sim2$次,但坯料拔长后的截面并不是以模具预定压靠高度a为边长的正方形,而是

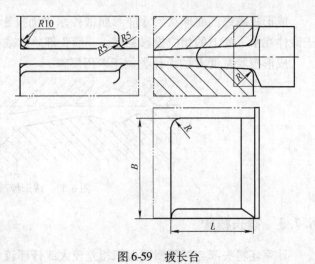

图6-59　拔长台

近似长方形,截面的平均宽度$b_{均}$与压靠高度a之比一般为$b_{均}/a\approx1.25\sim1.50$,代入$A_{杆计}=b_{均}a$得

$$a\approx(0.89\sim0.80)\sqrt{A_{杆计}}$$

式中,$A_{杆计}$是计算毛坯杆部截面积(mm^2)。

杆部截面积变化不大,仅用拔长工步制坯时,取计算毛坯的最小截面积;杆部截面积变化较大,拔长后还须滚压时,取计算毛坯杆部平均截面积。杆部较短(长度$<200mm$)时取较大系数;杆部较长(长度$>500mm$)时取较小系数。

(2)坎部长度c　拔长坎长度c应适当,长度太短得到的坯料表面容易呈波浪形,不利于后续变形;太长则降低拔长效率。一般按下式确定,即

$$c=(1.1\sim1.6)d_{坯}$$

式中,$d_{坯}$是坯料直径(mm)。

坯料需拔长的部分较长时取较大系数。

(3)坎部纵剖面圆弧半径R_b　拔长坎的纵剖面宜做成凸圆弧,有助于坯料轴向流动,提高拔长效率。一般按下式确定,即

$$R_b=2.5c$$

入口及与仓部过渡的圆角半径$R\approx c/4$。

拔长台入口圆角半径不宜过大,否则难于咬住坯料,且操作不安全,取入口边缘圆角$R\approx d_{坯}/4$。

(4)其余尺寸　模膛宽度B一般取坯料直径$d_{坯}$的1.5倍左右,$d_{坯}$较小($<40mm$)时B应适当增大。必要时,模膛可以设计成不等宽,坎部较宽,仓部较窄。

模膛总长L及仓部高度e以能容纳杆部且不压伤小头为度。

6.7.4　弯曲模膛

对于分模面内弯曲及空间弯曲的锻件,模锻之前须将原坯料或经拔长、滚压改制的坯料在弯曲模膛内压弯成合适的形状。弯曲通常只打击一次。

模锻件坯料的弯曲可分为两种情况:仅有一个弯时(V形件),坯料变形过程中遇到的

阻力较小，不会被明显拉长，称为自由弯曲（图6-60a）；若需多处同时弯曲（如多拐曲轴），各弯之间的坯料变形过程中遇到的阻力较大，坯料会被明显拉长，称为夹紧弯曲（图6-60b）。

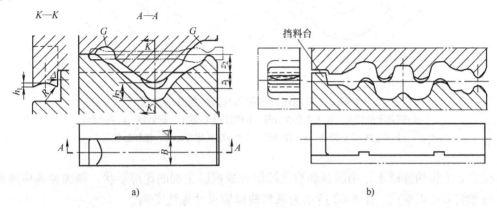

图6-60 锻件坯料在弯曲模膛内弯曲
a）自由弯曲 b）夹紧弯曲

坯料弯曲后，要送入终（预）锻模膛继续变形，所以，终（预）锻模膛边缘轮廓是弯曲模膛设计的重要依据。弯曲模膛设计需要解决以下几个问题。

1. 坯料支承与定位

下模膛须有两个支承点（一般是前后各有一个），且能使坯料在受力变形时不会发生轴向窜动（偏移），支承点未必在同一高度，但应保证坯料放置上来后不出现纵向溜动。同时，弯曲模膛应朝打击方向敞开，以便坯料弯曲后能无障碍出模。

坯料纵向定位可借助钳口颈，或模膛端部的台阶。

支承点横断面呈浅U形（图6-60），以保证坯料横向定位。

2. 模膛主剖面轮廓

主剖面轮廓参照终（预）锻模膛轮廓设计，但必须作出必要调整。将多处弯曲的工件分段来看，仍可作为V形件弯曲对待，所以，重点讨论V形件弯曲问题。

1）直杆部分的轮廓比终（预）锻模膛轮廓窄，或者说高度方向尺寸要适当减小，使坯料在弯曲的同时受到压扁/卡压作用（单边压扁量为1~5mm），这样的坯料能较方便地放入终（预）锻模膛中（图6-61a），然后以镦粗方式填充。

2）就弯头部分而言，由图6-40c可知，模锻时内侧各流动平面之间相互挤拥、汇合，各质点流动受阻甚至停顿；而直杆部分各流动平面呈平行状态，不存在相互挤拥，质点流动阻力较小，流速较快。于是，弯头部分极易形成折叠。为避免在锻件本体上形成折叠，必须使该部分坯料一开始就占据模膛边缘。所以，弯头内侧（V形弯曲的凸模顶）圆角要明显增大，直至适量超出终（预）锻模膛轮廓（图6-61a）。否则，折叠将侵入锻件本体（图6-61b）。

为保证弯头外侧模锻填充良好，外侧模膛（V形弯曲的凹模底）要适当超出终（预）锻模膛轮廓线（图6-60a中h_2），在过渡圆弧的作用下，能形成一定的聚料作用。其副作用是为脱落的氧化皮提供了容纳空间和滑出通道。若弯头部分坯料体积不足，弯曲前应采用不对称滚压改制。

3）为了避免碰伤直杆自由端（含小头），上模部分应开出适当避让空间（图6-60a中G部

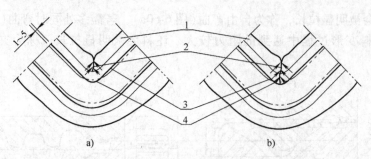

图 6-61 弯曲坯料内圆角与锻件折叠的关系

a) 圆角半径较大,仅飞边存在折叠 b) 圆角半径偏小,折叠侵入锻件本体

1—飞边 2—折叠 3—锻件轮廓 4—坯料弯曲后放入模膛的状况

位)。

在以上工作的基础上,用圆弧和直线段组合成模膛主剖面轮廓形状。模膛轮廓应圆滑平顺,局部细节可以简化。图 6-62 所示为某弯曲模膛尺寸标注实例。

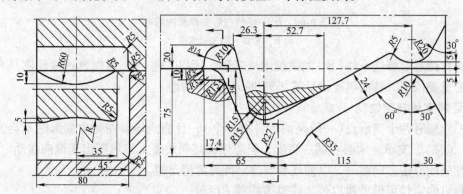

图 6-62 某弯曲模膛的尺寸标注

3. 断面形状

除了支承点横断面做成浅 U 形外,压弯着力点(上模的凸起部分)的横断面也应做成浅 ∩ 状(图 6-60a 中 h_1 及 R),确保坯料弯曲时不发生横向移动。其余断面一般允许做成开式断面(图 6-61),若有必要,也可做成半闭式断面。

4. 模膛宽度 B

坯料弯曲时将被压扁展宽,模膛宽度 B 应保证弯曲后坯料仍不超出模膛。一般取

$$B = A_坯 / h + 10mm$$

式中,$A_坯$ 是坯料截面积(mm^2);h 是对应处的模膛的高度(mm)。

不同截面处须分别计算,对比后取最大值作为整个模膛的宽度。

5. 模块分配

为了使上、下模有大致相等的可供翻新的模具高度,弯曲模膛在高度方向的位置最好满足 $z_1 \approx z_2$(图 6-60a),这样既方便加工制造,又方便弯曲操作。

为了节省锤锻模材料,弯曲模膛凸出部分也可做成镶块式或采用焊接结构。

为避免凸模侧向与凹模相碰,上下模相互叠合处应留有侧向间隙 Δ(4 ~ 10mm)。

弯曲模膛的钳口形式和尺寸大小与滚压模膛相同。

各种设备上锻造的弯曲模膛设计要点基本相同。

6.7.5 镦粗台和压扁台

（1）镦粗台 镦粗台（图6-63）用于短轴类锻件，通过合适的模膛高度 h 来控制镦粗后坯料的直径 d。镦粗台平面尺寸略大于镦粗后坯料直径，即 $c \approx 10 \sim 20\text{mm}$。边缘圆角 $R \approx 8\text{mm}$。

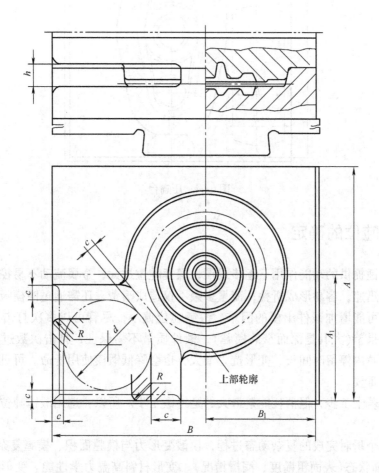

图6-63 镦粗台

镦粗台应设置在模块的左前角或右前角，为减小偏心力矩，应尽量靠近终锻模膛布置，可占用部分飞边槽仓部（需斜面过渡）。还要求燕尾中心线及键槽中心线两侧尺寸差距小于40%，即

$$(B - B_1)/B_1 < 1.4 \qquad A_1/(A - A_1) < 1.4$$

用于成形镦粗的镦粗台设计方法类似。

对于无须严格控制镦粗后坯料尺寸的情况，可直接利用承击面作镦粗台，不用在模块上挖去一角。

（2）压扁台 压扁台（图6-64）用于宽度较大的长轴类锻件。坯料压扁后的高度通常由操作者控制。

压扁台设置于模块的前方边角部位。设计要点与镦粗台类似。

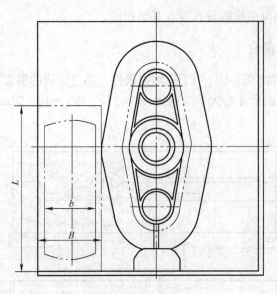

图 6-64　压扁台

6.8　锻锤吨位的确定

锻件在锻锤提供的动能作用下逐步成形，锻锤吨位过大，金属流动不易控制，例如造成金属横向流动迅速，容易形成折叠；能量多余不仅造成浪费，还需通过锻模吸收，降低锻模使用寿命，还可能增加锻件出模的困难。锻锤吨位偏小，尽管可以多次打击，提供累积能量，但填充效果差（尤其是深而窄的模膛），锻件质量不易保证；打击次数过多，生产效率低，锻件在模膛内停留时间长，变形抗力增大，也会降低锻模使用寿命。可见，选用适当吨位的锻锤至关重要。

锤锻需要若干工步，但消耗能量最大的是终锻工步。所以，选用锻锤吨位要满足终锻需要。

终锻是一个瞬时完成的复杂动态过程，模锻变形力与模膛面积、模膛复杂程度（深浅变化）、模膛表面状态（表面粗糙度、润滑情况）、变形材料高温力学性能、变形瞬时温度等诸多因素（有些因素还具有随机性）有关，要获得其精确理论解是异常困难的。很多学者就此提交了不少研究成果（可参阅相关论著），但计算环节繁琐，精度有限，实用性不佳。

实际生产活动中，多用经验公式确定设备吨位；有经验的设计人员可以参照类似锻件判断所需的锻锤吨位。

选用双作用锻锤的简便经验公式时，主要考虑变形面积和材质两个因素。

$$G = (3.5 \sim 6.3)kA \tag{6-4}$$

式中，G 是锻锤吨位（kg）；k 是钢种系数，在 $0.90 \sim 1.25$ 范围内选取，成分复杂的合金钢取上限，成分简单的低碳钢取下限；A 是实际变形面积（cm^2），含终锻模膛、冲孔连皮及飞边桥部面积，曲面分模应展开成平面计算。

系数 $(3.5 \sim 6.3)$ 表达生产效率差别，取值 6.3 时模锻（含预、终锻）打击次数较少，能获得高生产效率；取值 3.5 时则需较多打击次数，生产效率不够高。若考虑量纲关系，可将其看做经验载荷强度。

若为单作用锤，需再增加 50% ~ 80%。

若为对击锤，所需能量为

$$E = (20 \sim 25)G$$

式中，E 是对击锤能量(J)；G 是双作用锻锤吨位(kg)。

由于设备规格数据不连续，实际使用的设备吨位不是偏大就是偏小。所以，得出计算结果后，应返回调整飞边桥部尺寸。设备吨位偏小时，应减小飞边桥部宽度，增加桥部高度；反之，可适当增加飞边桥部宽度和适当减小桥部高度。

6.9 锤锻模结构设计

锤锻模的结构设计主要考虑模膛的布排、错移力的平衡以及锤锻模的强度、模块尺寸、导向等。

6.9.1 模膛的布排

模膛的布排要根据模膛数以及各模膛的作用和操作方便安排。锤锻模一般有多个模膛，终锻模膛和预锻模膛的变形力较大，在模膛布置过程中一般首先考虑模锻模膛。

1. 终锻与预锻模膛的布排

(1)锤锻模中心与模膛中心

1)锤锻模中心。锤锻模一般都是利用楔铁和键块配合燕尾紧固在下模座和锤头上，如图 6-65 所示。锤锻模中心指锤锻模燕尾中心线与燕尾上键槽中心线的交点，它位于锤杆轴心线上，应是锻锤打击力的作用中心。

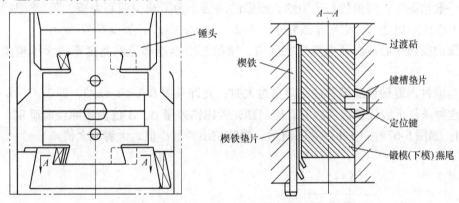

图 6-65　锤锻模燕尾中心线与燕尾上键槽中心线

2)模膛中心。锻造时模膛承受锻件反作用力的合力作用点叫模膛中心。模膛中心与锻件形状有关。当变形抗力分布均匀时，模膛(包括飞边桥部)在分模面的水平投影的形心可当做模膛中心，可用传统的吊线法寻找。变形抗力分布不均匀时，模膛中心则由形心向变形抗力较大的一边移动，如图 6-66 所示。移动距离的大小与模膛各部分变形抗力相差程度有关，可凭生产经验确定。一般情况下不宜超过表 6-9 所列的数据。

可利用计算机绘图软件自动查找形心。

表6-9　允许移动距离 L

锤吨位/t	1~2	3	5
L/mm	<15	<25	<35

（2）模膛中心的布排　当模膛中心与锻模中心位置相重合时，锻锤打击力与锻件反作用力在同一垂线上，不产生错移力，上下模没有明显错移，这是理想的布排。当模膛中心与锻模中心偏移一段距离时，锻造时会产生偏心力矩，使上下模产生错移，造成锻件在分模面上产生错差，增加设备磨损。模膛中心与锻模中心的偏移量越大，偏心力矩越大，上下模错移量以及锻件错差量越大。因此，终锻模膛与预锻模膛布排设计的中心任务是最大限度减小模膛中心对锻模中心的偏移量。

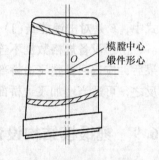

图 6-66　模膛中心的偏移

无预锻模膛时，终锻模膛中心位置应取在锻模中心。

有预锻模膛时，两个模膛中心一般不能都与锻模中心重合。为了减少错差，保证锻件品质，应力求终锻模膛和预锻模膛中心靠近锻模中心。

模膛布排时要注意：

1）在锻模前后方向上，两模膛中心均应在键槽中心线上，如图 6-66 所示。

2）在锻模左右方向上，终锻模模膛中心与燕尾中心线间的允许偏移量，不应超过表 6-10 所列数值。

表 6-10　终锻模模膛中心与燕尾中心线间的允许偏移量 a

设备吨位/t	1	1.5	2	3	5	10
a/mm	25	30	40	50	60	70

3）一般情况下，终锻的打击力约为预锻的两倍，为了减少偏心力矩，预/终锻模膛中心至燕尾中心线距离之比，应等于或略小于 $1/2$，即 $a/b < 1/2$，如图 6-67 所示。

4）预锻模膛中心线必须在燕尾宽度内，模膛超出燕尾部分的宽度不得大于模膛总宽度的 1/3。

5）当锻件因终锻模膛偏移使错差量过大时，允许采用 $L/5 < a < L/3$，即 $2L/3 < b < 4L/5$。

在这种条件下设计预锻模膛时，应当预先考虑错差量 Δ。Δ 值由实际经验确定，一般为 1~4mm，如图 6-67 中 A—A 剖视图所示。锤吨位小者取小值，大者取大值。

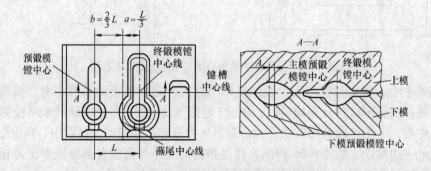

图 6-67　终锻、预锻模膛中心的布排

6)若锻件有宽大的头部(如大型连杆锻件),两个模膛中心距超出上述规定值,或终锻模膛因偏移使错差量超过允许值,或预锻模膛中心超出锻模燕尾宽度,则需使用两台锻锤联合锻造。这样两个模膛中心便可都处于锻模中心位置上,能有效减少错差,提高锻模寿命,减少设备磨损。

7)为减小终锻模膛与预锻模膛中心距 L,保证模膛模壁有足够的强度,可选用下列排列方法:

① 平行排列法,如图 6-68 所示,终锻模膛和预锻模膛中心位于键槽中心线上,L 值减小的同时前后方向的错差量也较小,锻件品质较好。

② 前后错开排列法,如图 6-69 所示,预锻模膛和终锻模膛中心不在键槽中心线上。前后错开排列能减小 L 值,但增加了前后方向的错移量,适用于特殊形状的锻件。

③ 反向排列法,如图 6-70 所示,预锻模膛和终锻模膛反向布排,这种布排能减小 L 值,同时有利于去除坯料上的氧化皮并使模膛更好充满,操作也方便,主要用于上下模对称的大型锻件。

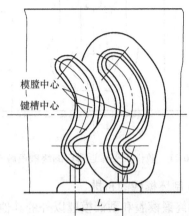

图 6-68 平行排列法

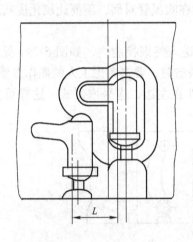

图 6-69 前后错开排列法

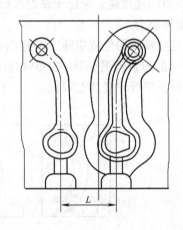

图 6-70 反向排列法

(3)终锻模膛、预锻模膛前后方向的排列方法 终锻模膛、预锻模膛的模膛中心位置确定后,模膛在模块上还不能完全放置,还需要对模膛的前后方向进行排列。具体排列方法有:

1)如图 6-71 所示的排列法,锻件大头靠近钳口,使锻件质量大且难出模的一端接近操作者,这样操作方便、省力。

2)如图 6-72 所示的排列法,锻件大头难充满部分放在钳口对面,对金属充满模膛有利。这种布排法还可利用锻件杆部作为夹钳料,省去夹钳料头。

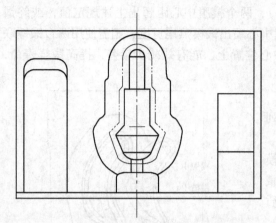

图 6-71 锻件大头靠近钳口的终锻模膛布置

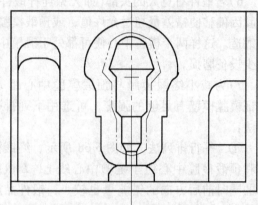

图 6-72 锻件大头在钳口对面的终锻模膛布置

2. 制坯模膛的布排

除终锻模膛和预锻模膛以外的其他模膛由于成形力较小，可布置在终锻模膛与预锻模膛两侧，具体原则如下：

1）制坯模膛尽可能按工艺过程顺序排列，操作时一般只让坯料运动方向改变一次，以缩短操作时间。

2）模膛的排列应与加热炉、切边压力机和吹风管的位置相适应。例如，氧化皮最多的模膛是头道制坯模膛，应位于靠近加热炉的一侧，且在吹风管对面，不要让氧化皮吹落到终锻、预锻模膛内。

3）弯曲模膛的位置应便于将弯曲后的坯料顺手送入终锻模膛内，如图 6-73a 所示。图 6-73a 所示的布置较图 6-73b 的布置为佳。大型锻件锻造时，要多考虑工人的操作方便性。

4）拔长模膛位置如在锻模右边，应采用直式；如在左边，应采取斜式。这样可方便操作。

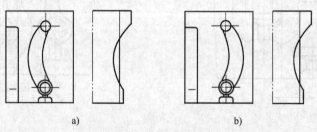

图 6-73 弯曲模膛的布置

6.9.2 错移力的平衡与锁扣设计

错移力一方面使锻件错移，影响尺寸精度和加工余量；另一方面加速锻锤导轨磨损，使锤杆过早折断。因此，错移力的平衡是保证锻件尺寸精度和减少锤杆失效的一个重要问题。

设备的精度对减小锻件的错差有一定的影响，但是最根本、最有积极意义的是在模具设计方面采取措施，因为后者的影响更直接，更具有决定作用。

1. 有落差的锻件错移力的平衡

当锻件的分模面为斜面、曲面，或锻模中心与模膛中心的偏移量较大时，在模锻过程中产生水平分力。这种分力通常称为错移力，会引起锻模在锻打过程中错移。

锻件分模线不在同一平面上（即锻件具有落差），在锻打过程中，分模面上产生水平方向的错移力，错移力的方向明显。错移力一般比较大，在冲击载荷的作用下，容易发生生产事故。

为平衡错移力和保证锻件品质，一般采取如下措施：

1）对小锻件可以成对进行锻造，图 6-74 所示。

2）当锻件较大，落差较小时，可将锻件倾斜一定角度锻造，如图 6-75 所示。由于倾斜了一个角度 γ，锻件各处的模锻斜度发生变化。为保证锻件锻后能从模膛取出，角度 γ 值不宜过大。一般 $\gamma < 7°$，且以小于模锻斜度为佳。

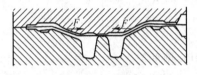

图 6-74　成对锻造

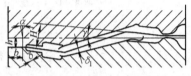

图 6-75　倾斜一定角度

3）若锻件落差较大（15 ~ 50mm），用第二种方法解决不好时可采用平衡锁扣，如图 6-76 所示。锁扣高度等于锻件分模面落差高度。由于锁扣所受的力很大，容易损坏，故锁扣的厚度 b 应不小于 $1.5h$。锁扣的斜度 α 值：当 $h = 15 ~ 30mm$ 时，$\alpha = 5°$；$h = 30 ~ 60mm$ 时，$\alpha = 3°$。锁扣间隙 $\delta = 0.2 ~ 0.4mm$，且必须小于锻件允许的错差的一半。

4）若锻件落差很大，可以联合采用 2）、3）两种方法，如图 6-77 所示，既将锻件倾斜一定角度，也设计平衡锁扣。具有落差的锻件，采用平衡锁扣平衡错移力时，模膛中心并不与键槽中心重合，而是沿着锁扣方向向前或向后偏离 s 值，目的是为了减少错差量与锁扣的磨损，有如下情况：

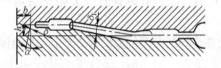

图 6-76　平衡锁扣

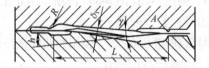

图 6-77　倾斜锻件并设置锁扣

1）平衡锁扣凸出部分在上模，如图 6-78a 所示。模膛中心应向平衡锁扣相反方向离开锻模中心，其距离 $s_1 = (0.2 ~ 0.4)h$。

2）平衡锁扣凸出部分在下模，如图 6-78b 所示。模膛中心应向平衡锁扣方向离开锻模中心，其距离 $s_2 = (0.2 ~ 0.4)h$。

2. 模膛中心与锤杆中心不一致时错移力的平衡

模膛中心与锤杆中心不一致，或因工艺过程需要（例如设计有预锻模膛），终锻模膛中心偏离锤杆中心，都会产生偏心力矩。设备的上、下砧面不平行，模锻时也产生水平错移力。为减小由这些原因引起的错移力，除设计时尽量使模膛中心与锤杆中心一致外，还可采用导向锁扣。

导向锁扣的主要功能是导向，平衡错移力，它补充了设备的导向功能，便于模具安装和调整。常用于下列情况：

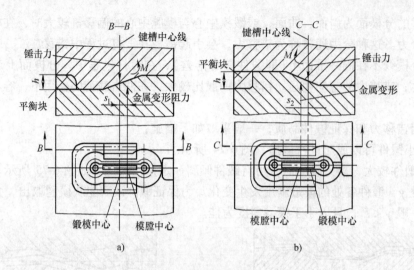

图 6-78　带平衡锁扣模膛中心的布置

1）一模多件锻造，锻件冷切边以及要求锻件小于 0.5mm 的错差等。

2）容易产生错差的锻件的锻造，如细长轴类锻件、形状复杂的锻件以及在锻造时模膛中心偏离锻模中心较大时的锻造。

3）不易检查和调整其错移量的锻件的锻造，如齿轮类锻件、叉形锻件、工字形锻件等。

4）锻锤锤头与导轨间隙过大，导向精度低。

常用的锁扣形式如下：

1）圆形锁扣，一般用于齿轮类锻件和环形锻件。这些锻件很难确定其错移方向。

2）纵向锁扣（图 6-79），一般用于直长轴类锻件，能保证轴类锻件在直径方向有较小的错移，常应用于一模多件的模锻。

3）侧面锁扣（图 6-80），用于防止上模与下模相对转动或在纵横任一方向发生错移，但制造困难，较少采用。

4）角锁扣（图 6-81），作用和侧面锁扣相似，但可在模块的空间位置设置 2 个或 4 个角锁扣。

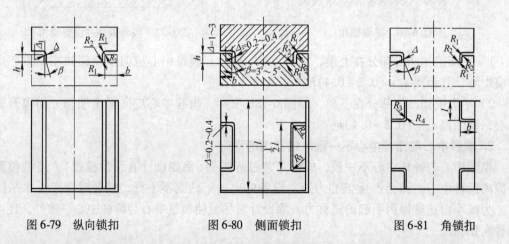

图 6-79　纵向锁扣　　　　图 6-80　侧面锁扣　　　　图 6-81　角锁扣

锁扣的高度、宽度、长度和斜度一般都按锻锤吨位确定，设计锁扣时应保证有足够的强度。为防止模锻时锁扣相碰撞，在锁扣导向面上设计有斜度，一般取 3°～5°。

上、下锁扣间应有间隙,一般在 0.2~0.4mm。这一间隙值是上、下模打靠时锁扣间的间隙尺寸。未打靠之前,由于上、下锁扣导向面上都有斜度,间隙大小是变化的。因此,锁扣的导向主要在模锻的最后阶段起作用。与常规的导柱、导套导向相比,导向的精确性差。

采用锁扣可以减小锻件的错移,但是也带来了一些不足之处,例如模具的承击面减小,模块尺寸增大,减少了模具可翻新的次数,增加了制造费用等。

6.9.3 脱料机构设计

一般模锻时,为了迅速从模膛中取出锻件并使模具工作可靠,在设计和制造中,必须考虑模具的脱料装置。

锤上精密模锻时,由于锻锤上没有顶出装置,不宜在锤上精密锻造形状复杂、脱模困难的锻件。一般应在模膛中做出模锻斜度或在模具中设计顶出装置,以利取出锻件。图 6-82 所示为锤上闭式模锻用有脱料装置的锻模。模具的工作部分是下模心 3、下模圈 4 和上模 6。锤锻模下模座 1 通用,在下模座中有螺栓 2、7,弹簧 9 和套管 8。图 6-82a 所示为模锻时的位置。图 6-82b 所示为脱料时的位置,U 形钳 10 放在下模圈 4 上,上模 6 把下模圈 4 压下,便可从模膛中取出锻件 5。

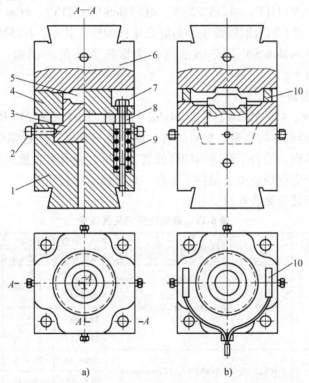

图 6-82 锤上闭式模锻用有脱料装置的锤锻模

1—下模座 2、7—螺栓 3—下模心 4—下模圈 5—锻件 6—上模 8—套管 9—弹簧 10—U 形钳

6.10 锻模材料及锻模的使用与维护

锻模不仅承受极大的冲击载荷(高达 2000MPa),在高温条件下(工作状态温度通常达

400~500℃，局部可能达600℃）受到氧化皮及流动金属的剧烈摩擦，而且冷热频繁交变。如此恶劣的服役条件，对锻模材料提出了极高要求。就使用方面来说，高温条件下，锻模材料具有较高的强度、硬度和冲击韧性，较好的抗氧化，较好的导热性、耐热疲劳性和耐回火性。就制造方面来说，锻模材料应具有良好的淬透性且热处理畸变小，具有良好的切削加工性能和抛光性能，同时价格合理。

6.10.1　锻模材料

可用作锻模的钢号很多，一般主要按耐热程度和韧性差别分类。

1. 半耐热高韧性钢

钢号有 5CrNiMo、5CrMnMo、5Cr2NiMoV、4CrMnSiMoV 等，适合工作温度 350~425℃。其中，5CrNiMo 用于制造最小边长大于 400mm 的大型锻模；5CrMnMo 的韧性稍逊，但在我国 Ni 资源缺乏时代发挥了很大的作用，用于制造最小边长为 300~400mm 的中型锻模；5Cr2NiMoV 用于制造大型重负荷锻模，寿命达 5CrNiMo 的 2~3 倍；4CrMnSiMoV 用于制造大中型锻模。

2. 中等耐热韧性钢

钢号有 4Cr5MoSiV（H11）、4Cr5W2SiV、4Cr5MoSiV1（H13）、4Cr4MoWSiV 等，适合工作温度 600℃，均可用于制造锻模镶块和高能高速锤锻模。其中，4Cr5MoSiV1 钢综合性能优秀，获普遍好评；4Cr4MoWSiV 用于锻造塑性变形抗力大的不锈钢、耐热钢等，寿命是 4Cr5W2SiV 的 2 倍以上。

3. 耐高温抗磨损钢

钢号有 3Cr2W8V、4Cr3Mo3W2V、5Cr4Mo2W2VSi、5Cr4W5Mo2V（RM2）等，可在 600~700℃ 高温下工作，但韧性均较差。相对而言，前两种钢韧性、塑性稍好，而强度、硬度偏低；后两种钢为基体钢，结合了高速钢的高强度与较低合金元素含量工具钢的韧性。基于锤锻的冲击性，该类钢需在预应力圈保护下工作，且模腔形状较简单。

锤锻模用钢及其硬度见表 6-11。

表 6-11　锤锻模用钢及其硬度

锻模种类	锻模尺寸规格	推荐钢号	硬度 HRC 模腔部位	燕尾部分	备　注
整体型	小型锻模	5CrMnMo, 5CrNiMo, 4CrMnSiMoV	42~47[1] 39~44[2]	35~39	模块高度 <250mm
整体型	中型锻模	5CrMnMo, 5CrNiMo, 4CrMnSiMoV	39~44[1] 37~42[2]	32~37	模块高度 250~325mm
整体型	大型锻模	5Cr2NiMoV, 5CrNiMo, 4CrMnSiMoV	35~39	30~35	模块高度 325~400mm
整体型	重型锻模	5Cr2NiMoV, 5CrNiMo, 4CrMnSiMoV	32~37	28~35	模块高度 >400mm
整体型	校正模	5CrNiMo	42~47	32~37	
镶块型	模体	ZG50Cr, 5CrNiMo			硬度与整体型同
镶块型	镶块	4Cr5MoSiV1, 3Cr2W8V, 4Cr3Mo3W2V, 4CrMnSiMoV			硬度与整体型同

①　用于模腔浅、形状简单的锻模。
②　用于模腔深、形状复杂的锻模。

6.10.2 锻模损坏形式及其原因

1. 破裂

破裂有冲击破裂和疲劳破裂两种形式。

锤击时，锻模受瞬时冲击载荷，当产生的应力超过材料强度极限，裂纹首先在应力集中部位（残存刀痕、内部缺陷、模膛内凹圆角半径过小等）产生（图6-83），然后迅速发展破裂。

锻模若未经预热，其抗冲击能力较弱，模具与坯料温差大，交变热应力作用尤其明显，两者叠加，就可能引起锻模早期脆裂。

更为多见的破裂是疲劳破裂，即锻模承受较小的交变应力，经过较长时间积累作用形成微裂纹，而后逐渐扩展，导致破裂。疲劳破裂也是从应力集中部位开始的。

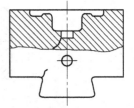

图 6-83　锻模破裂

2. 表层热裂

模膛表面工作时，一会儿与高温坯料接触，受热膨胀（承受压应力）；一会儿与润滑冷却剂接触，降温收缩（承受拉应力）。这个过程间隔时间短，且不断重复，致使模膛表层疲劳，形成不规则网状分布而深度不大的裂纹（龟裂）。轻度热裂主要影响锻件表面质量，重度热裂会引起锻模表层剥落，造成锻模不能继续使用。也可能沿某些薄弱位置扩展，导致整体开裂。

3. 磨损

金属在模膛内流动时，夹带着氧化皮与模膛表面发生激烈摩擦，造成表面磨损。磨损一般是非均匀的，凸台、靠近飞边桥口部等部位磨损较快。磨损改变了模膛尺寸，降低了模膛表面质量，也就降低了锻件质量。磨损是难以避免的，磨损速度决定了模具使用寿命。

磨损与成形方法有关，压入法成形时，磨损较快。

模膛表面光洁，磨损较慢。若模膛表面出现热裂，磨损将加快，在炽热金属的流动冲刷作用下，形成沟痕。

反之，坯料与模具的剧烈摩擦也会出现坯料粘附在模具上的现象（类似于切削加工中的"切削瘤"），导致模膛局部尺寸改变，表面质量下降。

4. 变形

模膛内局部温度过高，强度下降，在坯料高压力作用下发生变形，致使模膛尺寸变样。容易发生变形的部位如图6-84所示。压入成形容易产生模膛边角处内陷（图6-84a），因而影响锻件出模。镦粗成形则将模膛边角处压堆（图6-84b），并使模锻斜度增大。模膛内冲孔凸台容易发生镦粗（图6-84c），飞边槽桥部容易出现压坍（图6-84d）。

承击面积不足会造成锻模过早被压陷，导致模膛整体高度减小。

6.10.3 锻模的使用与维护

生产批量大于锻模寿命时，延长锻模寿命具有明显的经济意义。锻模寿命除了取决于设计制造等因素外，使用和维护是否得当也是影响锻模寿命的直接因素。

锻模的正确使用和维护包括正确安装、锻模预热、控制终锻温度、及时润滑冷却和清除氧化皮、随时修磨出现的缺陷等方面。

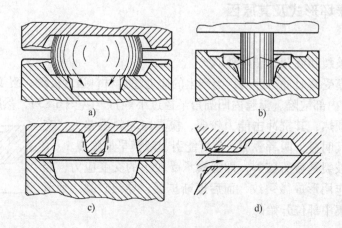

图 6-84　模膛局部变形

a)内陷　b)压堆　c)镦粗　d)压坍

1. 锻模预热

锻模预热到 150~350℃后，可减小内外温差，降低温度应力，既提高了抗冲击能力，又有助于坯料保温，降低坯料的变形抗力，减轻模具负荷。

常用预热方法是喷烧燃气或用热铁烘烤，要求严格的场合可用电热棒、感应器等。预热时间要足够，以保证热透、热均匀。热铁烘烤时应避免热铁直接接触模膛，造成退火，硬度降低。若停锻时间较长，模具已降温，重新工作时则应再度预热。

常用检验预热温度的方法是经验法，如将手指伸入锻模起重孔内，凭感觉达到烫手即可；要求严格的场合可借助于仪表。

2. 锻模冷却与润滑

锻模工作时温度会很快升高，为防止高温引起模具回火软化，模具温度一般应尽量控制在 400℃以下。所以，在模锻过程中必须对锻模作适当的冷却。

锻模在冲击条件下工作，难于设置内冷装置，故一般采用外冷法——喷压缩空气，兼有吹去氧化皮的作用。如果需要强化冷却效果，则可适度喷水雾。

锻模与热坯料之间的剧烈摩擦不仅造成模膛磨损，还会阻碍深、窄模膛的填充，容易造成锻件欠充满，以及阻碍锻件出模。为降低摩擦，可使用适当的润滑剂。

由于希望冷却与润滑联合进行，故锻模润滑剂一般为液态，溶液、乳浊液便于喷涂，悬浊液需涂抹。

锻模润滑剂应具备一定性能。

1)在锻模上有良好的粘附力，以保证在高温下不被挤出。

2)燃点高，无烟，在高温下仍保持润滑性能。

3)润滑剂及其燃烧物应无毒无害，以保持环境卫生和安全。

4)便于喷涂，又便于清除干净。

5)价廉并兼有冷却剂功效。

常用润滑剂有水基胶体石墨乳(稀释)、食盐水、湿锯末(扬撒到模膛中)、MoS_2(成本较高)等。某些润滑剂(如玻璃粉)也可包裹在坯料上使用，兼有隔绝空气与隔热作用。

思 考 题

1. 确定分模面的基本原则有哪些？对锻件质量有何影响？
2. 确定模锻斜度和锻件圆角半径的基本原则有哪些？对锻件质量有何影响？
3. 锻件内、外圆角半径如何影响锻件成形和锻模寿命？
4. 锻件公差为何呈非对称分布？
5. 为什么锤上模锻上模模膛比下模模膛容易充满？
6. 何谓计算毛坯图？修正计算毛坯截面变化图和直径图的依据是什么？
7. 除考虑收缩率外，热锻件图与锻件图还有哪些区别？
8. 飞边槽的作用和设计原则有哪些？
9. 预锻模膛的作用和设计原则有哪些？
10. 锤锻模为何需要承击面？
11. 确定锻件制坯工步主要考虑哪些因素？如何确定？
12. 锤锻模的终锻模膛和预锻模膛如何布排？
13. 多模膛如何布排？布排不当会造成什么后果？
14. 锻模破坏主要有哪几种形式？其原因是什么？
15. 试描述影响锤锻模寿命的主要因素和提高寿命的主要途径。
16. 滚压模膛轮廓依据什么来设计？
17. 何谓镦粗成形？何谓压入成形？有哪些区别？
18. 锤上模锻件常见缺陷有哪些？原因是什么？如何消除？形成折叠的类型、原因是什么？如何防止？
19. 锤用镶块模有何要求？
20. 锤锻模导向为何不用导柱导套？
21. 短轴类和长轴类锻件制坯工艺特点和制坯模膛设计原则有哪些？
22. 试述锤锻模中心、模膛中心和压力中心的意义和确定方法。

第 7 章 机械压力机上模锻

获得广泛应用的蒸汽-空气模锻锤（以下简称为锻锤，并将锤上模锻简称为锤锻）已有二百多年历史了，为机械制造业发展作出了不可磨灭的贡献。由工作原理与结构特点所决定，锤锻存在一些与人性化、环境保护、节能等现代生产要求不相适应的缺点，在模锻设备中所占比例正在逐步降低，越来越多的锻造厂点在新建或技术改造时选用机械压力机（过去常称为热模锻压力机，以下简称为压力机；并将机械压力机上开式模锻简称为机锻）进行模锻件生产。

压力机的核心是"曲柄-连杆-滑块"机构（图7-1）。与板料加工用曲柄压力机比较，其特点是整体刚性约提高一个数量等级，滑块工作频率更高（达 40～80 次/min），滑块内及工作台下配置了较强劲的顶出机构，设置了解脱"闷车"的装置，配备了更完善的控制系统（如设置了压力监控装置、润滑系统警报器等）。

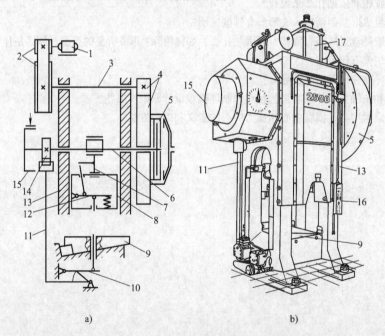

a)　　　　　　　　　　　　b)

图 7-1　锻造用机械压力机

a) 原理图　b) 外观图（MP2500）

1—电动机　2—带轮　3—传动轴　4—齿轮　5—离合器　6—偏心主轴（曲柄）　7—连杆　8—滑块　9—工作台　10—下顶杆　11—下顶出拉杆　12—上顶杆　13—机身　14—凸轮　15—制动器　16—控制面板　17—平衡器

机锻与锤锻差别见表7-1。一般认为，机锻主要适宜于靠镦粗方式成形的锻件。压力机也可用于挤压、精压、多向模锻、闭式模锻（下模座内需采用碟簧缓冲结构）等，适应面比锻锤宽。但锻锤存在其他设备尚不具备的优点，以及受经济条件限制，短时期内还不能被全部淘汰。

表 7-1 机锻与锤锻设备特点与工艺特点比较

机 锻	锤（双作用）锻
滑块行程和压力不可调，在前方另配去除氧化皮设备和制坯设备（如辊锻机、楔横轧机、锻锤、平锻机）为妥。大量生产时，也可以订制周期轧坯	可利用锤头的摆动循环，调节打击能量（可轻可重，灵活方便），便于拔长、滚压等制坯操作，便于去除热坯料氧化皮
在同一模膛内连压无效，变形量大的复杂锻件须分若干步在对应的各副模具内分步成形（对工艺过程设计要求严格）。锻透性好，得到锻件的力学性能较均匀	可在同一模膛内连击，使锻件逐步成形，通用性较好，对工艺过程设计要求不太严格
滑块施压速度低（一般为 0.3～1.5 m/s），金属在高度方向填充能力较差（图7-2），而在水平方向流动较为强烈，飞边大；但对耐热合金、镁合金等变形速度敏感的低弹塑性材料成形有利，可用挤压法锻造深模膛锻件	锤头打击速度高（6.0～8.0 m/s），金属在高度方向（尤其上模）的填充能力强，飞边较小（节省材料）。模膛过深的锻件需要较大的模锻斜度，否则脱模困难
高度方向尺寸稳定；可靠的模具导向便于保证水平方向精度，可设较小切削余量；有顶出机构配合，可采用较小的模锻斜度，还可省去钳料头	锤头的行程不固定，模具导向效果难于保证，锻件精化程度不够高（大批量生产时经济性不是最好），锻件尺寸精度与工人操作技巧关系密切
操作简单，对操作工人技术要求不高；节拍固定，便于实现自动化（及组成全自动生产线）	工人需掌握操作技巧，节拍难于固定，难以实现自动化
模具承受静压力，可使用硬度高而抗冲击性稍差的材料，可采用镶拼/组合结构，能在多个工位设置行程可调的顶出机构（模具结构有些复杂）；模块较小巧，便于制造、调整、更换、维修，费用较低；但模架（一般为通用）需要大型切削加工设备	模具必须耐冲击，多采用整体结构，难以设置顶出机构（个别可在下模设置单点顶出）；模块笨重，费用高
抗偏载能力较强，工作台尺寸较大，模具可在较宽范围布置，便于设置多工步，乃至切边等。大吨位压力机采用楔传动，抗偏载能力更强	依靠直径不大的锤杆传递剧烈而巨大的打击力，抗偏载能力差
压力机存在下死点，超载后果严重（损坏某机件或闷车造成生产中断），操作责任心要求高	锻锤不存在过载损坏问题
设备结构复杂，调整、维修要求较高	设备结构较简单，调整、维修较容易，但个别零件（如锤杆等）容易损坏
自带电动机驱动，能源利用率较高，也需要空气压缩机等配套设备	需另配动力站（锅炉供高压蒸汽或空气压缩机供压缩空气）及管道，能耗高
设备昂贵，初期投资大，但对地基要求稍低	初期投资较小，但对地基要求高
劳动环境较好（封闭机身，工作时无振动，但也存在不太大的离合器、制动器工作噪声），对周边影响小，安全性好	劳动环境恶劣（振动、噪声），对周边影响大，厂房需抗振，必须注意生产安全

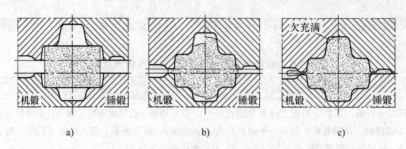

图 7-2　机锻与锤锻金属填充模膛效果比较

a) 变形前　b) 变形过程中　c) 变形结束

7.1　锻件分类

锻件几何形体结构复杂程度差异，决定其模锻工艺和模具设计有明显区别，明确锻件结构类型是进行工艺设计的必要前提。业内将一般锻件分为 3 类，每类中再细分为 3 组，共 9 组。

第 Ⅰ 类——主体轴线立置于模膛成形，水平方向二维尺寸相近（圆形/回转体居多、方形或近似形状）的锻件。该类锻件模锻时通常会用到镦粗工步。根据成形难度差异细分为 3 组。

Ⅰ-1 组　以镦粗并略带压入方式成形的锻件，如轮毂—轮缘之间高度变化不大的齿轮。

Ⅰ-2 组　以挤压并略带镦粗方式及兼有挤压、压入和镦粗方式成形的锻件，如万向节叉、十字轴等。

Ⅰ-3 组　以复合挤压方式成形的锻件，如轮毂轴等。

第 Ⅱ 类——主体轴线卧置于模膛成形，水平方向一维尺寸较长的直长轴类锻件。根据垂直主轴线的断面积的差别程度细分为 3 组。

Ⅱ-1 组　垂直主轴线的断面积差别不大（最大断面积与最小断面积之比 < 1.6，可不用其他设备制坯）的锻件。

Ⅱ-2 组　垂直主轴线的断面积差别较大（最大断面积与最小断面积之比 > 1.6，前方需要其他设备制坯）的锻件，如连杆等。

Ⅱ-3 组　端部（一端或两端）为叉形/枝丫形的锻件，除按以上两组确定是否需要制坯外，必须合理设计预锻工步，如套管叉等。

第 Ⅰ、Ⅱ 类锻件一般为平面分模或对称曲面分模，非对称曲面分模增加了锻件的复杂程度。

第 Ⅲ 类——主体轴线曲折，卧置于模膛成形的锻件。根据主体轴线走向细分为 3 组。

Ⅲ-1 组　主体轴线在铅垂面内弯曲（分模面为起伏平缓的曲面或带落差），但平面图为直长轴形（类似第 Ⅱ 类），一般无须设计专门的弯曲工步即可成形的锻件。

Ⅲ-2 组　主体轴线在水平面内弯曲（分模面一般为平面），必须安排弯曲工步才能成形的锻件。

Ⅲ-3 组　主体轴线为空间弯曲（非对称曲面分模）的锻件。

还有兼备两类或三类结构特征，复杂程度更高的锻件，如多数汽车转向节锻件。

7.2 锻件图设计特点

机锻模锻件图设计原则及设计过程与锤锻相似，但基于压力机的结构及模锻工艺特点，在参数的选取及一些具体问题上与锤上模锻件有些不同。

1. 分模面

多数情况下，机锻和锤锻的分模面位置是相同的，但对某些形状的锻件，由于压力机具备顶出机构，使得机锻的分模面位置可区别于锤锻。例如，图 7-3 所示为带有粗大头部的杆形锻件，锤锻时分模面为 A—A（卧锻），分模线长，飞边体积较多（浪费材料），更主要是大头内凹部无法锻出，余块/敷料多；若用机锻，则可选取 B—B 分模面，将坯料立于模膛中局部镦粗并锻出大头内凹部，杆部（及整个锻件）依靠顶出机构脱模。

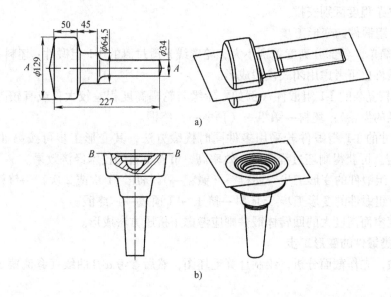

图 7-3 杆形件的两种分模方法
a）锤锻分模面 b）机锻分模面

2. 模锻斜度

模具内不设顶件机构时，模锻斜度与锤锻相同或稍大些（锤锻可利用振动脱模）；模具内设置顶件机构时，模锻斜度可比锤锻减小 2°~3°。

3. 切削余量和公差

机锻件预留的切削余量可比锤锻件小 30%~50%，公差也可相应小些，尤其是高度方向尺寸精度可比锤锻件提高一个档次（参照国家标准 GB/T 12362—2003 确定）。

4. 圆角半径

机锻件切削余量小于锤锻件，为获得同样质量的零件，机锻件的外圆角半径应相应减小。从模具受力角度考虑，机锻件也可小于锤锻件。但过小的外圆角半径填充困难，且不利于提高模具使用寿命，故外圆角半径一般与锤锻件相同。

机锻不能像锤锻那样先轻后重，在同一模膛内逐步变形，机锻件的内圆角半径应大于锤锻件。较小的内圆角，应通过多个模膛分步获得。

7.3 变形工步及其设计

类似于锤锻，机锻变形工步也分为模锻工步和制坯工步两类。模锻工步又可区分为预锻工步和终锻工步；制坯工步主要有镦粗、压肩、压挤、弯曲等。挤压（正、反挤压及复合挤压等请参阅挤压方面论著，开式模锻中常常为不封闭挤压）既可作为制坯工步，也可作为模锻工步。

7.3.1 变形工步安排

1. 第 I 类锻件的变形工步

这类锻件常用的变形工步为镦粗（平砧镦粗或成形镦粗）、挤压、预锻、终锻，根据其形状特点及复杂程度区别安排。

（1）I-1 组锻件的变形工步

1）形状简单，各部分高度差别不大，轮廓线光滑过渡的 I-1 组锻件：坯料→（镦粗→）终锻。该类锻件也可考虑用闭式模锻成形。

2）形状较复杂的 I-1 组锻件（例如，轮缘与轮辐高度相差较大，或有较高的轮毂和较小的转角半径的齿轮）：坯料→镦粗→（预锻→）终锻。

3）小尺寸的 I-1 组锻件若采用多件同时模锻方法，其变形工步可按第 II 类（直长轴线）锻件确定。可获得制坯过程简单，效率高，节省材料的技术经济效果。

（2）I-2 组锻件的变形工步 坯料→（镦粗→）挤压（1 次或 2 次）→终锻。

（3）I-3 组锻件的变形工步 坯料→挤压→（预锻→）终锻。

边缘宽度窄而高度大的回转体锻件则应考虑用挤压方法成形。

2. 第 II 类锻件的变形工步

类似锤锻，先作截面分析，绘制计算毛坯图，然后参考 α-β 曲线（参阅第 6 章）考虑制坯工步。

（1）II-1 组锻件的参考变形工步

1）垂直主轴线的断面积差别较小（最大断面积与最小断面积之比小于 1.1）的锻件

① 锻件宽度 B 与坯料直径 D 之比 $B/D < 1.6$ 的情况：坯料→（预锻→）终锻。

② 锻件宽度 B 与坯料直径 D 之比 $B/D > 1.6 \sim 2.0$ 的情况：坯料→压扁→（预锻→）终锻。

2）垂直主轴线的断面积差别中等（最大断面积与最小断面积之比范围为 1.1 ~ 1.15）的锻件：坯料→压肩→（预锻→）终锻。

3）垂直主轴线的断面积差别较大（最大断面积与最小断面积之比范围为 1.15 ~ 1.6）的锻件：坯料→压挤（1 ~ 3 次）→预锻→终锻。

（2）II-2 组锻件的变形工步 需用拔长或滚挤制坯的锻件（按 α-β 曲线），宜用辊锻机/楔横轧机配合制坯，然后（预锻→）终锻。

（3）II-3 组锻件的变形工步 坯料→（压挤→）预锻（劈叉）→终锻。

3. 第 III 类锻件的变形工步

第 III 类锻件一般应先转化为第 II 类锻件（将弯曲轴线展直），再根据计算毛坯图和 α-β

曲线来考虑起始阶段是否需要拔长或拔长→滚压制坯（需辊锻机/楔横轧机配合）。然后，再安排弯曲和后续工步。

主轴线起伏平缓的Ⅲ-1 组锻件常常不需要弯曲工步，将直轴线的中间件置于预/终锻模膛内直接成形；起伏急剧的Ⅲ-1 组锻件则需要弯曲工步。

Ⅲ-2 组锻件一般需要弯曲工步。尺寸较小的Ⅲ-2 组锻件，为了简化制坯工步和提高生产率，可采用"交错"、"纵列"等方法进行多件模锻。这样设计就转化为第Ⅱ类（直长轴线）锻件。

Ⅲ-3 组锻件所需工步多，常常要用到上述各种工步。

对于结构更复杂的锻件（如汽车转向节锻件），其变形工步请参阅有关文献或生产实例。

7.3.2 工步设计

机锻变形过程的突出特点是，终锻前坯料体积转移/分配要靠若干副模具分步完成，每副模具的形状尺寸要逐一设计，即除了设计热锻件图（终锻、预锻）外，还要设计各变形工步的中间件图（热锻件图和中间件图通称为工步图，用于制造各个模膛）。这个过程称为变形工步设计（简称工步设计），相当于锤锻模的模膛设计。

1. 终锻工步设计

终锻工步设计包括设计热锻件图，确定飞边槽类型及尺寸。热锻件图的设计原则、方法与锤锻基本相同（参阅第 6 章）。

机锻模飞边槽结构如图 7-4 所示。一般采用 A 型，形状简单（飞边小）的锻件可用 B 型（可稍减少模具切削加工量）。飞边槽尺寸按压力机吨位确定，见表 7-2。

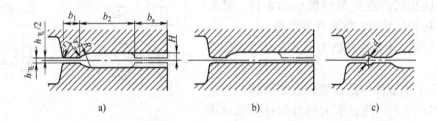

图 7-4 机锻模飞边槽

a) A 型 b) B 型 c) 阻流沟（预锻用）

表 7-2 机锻模飞边槽尺寸 （单位：mm）

设备吨位/MN	10	16	20	25	31.5	40	63	80	120
$h_{飞}$	2.0/3.0	2.0/3.0	3.0/4.0	4.0/5.0	5.0/6.0	5.0/6.0	6.0/7.0	6.0/7.0	8.0/9.0
b_1	10	10	10	12	15	15	20	20	24
H	5.0	5.0	5.0	5.0	5.0	5.0	5.0	6.0	9.0
b_2	40	40	40	50	50	50	60	60	60
r_1	1.0/1.5	1.0/1.5	1.5/2.0	1.5/2.0	2.0/3.0	2.0/3.0	2.5/3.5	2.5/3.5	3.0/4.0
r_2	2.0	2.0	2.0	2.0	3.0	3.0	4.0	4.0	4.0

注：斜杠后的数据为预锻模膛用飞边槽尺寸。

机锻为静压力，故飞边槽仓部高度 H 可比锤锻加大些。一般情况下，仓部开通至模块边缘；若开通距离 b_0 太大，为减少切削加工量，也可按图7-4中假想线（双点画线）制造。

需要增加飞边阻力（常用于预锻）的情况下，也可在桥部设 1~3 道阻流沟，尺寸 $d = 2h_{飞} +$（3~5）mm，这时桥部宽度 b_1 需要增大。

机锻时，锻件的高度方向尺寸由滑块行程来保证，上下模面不靠合，即机锻模不需要承击面。但模块需要足够的承压面积，见式（7-2）。

上下模之间的间隙通过飞边槽桥部高度（$h_{飞}$）体现出来。由于需要抵消压力机一部分弹性变形，该间隙本应适当减小，但小间隙容易出现闷车。所以，实际采用的飞边槽桥部高度比锤锻大一些。这就使得飞边槽的阻力作用降低，而主要用来容纳多余金属。

微调（调整压力机封闭高度）增加锻件高度方向尺寸时，该间隙可能更大，增厚的飞边在被切除时，更易产生锻件变形。微调减小锻件高度方向尺寸时，则应用切削方法恢复飞边槽桥部高度。

2. 预锻工步设计

预锻工步的任务是进一步合理调配中间件各部分的体积，使之接近热锻件图形状。由压力机工艺特点决定，预锻工步设计是否合理对锻件质量的影响程度比锤锻大。可以说，预锻工步设计是机锻工艺设计的关键环节。预锻工步的设计总原则是避免出现回流、折叠、欠充满等缺陷，且尽可能使预锻后的工步件在终锻模膛里以镦粗方式成形。

预锻工步图的形状、尺寸与终锻工步图（热锻件图）可能接近或有较大的差别，具体要点有：

1）高度尺寸适当增大（1~5mm），水平方向尺寸按入体方向略小，并使铅垂面截面积稍大于终锻件相应的截面积。

为保证预锻件在终锻模膛中的定位，某些部位的形状和尺寸应与终锻件基本吻合。

图7-5所示为某横截面为 H 形的第 Ⅱ 类锻件设计示例。

2）第 Ⅰ 类锻件中的齿轮轮毂部分体积应比终锻大 1%~3%。孔径不大的冲孔件，预锻内孔深度与终锻深度相差应小于5mm，否则，终锻时连皮部分有较多金属流出，易形成折叠或穿筋；孔径较大的冲孔件，终锻应设计带仓连皮，以容纳多余金属（图7-6）。

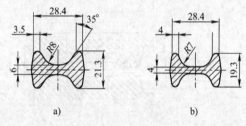

图7-5 H 断面模锻工步
a）预锻 b）终锻

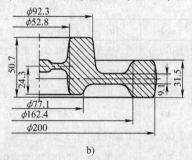

图7-6 某齿轮预锻与终锻工步图
a）预锻 b）终锻

3）横截面为圆形的第 Ⅱ 类锻件，预锻件相应截面应设计为长圆形，宽度减小 0.5 ~ 1.0 mm，高度加大 2 ~ 5 mm（图 7-7b）。

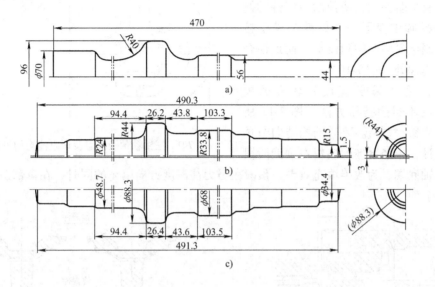

图 7-7 某轴模锻工步（坯料尺寸 $\phi70mm \times 410mm$）

a）压挤 b）预锻 c）终锻

对于第 Ⅱ-3 组锻件，预锻应进行劈叉变形，可参照锤锻相应方法设计。图 7-8 所示为某滑动叉模锻工步图。

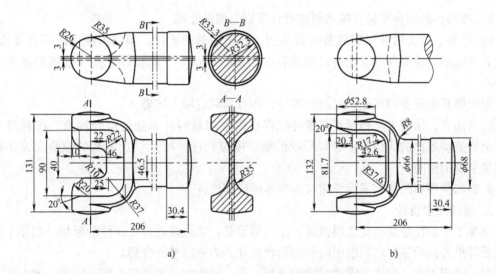

图 7-8 某滑动叉模锻工步图

a）预锻工步图 b）热锻件图/终锻工步图

对于枝丫类锻件，为迫使金属沿枝丫流动，一般同时采取两项措施：一是增大分叉部位模膛边缘圆角（同时增加了该部位模具抗塌陷的能力）；二是在分叉处开设阻流沟（图 7-9）。

4）当终锻时金属不能以镦粗而主要靠压入方式充填模膛时，预锻件的形状与终锻件应有显著差别，使预锻后坯件的侧面在终锻模膛中变形一开始就与模壁接触，以限制金属横向剧烈流动，而迫使金属流向模膛深处（图 7-10）。

相对深度（深度/宽度）较大的模膛，可采用不封闭挤压方法。图 7-11 所示为一种立锻"轴-盘-叉"结构转向节预锻工步设计，未经制坯的坯料在预锻阶段

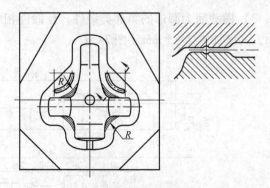

图 7-9　三销轴预锻模膛及设阻流沟的飞边槽

难于填充轴底端，为改善填充效果，预锻在努力往深度方向填充的同时，在盘部适当多储备一些材料。

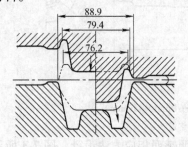

图 7-10　预锻件在终锻模膛中压入成形示例

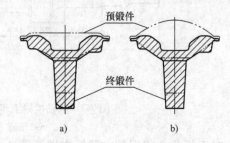

图 7-11　改善深模膛填充的预锻工步设计
a）改进前　b）改进后

5）预锻件的圆角半径及模锻斜度设计原则与锤锻相同。

6）第 Ⅱ、Ⅲ 类锻件预锻后常带有飞边，形状简单的锻件，预锻模膛可以不设飞边槽。若设置飞边槽，桥部高度应比终锻模膛相应大 30% ~ 60%，而桥部宽度和仓部高度可适当减小。

对于第 Ⅲ 类锻件和其他更复杂的锻件，亦可局部应用上述要点。

应当注意，预锻工步和制坯工步可能存在模膛与材料并非处处吻合现象，必要时（基于对金属流动规律的认识和经验判断或借助于模拟软件分析）设计制造的模膛应为坯料流动预留必要的空间。

终锻和预锻模膛前部需设置钳口，参考锤锻模设计。

3. 制坯工步设计

制坯工步的任务是改变坯料或前工序件的形状，使之接近后工序件的形状。制坯工步设计就是寻求各前后工序之间的中间件的形状尺寸，力求简单而合理。

（1）镦粗工步　第 Ⅰ 类锻件常需用镦粗工步。镦粗的目的是减小坯料高度，增大坯料直径，以利于定位；同时去除表面氧化皮。

1）平砧镦粗。对于简单形状的 Ⅰ-1 组锻件，可用平砧镦粗。镦粗后坯料外径应接近预（终）锻模膛外径（小 3 ~ 5mm）。由于剪切断面有一定的斜度（3° ~ 7°），平砧镦粗剪切棒料得到的圆饼不一定规则。

2）兼顾中央体积与边缘直径的镦粗。对于轮毂-轮辐-轮缘结构的齿轮类锻件，应使镦

粗件直径覆盖轮缘宽度的 2/3 以上（图 7-12），即

$$D_{镦} = D_{辐} + 2(D_{缘} - D_{辐})/3$$

同时，要确保镦粗后轮毂对应处镦粗件的体积略大于轮毂部位的体积（加大 1% ~ 3%），即

$$V_{1镦} = (1.01 \sim 1.03)V_{1终}$$

若不满足上述条件，可镦成中央厚、边缘薄的形状（图 7-12a）。如果中央部位体积小，则容易出现轮毂部位欠充满。如果中央部位体积过大，预锻时金属先沿水平方向迅速流动并超出轮缘，而轮缘内侧欠充满；终锻时金属返流，又容易在轮辐-轮缘连接部位形成折叠。

通过改变中央与边缘之间的过渡形状（图 7-12a 中 s_1、s_2、s_3 线），可以在一定范围内调节体积分配。

需要说明的是，除按预锻工步说明，$V_{1预} = (1.01 \sim 1.03)V_{1终}$ 外，考虑到预锻阶段轮毂部位常常欠充满（高度方向），设计预锻时，$V_{1预}$ 应取上限或再适当增大。此外，模膛中央有凸台（冲头）高出分模面时，凸台首先接触坯料，在模膛边缘暂未约束坯料的起始阶段会迫使镦粗坯料中央向边缘流动，致使轮毂对应部位体积不足，这种情况下，预留轮毂部分体积时，应再增加凸台高出分模面所占据的体积。

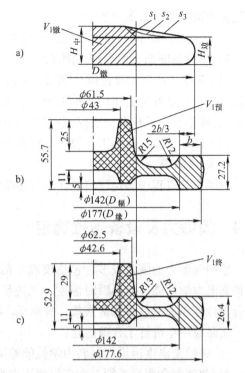

图 7-12　某齿轮模锻工步
a）镦粗　b）预锻　c）终锻

3）成形镦粗。对于形状复杂的第 I-1 组锻件，预锻前需将坯料成形镦粗，使之接近预锻件形状（图 7-13）。成形镦粗对下料要求比较高，尤其要求断面垂直度误差小。

为便于坯料定位，下砧应设浅凹坑。为调节中央和边缘体积分配，上、下砧形状可视需要采用 s_1、s_2、s_3、s_4、s_5 线。若过渡形状太复杂，则应考虑先平砧镦粗，再成形镦粗或 2 次预锻。

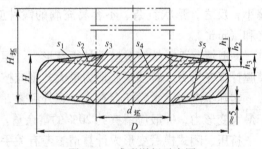

图 7-13　成形镦粗示意图

（2）压肩工步　类似于锤锻的闭式拔长，但一般将坯料卧置于模块上，不用钳持，仅压 1 次。

（3）压挤工步　对于第 II、III 类锻件，机锻虽然不便完成（锤锻中的）滚压操作，但在合适的模膛中进行 1~2 次压挤（成形压扁）也能部分达到滚压效果。压挤模膛设计要点可参考锤锻模的滚压模膛，主要有：

1）一次压下量应小于坯料高度的 1/3，否则展宽量过大，中间件下一步绕轴线转动 90°

再压扁或预锻时容易形成折叠。

2）大小截面之间以斜度或大圆角过渡，以实现短程少量聚料作用。

3）模膛横断面参照锤锻的闭式滚压设计，一般为扁圆形。

图 7-7 中，压挤工步在两个端部作了简化（模具两端不封闭），因为该工步直接压扁圆棒坯料，主要任务是迫使坯料沿轴向尽量延伸（实事上压 1~2 次两端坯料仍难于到达端部尽头），成形台阶的任务由后续预锻和终锻逐步完成。

（4）弯曲工步 弯曲工步设计与锤锻类似。

4. 坯料选择

机锻工艺过程中确定坯料尺寸的方法与锤锻相同，但一般飞边损耗要大些。

7.4 模锻力及设备吨位确定

影响变形力的因素较多，包括模膛平面投影面积、模膛复杂（深浅变化）程度、变形材料高温力学性能、变形瞬时温度、飞边尺寸（特别是桥部尺寸）等。如果逐一考虑并进行分析计算，那么过程非常繁琐，效率低，精确度也不高。

实际应用中进行了合理简化：

1）将锻造温度范围内材料力学性能差别折合为一系数。

2）忽略复杂程度差别，在变形面积内视为均布载荷。

3）将飞边桥部视同模膛，合并计算变形面积。

这样得到变形力经验计算式为

$$F = kqA \tag{7-1}$$

式中，F 是变形力（N）；k 是钢种系数，在 0.90~1.25 范围内选取，成分复杂的合金钢取上限，成分简单的低碳钢取下限；q 是经验载荷强度（MPa），取值范围为 640~730MPa，形状简单、容易充满（过渡圆角较大，外圆角较大，比较肥厚圆浑）的锻件可偏小，反之，形状复杂、不容易充满的锻件应偏大；A 是模膛与飞边桥部平面投影图面积之和（mm^2）。

一般情况下，按终锻模膛计算变形力。但预锻变形程度大且形成明显飞边时，需按预锻模膛计算变形力。若预锻变形力更大，则应按预锻力选设备。

实际生产时，常常还存在一些意外因素，为确保设备使用安全，选用的设备吨位应稍大于最大变形力，一般应留有约 20% 的富余量。

挤压、闭式模锻变形力计算请参考有关手册。

7.5 机锻模结构设计

机锻模由通用的模架（夹持器）和专用的模膛镶块（以下简称模块）等工作零件组合而成。

7.5.1 模架简介

机锻模模架由模座、垫板、导柱、导套等构成（图 7-14）。

上、下模座为最大的模架零件，要求厚实耐用。承压部位厚度应足够，以容纳有足够顶出行程的顶出机构。旧式模座曾用铸钢（ZG270-500、ZG310-570）制造，现一般用锻制热作模具钢制造。

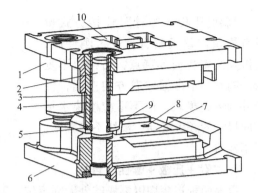

垫板为模块与模座之间的过渡件，平面尺寸尽量大些，以降低模座单位面积受力；厚度尺寸一般达 70~80 mm，最小 40 mm。

压力机滑块与机身之间的导向精度有限，为减少锻件错差，上、下模之间一般加设导柱、导套。为布置较多模块并方便操作，导柱、导套一般位于模架的后侧。导套、导柱分别与上、下模座过盈连接，叠合长度应略大于滑块行程，以免滑块处于上死点位置相互脱开。导套内衬耐磨材料，下端设密封圈（以刮除附着在导柱上的污物）。

图 7-14　机锻模模架（模块与模座用"斜面压板 + 螺栓"连接）

1—上模座　2—导柱　3—衬套　4—导套　5—密封圈（刮板）　6—下模座　7—垫板　8—下顶出过孔　9—后挡块　10—顶出机构安装凹穴

7.5.2　模块与模座的连接

模块与模座应连接牢靠，同时，装拆及调整方便。常用方式有：利用模块外轮廓定位的楔铁连接和"斜面压板 + 螺栓"连接，利用"键槽/块定位的键 + 压板 + 螺栓"连接。

1. 楔铁连接

楔铁连接就是在燕尾、燕尾槽之间打入长条形斜面楔铁，将三者连接起来。它是锤锻模与锤头、砧座连接的常用方式，也可用于机锻模，将置于模座凹穴内的模块与模座连接起来（图 7-15）。

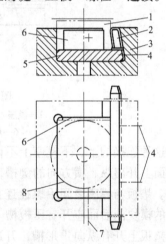

欲微调模块相对于模座的水平方向位置，只需在模块与模座凹穴侧壁之间增减垫片；为增加前后方向的准确性，还可在前方设置微调螺钉（图 7-15）。

楔铁连接主要用于矩形模块，也可用于圆饼状模块（切去一弓形体，如图 7-15 中件 8）。

楔铁连接的特点是，模块与模座（垫板）贴合性好，刚性好，装拆及调整方便，构造简单而耐用，具有一定的通用性，但左右方向占据宽度较大，主要用于单组模块。

图 7-15　模块与模座的楔铁连接

1—模块　2—楔铁　3—模座　4、7—螺钉　5—垫板　6—垫片　8—圆饼模块（假想）

2. "斜面压板 + 螺栓"连接

利用模块的前、后倾斜（7°~10°）面分别与具有匹配斜度的挡块和斜面压板贴合，在螺栓作用下将模块与模座连接起来（图 7-16）。

前后位置的微调（一般为下模块）可通过在模块与挡块之间增减垫片的方式实现；左右位置的微调则可通过拧动位于两侧的螺钉实现。

对于圆饼状模块，连接斜面为锥面。

"斜面压板＋螺栓"连接方式也具有模块与垫板贴合性好，刚性高，装拆及调整方便等特点，结构也不复杂。同时，不占据左右方向空间，便于并列多组模块。但不适应模块水平方向尺寸的较大变动，模块不能翻新，通用性差。

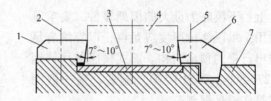

图7-16 "斜面压板＋螺栓"连接（用于矩形模块）
1—后挡块 2、5—螺栓 3—垫板 4—模块 6—斜面压板 7—模座

3. "键＋压板＋螺栓"连接

以上两种连接均以模块的外轮廓定位，模块的水平方向尺寸受到限制。对于水平方向轮廓尺寸较大且需要一定尺寸波动的模块，可采用"键＋压板＋螺栓"连接（图7-17）。

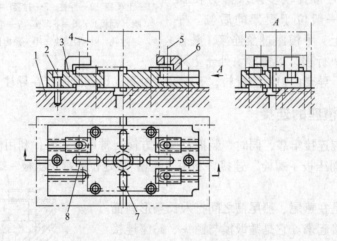

图7-17 "键＋压板＋螺栓"连接
1—模座 2—螺栓 3—垫板 4—模块 5—T形螺栓
6—压板 7—键（横向） 8—键（纵向）

这种连接的上、下模座上不设凹穴，加大垫板水平方向尺寸，在模块-垫板-模座之间的接合面上开出纵、横方向的键槽，用十字形布置的4个长方键进行前后、左右方向的定位与调整。垫板与模座之间用螺栓连接，模块-垫板之间用"压板＋T形螺栓"连接。采用这种连接的模块前后面应开有压板槽（或台阶）。

垫板上开有纵向T形槽，开通长度以能适应模块前后方向的尺寸波动为度。

为确保定位可靠，要求长方键的有效长度尽量长。若需调整纵、横位置，常采用偏心键。

"键＋压板＋螺栓"连接应用于矩形模块较多，对于圆饼状模块，不用长方键，改用1个短圆柱键。

"键＋压板＋螺栓"连接的特点是，模块前后方向可增减尺寸，可以翻新，通用程度高，装拆及调整方便，但构造环节多，紧固刚性稍差。同时，在模块支承面和垫板上开有十字键槽，一定程度上削弱了模块和垫板的强度；键槽制造精度要求高，易磨损。此外，纵向键槽与顶件器均位于中部，位置排列上常存在冲突。

业内通常用连接方式命名模架，上述三种连接分别命名为楔铁模架、压板式模架和键式模架。安装在一种模架上的模块不能在另一种模架上使用。

7.5.3　工作零件设计

工作零件指模块、顶出机构、顶件器等。

1. 模块

（1）模腔布排　压力机比锻锤抗偏载能力强，使得模腔布排比较灵活，但要注意协调模腔中心（变形抗力中心）与顶出位置的矛盾。

（2）模块轮廓　长方体状模块通用性好，使用较多；对于第Ⅰ类锻件，则常常使用圆饼状模块。

预、终锻模腔边缘应有足够厚度（图7-18），一般要求

$$s = \eta h > 40\text{mm}$$

式中，s 是模壁厚度（mm）；η 是经验系数（取值范围 $1.5 \sim 2.0$），与模腔壁陡峭程度、长度有关；h 是模腔深度（mm）。

例如，图7-18中，左壁较平缓，水平方向（x 或 y）尺寸 l_1 较短，故 $s_1 = 1.5h_1$；右壁陡峭，l_2 较长，$s_2 = 2h_2$。

模块长、宽尺寸应为模腔相应尺寸与两端壁厚之和，实际应用中一般已系列化。

确定水平方向尺寸后，还需进行抗压强度校核（相当于锤锻模设计中的承击面校核），一般要求

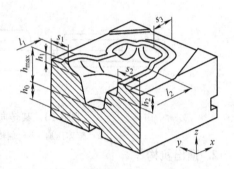

图7-18　模腔边缘与底部尺寸示意图

$$q = F/A < [q] \tag{7-2}$$

式中，q 是单位面积承受压力（MPa）；F 是压力机吨位（N）；A 是模块实际承压面积（mm^2），不含键槽、顶件孔、倒角等要素占据面积；$[q]$ 是许用压力（MPa），取 350MPa。

模块高度尺寸应满足（图7-18）

$$h_0 = 0.5h_{\max}$$

式中，h_0 是模块底部高度（mm）；$h_{\max}$ 是模腔最大深度（mm）。

对于容易磨损的浅、小模腔，还可采用模块上设小镶块的方法节省模具材料，但会使得原本环节较多的机锻模构造更复杂，刚性和可靠性降低，同时，增加了安装调整的麻烦。小镶块与模块的连接主要采用螺栓、压板。

（3）锁扣　类似锤锻模，为减小锻件错差，模块上也可设锁扣，特别是非平面分模情况下常设角锁扣。有关设计方法和数据参考锤锻模设计方面的相关资料。

（4）排气通道　由压力机工作特性决定，弹塑性材料覆盖在模腔上变形，会阻碍模腔内空气逸出，憋在深而窄的模腔内的空气会形成足够的阻力，造成金属填充困难。为此，应在最后填充的部位开设排气孔。

排气孔直径不大于2mm，要考虑制造的可行性。设有顶件器的模腔自然形成排气通道。

（5）制坯模块　制坯（镦粗、压肩、压挤、弯曲等）模块与模座的连接方式及轮廓尺寸可视采用的模架种类设计。

为布置较多工步，可采取纵向排列方式。图7-19所示为键式模架上使用的某转向节制坯模块：①工位为整体压扁，布置在压力机后方（远离操作者）；②工位为翻转90°再压扁一端，布置在压力机前方（靠近操作者）；③工位为镦粗另一端。图7-20所示为与该模具对应的工步图。

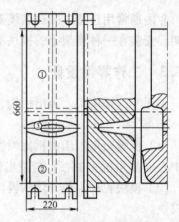

图7-19　某转向节制坯模块

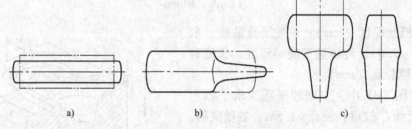

图7-20　某转向节锻件的一种制坯工步图

a）整体压扁　b）翻转90°再压扁一端　c）镦粗另一端

2. 顶出机构

压力机滑块和工作台中配置了主顶杆，为锻件脱模提供了方便和保障。但旧式结构的压力机一般只配备上、下各1个主顶杆，多个模腔需要顶出时，就必须在模座内设置传递环节，以便将主顶杆的顶出动作和顶出力分配传递到所需位置。新结构的压力机一般配备了3~4个主顶杆，可实现每个模锻工步位置上都有单独主顶杆。即便如此，除非主顶杆位置恰好与模腔需要顶出的位置吻合（主要是专用锻模，仅1处），很多情况需要设计传递环节。

增加传递环节会使结构复杂，制造、维修、更换都不太方便。因此，传递环节结构应尽量简单、牢靠，一般为杠杆及其变型（图7-21）。

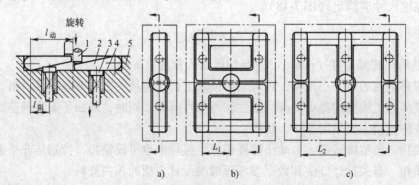

图7-21　几种典型传递顶出的杠杆

a）一维方向　b）二维方向（双联杠杆）　c）二维方向（三联杠杆）

1—主顶杆　2—杠杆　3—顶件器　4—弹簧　5—模座

$l_{阻}$ 和 $l_{动}$ 决定顶出高度，L_1、L_2 等尺寸根据需要确定。由于模座为通用件，所以顶出位置最好要考虑通用性。

3. 顶件器

热锻件被顶出时会在表面留下痕迹，因此，顶件器尽量布置在飞边或冲孔连皮上（图 7-22c、d）；若需布置在锻件本体上，应选择需要后续切削加工的表面，且不能影响装夹定位。

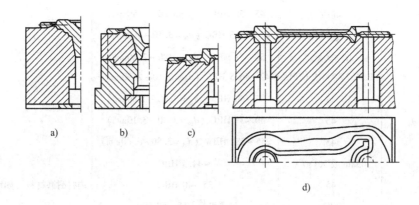

图 7-22　几种顶件器典型布置位置
a)、b) 顶在锻件本体上　c) 顶在连皮上　d) 顶在锻件本体和飞边上

杆形顶件器结构简单，但容易在锻件上压出凹坑，且本身容易被卡住。因此，其直径应尽量大些（大于 12mm）。在留出足够的导向长度和顶出活动空间的前提下，应尽量缩短总高度。模块上相应的孔既要有足够导向长度，又要避免摩擦力太大。

图 7-23 所示为设有环形顶件器的齿轮锻模，其顶件机构类似冲模中的打杆，效果好，但结构复杂。

顶件器顶出行程一般应达到 5 ~ 20 mm，一般需要靠弹簧复位，下模中的顶件器也可以利用重力复位。

顶件器构成模膛的一部分，故需要承受足够的压力和冷热交替变化。

顶件器设计还需考虑一些结构细节（如顶飞边的杆形顶件器与模膛的距离，顶件器与顶件孔的间隙，防止氧化皮堵塞和顶件器被卡住等），请参考有关手册或生产实例。

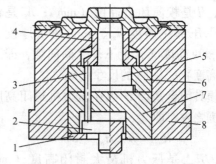

图 7-23　设有环形顶件器的齿轮锻模
1—托板　2—打板　3—顶杆　4—环形顶件器
5—型芯　6—型芯固定板　7—支承块　8—模块

7.5.4　机锻模选材

机锻模主要零件必须采用经锻制的材料制造，材料牌号及硬度要求见表7-3。

表 7-3 机锻模主要零件材料及硬度要求

名　称	材　料	硬　度	注
终锻、预锻模块	5CrMnSiMoV 或 5CrNiMo	$38.5 \sim 42$ HRC（$d_B = 3.25 \sim 3.10$mm）	
垫板	40Cr 或 5CrNiMo	$37 \sim 41$ HRC（$d_B = 3.30 \sim 3.14$mm） $44.5 \sim 48.5$ HRC（$d_B = 3.00 \sim 2.85$mm）	
制坯模块	45Mn2 或 5CrNiMo	$39.5 \sim 44.5$ HRC（$d_B = 3.20 \sim 3.00$mm）	
主顶杆	40Cr	$45 \sim 50$ HRC（$d_B = 3.00 \sim 2.80$mm）	
杠杆	45 或 40Cr	$42 \sim 46.5$ HRC（$d_B = 3.10 \sim 2.90$mm）	
顶件器	4Cr5MoVSi 或 3Cr2W8V 或 GCr15	$50 \sim 53$ HRC（$d_B = 2.80 \sim 2.60$mm） $42 \sim 46.5$ HRC（$d_B = 3.10 \sim 2.90$mm）	
定位键	45	$45 \sim 50$ HRC（$d_B = 3.00 \sim 2.80$mm）	
挡块、压板	45	$30 \sim 35$ HRC（$d_B = 3.30 \sim 3.10$mm）	
楔铁	45	$255 \sim 285$ HBW（$d_B = 3.80 \sim 3.60$mm）	
弹簧	65Mn 或 50CrVA	≈ 44.5 HRC	
导套体	45	$35 \sim 40$ HRC	内衬耐磨材料（如铸造锡青铜）
导柱	20Cr	渗碳淬火，$58 \sim 62$ HRC	
模座	5CrNiMo	$285 \sim 321$ HBW（$d_B = 3.60 \sim 3.40$mm）	

注：表中 d_B 表示压痕直径。

7.5.5　机锻模闭合高度

机锻模闭合状态各零件在高度方向的尺寸关系如图 7-24 所示，即

$$H = \Sigma h_i$$

式中，H 是模具闭合高度（mm）；h_i 是包括模座承压部位厚度 h_{z1}、h_{z2}，垫板厚度 h_{b1}、h_{b2}，模块高度（含上下模之间间隙，即飞边桥部高度）h_{x1}、h_{x2} 的尺寸（mm）。

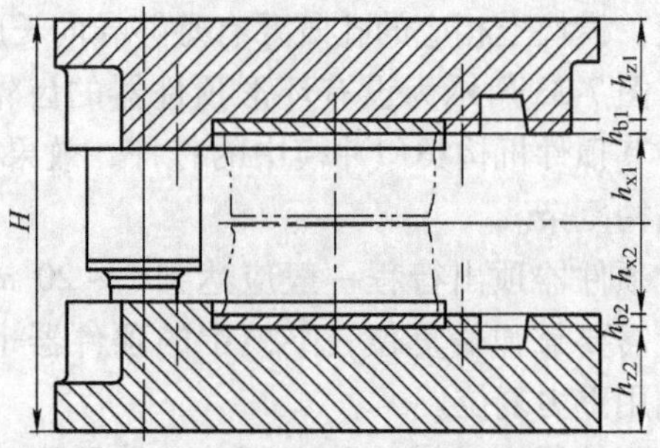

模具闭合高度 H 应在压力机封闭高度容许范围之内，即

$$H_{min} < H < H_{max} - 5\text{mm}$$

式中，H_{max} 是压力机最大封闭高度（mm）；H_{min} 是压力机最小封闭高度（mm）。

$H_{max} - H_{min}$ 即为封闭高度调节量。

实际应用中，由于模座相对固定，只要控制上下模块高度（$h_{x1} + h_{x2}$）即可。

图 7-24　机锻模闭合高度尺寸构成

思　考　题

1. 与板料加工用曲柄压力机相比较，热模锻用机械压力机的结构特点有哪些？

2. 与锤锻相比较，机锻工艺特点有哪些？

3. 机锻工艺中将一般锻件如何分类？

4. 机锻锻件图设计特点有哪些?

5. 什么叫工步图?

6. 第 I 类锻件的工步图如何设计?

7. 第 II 类锻件的工步图如何设计?

8. 机锻模结构常采用镶拼形式, 模块与模座常用哪些连接方式? 各连接方式特点如何?

9. 机锻工艺过程设计要注意哪些方面?

10. 机锻模模膛设计要注意哪些方面?

第 8 章　螺旋压力机上模锻

8.1　螺旋压力机工作原理和工作特性

螺旋压力机是利用驱动装置直接或间接驱动飞轮，使飞轮旋转并蓄能，然后通过螺旋副将能量传递给滑块的一种锻压设备。其结构比较简单，使用和维修比较方便，在中、小批量生产和精密成形中，螺旋压力机应用较广。

螺旋压力机具有锻锤和机械压力机的双重工作特点，其工艺适应性广，可通过多次打击获得所需变形；其行程不固定，可以采用模具打靠的方法，消除机械压力机因机身变形对工件高度方向尺寸精度的影响，锻件精度高。与模锻锤相比，其变形速度低，有利于金属充分再结晶；螺旋压力机机架受力，形成封闭力系，在成形加工过程中，冲击振动小，改善了劳动条件。与机械压力机相比，螺旋压力机每分钟行程次数少，传动效率较低。

8.1.1　分类

按螺旋压力机的工作原理，可分为惯性（传统）螺旋压力机和高能（离合器-液压）螺旋压力机。

按螺旋压力机驱动方式，可分为摩擦螺旋压力机、液压螺旋压力机、电动螺旋压力机、复合传动螺旋压力机等。

8.1.2　工作原理

惯性（传统）螺旋压力机采用惯性飞轮，打击前飞轮处于惯性运动状态，打击过程中，飞轮的惯性力矩经螺旋副转化为打击力使坯料变形，直到动能全部释放，打击过程结束。由于打击过程的时间很短，可产生很大的打击力，打击力具有冲击特性。

惯性（传统）螺旋压力机每次打击都需要重新积累动能。其运动部分总动能包括飞轮、螺杆和滑块的动能，大中型压力机有时要考虑上模的质量。在传动系统的作用下，经过规定的向下驱动行程所储存的能量 E 由直线运动动能和旋转运动动能两部分组成，常将 E 称为飞轮能量。一般情况下，前者仅为后者的 2% ~ 9%。其每次打击的能量是固定的，属定能型设备。

$$E = \frac{1}{2}mv^2 + \frac{1}{2}I\omega^2 = \frac{1}{2}\left(\frac{h^2}{4\pi^2}m + I\right)\omega^2 \qquad (8\text{-}1)$$

式中，m 是飞轮、螺杆和滑块的质量（kg）；I 是飞轮、螺杆的转动惯量（kg·m²）；v 是打击时的最大线速度（m/s）；ω 是打击时的飞轮最大角速度（rad/s）；h 是螺杆螺纹的导程(m)。

飞轮的频繁正反转是螺旋压力机效率不高的主要原因，因为在加速、减速及制动过程中会消耗大量能量。

如果飞轮无需换向，效率可以大大提高。基于这一思想，德国辛佩坎公司在 1979 年研制成功离合器式螺旋压力机（又称为高能螺旋压力机），如图 8-1 所示。

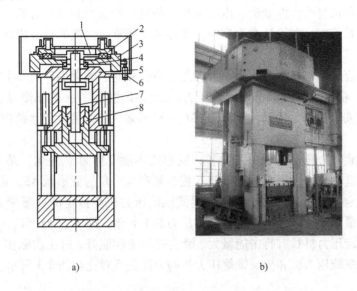

a) b)

图 8-1 离合器式螺旋压力机结构示意图

a）结构简图 b）实物图片

1—离合器从动盘 2—离合器 3—飞轮 4—轴承 5—机身 6—电动机 7—螺杆 8—滑块

离合器式螺旋压力机采用调速飞轮，飞轮与螺杆之间靠离合器连接，与机械压力机相似。飞轮在工作过程中始终向一个方向旋转，无需停止和反向，其尺寸和转动惯量可远大于普通摩擦压力机。当需打击时，离合器结合，由于靠螺杆一边的部件转动惯量极小（只有飞轮的 1.0%），在极短的时间（约全程的 5%）螺杆即可达到额定速度。成形过程中，靠飞轮减速释放能量，直至离合器打滑，然后离合器迅速脱开，液压缸推动滑块-螺杆快速上升返回原位，打击力和能量由离合器控制。一般当飞轮减速达 12.5% 时，可达到最大打击力。

$$E = \frac{1}{2}\left(\frac{h^2}{4\pi^2}m + 2I\delta\right)\omega^2 \tag{8-2}$$

式中，m 是飞轮、螺杆和滑块的质量（kg）；I 是飞轮、螺杆的转动惯量（kg·m²）；ω 是打击时的飞轮角速度（rad/s）；h 是螺杆螺纹的导程（m）；δ 是飞轮的转差率。

8.1.3 螺旋压力机力能关系

螺旋压力机力能关系是指一次打击后毛坯消耗的变形功、机械损耗的摩擦功与打击力之间的关系。

传统螺旋压力机的打击能量 E 在模锻过程中消耗于三方面：使金属产生塑性变形所消耗的功 E_p，在金属变形抗力的作用下设备构件弹性变形所消耗的功 E_d，以及用于克服摩擦力所消耗的功 E_f。根据能量守恒原理，有

$$E = E_p + E_d + E_f \tag{8-3}$$

由于弹性变形功 E_d 随着变形力的增大而急剧增加，当消耗于锻件塑性变形的功 E_p 一定时，因为 E_p 等于平均变形力 F 和塑性变形量 ΔS 的乘积，所以，锻件的变形量越小，打击时的变形力 F 越大；所需的变形力 F 越大，锻件所吸收的能量 E_p 反而越小。这时，大部分能量消耗于模具和机身的弹性变形。由此可见，传统螺旋压力机是能量限定设备，如图 8-2 所示。由力能关系可知，在设计和生产中，既要考虑螺旋压力机的打击能量，又要考虑其允许的使用压力。

选用传统螺旋压力机规格时，必须考虑工步种类和变形的大小。当产生塑性变形所消耗的功 E_p 一定时，根据变形力 F 选用螺旋压力机公称压力 F_g 的一般原则是：变形量小的锻件，$F \leqslant 1.6F_g$；变形量稍大的锻件，$F = 1.3F_g$；变形量大而需要大能量的锻件，$F = (0.9 \sim 1.1)F_g$。

离合器式螺旋压力机是能量恒定设备，变形能不随变形力 F 变化，是常量。在模锻过程中，一般不预选打击力，恒定的变形能 E 使金属产生一定的变形量 ΔS，由 ΔS 与变形力 F 之间的关系，决定变形力 F 的大小。离合器式螺旋压力机在恒定的变形能下的最大变形力是工作时允许的最大压力。此压力约为公称压力的 1.6 倍，即 $F_{max} = 1.6F_g$。

离合器式螺旋压力机具有打击能量大、滑块的加速性能好、打击次数多、整机效率高等优点。离合器式螺旋压力机和传统螺旋压力机的力能关系对比如图 8-3 所示。

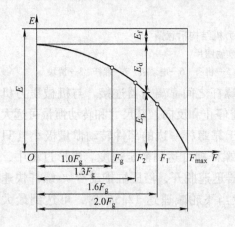

图 8-2 螺旋压力机力能关系图

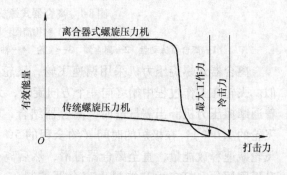

图 8-3 高能螺旋压力机和传统螺旋压力机的力能关系对比

8.2 螺旋压力机上模锻工艺特点

8.2.1 惯性螺旋压力机上模锻的工艺特点

1. 摩擦螺旋压力机上模锻的工艺特点

摩擦压力机是现代工业最早出现的螺旋压力机，它具有结构简单、维修方便、价格低廉的优点，但传动效率低，摩擦带容易磨损。目前，我国最大的摩擦压力机公称压力已达 80000kN。

摩擦压力机分为无盘和有盘两类。前者由于结构和使用性能等原因，尚未得到广泛应用；后者又分为三盘、单盘（左右盘分别驱动）和双盘三种。目前，国内用得最多的是双盘摩擦压力机。

图8-4a 所示为双盘摩擦压力机的传动系统简图。飞轮 6 靠摩擦盘 3、5 传动。两个摩擦盘装在传动轴 4 上，轴的左端设有带轮，由电动机 1 通过传送带 2 直接带动传动轴和摩擦盘转动；轴的右端有拨叉，当滑块和飞轮位于行程最高点时，压下手柄 12，传动轴右移，左摩擦盘 3 压紧飞轮 6，通过大螺母 8 和螺杆 9 的传动，驱动滑块 11 向下。随着飞轮向下运动，摩擦盘与飞轮接触点的半径逐渐增大，使飞轮不断加速，在滑块将要接触锻件时，滑块上的下限程块与下碰块相碰，使传动轴左移，飞轮与左摩擦盘脱开，此时飞轮已加速到

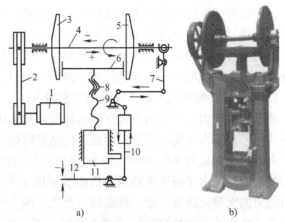

图8-4　双盘摩擦压力机
a）传动系统简图　b）实物图片
1—电动机　2—传送带　3、5—摩擦盘　4—传动轴　6—飞轮
7、10—连杆　8—大螺母　9—螺杆　11—滑块　12—手柄

一定转速，积聚大量的旋转动能。通过螺旋副将飞轮的旋转运动转化为滑块沿导轨的直线运动，借助模具对锻件进行打击，使锻件变形。在打击最后阶段，由于螺旋副并不自锁，滑块在锻件和机身弹性恢复力的作用下产生回弹，促使飞轮反转。此时，抬起手柄，操纵系统把传动轴拉向左边，右摩擦盘压紧飞轮，摩擦力使飞轮反转，带动滑块向上运动。当滑块接近行程最高点时，固定在滑块上的限程块与上碰块接触，通过操纵机构使传动轴右移，飞轮与右摩擦盘脱开，飞轮在惯性的作用下继续带动滑块上行，通过制动装置吸收飞轮的剩余旋转动能，使滑块停在上死点，以待下一次打击。上、下限程块可以适当调节，以适应模具闭合高度的要求。图8-4b 所示为双盘摩擦压力机实物图片。

摩擦压力机的主要问题是电动机需带动摩擦盘始终高速旋转，飞轮在一个循环中需改变旋转方向，在换向时飞轮和摩擦盘产生"打滑"，降低了传动效率（其总效率为10%～15%），加剧了摩擦带的磨损。由于造价方面的优势，小吨位螺旋压力机目前仍以摩擦压力机为主，得到广泛应用。

摩擦压力机上模锻的工艺特点是：

1）靠冲击力使金属变形，但滑块的打击速度低（0.7～1m/s），每分钟的打击次数少，适合于锻造低塑性合金钢和有色金属。

2）可以采用组合式模具结构，简化了模具设计与制造，可锻造更复杂的锻件，如两个方向有内凹的法兰、三通阀体等。

3）螺杆和滑块间是非刚性连接，承受偏心载荷能力较差，一般只能进行单模腔模锻。

4）有顶出装置，可以锻造出小模锻斜度（或无模锻斜度）的锻件，锻件精度较高。

5）行程不固定，可实现轻击和重击，能进行多次锻击，还可进行弯曲、精压、校正等工序。

在摩擦压力机上，坯料在模膛中的变形一般是在多次打击下完成的，由于有下顶出装置，某些锻件可以立起来顶镦。对圆饼类锻件，可在模座上安排镦粗台进行镦粗制坯、去氧化皮。

由于摩擦螺旋压力机设备刚度较差，螺杆直径小，承受偏心载荷能力较差，模膛的中心距离应不超过丝杠的节圆半径，而且由于其每分钟的打击次数少，对需要拔长、滚压、预锻等工步的锻件，一般需要用其他设备来制坯，或顺序地用两台螺旋压力机来完成。通常在螺旋压力机上所完成的变形工步是终锻、预锻、镦粗、顶镦、弯曲、成形、压扁等。

2. 新型惯性螺旋压力机上模锻的工艺特点

液压螺旋压力机按驱动方式有液压缸驱动和液压马达驱动。液压螺旋压力机与摩擦压力机的动作原理基本相同，只是采用液压传动来取代机械摩擦传动。与摩擦传动相比，液压传动效率高，泵的总效率在 70%～80%，柱塞泵可达到 90% 以上，还可利用蓄能器储存减速制动时的能量。由于液压螺旋压力机能够采用多个液压马达同时驱动大齿轮-飞轮旋转，使设备能力的大型化成为可能，是螺旋压力机实现大型化的主要途径之一，但结构复杂，维修成本高。无锡透平叶片有限公司成功地引进了 40000kN 液压螺旋压力机，在叶片及连杆等生产中积累了大量的模锻经验。

图 8-5 所示为单螺杆推力液压缸式液压螺旋压力机。高压液体进入固定于上横梁上的液压缸 5 的上腔时，推动活塞 4 及与其刚性相连的滑块 9 下行，螺母 3 固定在上横梁上，通过螺旋副滑块带动螺杆 2 及飞轮 1 加速转动而积蓄能量，在打击锻件之前，液压缸提前排液卸荷，依靠积蓄在飞轮中的动能来打击锻件。

电动螺旋压力机分直接用电动机驱动和电动机、传动机构驱动两大类。电动螺旋压力机因传动链最短、结构简单紧凑、维修方便、传动效率高，发展很快。

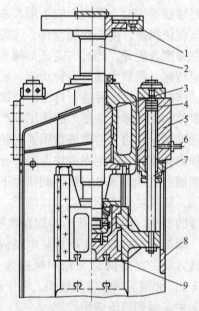

图 8-5　单螺杆推力液压缸式液压螺旋压力机
1—飞轮　2—螺杆　3—螺母　4—活塞　5—液压缸
6—管道　7—活塞杆　8—机身　9—滑块

电动机直接驱动多用于小型螺旋压力机，如利用可逆式电动机不断作正反方向的换向转动，带动飞轮和螺杆旋转，使滑块作上下运动。它具有结构简单、体积小、效率高等优点。较大型的螺旋压力机如直接用电动机驱动，必须采用大功率低速电动机，设备轮廓尺寸大、整机重、造价高。因此，大型螺旋压力机多采用电动机、传动机构驱动，其中以电动机通过减速齿轮传动用得最多。红原铸锻公司成功地引进了 80000kN 电动螺旋压力机，在叶片、飞机零件的生产中发挥了巨大作用。电动螺旋压力机结构简图如图 8-6 所示。

液压及电动螺旋压力机已发展到较高水平，最大吨位达到 315MN，新型惯性螺旋压力机除具备摩擦压力机的优点外，其设备刚度、滑块导向精度、传动效率等比摩擦压力机都有较大改善。其工艺特点是：

1）锻件精度高，可进行精密锻造，如叶片等。

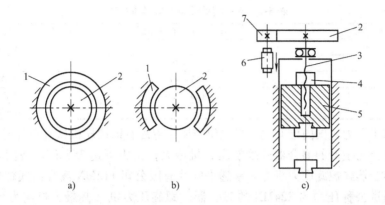

图 8-6　电动螺旋压力机结构简图

1—定子　2—飞轮　3—螺杆　4—螺母　5—滑块　6—电动机　7—传动齿轮

2）导轨间隙小，导向长度长，导向精度高，抗偏载能力较强。

3）可以进行能量预选，方便地调节能量和打击力，使模具承受最佳的应力和合适的闷模时间，模具的使用寿命高。

4）传动效率、行程次数较高，成形速度较快。

螺旋压力机制造成本低，其价格为同等规格的机械压力机的 1/4 左右，设备动能容量系数大，螺旋压力机为 1.5～2.2，机械压力机为 0.5；螺旋压力机的设备重量系数比机械压力机低，螺旋压力机为 0.05～0.06，机械压力机为 0.06～0.10。

8.2.2　离合器式螺旋压力机上模锻的工艺特点

离合器式螺旋压力机是对摩擦压力机的一种成功的改进，它是一种机电液一体化的新型先进锻造设备，是对螺旋压力机的经验集成及技术突破。这种压力机在原理上具有模锻锤、机械压力机及惯性螺旋压力机的优点，在结构上与电动、液压螺旋压力机相似。

我国在 20 世纪 80 年代末开始开发离合器式螺旋压力机，到目前为止，已设计、制造了 J55 系列 4 种型号压力机，独创性地设计制造出适合我国国情的全气动离合器式螺旋压力机。其主要优点是：打击能量大，是摩擦压力机的 3 倍，所以又称高能螺旋压力机；效率高，比摩擦压力机节能 30%～40%；生产率高，循环时间仅为摩擦压力机的 70%；可在大的行程范围获得最大打击力和最大成形速度；电流冲击小，仅为普通摩擦压力机的 1/3 左右。离合器式螺旋压力机的滑块导轨为组合式导轨，导向精度高。根据螺旋压力机偏载曲线，离合器式螺旋压力机抗偏载能力较强。在相同公称压力的情况下，离合器式螺旋压力机偏载距离为 0.8 倍的螺杆直径，而摩擦螺旋压力机偏载距离为 0.5 倍的螺杆直径。

与惯性螺旋压力机相比，离合器式螺旋压力机上模锻的工艺特点是：

1）能量消耗少，提供有效能量大，在很短时间内达到很大的打击力。

2）可以进行行程和能量预选。

3）行程时间短，成形速度快。

4）锻件精度高。

5）抗偏载能力较强，适宜进行多模腔锻造。

6）闷模时间短，模具使用寿命长。各种模锻设备上模具寿命对比见表 8-1。

表 8-1　各种模锻设备上模具寿命对比

机　型	模具接触时间 τ/ms	模具寿命 $n/次$
离合器式螺旋压力机	8 ~ 15	16000
摩擦螺旋压力机	15 ~ 25	10000
机械压力机	25 ~ 40	5000
液压机	120 ~ 150	5000
模锻锤	2 ~ 10	10000

　　目前，该类压力机国内已有北京机电研究所、青岛青锻锻压机械有限公司等生产，国外由德国奥姆科公司生产的离合器式螺旋压力机最大打击力可达 355MN。我国目前引进最大公称压力的离合器式螺旋压力机为无锡透平叶片有限公司 112MN 离合器式螺旋压力机，该公司正计划引进公称压力为 224MN 的离合器式螺旋压力机（其最大打击力可达 355MN）。国内一些企业也成功引进离合器式螺旋压力机，在各行业都发挥了重要作用，对我国模锻业尤其是精密锻造生产起到了巨大的推动作用。基于离合器式螺旋压力机的优点，在中小批量生产中，主机采用离合器螺旋压力机成为发展方向。

8.3　锻件图设计特点

　　螺旋压力机通用性强，所生产的模锻件品种多于其他模锻设备。为便于进行工艺及模具设计，根据所生产的锻件外形特点、成形特点和所用模具类型的不同，将其分为六类，见表 8-2。

表 8-2　锻件分类

	A. 头部为回转体的锻件 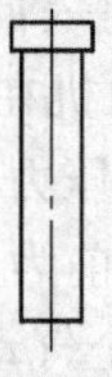	B. 头部为复杂形状的锻件 	C. 头部带内凹的锻件 
第 Ⅰ 类——带粗大头部的长杆类锻件			
	A. 形状简单的回转体锻件	B. 形状复杂的回转体锻件	C. 形状复杂的非回转体锻件
第 Ⅱ 类——饼块类锻件			
	A. 直轴线的锻件	B. 带枝丫的锻件	C. 弯轴线的锻件
第 Ⅲ 类——变断面复杂形状的长轴线锻件			

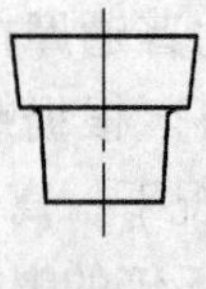

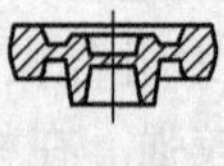

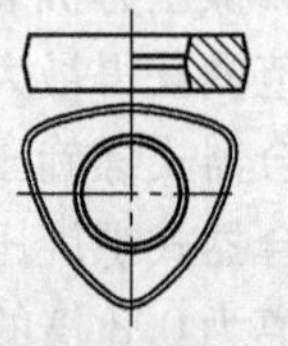

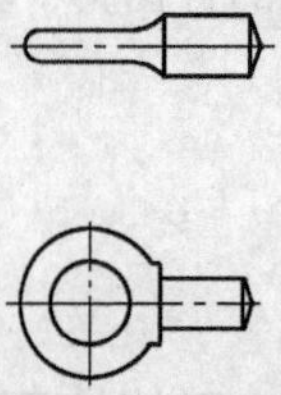

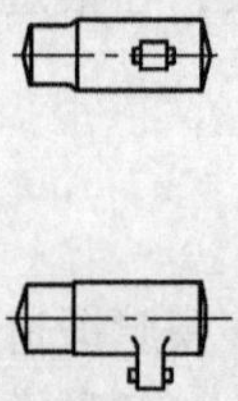

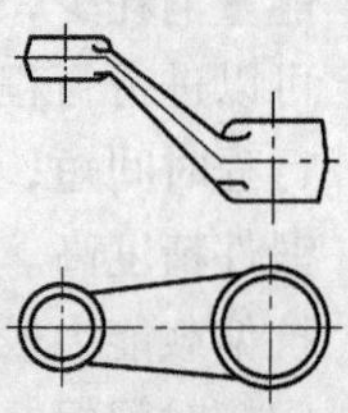

（续）

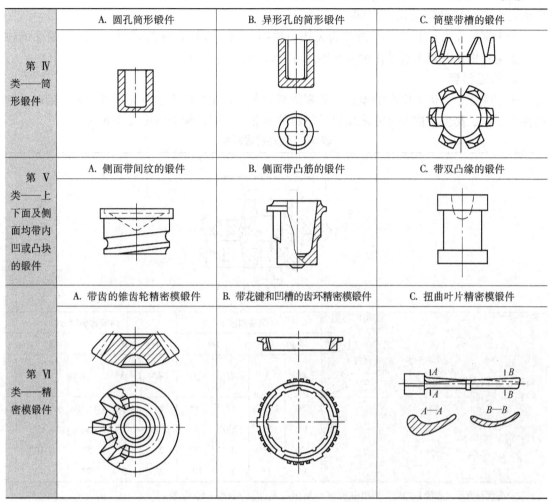

在螺旋压力机上生产的模锻件，其锻件图制订的原则和内容与锤上模锻件基本相同，如机械加工余量、公差、圆角半径和冲孔连皮等的确定。其机械加工余量、公差可参照 GB/T 12362—2003《钢质模锻件—公差及机械加工余量》的规定进行设计。螺旋压力机承受冲击载荷，其模锻件的圆角半径可按锤上模锻或 GB/T 12361—2003《钢质模锻件 通用技术条件》选用。内圆角半径取外圆角半径的 2～3 倍。模膛深度越深，圆角半径值越大。为了便于制模和锻件检测，圆角半径尺寸已经形成系列，其标准是 1mm、1.5mm、2mm、2.5mm、3mm、4mm、5mm、6mm、8mm、10mm、12mm、15mm、20mm、25mm 和 30mm 等。

螺旋压力机上生产的模锻件的锻件图区别于锤上模锻锻件图，说明如下。

1. 分模面的选择

螺旋压力机上模锻分模面的选择的原则和锤上模锻相同。由于螺旋压力机打击速度低，可用组合式模具结构，其带有顶杆装置，可顶出锻件或凹模，因此，确定分模面的位置时，和锤上模锻有所不同。根据锻件形状的不同，分模面的数目有一个或多个。第 Ⅰ 类、第 Ⅳ 类和第 Ⅴ 类锻件多采用无飞边或小飞边模锻，分模面的位置一般设在金属最后充满的地方；第 Ⅴ 类锻件可采用组合凹模，同时有两个分模面；第 Ⅳ 类锻件、第 Ⅵ 类锻件分别是反挤压工艺和近净成形工艺在螺旋压力机上的应用。对于第Ⅲ类锻件，其分模面位置的选定和锤上模锻相同。

由于螺旋压力机上开式模锻多为无钳口模锻，当不采用顶杆装置时，确定分模面的位置，更应特别注意减少模腔深度方向的尺寸，以利于锻件出模。

2. 模锻斜度

确定螺旋压力机上生产的模锻件的模锻斜度大小，主要取决于有无顶杆装置，同时也与锻件高径比、高度和横向尺寸之比以及材料种类有关。锻件模锻斜度见表8-3。

表 8-3　锻件模锻斜度

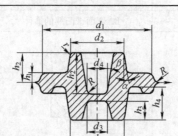

斜度种类	外模锻斜度 α				内模锻斜度 β			
材质	有色金属		铜		有色金属		铜	
有无顶杆	有	无	有	无	有	无	有	无
高度与直径（宽度）之比								
<1	0°30′	1°30′	1°	3°	1°	1°30′	1°30′	5°
1~2	1°	3°	1°30′	5°	1°30′	3°	3°	7°
2~4	1°30′	5°	3°	7°	2°	5°	5°	10°
>4	3°	7°	5°	10°	3°	7°	7°	13°

注：高度与直径（宽度）之比，即图中 h_1/d_1、h_2/d_2、h_3/d_3、h_4/d_4、h_5/d_5 等。

8.4　螺旋压力机公称压力的选择

8.4.1　惯性螺旋压力机公称压力的选择

螺旋压力机没有固定的下死点，一般不会出现"闷车"的情况。螺旋压力机工作时的打击力，一般允许为公称压力的1.6倍，打击时滑块速度处于最大值，工艺适应性强。螺旋压力机是定能量设备，床身和螺杆的弹性变形可通过滑块进一步向下移动来补偿，只要有足够的打击能量，就一定能够保证上下模打靠，锻件精度靠模具打靠和导柱导向来保证，机器受力零件的变形与锻件高度尺寸精度无关。由于锻件变形后床身、锻模和锻件的弹性变形，使滑块立即向上返回，闷模时间短，锻件温度比机械压力机上的锻件温度下降慢，金属容易充满模腔，模具温度上升也较慢。

1）普通模锻时，常用的计算选择传统螺旋压力机公称压力 F_g 公式主要有

费舍尔公式 $\qquad\qquad\qquad\qquad F_g = 2K\sigma_s A \qquad\qquad\qquad\qquad (8-4)$

式中，σ_s 是终锻时金属的流动极限（N/mm^2）；K 是主要考虑变形速度及其他因素的系数，一般取 $K=5$；A 是锻件在平面上的投影面积（mm^2）。

列别利基公式
$$F_g = \alpha\ (2 + 0.1 A \sqrt{A}/V)\ \sigma_s A \tag{8-5}$$
式中，α 是与模锻形式有关的系数，对于开式模锻 $\alpha=4$，对于闭式模锻 $\alpha=5$；A 是锻件在平面上的投影面积（mm^2）；V 是锻件体积（mm^3）；σ_s 是终锻时金属的流动极限（N/mm^2）。

上式中的 $A\sqrt{A}/V$ 表明锻件的变形量与变形力成反比。

根据实际生产经验，费舍尔公式计算结果一般偏大，一些件的计算结果与实际误差超过 50%，对中小型锻件，不建议采用式（8-4）；列别利基公式计算结果也偏大，但对以镦挤成形的形状复杂的锻件和精密锻造比较准确。

2）精密模锻时，螺旋压力机公称压力的选择可按下式确定，即
$$F_g = KA/q \tag{8-6}$$
式中，F_g 是螺旋压力机公称压力；K 是系数，在热锻和精压时，约为 80kN/cm^2；锻件轮廓比较简单时，约为 50kN/cm^2；对于具有薄壁高筋的锻件，约为 110~150kN/cm^2。A 是锻件总变形面积（cm^2），包括锻件面积、冲孔连皮面积和飞边面积，飞边面积按仓部 1/2 计；q 是变形系数，变形程度小的精压件取 1.6，变形程度不大的锻件取 1.3，变形程度大的锻件取 0.9~1.1。

8.4.2 离合器式螺旋压力机公称压力的选择

离合器式螺旋压力机（图8-1a）的飞轮安装在机身框架的顶端，由电动机拖动作连续的单向旋转运动，摩擦盘和螺杆做成一体，静止不动。在进行打击时，首先高压油进入离合器的液压缸中，使摩擦盘和飞轮结合，由于从动部分（包括摩擦盘、螺杆及滑块）的转动惯量相对比较小，为飞轮转动惯量的 1%~1.5%，所以螺杆被迅速地加速，一般滑块向下运动 100mm，飞轮和螺杆就可达到同步转速。滑块接触到工件后，工件发生塑性变形，打击力逐渐增大，当打击力达到预定的数值后，惯性机构相对转动打开卸压阀，使油压下降，离合器先打滑，然后脱开，螺杆停止转动，由液压缸将滑块拉回初始位置（在此过程中螺杆反转），以便进行下一次打击。然后飞轮在电动机的拖动下逐渐加速，恢复到打击前的转速，完成一个工作循环。

离合器式螺旋压力机突破了螺旋压力机的传统结构，在飞轮和螺杆间加装一摩擦离合器，通过离合器的结合和脱开来实现打击，飞轮连续旋转，不需要频繁的加速和停止，电动机在额定转速附近工作，效率高。采用惯性盘作加速度传感器，反应灵敏、可靠。但离合器在大转矩下相对滑动不仅消耗了大量的摩擦功，使摩擦元件的使用寿命下降、整机效率降低，而且在滑动时飞轮对螺杆做功，使最终打击力升高。最终打击力大小不仅受锻造工艺的影响，与摩擦功的大小也有很大的关系。

为了保证锻件的厚度公差，在模锻时上下模必须打靠。用离合器式螺旋压力机进行模锻时，离合器打滑时的打击力应稍大于锻件所要求的最大工艺力，以保证在坯料尺寸和温度略有变化时，设备仍有足够的能量将模具打靠。离合器脱开时间的长短直接影响最终打击力的大小，因为在离合器滑动过程中，飞轮对螺杆所做的功将超过螺杆部分所具有的动能。

离合器式螺旋压力机在打击过程的第一阶段（离合器打滑前），打击性质同惯性螺旋压

力机一样，通过飞轮的转速降来释放工件变形所需要的能量，但允许释放的能量不同。

离合器式螺旋压力机在打击过程的第二阶段，和具有打滑飞轮的惯性螺旋压力机打滑阶段的工作情形一样，飞轮不仅对螺杆做功，使最终的打击力增大，滑动本身也消耗大量的摩擦功，导致摩擦元件的磨损加速，整机效率降低。

离合器式螺旋压力机在打击过程的第三阶段，由于驱动螺杆的主要原动力离合器转矩已经卸去，从动部分的惯性较小，所剩动能不多，打击强度不大，即结束打击过程。在冷击时不会产生惯性螺旋压力机那样的冷击力。NPS2500离合器式压力机锻打过程状态参数仿真曲线如图8-7所示。

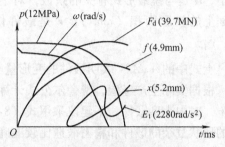

图8-7　NPS2500离合器式压力机锻
打过程状态参数仿真曲线
p—油压　ω—螺杆角速度　x—顶杆位移
f—机身变形　E_t—螺杆角加速度　P_d—打击力

在实际工程应用时，希望公称压力的计算、选择和锻件的工艺参数密切联系，对设计有现实的参考价值。通过对比离合器式螺旋压力机和传统螺旋压力机的力能关系，考虑离合器式螺旋压力机的原理和结构特点，得到选择离合器式螺旋压力机公称压力的经验公式。

1）普通模锻时，在选择高能螺旋压力机公称压力的公式时，根据离合器式螺旋压力机与传统螺旋压力机不同的力能关系，在列别利基公式中引进一个力能关系修正系数β。确定β的一般原则是：变形量小的锻件，$\beta = 1.6/1.6 = 1$；变形量稍大的锻件，$\beta = (1.3 \sim 1.1)/1.6 = 0.8125 \sim 0.6875$，修正为$\beta = 0.81 \sim 0.68$；变形量大而需要大能量的锻件，$\beta = (0.9 \sim 0.6)/1.6 = 0.5625 \sim 0.375$，修正为$\beta = 0.55 \sim 0.37$。

选择离合器式压力机公称压力的计算公式为

$$F = \beta\alpha(2 + 0.1A\sqrt{A/V})\sigma_s A \qquad (8-7)$$

式中，β是力能关系修正系数，由表8-4确定；其他符号的含义与式（8-5）相同。

表8-4　力能关系修正系数β

NPS型离合器式螺旋压力机	精密锻造、精压成形 （变形量较小）	镦挤成形 （变形量较大）	镦粗成形 （变形量大）
β	1	0.81 ~ 0.68	0.55 ~ 0.37

从式（8-7）可明显地看出，离合器式螺旋压力机对大变形量、需要大能量锻件所需要的公称压力要比传统螺旋压力机小得多。

2）精密模锻时，$\beta = 1$，离合器式螺旋压力机的公称压力可按式（8-6）选择。

8.5　螺旋压力机上模锻的锻模设计

8.5.1　锻模设计特点

在中、小批量生产和精密成形中，螺旋压力机应用较为广泛。这是因为螺旋压力机及其模具结构比较简单，制造成本低，模具调整方便。螺旋压力机特别适于锻造镦粗成形的锻件，如直齿圆柱齿轮、直齿锥齿轮和弧齿锥齿轮等锻件以及叶片等薄壁锻件的精密锻造。

由于螺旋副是非自锁的，在加载过程中机身及工作部分所吸收的能量（弹性能）在加载结束时立即释放，使滑块迅速回程，加上采用下顶出装置，热锻件与模具接触时间较短，有利于延长模具寿命。

螺旋压力机的打击力的大小取决于锻件的变形能，锻件吸收的变形能大，压力就小；锻件吸收的变形能小，压力就大。螺旋压力机不仅适宜于锻造变形行程大、变形能大的模锻件，也适宜于锻造变形行程小而要求压力很大的锻件。

1. 第 I 类锻件的工艺及模具特点

此类锻件中用得最多的是由长杆毛坯一次局部顶镦成形的锻件，如螺栓等。毛坯的直径与锻件杆部直径相同，锻前一般只对毛坯需要顶镦的部分进行局部加热，锻后锻件的头部带有较小的横向飞边或无飞边。由于受头部温度的影响，在靠近锻件头部的杆部顶镦后直径会加粗 1~3mm。模具结构如图 8-8 所示。

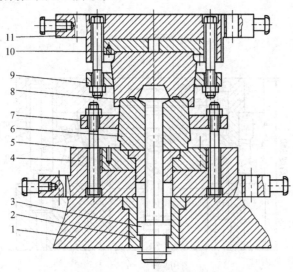

图 8-8　顶镦成形模

1—压力机工作台　2—衬套　3—顶杆　4—下模座　5—下垫板　6—下模　7—下压圈
8—上模　9—上压圈　10—上垫板　11—上模座

对于锻件头部和杆部截面变化较大的长杆件，需要配备其他设备进行制坯，然后在螺旋压力机上进行终锻。对于中小生产批量生产，常用合适规格的坯料在空气锤上进行拔长，然后利用摔子摔出杆部，校正后在摩擦压力机上顶镦成形锻件头部（图 8-9）。生产批量较大时，可以用与锻件直径相同的长杆料在电镦机上顶镦制坯，在摩擦压力机上顶镦成形锻件头部，这种工艺方法的原材料必须和锻件杆部尺寸一致，应用受到一定限制（图 8-10）。

2. 第 II 类锻件的工艺及模具特点

此类锻件的形状特点是：在水平面上的投影为圆形或平面尺寸相差不大的异形饼块。

对于形状简单的锻件，可在工作台上进行镦粗，去氧化皮，然后放入终锻模腔模锻，镦粗前毛坯高度与直径之比小于 2.5。当毛坯在模中易于定位且锻件形状较简单，可进行闭式模锻，模具结构如图 8-11 所示。

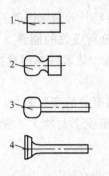

图 8-9　摔杆制坯

1—原毛坯　2—卡头　3—摔出杆部　4—顶镦成形

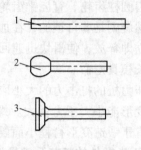

图 8-10　电热镦制坯

1—原毛坯　2—电热镦头部　3—顶镦成形

对于形状复杂的、有深孔或有高筋的锻件，需先进行镦粗或预制坯，然后进行终锻。由于此类锻件的平面尺寸较大，摩擦压力机承受偏击能力较差，制坯工步需配其他设备来完成。

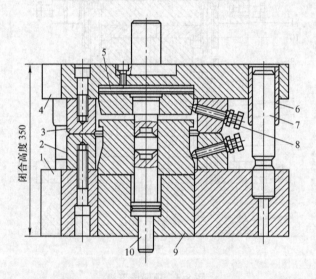

图 8-11　带承击面的闭式锻模

1—下模座　2—下承击块　3—上承击块　4—上模座　5—上垫板　6—导套
7—导柱　8—螺栓　9—下垫块　10—顶杆

3. 第Ⅲ类锻件的工艺及模具特点

此类变截面长轴类锻件的形状较复杂，断面形状和尺寸沿长度方向是变化的，一般采用开式模锻。其工艺设计的主要依据是计算毛坯直径图，工艺计算方法可参阅锤上模锻的相应内容。

摩擦压力机承受偏心载荷能力较差，行程次数较低，比较适宜于模锻沿长度方向断面尺寸变化不大，可直接用加热的坯料经弯曲、卡压等一次的锻击制坯后模锻成形的锻件。对于断面尺寸沿长度方向变化较大，打击次数较多，需要进行拔长、滚压等制坯工步的锻件，一般只在摩擦压力机上终锻。根据生产批量大小，将制坯工步放在空气锤、辊锻机等其他设备上。

离合器式螺旋压力机和电动螺旋压力机承受偏载能力较强，可以采用预锻。如采用多模膛模锻，要根据偏载曲线进行计算和校核。其制坯工步一般仍放在空气锤、辊锻机等其他设备上。图 8-12 所示为 2t 蒸汽-空气锤上制坯，在 25000kN 离合器式螺旋压力机上预锻、终锻的机车叉头锻模结构示意图。

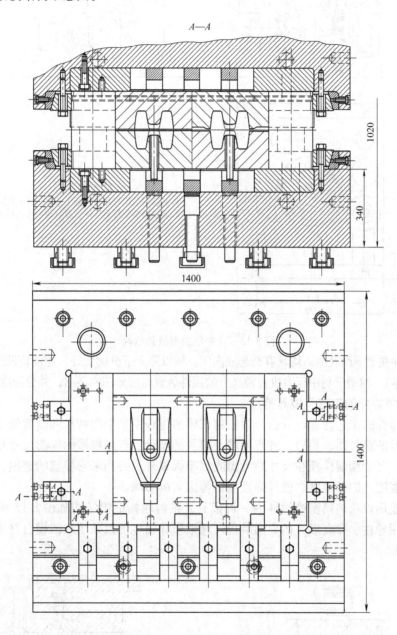

图 8-12　叉头锻模结构示意图

4. 第 IV 类锻件的工艺及模具特点

此类锻件基本是以反挤压方式成形，加热后的毛坯镦粗后放入挤压模。镦粗的作用是去除毛坯氧化皮和获得易于在挤压模中定位的毛坯尺寸。图 8-13 所示为在螺旋压力机上镦粗、反挤压成形圆筒形锻件的模具结构。

5. 第 V 类锻件的工艺及模具特点

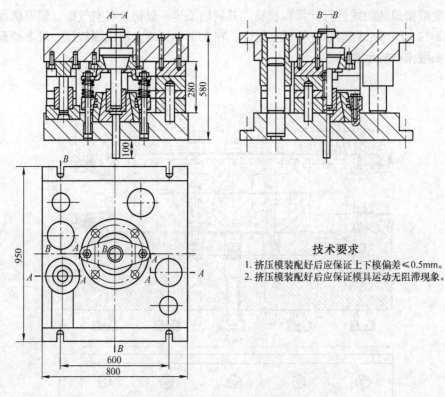

技术要求
1. 挤压模装配好后应保证上下模偏差≤0.5mm。
2. 挤压模装配好后应保证模具运动无阻滞现象。

图 8-13　反挤压成形模具结构

　　此类锻件在上下面及侧面均具有凸起或内凹,所以除上下分模面外,还需将凹模做成可分的结构(图 8-14)。模锻后利用压力机及模具上的顶件装置将可分凹模顶出,并分开取出锻件。

6. 第Ⅵ类锻件的工艺及模具特点

　　首先对零件的工艺性进行分析,根据精密锻造过程中变形的特点和金属流动的特征制订出精密模锻件的锻件图,然后,进行模膛及模块的设计。普通模锻的模膛尺寸是按热锻件图尺寸确定的,对于精锻模模膛尺寸除考虑收缩率因素外,必须考虑模膛的磨损、毛坯体积的变化、模具温度、锻件温度、模具弹性变形等因素的影响。

　　精锻模是用以获得精密模锻件的一种模具,锥齿轮精锻模结构如图 8-15 所示。精锻模导向一般采用导柱、导套形式的导向装置。精锻模导向也可以采用凸凹模自身导向,其间隙按表 8-5 选取。

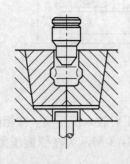

图 8-14　凹模可分的模具结构

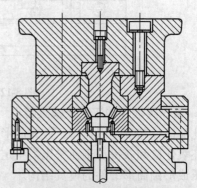

图 8-15　锥齿轮精锻模结构

表8-5 凸模和凹模间的间隙值 （单位：mm）

凸模直径	间隙值	凸模直径	间隙值
<20	0.05	60~120	0.10~0.15
20~40	0.05~0.08	120~200	0.15~0.20
40~60	0.08~0.10	>200	0.20~0.30

8.5.2 锻模的结构形式

螺旋压力机具有蒸汽-空气模锻锤和机械压力机双重工作特性，可参照锤锻模和机械压力机锻模结构。

螺旋压力机上的锻模，通常借助于模板、模座或模架用螺栓、压板紧固于压力机的滑块及工作台的垫板上，这样有利于减少锻模模块尺寸和减少压力机滑块及工作台垫板的局部压力。模座一般采用锻钢件，对于较小的模座，可采用锻件加工或由钢板焊接而成。螺旋压力机上锻模有整体式和组合式两种，常用锻模结构形式如图8-16所示。设计时，根据产品结构、批量等特点，选择合适的锻模结构。

整体式锻模的模膛、导向和承击面都设在上下模块上。其优点是结构简单，制造、使用和维修方便。组合式锻模模块的尺寸较小，在其上一般只设模膛，锻模的导向及承击面另外设在模架上。组合式（包括镶块式）锻模的优点是节省模具钢，便于模具零件标准化，缩短生产周期，降低模具成本。组合式锻模适合于多品种中小批量锻件的生产。

当车间既有模锻锤又有螺旋压力机，要求同样能量设备的模具可以通用时，可采用图8-16a、d所示结构。

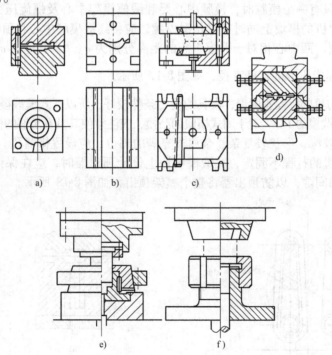

图8-16 常用锻模结构形式

a)、d) 与锻模锤通用的结构 b) 压板固定的结构 c) 斜楔固定的结构 e) 压圈固定的结构 f) 大螺母固定的结构

8.5.3 模膛及飞边槽设计

1. 模膛设计

模膛在模块上的布置应尽量避免和减少偏心打击，同时要使操作方便、整个操作路线最短。具体设计时，必须遵循以下原则：

1）终锻模膛。螺旋压力机终锻模膛的设计要点与锤锻模相同，飞边槽的设计也相同，也需要考虑承击面的大小。

螺旋压力机通常只有下顶出装置，在设计模膛时，锻件上的形状复杂部分应放在下模，以便于脱模。由于螺旋压力机有下顶出装置，可进行闭式模锻，适于轴对称变形或近似轴对称变形的锻件。

在闭式锻模设计中，如凸模和凹模孔之间，顶杆和凹模孔之间间隙过大，会形成纵向飞边，加速模具磨损且造成顶件困难；如间隙过小，因温度的影响和模具的变形，会造成凸模和顶杆在凹模孔内运动困难。其间隙通常按3级滑动配合精度选用，也可参考有关手册。凸模与凹模的间隙大致为 0.05～0.20 mm。

设计闭式锻模的凹模和凸模时，应考虑多余能量的吸收问题。当模膛已基本充满，再进行打击时，滑块的动能几乎全部被模具和设备的弹性变形所吸收。坯料被压缩后，使模具的内径变大，模具承受很大的应力。在螺旋压力机上闭式模锻时，模具尺寸主要取决于设备的吨位。在设计细长杆件局部顶镦模具时，为防止坯料弯曲和折叠，应限制坯料变形部分的长度和直径的比值。

2）预锻模膛。螺旋压力机上一般采用单模膛模锻。制坯工序一般在自由锻锤、辊锻机或楔横轧机等设备上完成，预锻模膛设计根据终锻模膛及所用设备而定。

3）当锻模上只有一个模膛时，模膛中心要和锻模模架中心及螺旋压力机主螺杆中心重合；如在螺旋压力机的模块上同时布置预锻模膛，应将终锻模膛中心和预锻模膛中心分别布置在锻模中心两侧。两中心相对于锻模中心的距离分别为 a、b，其比值 $a/b \le 1/2$，且 $a + b \le \dfrac{D}{2}$，其中 D 为螺旋压力机螺杆直径，如图 8-17 所示。

4）因螺旋压力机的行程速度慢，模具的受力条件较好，所以开式模锻模块的承击面积比锤锻模小，大约为锤锻模的1/3。对于闭式模锻的凸模，应注意使其具有足够的横截面积。

5）对于模膛较深、形状较复杂、金属难充满的部位，应设置排气孔。

6）螺旋压力机的行程不固定，在锻模模块上设计顶出器时，应在保证顶出器强度的前提下，留有足够的间隙，以防顶出器将整个模架顶出，如图 8-18 所示。

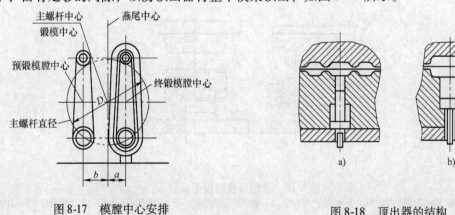

图 8-17　模膛中心安排　　　　　　　　　图 8-18　顶出器的结构

模膛及模块设计时要考虑锻模结构形式的选择，在保证强度的条件下，应力求结构简单，制造方便，生产周期短，力争达到最佳的经济效果。

模膛最小壁厚度可根据模膛深度 h、圆角半径 R 和模锻斜度按下式确定。模膛最小壁厚度 t_0、t_1 与模膛深度 h 的示意图，如图 8-19 所示。

$$t_0 = K_0 h \tag{8-8}$$

$$t_1 = K_1 h \tag{8-9}$$

表 8-6 和表 8-7 适用范围为 $\alpha \geq 7°$，$R \geq 3$ mm。当 $\alpha < 7°$，$R < 3$mm 时，K 值适当增大。

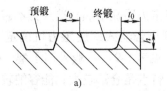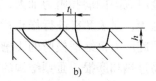

图 8-19 模膛最小壁厚示意图

表 8-6 系数 K_0

模膛深度 h/mm	< 20	20 ~ 30	30 ~ 40	40 ~ 55	55 ~ 70	70 ~ 90	90 ~ 120	> 120
K_0	2	1.7	1.5	1.3	1.2	1.1	1.0	0.8

表 8-7 系数 K_1

模膛深度 h/mm	< 30	30 ~ 40	40 ~ 70	70 ~ 100	> 100
K_0	1.5	1.3	1.1	1.0	0.8

2. 飞边槽设计

开式模锻时，终锻模膛周围设飞边槽，飞边槽设计是预锻、终锻工步设计的主要内容，对模锻件的成形和模锻力有决定性的影响。飞边槽最主要的尺寸是桥部高度 h、宽度 b。

（1）摩擦压力机飞边槽设计 锻件的尺寸（准确地说是锻件在分模面上的投影面积）既是选择飞边槽尺寸的依据，也是选择设备吨位的主要依据，故生产中通常按设备公称压力来选定飞边槽尺寸。表 8-8 给出了按压力机公称压力确定飞边槽尺寸的经验值。摩擦压力机行程次数较低，飞边桥部高度比锤锻模飞边桥部高度大，可按下式计算，即

$$h = 0.02 \sqrt{A} \tag{8-10}$$

式中，h 是飞边桥部高度（mm）；A 是锻件在水平面上的投影面积（mm²）。

表 8-8 按设备规格确定的飞边槽尺寸 （单位：mm）

公称压力 /kN	h	h_1	b	b_1	r	R
≤1600	1.5	4	8	16	1.5	4
2500	2.0	4	10	18	2.0	4
4000	2.5	5	10	20	2.5	5
6300 ~ 10000	3.0	6	12	22	3.0	6
>10000	3.5	7	14	24	3.5	7

（2）离合器式螺旋压力机飞边槽设计　我国目前尚无离合器式螺旋压力机飞边槽设计的标准。对比传统螺旋压力机与离合器式螺旋压力机选择公称压力的式（8-5）与式（8-7），可以看出，相同锻件模锻时，式（8-5）计算出的传统螺旋压力机公称压力与式（8-7）计算的离合器式螺旋压力机公称压力明显不同。对精密锻造、精压以及薄壁、高筋锻件成形等，飞边槽尺寸可参照传统螺旋压力机。对变形量大、需要大能量的锻件，离合器式螺旋压力机的公称压力要比传统螺旋压力机小得多。如离合器式螺旋压力机仍参照传统螺旋压力机设备规格确定飞边槽尺寸，则相同规格离合器式螺旋压力机的飞边槽尺寸（桥部高度 h）将减小。这样会使金属流向四周和阻力加大，模锻打击力明显增加，造成打不靠，使高度尺寸超差。根据实际经验，对表 8-8 进行修正后，得到离合器式螺旋压力机确定飞边槽尺寸的规范，离合器式螺旋压力机终锻模膛的飞槽尺寸，见表 8-9。一般采用 I 型，桥部在上模，受热时间短，不易过热和磨损。III 型结构的飞边槽特点是仓部较大，能容纳较多的金属，适用于大型和形状复杂的锻件。

表 8-9　离合器式螺旋压力机终锻模膛飞边槽尺寸

	公称压力 /kN	h	h_1	b	b_1	r	R
I	4000	3.0	6	10	40	1.5	6
	10000	3.5	6	10	40	2	6
	12500	4.0	8	10	40	2	8
II	16000	4.0	8	12	40	2	8
	20000	5.0	10	15	50	3	10
	25000	5.0	10	15	50	3	10
	31500	5.0	10	20	60	3	10
III	40000	6.0	12	20	60	4	12
	50000	6.0	12	20	60	4	12

离合器式螺旋压力机采用闭式飞边槽，闭式飞边槽所形成的承击面可用来限位和吸收压力机多余的打击能量。预锻工步一般不设飞边槽，对形状复杂的锻件，预锻模膛可设置飞边槽，预锻模膛飞边槽一般只需终锻飞边槽尺寸 h 和 r 适当加大。

在进行模具设计时，应具体问题具体分析，根据不同类型、规格和重量的锻件，考虑制坯情况，对飞边槽参数在上述基础上进行适当的调整。

8.6　螺旋压力机用模架

8.6.1　摩擦螺旋压力机模架结构

锻模是通过模架紧固在压力机的滑块底面和工作台面上，正确选择和设计模架十分重要。首先必须考虑生产过程中确保安全，保证产品质量，其次应考虑模架结构简单，易于调节，制造简单，装卸方便，容易保管，经久耐用，并有较高的综合经济效益。

1. 模架结构

模架主要由几部分构成，即上模座，下模座，垫板，上、下主顶杆，压板，螺钉，导柱，导套，调节件等。螺旋压力机模架分为整体式锻模模架、组合式（镶块式）锻模模架、精锻模模架三种。三类模架的各种形式见表 8-10。

表 8-10　三类模架的各种形式

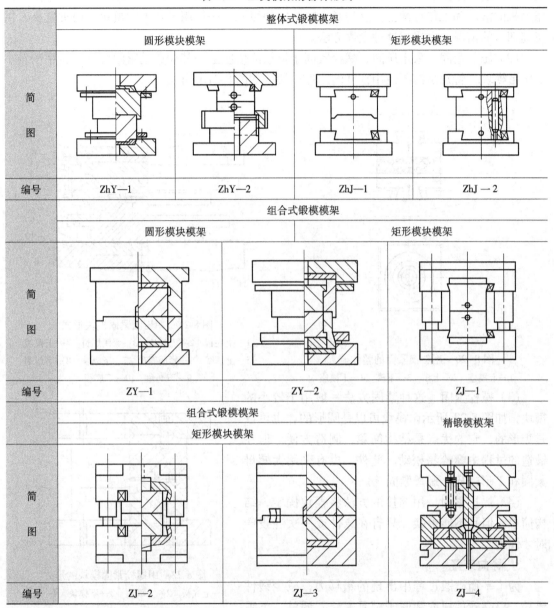

	整体式锻模模架			
	圆形模块模架		矩形模块模架	
简图				
编号	ZhY—1	ZhY—2	ZhJ—1	ZhJ—2
	组合式锻模模架			
	圆形模块模架		矩形模块模架	
简图				
编号	ZY—1	ZY—2	ZJ—1	
	组合式锻模模架		精锻模模架	
	矩形模块模架			
简图				
编号	ZJ—2	ZJ—3	ZJ—4	

2. 模块、模座及紧固形式

螺旋压力机模块分圆形和矩形两种。前者主要用于圆形锻件或不太长的小型锻件；后者主要用于长杆类锻件。模块尺寸应根据锻件尺寸而定，尽量做到标准化、系列化。

模座是锻模模架的主要零件。设计时要力求制造简单，经久耐用，装卸方便，易于保管。通用模座既可安装圆形模块，又可安装矩形模块，减少模座种类，便于生产管理。

为了便于调节上、下模块间的相对位置，防止因模块和模座孔的变形影响正常装卸，模块和模座孔之间应留有一定的间隙。

模块的紧固形式有以下几种：

（1）斜楔紧固　斜楔紧固方法与锤锻模相同，如图 8-20 所示。模块上有燕尾和键槽，利用键块进行定位，并用斜楔将模块紧固在模座上，模座借助于 T 形螺栓分别固定在摩擦压力机的滑块和工作台面上。这种紧固方法方便可靠，一般用于较大的模块。当批量小、供货周期短的情况，也采用这种紧固方法。

（2）压圈紧固　采用压圈、螺栓紧固于模板或模座上。其优点是紧固可靠，适用于较小的圆形模块，特别是需要使用顶杆的圆形模块，如图 8-21 所示。

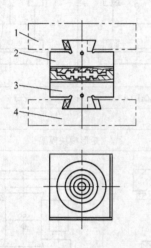

图 8-20　用斜楔紧固的整体模
1—上模座　2—上模　3—下模　4—下模座

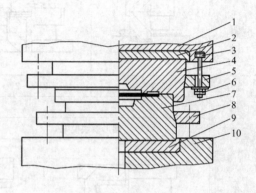

图 8-21　用压圈紧固模块形式
1—上底板　2—上垫块　3—紧固螺钉　4—上模块
5—上压圈　6—紧固螺母　7—下模块　8—下压圈
9—下垫块　10—下底板

（3）螺栓紧固　这种紧固方法一般用于较小的模块，如图 8-22 所示。模块可以是圆形的，也可以是矩形的，它的优点是结构简单，制造方便，但在锻造的过程中螺栓易松动。此外，也有采用大螺母紧固和 T 形螺栓、螺母紧固等。

（4）焊接紧固　用焊接的方法将模块固定，结构简单，但是不能更换，只有在急件或一次性投产时才使用。

3. 导向装置

为了平衡模锻过程中出现的错移力，减少锻件错移，提高锻件精度和便于模具安装、调整，可采用导向装置。螺旋压力机锻模的导向形式有导柱导套、导销、凸凹模自身导向和锁扣。

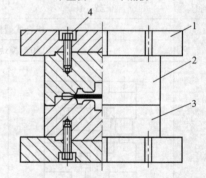

图 8-22　用螺栓紧固模块的形式
1—上底板　2—上模块　3—下模块　4—螺栓

（1）导柱导套　导柱导套导向适用于生产批量大、精度要求较高的锻件。这种导向装置导向性能好，但制造较困难。对于大型螺旋压力机，可参考机械压力机的导柱导套设计。对于中小型螺旋压力机，可参考冲压模具设计。

（2）导销　对于形状简单、精度要求不高、生产批量不大的锻件，可采用导销导向。

导销的长度应保证开始模锻时导销进入上模导销孔 15 ~ 20 mm；在上下模打靠时导销不露出上模导销孔。

（3）凸凹模自身导向　凸凹模自身导向主要用于圆形锻件，实质上它是环形导向锁扣的变种形式。凸凹模自身导向分为圆柱面导向和圆锥面导向两种。圆柱面导向的导向性能优于圆锥面导向，多用于无飞边闭式模锻。圆锥面导向多用于小飞边开式模锻。设计导向部分的间隙时，要考虑到模具因温度变化对间隙的影响，一般取 $0.05 \sim 0.3$mm。

（4）锁扣　锁扣导向主要用于大型摩擦压力机的开式锻模上，有时也用于中、小型锻件生产。摩擦压力机锻模锁扣导向与锤锻模的锁扣导向基本相同，分为平衡锁扣和导向锁扣。平衡锁扣用于分模面有落差的锻件；导向锁扣则应根据锻件的形状和具体情况，参照锤上锻模进行设计。

8.6.2　新型及离合器式螺旋压力机模架结构

首先，新型螺旋压力机模架可参照摩擦螺旋压力机模架结构进行设计。

由于新型螺旋压力机一般具有上下顶出装置，承受偏击载荷能力强，其模架又可参考机械压力机模架结构进行设计，可采用斜面压板紧固的组合式模架结构，如图 8-23 所示，其实物如图 8-24 所示。对于形状复杂、成形困难的长轴类锻件，可采用键式紧固的组合式（镶块式）模架结构，将终锻模膛放在中心位置，如图 8-25 所示。其上、下模都有顶出机构，顶出机构采用压力机顶杆-顶板-模具顶杆的结构，扩大了顶出范围，下顶杆采用直杆式，方便模具安装和调整。

在模架设计和选择时，要根据产品结构、批量和生产情况等进行综合考虑。镶块的形式是根据锻件的形状来确定的，采用较多的是圆形和矩形两种，根据锻件的形状，选择不同形式的镶块。

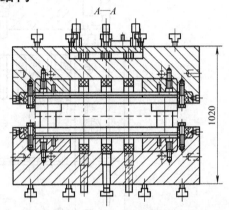

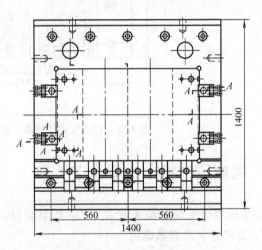

图 8-23　斜面压板紧固的组合式模架结构示意图

图 8-24　斜面压板紧固的组合式模架实物

225

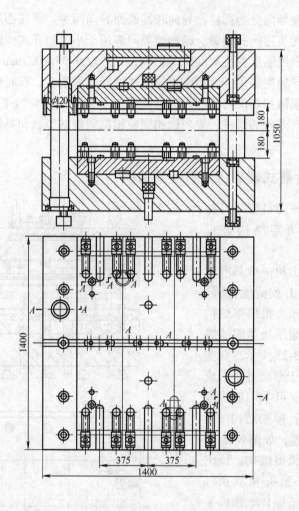

图 8-25　键式紧固的模座、镶块组合式结构示意图

8.7　螺旋压力机上模锻工艺实例

以下简要介绍花键轴叉锻造工艺、模具设计。

1. 工艺分析及方案确定

（1）零件的工艺性　如图 8-26 所示，该锻件属于长轴类锻件，头部为叉形结构，形状较为复杂，且部分表面不需机械加工，属于黑皮锻件，成形有一定难度，生产批量为中小批量。

（2）方案的选择　通过对零件进行工艺分析，对锤上模锻和压力机上模锻的特点进行分析比较，考虑锻压厂实际的生产情况、设备条件等，选择螺旋压力机上模锻的工艺方案。

2. 锻件图的制订

锻件图是根据零件图制订的，它全面地反映锻件的情况。锻件图是编制锻造工艺卡片，设计模具和量具以及最后检验锻件的依据。

（1）确定分模面位置　不难看出，该锻件为长轴类、叉类锻件。确定分模面位置最基

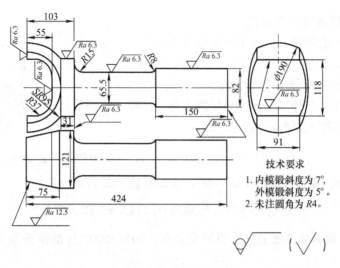

图 8-26　零件图

本的原则是保证锻件形状尽可能与零件形状相同，锻件容易从锻模型槽中取出，利于充填成形和模具加工。

　　综合考虑以上因素，分模面采用平直对称分模，将分模面位置确定在 A—A 处，如图 8-27 所示。

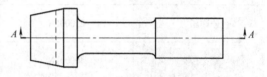

图 8-27　分模面位置图

　　（2）确定锻件机械加工余量和尺寸公差

　　加工余量的确定与锻件形状的复杂程度、成品零件的精度要求、锻件的材质、模锻设备、机械加工的工序设计等许多因素有关。根据 GB/T 12362—2003，通过估算锻件质量，考虑加工精度及锻件复杂系数，确定锻件单边机械加工余量为 2.5mm。

　　（3）确定模锻斜度和圆角半径　螺旋压力机上模锻斜度的大小，主要取决于有无顶杆装置，也受锻件尺寸和材料种类的影响；锻件的圆角可以使金属容易充满模腔，起模方便和延长模具寿命。在设计时，模锻斜度和圆角半径可根据相关标准、设计图样、生产操作和模具加工方便等进行设计。模锻斜度和圆角半径如图 8-28 所示。

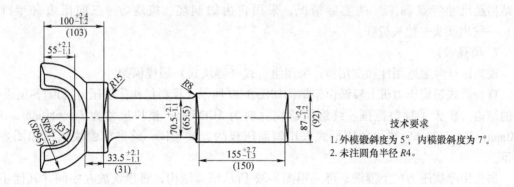

图 8-28　锻件示意图

3. 飞边槽的作用及结构形式

根据花键轴叉锻件特点，选用第 I 类飞边槽形式，考虑加工方便，将飞边槽开通，其尺寸和形式如图 8-29 所示。

4. 设备吨位的确定及其有关参数

花键轴叉锻件叉口外形不加工，根据实际生产经验，螺旋压力机吨位选择可按式（8-6）确定，即

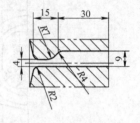

图 8-29 飞边槽结构尺寸

$$F = KA/q \qquad (8\text{-}6)$$

系数 K 按半精密锻造，取 $65\ \text{kN/cm}^2$；变形系数 q 取 1.3。则

$$F = (65 \times 737.593825/1.3)\text{kN} = 36879.5\text{kN}$$

NPS25000kN 离合器式螺旋压力机满足要求。NPS 25000kN 的离合器式螺旋压力机的技术参数，见表 8-11。

表 8-11　NPS2500 离合器式螺旋压力机技术参数

型号	NPS2500/4000-1400/625	滑块速度	500mm/s
公称压力	25000kN	最小装模高度	960mm
最大压力	40000kN	大垫板尺寸	1400mm × 1400mm
打击能量	1020kN · m	主电动机功率	125kW
最大行程	625mm	总安装功率	160kW

5. 热锻件图的确定

热锻件图是以冷锻件图为依据，将所有尺寸增加收缩值。螺旋压力机缩尺一般取 1.5%，离合器式螺旋压力机上模锻由于终锻温度高，建议取 1.8%。

6. 确定制坯工步

该锻件属于长轴类叉形锻件，锻件形状较复杂，锻件截面面积相差较大。根据锻件的形状结构及尺寸特点和工厂的实际情况，采用自由锻制坯：拔扁方—三向压痕（半圆压棍）—拔出叉头—掉头拔杆。

7. 模具设计

模架设计考虑通用性和实用性，采用组合式（镶块式）锻模模架。

离合器式螺旋压力机上模锻模架结构如图 8-30 所示，顶料机构采用压力机顶杆-顶板-顶杆的结构，扩大了顶料范围。终锻模镶块材料为 5CrNiMo；模块尺寸为 $L = 680\text{mm}$，$B = 340\text{mm}$，$H = 340\text{mm}$；模块紧固形式采用斜面压板的方式紧固；终锻模镶块结构如图 8-31 所示。

如采用摩擦压力机上模锻，可采用图 8-32 所示模具结构，将模块放在中间，其他步骤基本相同。

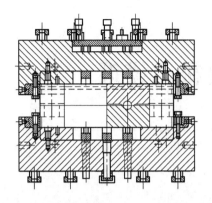

图 8-30　离合器式螺旋压力机上模锻模架结构

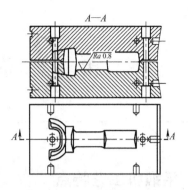

图 8-31　锻模结构

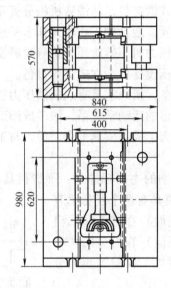

图 8-32　摩擦压力机模具结构

思 考 题

1. 请叙述螺旋压力机工作原理。

2. 请叙述摩擦压力机上模锻的工艺特点和离合器式螺旋压力机上模锻的工艺特点。

3. 简要说明螺旋压力机上模锻工艺及模具设计过程和工艺流程。

4. 请综合对比锤上模锻、螺旋压力机上模锻和机械压力机上模锻时锻件图的设计特点和锻模设计特点。

5. 为何摩擦压力机上锻模一般只设置单模膛？若设置预锻模膛时，对预锻和终锻模膛打击中心线有何要求？螺旋压力机用锻模飞边槽设计有何特点？

6. 说明螺旋压力机模架结构特点。

第9章 平锻机上模锻

9.1 平锻机工艺特点

平锻机又称水平锻造机或卧式锻造机，从锻造机械分类看，它属机械压力机类。由于压力机工作机构运行方向存在的不同，通常把工作部分作水平往复运动的模锻设备简称为平锻机。前面所述的模锻锤、热模锻压力机、螺旋压力机等模锻设备的工作部分（锤头或滑块）是作垂直往复运动的，把这些锻压设备称为立式锻压设备。

平锻机属于曲柄压力机类设备，所以它具有热模锻压力机上模锻的很多特点，如行程固定，滑块工作速度与位移保持严格的运动学关系，锻件成形部分长度方向尺寸稳定性好；振动小，不需要很大的设备基础；为了提高模具寿命，模具与工件接触易损部分常常设计为可以更换的镶块式、组合式锻模。

平锻机与其他曲柄压力机区别的主要标志是：平锻机具有两个滑块（主滑块和夹紧滑块），可以产生两向运动，使锻模具有两个互相垂直的分模面。一个分模面（主分模面）在冲头和凹模之间，另一个分模面（夹紧分模面）在可分的两半凹模之间。这一特点决定了平锻机上模锻工步的分类和顺序。

根据凹模分模方式的不同，平锻机分为垂直分模平锻机和水平分模平锻机两类。从使用的角度来看，虽然各有特点，但锻造成形的特性则是一样的。

图9-1所示为垂直分模平锻机工作原理图。平锻机起动前，棒料放在固定凹模6的型槽中，并由前挡料板4定位，以确定棒料变形部分的长度 L_0。然后，踏下脚踏板，使离合器工作。平锻机的曲柄和凸轮机构保证按下列顺序工作：在主滑块2前进过程中，侧滑块9使活动凹模7迅速进入夹紧状态，将 L_p 部分的棒料夹紧；前挡料板4退回；凸模（冲头）3与热坯料接触，并使其产生塑性变形直至充满型槽为止。当主滑块回程时，机构运动顺序是：冲头从凹模中退出，侧滑块带动活动凹模体回到原位，冲头同时回到原位，工作循环结束。从凹模中取出锻件。

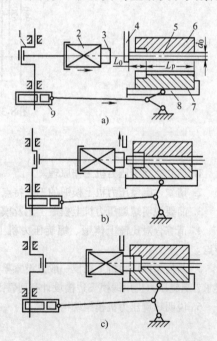

图9-1　垂直分模平锻机工作原理图
1—曲柄　2—主滑块　3—凸模　4—前挡料板
5—坯料　6—固定凹模　7—活动凹模
8—夹紧滑块　9—侧滑块

平锻机在工艺上有如下特点：

1）锻造过程中坯料水平放置，其长度不受设备工作空间的限制，可以锻造出立式锻压设备不能锻造的长杆类锻件，也可以用长棒料进行逐件连续锻造。

2）有两个分模面，可以锻出一般锻压设备不易成形在两个方向上有凹槽、凹孔的锻件（如双凸缘轴套、双联齿轮等），锻件形状更接近零件形状。

3）平锻机滑块导向性好，行程固定，锻件长度方向尺寸稳定性比锤上模锻高。但是，平锻机传动机构受力产生的弹性变形随锻压力的增大而增加。所以，要合理地预调冲头闭合尺寸，否则将影响锻件长度方向的精度。

4）平锻机可进行开式和闭式模锻，可以进行终锻成形和制坯，也可进行弯曲、切边、切料等工步。

但是，平锻机上模锻也存在如下缺点：

1）平锻机是模锻设备中结构最复杂的一种，价格贵，投资大。

2）靠凹模夹紧棒料进行锻造成形，坯料一般要用较高精度热轧棒料或冷拔料，否则会出现夹不紧或在凹模间产生大的纵向毛刺。

3）锻前须用特殊装置清除坯料上的氧化皮，否则锻件表面粗糙度值比锤上模锻的锻件高。

4）平锻机工艺适应性较差，不适宜模锻非对称锻件。

还有垂直分模平锻机与水平分模平锻机和曲柄压力机相比，不易实现机械化和自动化操作。有资料显示，平锻机的夹紧力与设备主滑块的模锻力 $F_{主}$ 的关系是：水平分模平锻机夹紧力为 $(1 \sim 1.3)F_{主}$，而垂直分模平锻机夹紧力只有 $(0.25 \sim 0.3)F_{主}$。实际选用时，可根据锻件的成形特性，进一步参照相关设计资料确定。

9.2 平锻机上模锻工步与锻件分类

9.2.1 平锻机上模锻工步

平锻机上任一模锻过程，无论锻件是如何复杂，都是由几个简单工步组成的。平锻机锻件的初始坯料一般采用按规定长度截取的棒料（锻造杆状零件时），在棒料的一端或两端进行变形或采用经过预锻的坯料。夹紧凹模主要用于夹紧棒料和封闭模具型槽，但也可以用于某些成形，如压肩。成形过程一般用固定在主滑块上的凸模或冲头来完成。夹紧凹模在平锻机上是对开的，因此，模具型槽依次安排在一套夹紧凹模中，由此可以产生以下工步。

平锻机上模锻常用的基本工步有聚集、冲孔、成形、切边、穿孔、切断、压扁和弯曲（图9-2），有时也用到挤压。在一些制坯工步中还可以完成局部卡细或胀形。

1. 聚集（局部镦粗）工步

目的是加粗坯料的头部或中部，获得圆柱形或圆锥形，为后续成形提供合理的中间坯料，它是平锻机上模锻成形中最基本的制坯工步。

2. 冲孔工步

目的是使坯料获得不穿透的孔腔。

3. 成形工步

目的是使锻件本体预锻成形或终锻成形。大多用主滑块，有时用夹紧凹模进行有飞边或无飞边模压成形。

4. 切边工步

目的是切除锻件上的飞边。切边冲头固定在主滑块凸模夹座上，切边凹模做成镶块形式并分成两半，一半紧固在固定凹模体上，另一半紧固在活动凹模体上。

5. 穿孔工步

目的是冲穿内孔，并使锻件与棒料分离，从而获得通孔类锻件。

6. 切断工步

目的是切除穿孔后棒料上遗留的芯料，为下一个锻件的锻造做好准备。切断型槽主要由固定刀片（安装在固定凹模体上）和活动刀片（紧固在活动凹模体上）所组成。

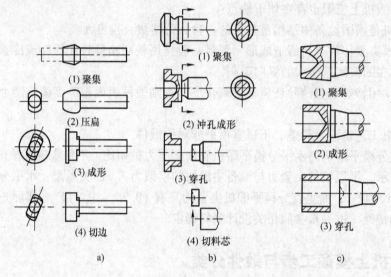

图 9-2　平锻工步
a）杆件平锻工步　b）通孔件平锻工步　c）环件平锻工步

9.2.2　锻件分类

在平锻机上模锻的锻件（平锻件）品种、尺寸范围较广，其外形直接确定了模锻工艺的特性。为了便于进行工艺及模具设计工作，依据锻件形状这个分类指标，一般可将平锻机模锻件分为四组，见表 9-1。

表 9-1　平锻机模锻件分类

组别	类别	简　图	工艺特点
第 1 组	具有粗大部分的杆形锻件		1）坯料直径按锻件杆部选取 2）多为单件，采用后定位方式 3）平锻工步为聚料、成形 4）开式模锻时有切边工步

（续）

组别	类别	简　图	工艺特点
第 2 组	具有通孔或盲孔的锻件	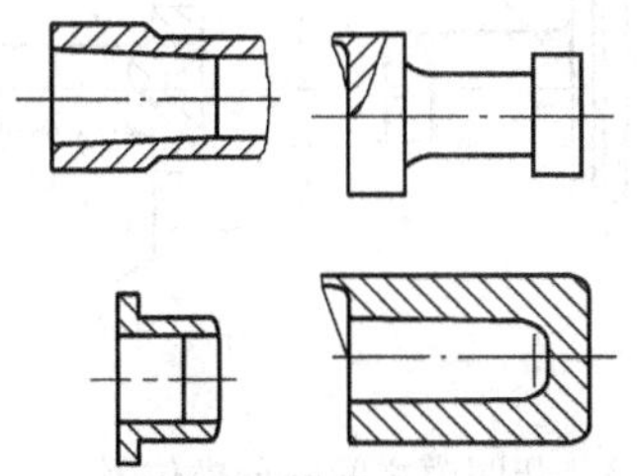	1) 通孔类坯料直径尽量按锻件孔径选取；无孔或盲孔类坯料直径按工艺选定 2) 多为长棒料，采用前定位连续锻造 3) 主要工步通孔类为聚料、冲孔、成形、穿孔；无孔或盲孔类为聚料、冲孔、预成形和终成形、切断
第 3 组	管类锻件	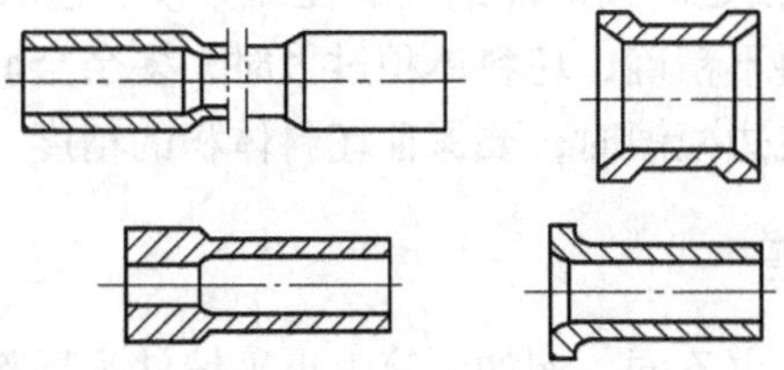	1) 坯料直径按锻件杆部管料规格选取 2) 多为单件后定位模锻 3) 加热长度不易太长 4) 主要工步为聚料、预成形或成形
第 4 组	联合模锻的锻件	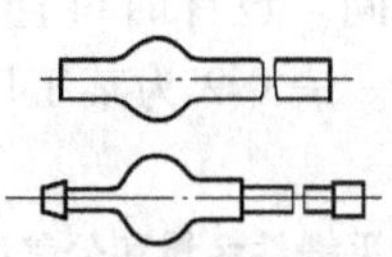 平锻制坯–锤锻成形 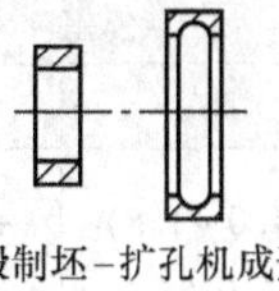 平锻制坯–扩孔机成形	可根据锻件形状、尺寸采用不同的联合模锻工艺，如先平锻制坯再在其他锻压设备上成形，或反之

9.3　平锻机模锻件图设计

　　和锤上模锻一样，平锻机上模锻的锻件图设计同样是非常重要的一个环节。考虑到平锻机上模锻的特点，要对零件形状作一定的简化，从而确定工步的性质。设计平锻件图主要是解决分模位置、余量公差、模锻斜度、圆角半径、形状偏差等问题。

9.3.1　分模面确定

　　平锻模由三部分组成，具有两个分模面。两半凹模间的分模位置容易确定，一般设在锻件的纵向和轴向剖面上，凸凹模之间的分模位置应根据具体情况进行处理，如图 9-3 所示。

　　1) 分模位置设在锻件粗大部分的右端，使头部在凸模型槽中成形，质量较好，

　　2) 分模位置设在粗大头部的左端，使锻件在凹模型槽中成形，不用设置模锻斜度。但当两半凹模不能完全闭合，或不同心时，锻件质量就要降低。

　　3) 受锻件形状限制，分模位置只能设在凸肩中部。

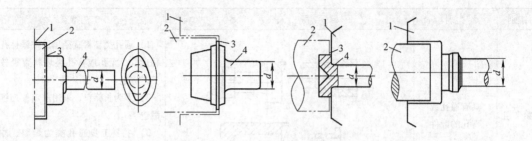

图9-3 凸凹模之间的分模位置

1—凹模 2—凸模 3—飞边 4—局部镦粗件

4）采用闭式模锻时，凸凹模之间按锻件最大圆柱面分模。这时凸凹模横向分模间隙为零，只有导向间隙。当坯料备料不精确，坯料体积过大时，多余金属将流入间隙而产生环状的纵向毛刺。所以，在进行无飞边模锻时，要保证坯料体积的精度。

9.3.2 机械加工余量和公差

平锻件形状不同，变形特点也不同。例如，第1组平锻件为局部变形；第2组平锻件为整体变形，其机械加工余量和公差也有不同。设计时可查阅有关文献，或按工厂标准确定。有的工厂按设备大小决定锻件余量和公差。表9-2为某工厂的平锻件余量和公差，在这里仅供参考。

表9-2 平锻件余量和公差

平锻机吨位 /kN	单边余量/mm		公差/mm		
	H	D	H	D	
5000	1.25 ~ 2.0	1.25 ~ 2.0	+(1.0 ~ 1.5) −0.5	+(0.8 ~ 1.5) −(0.5 ~ 1.0)	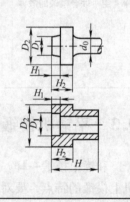
8000	1.5 ~ 2.5	1.5 ~ 2.5	+1.5 −0.5	+1.5 −(1.5 ~ 1.0)	
12000	2.0 ~ 2.5	2.0 ~ 2.5	+(1.0 ~ 2.0) −(1.0 ~ 1.5)	+(1.5 ~ 2.0) −(0.5 ~ 2.0)	

9.3.3 模锻斜度

由于平锻件具有两个互相垂直的分模面，有利于锻件出模，设计中须根据锻件形状尺寸，模锻斜度可以小些，甚至个别部分不设斜度，仅在型槽中的某些部位带有模锻斜度。

为了保证冲头在主滑块回程时，锻件内孔不会被冲头"拉毛"，内孔中应有模锻斜度 α，其值按 H/d 选定，可参照表9-3选取。锻件在冲头内成形的部分，也应有模锻斜度 β，数值见表9-3。带双凸缘的锻件，在内侧壁上应设有模锻斜度 γ，其值取决于凸缘的高度 Δ，数值见表9-3。

表 9-3　平锻件模锻斜度

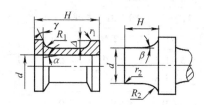

H/d	< 1	1 ~ 5	> 5	Δ/mm	< 10	10 ~ 20	20 ~ 30
α/β	$15' \sim 30'/15'$	$30' \sim 1°/30'$	$1°30'/1°$	γ	$5° \sim 7°$	$7° \sim 10°$	$10° \sim 12°$

9.3.4　圆角半径

为了提高模具的寿命，有利于模腔的充填条件，避免金属被咬住，要在锻件轮廓上的面与面的过渡处设有足够大的圆角半径。如表 9-3 中图所示，圆角设定可分为在凹模和凸模中成形的部分。

1. 在凹模中成形的部分

外圆角半径 r_1（mm）为

$$r_1 = (\delta_{高} + \delta_{径})/2 + a$$

内圆角半径 R_1（mm）为

$$R_1 = 0.2\Delta + 0.1\text{mm}$$

2. 在冲头或凸模中成形的部分

外圆角半径 r_2（mm）为

$$r_2 = 0.1H + 1.0\text{mm}$$

内圆角半径 R_2（mm）为

$$R_2 = 0.2H + 1.0\text{mm}$$

式中，$\delta_{高}$ 是锻件高度方向机械加工余量；$\delta_{径}$ 是锻件径向机械加工余量；a 是零件倒角高度值。

对计算出的圆角半径，若无特殊要求，应取接近下列标准数值中的较大数值：0.5mm，1mm，1.5mm，2mm，2.5mm，3mm，3.5mm，4mm，4.5mm，5mm，6mm，8mm，10mm，12mm，15mm，20mm，25mm，30mm，35mm，40mm，50mm。

内轮廓上的圆角半径，凸出部分可按外轮廓的凸出部分一样计算，有时为了获得金属更好的流动条件，也可用作图法求得凹进部分的圆角半径。

9.3.5　平锻件允许的形状偏差

平锻件允许形状偏差的确定可参照表 9-4。

表9-4 平锻件允许形状偏差　　　　　　　　（单位：mm）

技术条件项目		允许形状偏差				示意图
		小于3150kN	5000kN	8000kN	12000kN	
毛刺	分模面毛刺 z	0.5~1.0	0.5~1.5	1.0~2.0	1.5~2.0	
	横向毛刺 z_1	0.5~1.5	0.5~1.5	1.0~2.0	1.5~2.0	
	纵向毛刺 z_2	2.0~3.0	2.0~3.0	<3.0	<3.0	
	出口处毛刺 z_3	<2.0	<2.0	<3.0	<3.0	
表面缺陷深度	不加工表面	0.5~1.0	0.5~1.0	0.75~1.2	0.75~1.2	
	加工表面	≤实际加工余量之半				
杆部弯曲值	杆部长度 <200	0.5~1.0	0.5~1.0	0.75~1.5	1.0~2.0	
	200~300	0.75~1.25	1.0~1.5	1.0~1.5	1.5~2.0	
	>300	1.0~1.5	1.0~1.5	1.5~2.0	1.5~2.0	
错差	左右凹模前后错差 λ_1	<0.5	0.5~0.75	0.5~0.8	0.5~1.0	
	左右凹模上下错差 λ_2					
	凸凹模错差 λ_3					
杆部变粗	$l=(1~1.5)d$ 内杆部变粗 g 值	0.25~0.6	0.5~0.75	0.75~1.0	1.0~1.5	
同心度	e 值	0.5~0.75	0.5~0.75	0.75~1.0	0.75~1.0	
壁厚差	头部壁厚差 $k-k_1=2e$ 尾部壁厚差 $k_2-k_3=2e$ 壁厚差应小于实际余量之半	<1.0	1.0~2.0	1.5~2.5	2.0~3.0	
平面度	μ 值	0.5~1.0	0.5~1.0	1.0~1.5	1.0~1.5	

9.4 聚集规则及其工步计算

平锻工艺过程，主要是把加热后的棒料在模具夹持下逐步地聚集（镦粗）的过程。所以，首先要考虑怎样聚集才能使棒料不会生弯曲或折叠，否则，锻件的质量就不能得到保证。实践证明，聚集过程受着一定条件的制约，通常将这些制约条件称为聚集（镦粗）规则。遵循这些规则，锻造过程就比较顺利，就能够保证锻件的质量。

9.4.1 聚集规则

在坯料端部的局部镦粗称为聚集或顶镦。坯料聚集时，如果直径为 D_0 的坯料变形部分的长度 L_0 或长径比 $\psi = L_0/D_0$ 过大时，由于失稳而产生弯曲，严重时会发展成折叠，如图 9-4b 所示。聚集时，影响变形的主要问题就是弯曲和折叠。因此，研究聚集或顶镦问题应首先以防止弯曲为主要出发点，其次是尽可能减少聚集次数以提高生产率。

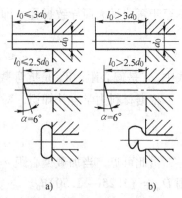

图 9-4 自由顶镦变形情况
a) 无折叠 b) 有折叠

聚集（顶镦）是平锻机上模锻的基本工步，与立式锻压设备上的一些局部镦粗的根本区别是：棒料放入型槽不是自由的，而是在局部夹紧的情况下产生金属变形的，所以它具有更大的稳定性。实验研究发现，在坯料端面平整且垂直于棒料轴线时，其长度和直径之比 ψ 为 3.2 时，坯料一次自由镦粗不会出现纵向弯曲。实际生产中确定以下规则来保证坯料在镦粗时不出现纵向弯曲或折叠现象。

聚集第一规则：当长径比 $\psi \leq 3$，且端部较平整时，可在平锻机一次行程中自由镦粗到任意大的直径而不产生弯曲，即所允许的长径比 $\psi_允 = 3$，如图 9-4a 所示。

但是，在实际生产中，由于坯料端面常带有斜度且与轴线也不垂直等原因，容易引起弯曲，故生产中实际允许的 $\psi_允$ 应该要小一些。其值随坯料直径的减小、端面斜度的增大而减小。此外，还与冲头形状有关。具体数值按表 9-5 确定。

表 9-5 一次行程聚集条件

冲头形状	一次行程局部镦粗条件	说 明
平冲头	$\psi_允 = 2\text{mm} + 0.01D_0$	坯料端面斜度 $\alpha < 2°$ （锯床下料、精密下料、已镦坯料）
平冲头	$\psi_允 = 1.5\text{mm} + 0.01D_0$	坯料端面斜度 $\alpha = 2° \sim 6°$ （一般剪床下料、平锻机切断端面）
带凸台冲头	$\psi_允 = 1.5\text{mm} + 0.01D_0$	坯料端面斜度 $\alpha < 2°$
带凸台冲头	$\psi_允 = 1.0\text{mm} + 0.01D_0$	坯料端面斜度 $\alpha = 2° \sim 6°$

在平锻机上聚集时，大多数锻件变形部分的长径比 ψ 均大于 3，例如气阀的 $\psi \approx 13$。对这样的细长杆进行聚集顶镦，产生弯曲是不可避免的，关键的问题是如何防止其发展成折叠。解决的办法是将坯料放入凹模和凸模内进行聚集，通过模壁对坯料杆部弯曲加以限制，

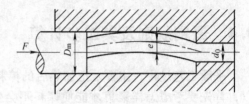

如图 9-5 所示。而模壁型腔的直径 d_0 可通过受压杆塑性变形纵向弯曲的临界条件的分析来求解。

已知产生塑性变形的力 F 为

$$F = \sigma_s A$$

式中，A 是毛坯变形部分的截面面积；σ_s 是金属塑性变形时的流动极限。

图 9-5　杆件塑性纵弯示意图

当坯料长径比大于 $\psi_允$，必然会产生塑性失稳。若有模腔壁部的限制，且塑性变形的外力矩小于杆体内部的抗力矩时，则镦粗（聚集）时将不产生坯料杆体塑性失稳现象，如图 9-6 所示。

在凹模圆柱形模腔中聚集，当 $\psi > \psi_允$ 时，就会产生弯曲。由于有模腔壁部的限制，则不至于弯曲过大而导致折叠，即其临界条件为

$$Fe \leq \sigma_s W_p$$

$$e \leq \sigma_s W_p / F = \sigma_s W_P / (\sigma_s A) = W_p / A$$

式中，e 是偏心距；W_P 是抗弯截面系数。

根据材料力学有关知识，对于圆形截面杆件，$W_p = d_0^3/6$，而 $A = \pi d_0^2/4$，带入上式得

$$e \leq 2/(3\pi) d_0 \approx 0.2 d_0$$

$$D_m = d_0 + 2e \approx 1.4 d_0$$

由此可见，当加载偏心距 $e \leq 0.2 d_0$ 时，压杆不会产生进一步失稳现象。生产中，常采用 $D_m = (1.25 \sim 1.50) d_0$。

由上述分析，可得平锻机聚集的第二、第三规则。

聚集第二规则：当 $\psi > \psi_允$，在凹模圆柱形模腔内聚集时（图 9-6a），可进行正常的局部镦粗而不产生折叠所允许外露的坯料长度 f 的条件是：① $D_m \leq 1.5 d_0$ 时，$f \leq d_0$；② $D_m \leq 1.25 d_0$ 时，$f \leq 1.5 d_0$。

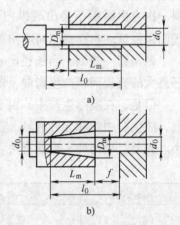

在凹模圆柱形模腔中聚集时，金属可能会从坯料端部和凹模分模面间挤出形成毛刺，再次聚集时，会被压入锻件内部而形成折叠，影响锻件表面质量，目前已很少采用；而在凸模锥形模腔中聚集时不会产生此问题，所以生产中常采用在凸模内锥形模腔内聚集顶镦。

聚集第三规则：当 $\psi > \psi_允$ 时，在凸模的锥形模腔内聚集（图 9-6b）。若① 当 $D_m \leq 1.5 d_0$ 时，或者② 当 $D_m \leq 1.25 d_0$，可进行正常的局部镦粗而不产生折叠。允许外露的坯料长度：① $f \leq 2 d_0$，② $f < 3 d_0$。

图 9-6　在凹模和凸模型腔中顶锻

当在锥形冲头内进行多次顶镦（加粗变形工步），如果第二次顶镦后的坯料大头直径 $D_m \leq 1.5(d_{m1} + D_{m1})/2$ 时，则允许外露的坯料长度：$f \leq (d_{m1} + D_{m1})/2$。有时为了增加顶镦部分的体积而减少镦粗工步，可以在凹模内进行使坯料界面形状由圆到方、由方到圆的顶镦过程，具体可参照相关设计资料。

使用这种方法的最大优点是可以通过多次聚集使 ψ 达到 14 或更高。不过受设备空间限制和坯料温度下降的影响，一般很少会遇到这种情况。

通常①用于 $\psi < 10$ 的情况，而②用于 $\psi > 10$ 的情况。可见，每次聚集的压缩量是有限的，当坯料的 L（全部用料长度）较长时，要经过多次聚集，使中间坯料尺寸在满足聚集第一规则的要求后再变形到所需的尺寸和形状。

聚集第一规则说明了细长杆局部镦粗时，不产生纵向弯曲的工艺条件。聚集第二、第三规则说明了细长杆局部镦粗时，虽产生纵向弯曲，但不致引起折叠的工艺条件。

由上可见，坯料在冲头腔内聚集允许伸出模膛外面的坯料长度大于在凹模腔内聚集的长度。其原因是：聚集时坯料一端有凹模夹持，另一端多为自由端，坯料弯曲最大处靠近自由端一侧。在弯曲最大处，冲头中的锥形型槽与坯料间的间隙，要比在凹模中的圆柱形型槽与坯料的间隙小得多，因此可以及时限制棒料产生的弯曲变形。

通过长期生产实践，为了确保锥形聚集不出现折叠，在生产中必须遵守两个条件：当 $\varepsilon = 1.5$ 时，$\beta = 2$，此时，$\psi = 5.4$；当 $\varepsilon = 1.25$ 时，$\beta = 3$，此时，$\psi = 14$。反映在图 9-7 的曲线上时就是点 c 和点 b，将 cb 连接就形成一条符合两个条件的限制线。在聚集锥形的设计中要尽可能不超过此线的范围，以求生产的稳定。设计时要先按它进行，但是当某些条件受到限制时，如坯料直径、聚集次数等，则允许稍微超出它的限制，尤其是在 $\psi < 7$ 的情况下。

9.4.2 聚集工步计算

当生产中坯料变形部分的长径比大于允许值时，就不能在平锻机一次行程中镦锻成形，需要按聚集第二、第三规则进行多次有限制条件的顶压，直到满足聚集第一规则时为止。

聚集型槽（工步）可设在凸模、凹模中，或部分设在凸模中而另一部分设在凹模中。如上所述，在凹模中聚集时，易在分模面处产生不规则的纵向毛刺，影响锻件表面质量；当在凸模中聚集时，金属镦粗变形和充满型槽的条件较好，所以，在凸模内聚集应用最广。

根据体积不变条件，凸模内锥形体积 $V_{锥}$ 与坯料变形部分体积 $V_{坯}$ 相等（符号意义参照图 9-6a），因而有

$$V_{锥} = V_{坯}$$
$$(D_m^2 + d_m^2 + D_m d_m) L_m \pi / 12 = d_0^2 l_0 \pi / 4 \tag{9-1}$$
$$\frac{1}{3}\left(\frac{D_m^2}{d_0^2} + \frac{d_m^2}{d_0^2} + \frac{D_m d_m}{d_0^2}\right)\frac{L_m}{d_0} = \frac{l_0}{d_0}$$

设 $L_m/d_0 = \psi$，$L_{锥} = \lambda d_0$，$f = \beta d_0$，$d_m/d_0 = \eta$，$D_m/d_0 = \varepsilon$，则式（9-1）变换为

$$\frac{1}{3}(\varepsilon^2 + \eta^2 + \varepsilon\eta)\lambda = \psi$$

改写成

$$\varepsilon^2 + \varepsilon\eta + \frac{1}{3}\eta^2 + \frac{3}{4}\eta^2 = \frac{3\psi}{\lambda}$$

解得

$$\varepsilon = \sqrt{\frac{3\psi}{\lambda} - \frac{3}{4}\eta^2} - \frac{\eta}{2}$$

因 $\lambda = \psi - \beta$，可得

$$\varepsilon = \sqrt{\frac{3\psi}{\psi - \beta} - \frac{3}{4}\eta^2} - \frac{\eta}{2} \tag{9-2}$$

式中，η 是小头系数；ε 是大头系数；ψ 是已知数；$\eta = 1.05 \sim 1.3$。当 $\psi > 3$ 时，选 $\eta = 1.05$；当 $\psi \leqslant \psi_允$ 时，选 $\eta = 1.2$。$\beta = 1.2 + 0.2\psi$，但应满足顶镦第三规则，即 $\beta \leqslant 3$。所以，上式只有一个未知数 ε。为了简化计算，图 9-7 所示是一个 $\varepsilon = f(\psi, \beta)$ 的曲线图。图中折线 abc 曲线是依据聚集第三规则给出的限制曲线，设计时，可根据不同的 ψ 值和 η 值，求出所需的 ε、β 值，再根据 η、ε 及 β 值，计算锥形模膛尺寸采用折线 abc 曲线以下的系数，就可得到合格的产品。否则，将产生聚集弯曲折叠缺陷。

根据 ψ 值与 abc 曲线的交点，即可求得 β、ε 的极限值，进而设计出聚集工步尺寸，即

$$d_m = \eta d_0 \qquad D_m = \varepsilon d_0 \qquad\qquad (9-3)$$

为了减少计算中的误差，L_m 应按式（9-1）计算。此外，为了避免因坯料尺寸偏差引起变形金属体积大于锥形体积而产生飞边或毛刺，型槽容积应比变形金属的体积增大 5% ~ 6%。因而，在计算 L_m 时，应取宽裕系数 $\mu = 1.06 \sim 1.02$（随工步次数递减），设计中参照表 9-6。最后，可得 L_m 的计算公式为

$$L_m = 3\mu d_0^2 L_0 / (D_m^2 + d_m^2 + D_m d_m)$$

或

$$L_m = 3.82\mu V / (D_m^2 + d_m^2 + D_m d_m)$$

表 9-6　模膛宽裕系数 μ

工步顺序号	坯料直径/mm				
	< 20	20 ~ 40	40 ~ 60	60 ~ 80	> 80
1	1.06	1.08	1.10	1.12	1.14
2	1.04	1.06	1.07	1.08	1.10
3	1.02	1.03	1.04	1.05	1.06
4	1.01	1.02	1.03	1.04	1.05
5	1.00	1.01	1.02	1.03	1.04

经过一次聚集后，是否需要进行第二次、第三次……第 n 次聚集，可根据第一次聚集后的平均直径 $D_1 = (D_m + d_m)/2$ 来代替 d_0，长径比 $\psi = L_m / D_1$，检验 ψ_1 是否大于 $\psi_允$。若 $\psi_1 < \psi_允$，就不再进二次聚集了；若 $\psi_1 > \psi_允$，还需要进行第二次聚集。依此类推，直到 ψ 满足聚集第一规则为止。

以下举例说明：一根变形部分坯料尺寸是 20mm × 100mm 的棒料，设计锥形聚集型槽尺寸。

$$\psi = 100/20 = 5.0$$

$$\psi_允 = 1.5 + 0.01 \times 20 = 1.7$$

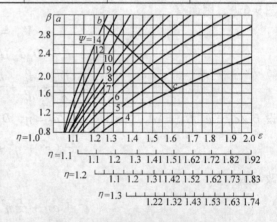

图 9-7　锥形型槽内聚集的限制曲线

η_1 取 1.05，$\beta_1 = 1.2 + 0.2 \times 5 = 2.2$，但从图 9-7 中的 abc 限制曲线可知，β 的最大值约为 1.85，这里 β_1 取 1.8，由式（9-2）算得，$\varepsilon_1 \approx 1.44$，$\mu_1$ 取 1.06。

第一次聚集尺寸为

$$d_{m1} = \eta_1 d_0 = 1.05 \times 20\text{mm} = 21\text{mm}$$

$$D_{m1} = \varepsilon_1 d_0 = 1.44 \times 20mm = 28.8mm$$

$$L_{m1} = 3\mu d_0^2 L_0 / (D_{m1}^2 + d_{m1}^2 + D_{m1} d_{m1})$$
$$= 3 \times 1.06 \times 20^2 \times 100 / (28.8^2 + 21^2 + 28.8 \times 21)mm = 67.8mm$$

检验是否还需要第二次聚集,则

$$D_1 = (d_{m1} + D_{m1})/2 = [(21 + 28.8)/2]mm = 24.9mm$$

$$\psi_允 = 2 + 0.01D_1 = (2 + 0.01 \times 24.9)mm = 2.25mm$$

$$\psi_1 = L_1/D_1 = 67.8/24.9 = 2.72 > \psi_允$$

故需第二次聚集。η_2 取 1.10,β_1 取 $= 1.2 + 0.2 \times 2.7 = 1.74$,由式(9-2)求得 $\varepsilon_2 \approx 2.17$;$\mu_2$ 取 1.05。

第二次聚集尺寸为

$$d_{m2} = \eta_2 d_{m1} = 1.10 \times 21mm = 23.1mm$$

$$D_{m2} = \varepsilon_2 D_1 = 2.17 \times 24.9mm = 54.0mm$$

$$L_{m2} = 3\mu d_0^2 L_0 / (D_{m2}^2 + d_{m2}^2 + D_{m2} d_{m2})$$
$$= 3 \times 1.05 \times 20^2 \times 100 / (54^2 + 23.1^2 + 54 \times 23.1)mm = 26.8mm$$

检验是否还需要第三次聚集,则

$$D_2 = (d_{m2} + D_{m2})/2 = (23.1 + 54)/2 = 38.6mm$$

$$\psi_2 = L_{m2}/D_2 = 26.8/38.6 = 0.70 < \psi_允$$

显然无需第三次聚集,第三工步即可进行终锻成形。

还有一些带孔的锻件,适合在凹模中的圆柱形型槽里聚集。可根据金属变形部分的体积和聚集第二规则求得聚集工步的尺寸。

当同时在冲头和凹模的型槽中聚集时,例如汽轮发动机涡轮叶片的榫头聚集即为一例。其计算方法是,先把毛坯按单锥体设计,然后再按体积不变条件换算成双锥体(图9-8中双点画线)。由于毛坯产生纵向弯曲处发生在自由端一侧,所以,l_1 应大于 l_2。

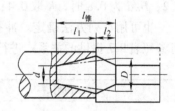

图9-8 双锥形聚集工步

9.5 通孔和盲孔类平锻件工艺分析

9.5.1 冲孔成形

平锻机上生产的锻件中,通孔和盲孔件所占比例相当大。此类锻件(如表9-1中第2组)在模锻工艺方面的共同特征是均需要聚集、冲孔(1~4)、穿孔和切断(剪切芯料的料头和由棒料上切掉锻件),如图9-2b所示,而且,原坯料直径可在一定范围内任意选择,使聚集工步数控制在1~2次。不同之处在于:通孔锻件冲孔后还需进行穿孔,以冲除孔底部芯料,并同时使锻件与棒料分离,连在棒料上的芯料头再通过切断型槽切断;盲孔锻件不需要穿孔,孔底部形状与冷锻件图要求一致。盲孔锻件使用切断型槽的目的是为了从棒料上切下已锻好的锻件,而不是切除芯料。

根据冲孔过程中冲孔力的变化情况可分为三个阶段（图 9-9）。第一阶段，从冲头开始接触金属坯料到冲孔部分直径达到孔直径时，随着冲孔深度的增加，冲孔力急剧增大；第二阶段，随着冲孔深度的增加，冲孔力略有增加，直到冲孔过程全部结束；第三阶段，冲孔深度接近于闭式模锻的终锻阶段，冲孔深度即使略有增加，也将引起冲孔力急剧增大。

图 9-9　冲孔力-行程关系图

9.5.2　通孔平锻件热锻件图设计

热锻件的外形尺寸和冲孔直径是在冷锻件图基础上加放收缩量获得的，并根据冲孔和穿孔的变形特点进行冲孔底部形状尺寸设计。设计冲孔成形时，一般要用尖形冲头来冲孔，以减小冲孔力，并且孔也可以冲得更深些，相应地减小了穿孔厚度，有利于降低穿孔力和避免由于穿孔力过大造成冲子变形。当锻件支撑面较小时，可能引起锻件底面压皱或锻件翘曲变形。当冲孔芯料厚度不足，在冲孔成形的冲头回程时，可能出现将冲孔芯料拉断而将锻件带走，并可能增加冲孔次数。为此，设计合适的冲孔芯料尺寸，应满足穿孔力大于冲孔成形的卸件力，而小于锻件支撑面上的压皱变形力。生产中采用尖冲孔芯料尺寸 L 按下列经验公式确定，即

$$L = Kd$$

其中 K 的取值可按锻件高度与冲孔端口直径之比（H/d）确定。H/d 为 0.4 时，K 取 0.2；H/d 为 0.8 时，K 取 0.4；$H/D \geq 1.2$ 时，K 取 0.5。

也可用下列方法确定。冲孔深度 $l_{np} = a + c$，穿孔厚度 $l_c = H - a$ 以及孔底部形状尺寸，可参照表 9-7 提供的关系式进行设计。

表 9-7　冲孔成形热锻件图的设计

系数 K_1 的选择	设计要点
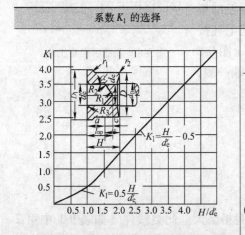	D_1、D、H、r_1、r_2、a 等均按热锻件图设计原则确定。冲孔部分尺寸按下列公式计算，即 $$\pi a = K_1 d_e'$$ $$d_e = d_e' - 2a\tan\alpha$$ $$c = K_2(l_{np} - a) = K_2(H - a)$$ $$R_1 = 0.2 d_e$$ $$R_2 = 0.4 d_e \leq a$$ 其中：K_1 可由左图中查取；K_2 取 0.5，当 $H/d_0 \leq 1$ 时，穿孔厚度 $(H - a) = 2 \sim 10\text{mm}$

9.5.3　冲孔次数的确定和冲孔工步设计

1. 冲孔次数的确定

冲孔所需次数，主要取决于冲孔深度 l_{np} 与冲孔直径 d_e 之比（表 9-8）。生产中，机器一次行程的冲孔深度常取 $(1 \sim 1.5) d_e$。当 $l_{np}/d_e < 1$ 时，只需一次冲孔，即在聚集后直接终锻冲孔成形（如图 9-2b 所示衬套平锻的例子）。但在冲制深孔件时，如若一次行程直接冲至

l_{np} 深度，则需要很大的变形功，坯料容易偏歪，冲头容易发生弯曲变形和冲偏，出现模膛充填不满，甚至形成废品，而且由于 l_{np} 太长，造成变形抗力过大，可能超出平锻机压力所允许的范围而造成设备闷车。所以，对于深冲孔锻件，必须增加冲孔次数，使每次冲孔深度都在平锻机压力所许可的范围内。

表 9-8　冲孔次数的确定

l_{np}/d_e	<1.5	1.5 ~ 3.0	3.0 ~ 5.0
冲孔次数	1	2	3

在多次冲孔中，预冲孔用的冲头一般做得比较圆滑，以利于金属流向四周和减少冲孔变形力。终锻用冲头圆角较小，使冲孔底端形状较清晰，以便减小其后的穿孔厚度。

当冲深孔时，为防止工件被冲歪和便于金属沿径向流动，通常要求在冲孔件预成形上沿长度方向做出凸肩，在 l_H 范围内留有空隙，在冲孔开始时，冲头进入凹模导向长度应为 $b \geqslant 10 \sim 15\text{mm}$（图 9-10）。

应按体积不变条件计算确定冲孔件预成形的各部分尺寸。

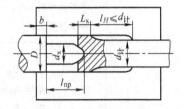

图 9-10　冲深孔的方法

2. 冲孔工步设计

冲孔平锻件根据其所带孔形的大小、深浅的不同，在确定冲孔次数后，对冲孔件预成形坯料尺寸的设计要求见表 9-9。

表 9-9　冲孔件预成形坯料尺寸的确定

冲孔类型	冲孔尺寸/mm	图　示
浅孔厚壁件	$D'_{锻} = D_{锻}$ 或 $D'_{锻} = D_{锻} - (1 \sim 2)$ $a = 5 \sim 20$ $H' = H + (10 \sim 15)$ $d'_{锻} = d_{锻} + (8 \sim 10)$ 模膛充满系数 $k = 1.1 \sim 1.2$ 其他尺寸在满足上述条件后按体积不变条件计算	
浅孔薄壁件	$D'_{锻} = D_{锻} - (0 \sim 2)$ $a = 5 \sim 20$ $H' = H + (8 \sim 15)$ $d'_{锻} = d_{锻} + (8 \sim 10)$ 模膛充满系数 $k = 1.1 \sim 1.2$ 其他尺寸在满足上述条件后按体积不变条件计算	

（续）

冲孔类型	冲孔尺寸/mm	图　示
深孔厚壁件	$D'_锻 = D_锻$ 或 $D'_锻 = D_锻 - (1 \sim 2)$ $d'_锻 = d_锻 + (8 \sim 10)$ 尽量做到 $D'^2_{锻2} = D^2_锻 - d^2_锻$ $D'_{锻1} = D'_锻$ $H_2 = H + (5 \sim 10)$ $H_1 = H_2 + (5 \sim 10)$ $\alpha' < \alpha$ 尽量做到 $d^2_1 = D^2_锻 - d^2_锻$ 冲头斜度 β 不变	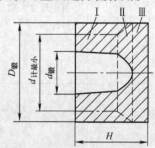
深孔薄壁件	$D'_锻 = D_锻 - (0 \sim 2)$ $d'_锻 = d_锻 + (8 \sim 10)$ $D''_镦 = D_镦 - (0 \sim 2)$ $H_2 = H + (5 \sim 10)$ $H_1 = H_2 + (5 \sim 10)$ $\alpha' < \alpha$ 尽量做到 $d^2_1 = D^2_锻 - d^2_锻$ 冲头斜度 β 不变	

9.5.4　冲孔原始坯料尺寸的确定

　　在按上述方法确定成形各次冲孔形状尺寸之后，就可以进一步设计聚集坯料所应具有的形状尺寸。为了确保冲孔成形质量，冲头直径和坯料直径应有适当的比值，否则，冲孔过程中坯料形状畸变严重。例如，当冲孔直径和坯料直径相等时，先产生镦粗变形，而后是反挤变形。这样，金属急剧地反复流动加剧了模具的磨损，降低了模具寿命。实践证明：当冲孔直径和毛坯直径之比等于或小于 0.5 ~ 0.7 时，在冲孔过程中冲头仅对金属起分流作用。

　　根据上述分析，为保证冲头对坯料仅起分流作用而无明显的轴向流动，要求有一个合理的冲孔坯料——计算毛坯。计算毛坯的长度与锻件相等，各个截面的面积与相应的锻件截面积相等。一般情况下，平锻件多为轴对称锻件，计算毛坯直径图要比锤上模锻件的简单得多。

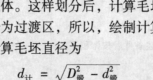

图 9-11　冲孔件的计算毛坯图

　　首先将终锻成形工步图依其几何图形特征分为三部分，如图 9-11 所示。第 I 部分为简单圆筒（忽略内壁斜度），第 II 部分为锥形空心体，第 III 部分为圆柱体。这样划分后，计算毛坯直径图的第 III 部分不变，第 II 部分为过渡区，所以，绘制计算毛坯图的关键为第 I 部分，该处计算毛坯直径为

$$d_计 = \sqrt{D^2_锻 - d^2_锻}$$

对于带孔锻件，坯料直径 $d_{坯}$ 的确定应遵循表 9-10。

表 9-10　坯料直径 $d_{坯}$ 的确定

计算条件	设计说明
$d_{计}/d_{锻} = 1.0 \sim 2.0$ 时， $d_{坯} = (0.82 \sim 1.0)d_{计}$ $= (0.82 \sim 1.0)(1.0 \sim 1.2)d_{锻} \approx d_{锻}$	为防止金属产生倒流现象，应以镦粗、冲孔变形为主，这样可以省去卡细、胀粗和切芯料工步，极大简化了平锻工步和模具结构
$d_{计}/d_{锻} > 1.2$ 时， $d_{坯} > d_{锻}$	为了减少聚集工步次数，坯料需卡细后再进行穿孔。为了减少卡细程度和料头损失，在不增加聚集工步的前提下，应选用较小直径的坯料
$d_{计}/d_{锻} < 1.0$ 时， $d_{坯} < d_{锻}$	为避免金属冲孔过程先镦粗后挤压产生倒流严重现象，要在锻件后端进行扩径成形

在坯料直径按材料标准规格选定后，按锻件图名义尺寸加正公差之半计算 $V_{锻}$。考虑锻件体积 $V_{锻}$、芯料体积 $V_{芯}$、飞边体积 $V_{飞}$、火耗 δ，计算得到 $V_{坯} = (V_{锻} + V_{芯} + V_{飞})(1 + \delta)$ 后就可以确定锻件所需坯料的长度 $L_{坯} = 4V_{坯}/(\pi d_{坯}^2) \approx 1.27V_{坯}/d_{坯}^2$。

在计算终锻成形体积时，要将穿孔件的连皮体积计算在内。连皮形状和厚度与锻件成形时采用的冲头形状有关，开始设计时可以粗略估计，以后再校核修正。如果是带有扩径部分的穿孔件，要将扩径部分作为锻件的一部分计算在内。计算锻件体积时，还要考虑生产过程中常出现的模具磨损和未锻靠等情况，所以，计算时应将易变化的部分按锻件高度允许的正公差之半计算。

9.6　管类平锻件的工艺分析

在许多机器和装置中，都要使用管类件。管类件，特别是长管件，如果需要局部成形，在平锻机上完成是非常方便的。管料的聚集只是局部的镦粗，要求在坯料时制出具有某一种形状的粗大部分，这一点同杆类锻件的镦粗（聚集）非常相似。

管坯的聚集，通常情况下分五种方式，见表 9-11。

表 9-11　管坯局部聚集成形方式

管坯聚集	成形特性
管坯的内径保持不变，增加外径 $h_{法}$　$d_{孔}$	管坯内径有冲子的支撑，只是外径的聚集，稳定性较好
管坯的外径保持不变，内径缩小	管坯的外径被模具夹持，聚集时的稳定性好

（续）

管坯聚集	成形特性
管坯的增大外径同时减小内径 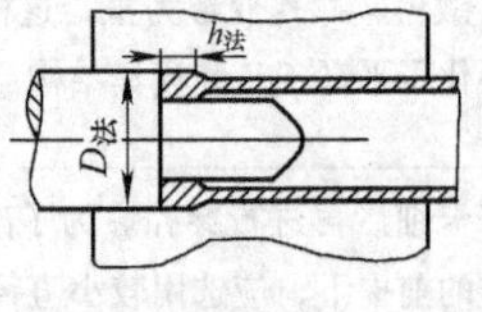	聚集时内、外径都呈自由状态，变形稳定性差，并易出现折纹
同时增大外径和内径 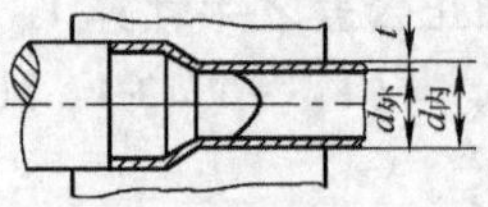	终变形时内壁不容易产生凹缩，也不易成形折纹，聚集稳定性较好
在凸模的锥形模膛镦粗 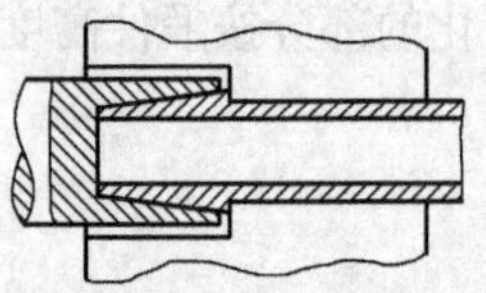	头部可能产生纵向毛刺，锻件的断面不会产生折纹

管坯局部镦粗要避免因管壁失稳而产生纵向弯曲和形成折叠。实践证明，产生弯曲的方向是向外。因此，管坯镦粗主要是限制外径，而锻件孔径一般可不加限制。

管坯局部镦粗时同样要遵守聚集规则，不过基本参数有所不同。管坯顶锻规则为：

1）当待镦部分长度 l_0 与管壁厚度 t 的比值 $l_0/t < 3$ 时，允许在一次行程中将管坯自由镦粗到较大壁厚。

2）当 $l_0/t > 3$ 时，应在多道模膛内镦粗，每道镦粗时允许加厚的管壁 t_n 应满足 $t_n \leq (1.3 \sim 1.5)\ t_{n-1}$。

管坯平锻工艺也可按以下方法计算：

1）若管坯带有长度 $l = (0.5 \sim 1.0)t$ 的凸缘时，管坯端部可镦出 $D = (2 \sim 2.5)d_外$ 的凸缘。

2）若 $l \leq 0.75d_外$ 和 $D \leq \sqrt{d^2 + 0.75d_0^2}$ 时，可用两道工步镦出粗大部分。第一道工步，使内径缩小（缩小值不超过原管坯内径的 1/2），外径不变；第二道工步，使内径扩大到原始直径，外径达到锻件尺寸。

3）在 $l > 0.75d_外$ 和 $D \leq \sqrt{d^2 + 0.75d_0^2}$ 时，应经过三道或更多道工步。

计算管坯的镦粗变形长度后，还要根据管料的壁厚差来验算，最后确定。因管坯镦粗易产生向外弯曲，引起锻件折皱，所以，只要锻件形状允许时，成形工步的顺序总是先进行缩小内径的聚集，后进行增大外径的聚集，这样可减少聚集工步次数。

9.7 平锻机吨位的确定

常用的平锻机规格有两种表示：一是所能锻制的棒料直径用英寸（in）表示（表 9-12）；二是以主滑块所能产生的模锻力（kN）表示。这里介绍以下三种确定方式。

9.7.1 经验-理论公式

按终锻成形工步顶锻变形所需力计算得

$$F_b = 0.005(1 - 0.001 D)D^2 \sigma_b$$

$$F_k = 0.005(1 - 0.001 D)(D + 10)^2 \sigma_b$$

式中，F_b 是闭式模锻时平锻机的压力（kN）；F_k 是开式模锻时平锻机的压力（kN）；D 是锻件镦锻部分的最大直径（mm），应考虑收缩量和正公差尺寸；σ_b 是终锻温度下金属的抗拉强度（MPa）。

上式只适用于 $D \leqslant 300$ mm 的锻件。如锻件镦锻部分为非圆形，可用换算直径 $D_1 = 1.13 \sqrt{A}$ 代入上式计算，A 为包括飞边在内的锻件在平面图上的投影面积。

9.7.2 经验公式

$$F = 57.5KA$$

式中，F 是模锻时平锻机的压力（kN）；A 是包括飞边在内的锻件最大投影面积（cm^2）；K 是钢种系数，对于中碳钢和低合金钢，如 45 钢、20Cr，取 $K = 1$，对于高碳钢及中碳合金钢，如 60、45Cr、45CrNi，取 $K = 1.15$，对高合金钢，如 GCr15、45CrNiMo，取 $K = 1.3$。

根据以上公式计算所得的模锻力，可以初步选择相近的平锻机。不过，在最终确定所选用的平锻机吨位时，还应同时考到：若锻件是薄壁及复杂形状的锻件，或锻件精度要求较高时，应选用偏大规格的平锻机；相反，如进行单型槽模锻时，因锻造温度较高，则可按下限选用较小规格的平锻机。

9.7.3 查表法

按平锻时锻件最大成形面直径或平锻时棒料直径对照表 9-12，就可以用查表的方法初步选择相近的平锻机。同样，在最终确定所选用的平锻机吨位时，还应综合考虑锻件的形状、锻件精度要求和坯料成形时的锻造温度。

表 9-12 可锻棒料直径与平锻机规格表示法关系

平锻机公称压力/kN		1000	1600	2500	4000	6300	8000	10000	12500	16000	20000	25000	31500
可锻棒料直径	mm	20	40	50	80	100	120	140	160	180	210	240	270
	in[①]	1	1.5	2	3	4	5	—	—	—	—	—	—
可锻锻件直径/mm		40	55	70	100	135	155	175	195	225	255	275	315

① 1in = 25.4mm。

9.8　平锻机上锻模结构特点与模具使用

9.8.1　平锻模的安装

平锻机过载敏感性强，所以，模具闭合长度必须小于设备的最小闭合长度。设备的最小闭合长度是平锻机模具固定空间的最重要的参数。但是，平锻机和一般锻压机不同，它的连杆长度不能调节，模具闭合长度仅能靠主滑块斜楔调节 2 ~ 4mm。

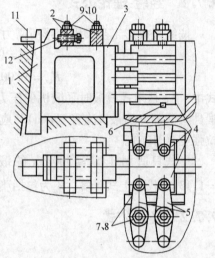

图 9-12　垂直分模平锻机的模具结构及固定方式简图
1—调节斜楔　2、5—压板　3—夹持器　4—凹模　6—键　7、8、9、10、11、12—螺钉

平锻机上的模具可分为三部分：冲头（凸模）、固定凹模体、活动凹模体，凹模体上装有成形凹模。了解平锻机的模具结构和特点，对于平锻模的调整安装是非常重要的。图 9-12 所示是垂直分模平锻机的模具结构及固定方式简图。冲头通过夹持器 3 固定在主滑块的凹槽里，它的后面紧靠在调节斜楔 1 上。调节斜楔 1 通过螺钉 11 的转动上下升降来调节夹持器的前后位置，从而保证模具的闭合尺寸。夹持器是通过压板 2 和螺钉 9、10 紧固的，其左右方向靠夹持器的侧面与凹槽侧面的配合加以限制，从而保证夹持器在三个方向上得以定位和紧固。

根据平锻工步数量的不同，冲头夹持器分为 3、

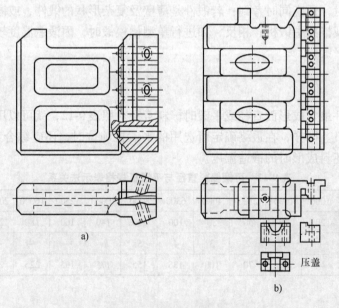

a)

压盖

b)

图 9-13　冲头夹持器形式
a) 轴头式　b) 压盖式

4、5 个型槽几种。根据冲头固定部分的形状，常用的冲头夹持器有两种形式：大中型平锻机广泛采用压盖-螺钉固定式，小型平锻机多用轴头式，如图 9-13 所示。在一些工厂里，冲头夹持器被列为通用标准件，按实际需要选用。

如图 9-12 所示，凹模镶块（以下简称凹模）分别安装在固定凹模体和活动凹模体上，凹模体前后方向用键 6 定位保证，左右、上下方向通过压板 5 和螺钉 7、8 压紧。当两半凹模处于夹紧状态和冲头施压时，由于凹模在凹模体中有足够的支承面，并有螺钉固定，凹模不会发生移动。当冲头开始回程时，由于有夹紧滑块和凹模体固定压板的作用，凹模体也不会出现被拖动的现象；同时，冲头克服拔模力，并与变形坯料分离，变形坯料仍被固定在凹模上。实践证明，这种固定方法简单而可靠。

9.8.2　平锻模结构设计特点

平锻模由冲头、成形凹模和凹模体组成，其中凹模体是可分的，成形凹模大多情况下是对称的。安排各工步的顺序位置，应符合操作顺序，对于垂直分模平锻机，要把变形力最大的工步布置在滑块的中心线或偏下的位置上。

凹模体（以下简称模体）的轮廓尺寸（长、宽、高）是由平锻机的模具固定空间尺寸所决定的。凹模多做成镶块式，模体用结构钢（45、40Cr）等制造，凹模为型槽部分，用热模具钢制造。通常，凹模镶块多制成半圆柱体，也有制成方块体的，如图 9-14 所示。根据型槽各部分磨损情况的不同，型槽的结构可采用整体镶块，也可局部或全部采用镶块。可根据锻件成形特点确定镶块数量。镶块与模体的连接方式采用螺钉紧固。镶块的尺寸与坯料受力变形情况有关，主要应保证镶块有足够大的支承面积，以免在使用中产生压塌变形，同时应考虑制造方便和装配可靠。

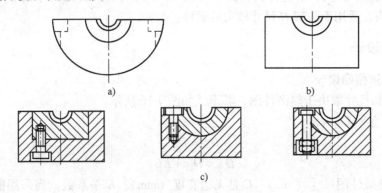

图 9-14　凹模形状与紧固方式
a）半圆式　b）方块式　c）固定方式

冲头由两部分组成，即工作部分（与变形坯料接触部分）和固定部分（图 9-15）。通常固定部分做成为带凸缘的模柄。凸缘的作用是在金属产生塑性变形时承受压力，应保证承压面积（环形面积）不能太小，否则，工作时在冲头凸缘（图 9-15A 处）和夹持器接触面将产生压缩变形；在模柄 A 处还要切出一个斜面，确保斜楔将模柄可靠地固定到冲头夹持器上，同时，在回程时承受卸件力的作用。图 9-15c 适用于轴头式固定形式，它只有一个凸缘，用螺钉顶紧 A 处，以防止冲头转动和避免回程时冲头与夹持器脱离。图 9-15d 还要切出小平面 s，以免使用过程中冲头转动（这对非圆形锻件特别重要）。

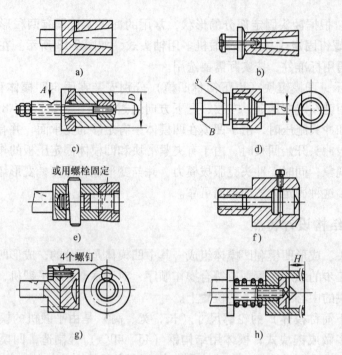

图 9-15　冲头形状与紧固方式

冲头的工作部分可与固定部分整体制造，也可设计成组合式。图 9-15a、b 所示为整体冲头，多用于锥形聚集冲头。图 9-15c ~ h 为组合式，只需工作部分使用模具钢，降低了模具制造成本，应用很广。图 9-15c 适用于 $D = 80 ~ 150mm$ 的冲孔成形冲头；图 9-15d 适用于 80mm 以下的成形、穿孔、切边冲头；图 9-15e、f、g 适用于大直径锻件成形用冲头；图 9-15h 为滑动冲头，适用于头部 H 尺寸较大的锻件。

9.8.3　型槽设计

1. 终锻成形型槽设计

型槽形状和尺寸取决于热锻件图，其形式如图 9-16 所示。

（1）凹模直径 $D_{凹}$ （mm）

闭式模锻　　　　　　　　　　　　$D_{凹} = D_{锻}$

开式模锻　　　　　　　　　　　　$D_{凹} = D_{锻} + KC$

式中，$D_{锻}$ 是热锻件图尺寸（mm）；C 是飞边宽度（mm）；K 是系数，当采用前定料装置时取 $K = 2.0 ~ 2.5$，采用后定料装置时取 $K = 2.5 ~ 3.0$。

（2）冲头直径 $D_{凸}$ （mm）

$$D_{凸} = D_{凹} - 2\delta$$

式中，δ 是凸凹模间隙，与设备吨位有关，取 $\delta = 0.2 ~ 0.75mm$，大设备取大值。

（3）冲头长度 $L_{凸}$ （mm）

$$L_{凸} = L_{闭} - (L + L_{锻} + t)$$

式中，$L_{闭}$ 是模具闭合长度（mm）；L 是夹紧部分长度（mm）；$L_{锻}$ 是锻件在凹模内成形部分的长度（mm）；t 是飞边厚度（mm），闭式模锻时 $t = 0$。

预锻成形型槽设计是根据预锻工步图设计的，设计方法与闭式终锻成形型槽相同。

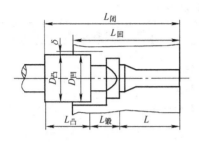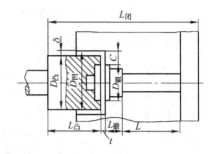

图 9-16　终锻成形型槽

2. 聚集型槽设计

聚集型槽设计的依据是所计算的锥体尺寸，如图 9-17 所示。

（1）凸模直径 $D_凸$（mm）

$$D_凸 = D_{大头} + 0.2(D_{大头} + L_锥) + 5mm$$

（2）凹模直径 $D_凹$（mm）

$$D_凹 = D_凸 + 2\delta_1$$

（3）凸模长度 $L_凸$（mm）

$$L_凸 = L_闭 - (L + \delta_2)$$

（4）导程长度 $L_导$（mm）

$$L_导 = L_凸 - L_锥 + (15 \sim 25)\ mm$$

上述公式中的符号如图 9-16 所示。

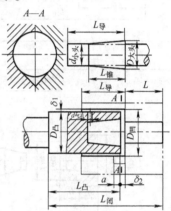

图 9-17　聚集型槽

（5）卸氧化皮槽尺寸　为避免聚集时脱落的氧化皮压入锻件形成凹坑，要在聚集型槽与凹模型槽间隙处开设沟槽（图 9-17 中 A—A 剖视），以储存氧化皮。尺寸为 $a = 20 \sim 30mm$，$\alpha = 30° \sim 60°$。上式中 δ_1、δ_2 为间隙，其值见表 9-13。在生产中，有时当设备空车运行时，会出现聚集凸模撞击凹模的现象。模具设计时，聚集凸模与凹模型槽内平面是有间隙的，间隙大多按设备吨位选取。

表 9-13　间隙值 δ_1、δ_2

平锻机公称压力 /kN	第一次聚集		第二次聚集		第三次聚集	
	δ_1	δ_2	δ_1	δ_2	δ_1	δ_2
2250 ~ 3150	0.5	3 ~ 3.5	0.4	2	0.3	2
4500 ~ 9000	0.6	4 ~ 7	0.5	3 ~ 4	0.4	2 ~ 3
12000 ~ 20000	0.7	8 ~ 10	0.6	5 ~ 8	0.5	3 ~ 4

3. 切边型槽设计

平锻机上开式模锻件成形后要进行切边工步，通常是在平锻模切边型槽中进行。切边型槽的有关尺寸和形状的设计见表 9-14。

4. 穿孔型槽设计

平锻件的穿孔工步在平锻模上的穿孔型槽中进行。穿孔型槽的形状和尺寸由表 9-15 确定。

表9-14　切边型槽的设计

型槽结构尺寸	设计要点
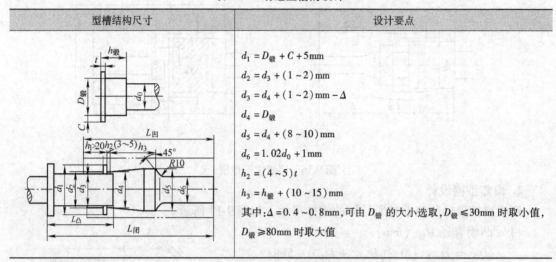	$d_1 = D_{锻} + C + 5\mathrm{mm}$ $d_2 = d_3 + (1\sim2)\mathrm{mm}$ $d_3 = d_4 + (1\sim2)\mathrm{mm} - \Delta$ $d_4 = D_{锻}$ $d_5 = d_4 + (8\sim10)\mathrm{mm}$ $d_6 = 1.02d_0 + 1\mathrm{mm}$ $h_2 = (4\sim5)t$ $h_3 = h_{锻} + (10\sim15)\mathrm{mm}$ 其中：$\Delta = 0.4\sim0.8\mathrm{mm}$，可由 $D_{锻}$ 的大小选取，$D_{锻}\leqslant30\mathrm{mm}$ 时取小值，$D_{锻}\geqslant80\mathrm{mm}$ 时取大值

表9-15　穿孔型槽的设计

型槽结构尺寸	设计要点
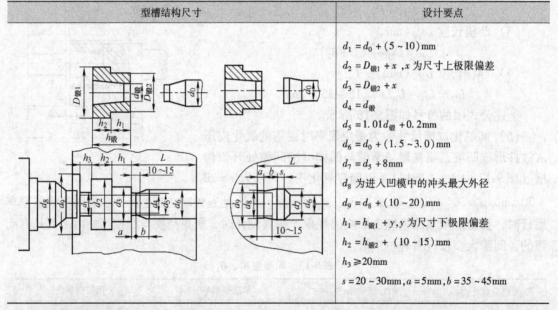	$d_1 = d_0 + (5\sim10)\mathrm{mm}$ $d_2 = D_{锻1} + x$，x 为尺寸上极限偏差 $d_3 = D_{锻2} + x$ $d_4 = d_{锻}$ $d_5 = 1.01d_{锻} + 0.2\mathrm{mm}$ $d_6 = d_0 + (1.5\sim3.0)\mathrm{mm}$ $d_7 = d_5 + 8\mathrm{mm}$ d_8 为进入凹模中的冲头最大外径 $d_9 = d_8 + (10\sim20)\mathrm{mm}$ $h_1 = h_{锻1} + y$，y 为尺寸下极限偏差 $h_2 = h_{锻2} + (10\sim15)\mathrm{mm}$ $h_3 \geqslant 20\mathrm{mm}$ $s = 20\sim30\mathrm{mm}$，$a = 5\mathrm{mm}$，$b = 35\sim45\mathrm{mm}$

5. 辅助成形型槽设计

由前面所述可知，夹紧滑块能够施加一定的压力，可以用来完成坯料的辅助变形，也可用来完成一些成形工步（如弯曲、压肩等）。水平分模平锻机夹紧滑块比垂直分模平锻机具有更多的功能。

（1）卡细型槽　当棒料直径大于锻模的孔径时，必须使用卡细型槽（图9-18），以局部减小棒料的截面积。因垂直分模平锻机的夹紧滑块的压力较小，卡细变形量不能太大。同时，为避免棒料卡细时金属流入分模面之间，每次卡细变形量不能大于棒料直径的5%（从圆形卡细到圆形）。若需要卡细的变形量大，可分为几次，通过椭圆—圆形卡细。操作时，每变形一次后放入下一型槽时心须将棒料转动90°，这一点限制了非圆形锻件对卡细工步的应用。卡细型槽尺寸设计与卡细次数都取决于变形棒料直径和锻件孔径的比值，具体可参照相关文献。

（2）胀粗型槽　和卡细型槽的作用相反，当棒料直径小于锻模孔径时，为保证穿孔时剩余的棒料后退时端头不被活动凹模夹住，便于连续生产，必须使用胀粗型槽（图9-19）。

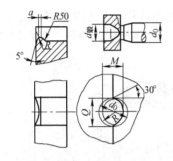

图9-18　卡细型槽

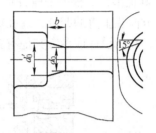

图9-19　胀粗型槽

（3）切断型槽　用长棒料连续模锻无孔或孔类锻件时，在有孔锻件冲穿后，棒料直径和芯料直径之比大于1.25时，就必须采用切断工步。完成从棒料上切去锻件，或是从棒料上切去芯料。切断型槽的结构如图9-20所示，图9-20a所示的结构为锻件在剪切时可保持不动，而图9-20b所示的结构棒料在剪切过程中保持不动。

（4）夹紧型槽　这是为了夹紧棒料而设置的辅助模膛。夹紧型槽的摩擦阻力应大于模锻变形力。依此可以得到，夹紧型槽长度 $L_{夹}$ 与坯料直径 d_0 是成正比的。实际上，夹紧型槽长度很难由理论计算确定。生产上，可按下列经验公式确定型槽长度，即：

平滑式　　　　　　　　　　$L_{夹} = 2.5d_0 + 50mm$

筋条式　　　　　　　　　　$L_{夹} = 2.0d_0 + 30mm$

平滑式夹紧型槽的尺寸设计如图9-21a所示。筋条式夹紧型槽如图9-21b、c、d所示。它主要适用于通孔类锻件或杆部允许有压痕的锻件。其中，$h = 0.03d_0$，$a = (0.5 \sim 1)d_0$（d_0 大时，取大值、反之取小值）。

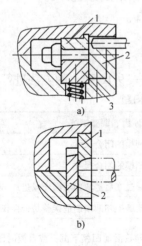

图9-20　切断型槽

1—固定切刀　2—活动切刀　3—夹紧镶块

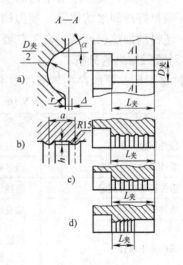

图9-21　夹紧型槽

（5）后定位装置　后定位装置结构形式如图9-22所示。它的作用是使棒料定位准确，确保变形部分坯料体积的精度，适宜下列情况：

1）单件模锻时，棒料变形部分长度较短，无法采用前定位方式。

2）锻件杆部长度公差要求严格时，用前定位装置不能保证。

3）夹紧型槽长度太长，模体长度不足。

（6）其他型槽　根据平锻件形状的需要，夹紧滑块还可用来压扁锻件头部，压出与主滑块运动方向相垂直的凹坑或通孔或将锻件局部压弯等。这些型槽的设计，可根据锻件成形实际条件，自行设计或参考其他有关文献。

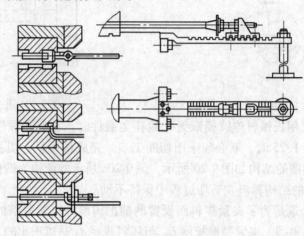

图9-22　后定位装置结构

9.8.4　平锻模的使用

在平锻模设计完成加工后，就可以进行试锻了。通过试锻来发现问题，检验设计质量，并作进一步的调整。

1. 试锻前的准备工作

1）对新模具，要擦净型槽内的润滑油脂，以免锻打时油液溅出伤人。

2）调整好冷却水的位置，使型槽和凸模得到及时冷却。

3）坯料的加热长度要符合工艺要求，数量自定。

2. 对试锻结果的分析

锻件试锻后，可能存在与锻件图不符合的地方，可按表9-16列出的方法进行调整。

表9-16　平锻机模锻中常见的问题

序号	存在的问题	产生原因、调整措施
1	锻件厚度欠压	通过夹持器前移，减小凸模和凹模的闭合尺寸
2	锻件厚度尺寸变薄	通过夹持器后移，增大凸模和凹模的闭合尺寸
3	锻件杆部长度超差	后挡板定料的长杆类锻件，可通过在后挡块的后面增减垫片
4	锻件前后错移	检查设备基础面、夹紧滑块导轨磨损和凹模制造误差是否存在问题
5	锻件上下错移	问题主要是夹紧滑块导轨磨损导致活动凹模下沉；或合模时凹模上拱使活动凹模抬高，个别情况是模具制造误差超标

（续）

序号	存在的问题	产生原因、调整措施
6	凸凹模中心不一致，刮冲头	确定摩擦的部位
7	聚集凸模撞击凹模	设备状态不良，曲轴与连杆间隙过大
8	聚集工步出飞边	第一聚集工步送料过长，或设备精度下降
9	凹模夹不紧	1）坯料加热时间过长，造成坯料夹紧部直径减小；或原始坯料直径为负公差 2）夹紧模膛磨损严重
10	聚集锥体弯曲或不正	1）聚集凸模型槽过大；及时更换变形模具 2）坯料加热时间过长，烧损严重，直径变小；严格执行工艺 3）坯料加热温度低，变形塑性降低
11	连续锻造穿孔件壁厚差超差	1）凸模和凹模中心偏移，及时调整装模 2）预锻凸模磨损严重，及时更换 3）聚集工步和预锻工步前后错移，及时调整装模 4）终锻凸模冲子变形大；及时更换，做好冷却 5）穿孔工步导致锻件呈椭圆状，调整用料、加大穿孔模膛等
12	管料镦粗件变形	1）凹模不能过度夹紧，避免将凸模包住 2）双头锻时要控制好锻件长度
13	管料镦粗件折叠	1）端面折叠，消除聚集或预锻时毛刺 2）端口内壁折叠，调整凸模行程改善终锻成形条件 3）管深部内壁折叠，确保聚集和终锻成形的后挡板定位一致
14	管料镦粗件内凹	1）加热时间长 2）聚集工步壁厚差大 3）终锻冲头直径小
15	管料镦粗件充不满	1）坯料温度低，金属流动性差 2）凹模磨损大，终锻金属不足；及时更换 3）凸模磨损大，及时更换和冷却

3. 平锻件模锻生产调试分析

在平锻机上生产和调整过程中，经常会遇到许多棘手的问题，这里给出一些调整经验（见表9-16）可供参考。

9.9　典型平锻件成形工艺流程举例

9.9.1　转向节摇臂轴平锻成形工艺

锻件如图9-23所示。

根据锻件形状尺寸分析，在水平分模平锻机上的模锻工艺应采用预制弯坯工步。经计算，锻件头部 $2 \times \phi55\text{mm}$ 的法兰体积为 175cm^3。坯料直径按锻件杆部直径 $\phi42\text{mm}$ 选取。局部镦粗部分的坯料长度为125mm，长径比 $\psi \approx 3.0$。

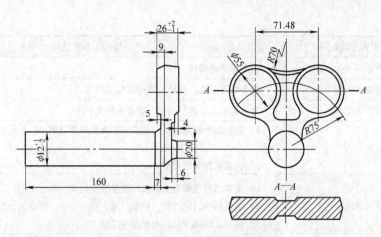

图 9-23　转向节摇臂轴平锻件图

由图 9-7 查得系数并经计算得，需聚集一次。其全部平锻工步为聚集、镦头、压扁、弯曲、终锻成形、切边六道工步，如图 9-24 所示。应指出的是，在水平分模平锻机上进行坯料弯曲时，具有立式锻压设备的特点——坯料定位准确、放置方便、操作安全。而在垂直分模平锻机上操作时，必须始终夹持住坯料。

根据平锻力的计算和工步排列，应选用 9000kN 的水平分模平锻机。工步和模具结构简图如图 9-24 所示。

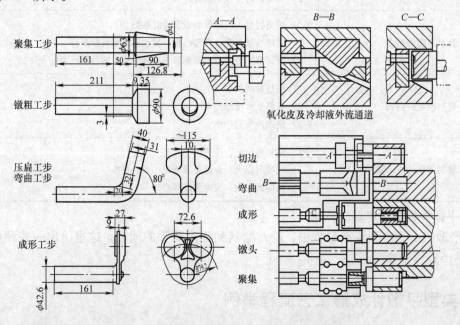

图 9-24　转向节摇臂轴平锻工步与模具结构简图

9.9.2　铲齿成形平锻工艺

铲齿锻件（图 9-25 给出了几种铲齿锻件的实物照片）结构复杂，不难看出，铲齿的结构特点是外形具有一定的工作导面，且为非对称形状，铲齿后端为一装配方孔，孔的内腔呈楔形，孔壁较薄，侧壁孔为装配孔（平锻后再冲出），经分析，某厂采用先预制坯料后，再在垂直分模平锻机上模锻成形，取得了成功。根据平锻力的计算，最终选用 8000kN 的垂直分模平锻机进行模锻成形。为保证制件表面质量，对坯料进行电加热，采用双件调头平锻成形工艺，保证了质量，节省了材料，同时提高了生产效率。平锻工步为预冲孔、冲孔、成形、切边四个工步，如图 9-26、图 9-27所示。

图 9-25　几种铲齿锻件

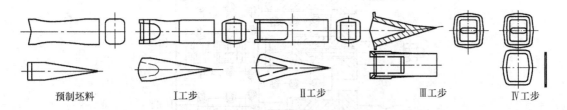

图 9-26　铲齿预制坯料与平锻工步简图

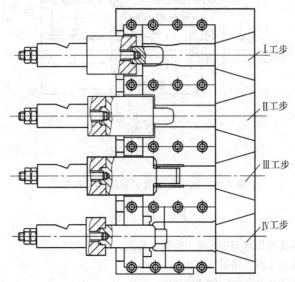

图 9-27　铲齿平锻工步与模具结构简图

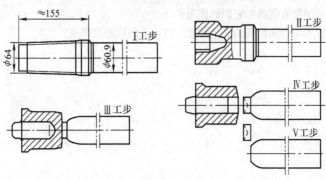

图 9-28　联轴器滑套平锻工步

9.9.3 联轴器滑套成形平锻工艺

联轴器滑套平锻坯料为 60mm 的长棒料，采用 8000kN 垂直分模平锻机生产，变形工步为聚集、预成形、成形、穿孔、切芯料，如图 9-28、图 9-29 所示。

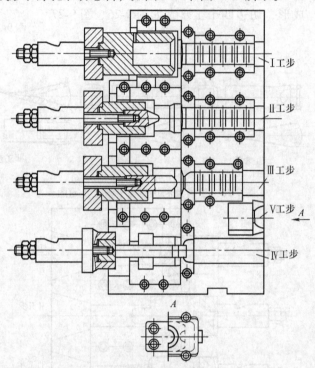

图 9-29　联轴器滑套平锻模具结构简图

思 考 题

1. 试述平锻机的基本工作原理与平锻机上模锻的特点。
2. 平锻工艺有哪些主要工步？说明其特点。
3. 聚集工步有哪些成形工艺条件？如何使用？
4. 平锻模具的结构特点是什么？
5. 平锻机辅助成形型槽有哪些？它们的作用是什么？
6. 如何解决平锻成形中容易出现的质量问题？可采取的措施有哪些？

第 *10* 章　液压机上模锻

液压机是制品成形生产中应用最广的设备之一，自 19 世纪问世以来发展得很快，已成为工业生产中必不可少的设备之一，由于液压机在生产中的广泛适应性，使其在国民经济各部门获得了广泛的应用。

近年来，我国建造 30MN 以上的大中型锻造液压机约 40 台，其中万吨级以上 3 台。我国已成为世界上拥有锻造液压机，特别是大型锻造液压机数量最多、规格最大的国家。

10.1　液压机工作原理及特点

液压机是由主机及液压传动与控制系统两大部分组成。主机部分包括机身、主缸、顶出缸等。液压传动与控制系统是由油箱、高压泵、低压控制系统及各种压力阀和方向阀等组成的，在电气装置的控制下，通过泵和液压缸及各种液压阀实现能量的转换、调节和输送，完成各种工艺动作的循环。

10.1.1　液压机的工作原理

液压机是一种以液体为介质来传递能量以实现多种锻压工艺的机器。其工作原理如图 10-1 所示。两个充满工作液体的液压缸由管道相连通，当柱塞 1 上作用有力 F_1 时，液体的压力为 $p = \dfrac{F_1}{A_1}$，A_1 为柱塞 1 的横截面积。根据帕斯卡原理：在密闭的容器中液体压力在各个方向上完全相等，压力 p 将传递到容腔内的每一点，这样大柱塞 2 上将产生向上的作用力，其大小为工件 3 产生的反作用力 F_2，使工件 3 变形，且 $F_2 = F_1 \dfrac{A_2}{A_1}$，式中 A_2 为柱塞 2 的横截面积。

最常见的液压机本体结构简图如图 10-2 所示，它由上横梁 1、下横梁 3、立柱 2（4 根）和 16 个内外螺母组成一个封闭框架，框架承受全部工作载荷。工作缸 9 固定在上横梁 1 上，工作缸内装有工作柱塞 8，它与活动横梁 7 相连，活动横梁以 4 根立柱为导向，在上、下横梁之间往复运动，一般活动横梁下表面安装有上模（上砧），而下模（下砧）则固定于下横梁 3 的工作台上。当高压液体进入工作缸作用于工作柱塞之上时，产生了很大的作用力，推动柱塞、活动横梁及上模向下运

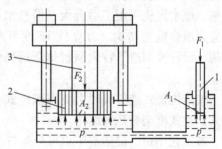

图 10-1　液压机工作原理图
1—柱塞　2—大柱塞　3—工件

动，使毛坯5在上、下模之间产生塑性变形。回程缸4固定在下横梁上，回程时，工作缸接通油箱，高压液体进入回程缸，推动回程柱塞6及活动横梁向上运动，回到原始位置，完成一个工作循环。液压机不同的压力和行程是由操作控制系统中各种功能的阀门来实现的。

液压机的传动形式有泵直接传动和蓄势器传动两种。泵直接传动的液压机通常采用液压油为工作介质，向下行程时通过卸压阀在回程缸或管道中维持着一定的压力，因此，要在工作缸的压力作用下强迫活动横梁向下。当完成压力机的锻造行程时，即当活动横梁达到预定位置或当压力达到一定值时，工作缸中的液压油溢流并换向以提升活动横梁。

蓄势器传动的液压机通常用乳化液作为工作介质，并用氮气或空气给蓄势器加载，以保持介质压力。除借助蓄势器中的乳化液产生压力外，其工作过程基本上与直接传动的压力机相似。因此，压下速度并不直接取决于泵的特

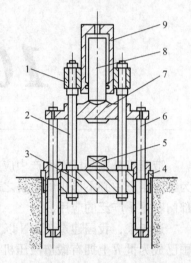

图 10-2 液压机本体结构简图
1—上横梁 2—立柱 3—下横梁
4—回程缸 5—毛坯 6—回程柱塞
7—活动横梁 8—工作柱塞 9—工作缸

性，而是随蓄势器的压力、工作介质的压缩性和工件的变形抗力变化。变形快结束时，锻造需要的力增大，活动横梁的压下速度和有效载荷减小。

10.1.2 液压机的分类

按传递压力的液体种类来分，液压机可分为油压机和水压机两大类。水压机是以水基液体为工作介质的液压机。水压机在机械工程中主要用于锻压工艺。它的特点是：工作行程大，在全行程中都能对工件施加最大工作力，能有效地锻透大断面锻件，没有巨大的冲击和噪声，劳动条件较好，环境污染较小。水压机特别适用于锻压大型和难变形的工件。水压机可分为自由锻造水压机、模锻水压机、冲压水压机和挤压水压机等。模锻水压机要用模具，而自由锻水压机不用模具。图 10-3 所示为我国第一重型机械集团自主研制的 15000t 自由锻造水压机，该水压机采用了适合大型锻造水压机特点的平接式预应力组合框架结构、方立柱 16 面可调间隙的平面导向结构，设计并制造了特大型整体箱形铸钢上横梁和活动横梁。

图 10-3 我国第一重型机械集团自主
研制的 15000t 自由锻造水压机

按结构形式液压机现主要有四柱式、单柱式（C型）、卧式、立式框架等几种结构。

按工艺用途，锻压液压机可分为自由锻造液压机和模锻液压机两种。自由锻造液压机一般以钢锭为原材料，在有色金属加工中自由锻造液压机常用于镦粗、拔长、冲孔、马架扩孔、弯曲、扭转和切割等；模锻液压机以钢坯、锻坯为毛坯，采用不同模锻工艺生产各种模锻件。模锻液压机又分为中小型模锻液压机和大型模锻液压机。大型模锻液压机首先发展起

来的是有色金属模锻液压机，主要用于模锻大型铝镁合金的模锻件。随着钛合金、高强度钢及耐热合金等新材料日益广泛的应用，以及对精化锻造毛坯需求的日益增长，自 20 世纪 60 年代以来，黑色金属模锻液压机，特别是多向模锻液压机发展很快。

10.1.3 液压机的工作特点

（1）容易获得大压力 液压机是静压工作，框架系统受力平衡，不需要大的地基和砧座。同时采用液体传动，本体和动力设备可以分别布置，因而可以造很大的吨位，如模锻水压机已造到 700MN，我国第二重型机械集团公司正在建造 800MN 模锻液压机。

（2）容易获得大的工作行程 液压机在行程的任意位置能发挥全压、保压以及反向行程。这对于工作行程长的工艺，例如深拉深、挤压等十分有利。

（3）压力调节方便并能可靠地防止过载 一般大型液压机的工作缸是两个、三个甚至六个，这样就可以得到二级或三级压力，且压力可以在整个工作行程中保持恒定。液压传动还可以控制压力，因而也就可靠地防止液压机过载。

（4）液压机调速方便 活动横梁的速度是根据液体的流量大小来变化，而流量大小可以很好地控制，因而液压机速度调节是很方便的。

此外，液压机操作方便，易于实现遥控，液压元件标准化、通用化程度高。

除了锻造液压机本体以外，锻造液压机组中还包括锻造操作机、转料台车及旋转碾子库等。锻造液压机与操作机动作相互协调。现代化的锻造液压机组采用计算机集中控制，以提高生产率并逐渐实现生产过程的自动化。

锻造液压机上锻件尺寸自动测量，液压机行程的自动控制及其操作机联动，是提高锻件尺寸精度，提高生产率和实现生产过程自动化的重要环节，它具有以下特点：

1）锻件尺寸实现自动测量与数字显示，并根据锻件实际尺寸控制液压机行程、操作机送进量及钳杆转角大小，从而显著提高锻件尺寸精度及劳动生产率，减轻劳动强度，节约原材料，提高经济效益。

2）可以在操作机上集中控制液压机和操作机的动作。

3）可逐渐发展为锻造过程的程序控制，以实现锻件锻造过程的自动化。

10.2 水压机上模锻的特点

目前水压机上模锻主要用于生产航空和航天飞行器中的轻合金模锻件。随着航空、航天技术的发展，飞行器的结构对重量、强度、刚度以及安全性和寿命等提出了更高的要求，这些使得现代飞行器日益广泛地采用由锻造方法生产出来的大型复杂整体构件，代替由许多小型模锻件所组成的部件。因此所需要模锻件的尺寸越来越大，形状越来越复杂，它们有的长达 8m，重达几吨，模锻所用的锻模重达约 40t。目前，世界吨位最大的是俄罗斯的 750000kN 模锻水压机，美国最大的模锻水压机为 450000kN，我国目前最大的模锻水压机为 300000kN。

水压机的主要工作特点是：

1）工作时静压力、变形力由机架本身承受。

2）单位时间内的行程次数少，最大工作速度为 0.01 ~ 0.15m/s。

3）活动横梁的行程不固定。

4）导向性能和承受能力均较差。

由于水压机的上述工作特点，水压机上模锻具有如下工艺特点和模具设计特点：

1）能够有效地锻造出大型复杂的整体结构锻件，尤其是较难成形的薄壁并带有加强筋的整体壁板锻件。

2）在模锻过程中，模具能够准确对合，并容易安装模具保温装置，使模具维持较高温度，能锻造出精度高、质量稳定的锻件。

3）水压机上的工作速度低，而且可以控制，如模锻水压机通常为 $30 \sim 50 \text{mm/s}$，金属在慢速压力机作用下流动均匀，特别是铝、镁合金最适合在慢速水压机上锻造。

4）由于水压机行程不固定，通过正确控制设备吨位，可以在其上进行闭式模锻，水压机也可以用于挤压成形。

5）在水压机上通常采用单模膛模锻。

6）由于是在静载下变形，锻模结构可采用整体式或组合式（大型模锻件通常采用整体式），模具材料可以采用铸钢，不像锻锤那样必须采用锻钢。

由于在水压机上能够模锻出高质量和较高精度的锻件，因而大大减少了机械加工，避免了许多连接装配工序。同时，采用精密锻件，能够避免或减少像自由锻件和粗锻件因机械加工金属流线被切断的缺陷，这样可以大大提高零件的力学性能、疲劳强度和耐蚀性能等。因此，飞机上的大梁、带筋壁板、框架、支臂、起落架、压缩机叶轮、螺旋桨及桨毂件等均采用水压机模锻。

10.3 多向模锻液压机的发展

随着合金模锻件大型化、精密化程度的提高，大型精密多向模锻液压机日益受到重视，一些工业发达国家已拥有多向大型模锻液压机。多向模锻液压机主要用来生产高强度钢、钛合金、耐热合金及一般合金钢或碳素钢的复杂形状锻件，其特点是工作台面相对较小，对变形力要求很大，增加了一对水平工作缸，有的在活动横梁或上横梁上还装有穿孔缸。国内外多向模锻液压机主要技术参数见表 10-1。图 10-4 所示为 Cameron 公司在英国 Livingston 市安装的 300MN 多向模锻液压机结构简图。该机有两个各为 60MN 的水平工作缸，四个工作缸按矩形布置，在上横梁和活动横梁的中间开有一个直径为 1575mm 的通孔，以便在此液压机上生产反向挤压的钢管。当不用作挤压钢管时，还可以在此处安装一个 60MN 的中间穿孔缸。

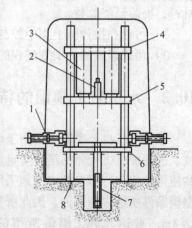

图 10-4　多向模锻液压机结构简图
1—水平工作缸　2—穿孔缸　3—主工作缸　4—上横梁　5—活动横梁　6—下横梁　7—顶出缸　8—回程缸

近年来，多向模锻工艺发展很快，特别是在飞机、宇航、石油设备中的空心锻件中得到了很好的应用。为了满足工艺要求，多向模锻液压机应设置水平工作缸和相应的机架。为了完成穿孔工序，有时还要中间穿孔缸。另外，用于等温锻造和冷锻的模锻液压机也得到了发展，等温锻造工艺要求保持模具的温度并使其与锻件温度相同，从而避免温度由锻件向模具的热传导。

　　大型模锻液压机的设计、制造与工业应用在一定意义上是一个国家制造业综合能力的体现。深入研究、开发大型多向模锻液压机的工艺与装备技术具有重要的意义。

表 10-1　国内外多向模锻液压机主要技术参数

技术参数	单位	量　　值				
公称压力	MN	100	180	300	315	650
制造单位	—	中国第二重型 机械集团公司	Cameron （美国）	Hydraulik （德国）	United （美国）	HKM3 （前苏联）
工作液体压力	MPa	32/45	20.7/11.4	50	31.5	32/63
开口高度	mm	2900	4572	2500	4572	4500
最大行程	mm	1600	2134	1220	2440	1500
水平工作缸压力	MN	2×50	2×20/40	2×10	2×30	2×70
水平工作缸行程	mm	2×900	1067	—	—	—
穿孔力	MN	—	48		36	150
穿孔行程	mm		754			
顶出力	MN	5	9.4	—	16.3	26

10.4　锻件图设计及工艺特点

　　锻件图是根据零件图制订的，在锻件图中要规定：锻件的几何形状、尺寸、公差和机械加工余量，锻件的材质和热处理要求，锻件的清理及检验方法及其他技术要求等内容。

　　各类形状的锻件理论上均可在液压机上模锻，只是由于液压机活动横梁运动速度慢，受到生产率的限制，因此只有形状复杂而对变形速率又十分敏感的材料，如铝合金、镁合金、钛合金和某些高温合金大锻件，才用液压机模锻。

10.4.1　锻件图设计特点

　　在液压机上模锻的锻件图设计要根据零件图的尺寸和要求，同时考虑液压机上模锻的工艺特点，尽可能减少辅助工步。

　　（1）余量和公差　液压机上模锻，高度方向的余量和公差应取大些。因液压机上模锻时，金属流动惯性很小或几乎为零，型槽深处不易充满。

　　（2）圆角半径　基于上述原因，即液压机上模锻时金属流动几乎无惯性，因此圆角半径宜取大些，有利于金属流动，充填满型槽深处。

　　（3）模锻斜度　由于液压机上设有顶出器，模锻斜度可以减小，一般取3°~7°，有的甚至不设斜度。

10.4.2　分模面的选择

　　液压机上分模面的设置原则与锤上模锻的基本相同。但是在液压机上生产的模锻件中有很大一部分是铝合金或镁合金模锻件，这些锻件对流线分布有严格的要求。因为锻件中流线形成方向将引起性能的异向性，因此，在确定分模面的位置时应认真考虑这个问题。此外，对于多向模锻液压机模锻件应尽量使锻件相对于分模面对称分布，且尽量避免曲线分模。

1. 工字形截面锻件

对于工字形截面锻件，其分模面应选择在筋的顶端，如图 10-5a 所示。若选择在锻件的中部（图 10-5b），则其金属纤维在筋和腹板的交接处形成湍流，甚至折叠和穿流。当飞边被切掉后，分模处便露出流线末端部位，在大气条件下很容易产生应力腐蚀。

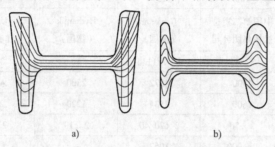

图 10-5　工字形截面锻件的分模面选择

2. 槽形或类似槽形界面锻件

对于这类锻件，当槽形口部向下时，其分模面应选择在筋底，如图 10-6a 所示。当槽形口部向上时，其分模面应选择在筋顶，如图 10-6b 所示。两种分模面均可使模膛全部设在下模，金属在模膛内的流动和填充情况与中间分模相似。

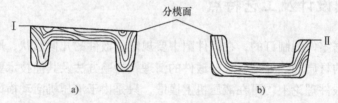

图 10-6　槽形截面锻件的分模面选择

3. 弯曲轴线的长轴类锻件

这类锻件只能采用曲线分模面。对于空间曲线分模面，应使它的各部分与水平面的倾角不大于 60°，这样布置分模面，可以改善模锻和切边的条件。

10.4.3　制坯工步方案的设计

液压机上模锻时，金属填充性能差，一般应进行预制坯，但液压机活动横梁运动速度慢，不宜进行制坯工艺；同时，为了避免大型液压机承受偏心载荷，一般多采用单型槽模锻。对于形状复杂的锻件和精锻件，要多利用多套模具，以便使金属流动平缓，变形均匀，纤维连续，并保证深凹型槽充满。对于轴类锻件和复杂类锻件，可采用自由锻制坯，或采用专用制坯模制坯，或联合使用，具体选择如下。

1. 轴类锻件制坯工步选择

对于横截面比较均匀的轴类锻件，可用棒材直接终锻成形。

对于横截面不均匀、变化大的长锻件，如锻长杆类件，若直接用等断面毛坯模锻，根据长轴类坯料变形时金属流动特点可知，金属沿轴向流动得少，主要沿横向流动，近似于展宽变形。因此，容易在头部因材料不足而充不满。所以应采用制坯工步，预先改变毛坯形状，改变金属沿轴向分配的状况。例如变化大的扁平长形件，则选择以下锻造方案：自由锻制坯→终锻；专用制坯模制坯→终锻；自由锻制坯→预锻→终锻。

2. 复杂类锻件制坯工步的选择

复杂类锻件可选择以下锻造方案：自由锻制坯→终锻；自由锻制坯→专用制坯模制坯→终锻；自由锻制坯→预锻→终锻；自由锻制坯→专用制坯模制坯→预锻→终锻。

3. 模具设计特点

液压机上模锻也分开式和闭式两种。开式模锻锻模设计过程与锤锻模相似，也布置飞边槽；而闭式模锻锻模设计和螺旋压力机锻模设计相似。液压机用锻模的最大特点是：可设计成闭式组合模具，从而锻出带内腔的复杂形状锻件以及无模锻斜度的精锻件。

液压机上用模锻，其上模的模锻斜度应比下模大，以防锻件卡在上模型槽内不能脱出。

由于液压机是静载荷，压力是可调的，过载时有溢流阀保护，模具承击面要求不像锤上模锻要求那样严格，要求模块强度足够。

液压机上模锻还可以采用分步式模锻，这种模锻的特点是：下模只有一个单型槽，而且是固定不动的，上模是由模套、活动镶快、弹簧、活动垫板等组合而成的。

10.5　液压机吨位计算

10.5.1　根据模锻材料及投影面积确定

所需模锻水压机吨位可根据锻件材料类别及其在分模面上的投影面积来确定，见表 10-2。

表 10-2　模锻水压机上生产的模锻件的投影面积

合金种类	锻件类型	水压机压力/kN			
		20000～40000	40000～100000	100000～200000	200000 以上
		锻件投影面积/cm²			
铝合金	预锻件	1290～2258	2258～5160	5160～12900	12900～32260
	一般锻件	516～1030	1030～2580	2580～5160	5160～14200
钢	预锻件	325～968	968～2420	2420～6450	6450～16130
	一般锻件	258～806	806～2015	2015～4520	4520～9680
钛合金	预锻件	325～645	645～2260	2260～4520	4520～14200
	一般锻件	258～516	516～1290	1290～2580	2580～7740
高温合金	预锻件	258～516	516～1290	1290～4520	4520～9680
	一般锻件	194～387	87～970	970～2580	2580～6450

10.5.2　根据公式计算

水压机的模锻压力 F 大致按下式计算，即

$$F = zmAp$$

式中，z 是变形条件系数；m 是毛坯体积系数；A 是被模锻的毛坯在垂直于变形力方向的平面上的投影面积（不包含飞边）；p 是单位压力。

对于带薄腹板和宽腹板的钛合金锻件，$q = 588\mathrm{MPa}$；对于其他锻件现将系数 z 和 m 的数值列举如下：

加工种类	系数 z
自由锻	1.0
毛坯模锻	
外形简单的毛坯	1.5
外形复杂的毛坯	1.8
外形非常复杂的毛坯（截面面积急剧过渡，毛坯消耗材料较多，模膛可用挤压充填）	
	2.0

模锻毛坯的体积/cm^3	系数 m
25 以下	
25 ~ 100	1.0
100 ~ 1000	1.0 ~ 0.9
1000 ~ 5000	0.8 ~ 0.7
5000 ~ 10000	0.7 ~ 0.6
10000 ~ 15000	0.6 ~ 0.5
15000 ~ 25000	0.5 ~ 0.4
25000	0.4

一般而言，出于生产效率的考虑，只有当必须采用慢速变形时，才选择液压机模锻。等温锻造一般要求的应变速率较低（约 $10^{-3}\mathrm{s}^{-1}$），这时，只需将确定的应变速率和该锻造温度条件下的平均单位压力 p 值代入计算式，就可求出等温锻造所需设备的吨位。

10.6　液压机上模锻锻模设计及材料的选择

液压机上模锻的锻件轮廓尺寸大，数量少，因此，液压机上模锻的模具多为组合模，由多个零件组成，设计时应充分注意上、下模座，上、下垫板，导向装置，预（加）热系统的通用性。各个零件功用不同，受力状态也不一样，要求模具材料可以不一致，因此，模具设计人员可以从各种模具材料中选用。与热工件接触的零件可用热作模具钢。支撑用的零件采用廉价的低合金钢，这样做的好处是可以避免采用大模块，节省费用。但一套典型的水压机模具的零件可以由十几种钢件组成，设计人员必须对钢种、物理性能和工艺状态有较充分的了解，以避免因材料不同而带来诸如膨胀系数、强度等不同所造成的问题。

当液压机上等温模锻时，应根据锻件材料的锻造温度范围来选择模具材料。对模具材料的要求如下：

1）锻模材料在锻件锻造温度范围内应具有一定的安全系数，要有较高的高温持久强度。

2）在高温下长期工作基本无氧化，并要具备一定的高温强度，以保证锻件尺寸稳定。

3）要具备较高的热传导系数，特别是铸造高温合金模具。否则，加热时，会因温度应力作用而导致模具开裂。

等温模锻钛合金锻件时，常采用铸造镍基高温合金。此外，模具寿命是模具材料优化选择的一个重要因素，然而，影响模具寿命的因素是多方面的，除了模具材料本身是重要因素外，模具的基体与表面热处理强化，表面处理新技术如热喷涂、热熔覆、离子注入等技术的应用，模具结构设计与制造加工等方面技术措施的改善，都可提高模具的内在性能，而工作时模具的冷却、润滑与毛坯预处理等改善了模具的外部工作环境，这些技术的优化都能提高模具的工作寿命，从而也间接地影响了模具用材的选择。

10.7　典型锻件工艺举例

1. 某齿坯锻件的液压机模锻

图 10-7 所示是某拖拉机从动齿轮零件简图，材料为 20CrMnTi。该齿坯的锻造工艺流程为：下料→加热→镦粗→冲孔→冲连皮→扩孔辗环→模锻成形。

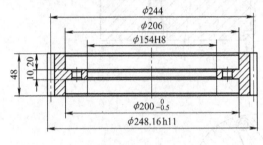

图 10-7　零件图

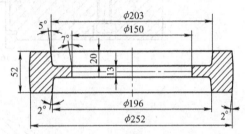

图 10-8　齿坯锻件

设计了齿坯锻件（图 10-8），并设计了锻模（图 10-9），采用上、下凹模水平对分的三层预应力组合凹模结构，锁扣导向，且上凹模和模芯浮动。镶块 7 与砧环 6 为过盈配合（H6/u5）。

（1）锻坯置放　上、下模闭合前，由件 24、25、26 组成的上组合凹模和浮动模芯 27 分别在弹簧 28 和 29 作用下，分别处于各自的相对下极限位置（相对于砧环 6 或镶块 7）。环形锻坯依靠镶块 23 在下凹模中定位。

（2）上、下模闭合　上模随压力机滑块下行，上凹模外圈 24 与下凹模外圈 11 的锁扣导入，上、下凹模闭合，浮动模芯 27 与镶块 22 接触，形成封闭的环形模膛。

（3）锻坯在封闭模膛内变形　随着上模继续下行，弹簧 28 和 29 被压缩，上组合凹模和浮动模芯 27 相对于砧环 6 或镶块 7 上移，环形封闭模膛高度减小，锻坯被锻压变形直至充满模膛。

（4）锻件出模　锻坯变形结束后，上模上行，由于上组合凹模和浮动模芯 27 是浮动的，镶块 7 对锻件的摩擦力小于下模膛的摩擦力，故镶块 7 先脱离锻件，当螺钉 30 与定位板 5 接触（浮动模芯 27 与螺母 8 接触）时，上组合凹模和浮动模芯 27 随上模上行，与锻件分离，锻件留在下模。顶出系统通过大顶杆 16、托板 15、小顶杆 14 和出件器 12 将锻件顶出下凹模。

2. 齿坯锻件复合模锻

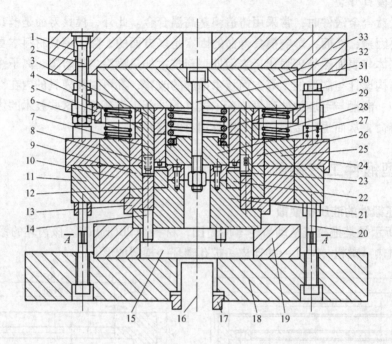

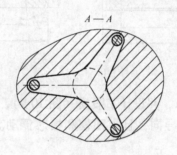

图 10-9　齿坯锻模图

1—暗螺母　2、20、30—螺钉　3—垫环　4—限位环　5—定位板　6—砧环　7—镶块
8—螺母　9—下凹模内圈　10—下凹模中圈　11—下凹模外圈　12—出件器　13—定位环
14—小顶杆　15—托板　16—大顶杆　17—定位套　18—下模座　19—压力板　21—垫块
22、23—镶块　24—上凹模外圈　25—上凹模中圈　26—上凹模内圈　27—浮动模芯
28、29—弹簧　31—螺栓　32—上压力板　33—上模座

　　齿坯锻件复合模锻是指先用一坯料锻制汽车变速器齿轮，然后再用齿坯冲孔连皮锻制汽车变速器止推垫，最后再用止推垫冲孔连皮锻制螺母垫片的套锻工艺。齿坯锻件的复合模锻工艺过程如图 10-10 所示。这种复合模锻工艺显著提高了材料的利用率。

　　3. 铝合金盘类件的精密模锻

　　铝合金变形温度较低，在 480～350℃ 范围内，而锻模的回火温度在 450～550℃，当模具预热温度与铝合金锻造温度接近或一致时，模具也不会发生回火现象。在这一条件下，铝合金可在变形速度较低的液压机上锻造，尤其是大型铝合金锻件，基本上都是在水压机上模锻成形的。这些锻件不仅尺寸大，往往是多筋与薄腹板构成的复杂件，且模具磨损轻微，零件表面精度高，所以近年来铝合金模锻技术得到了很大发展，尤其是精密模锻技术已可以加工筋和腹板形锻件，其公差能够保持在 ±0.127mm 范围内。

图 10-11 所示是某盘类零件简图，该零件采用防锈铝合金 5A06 制造，其外形轮廓虽然简单，但尺寸较大，上表面呈圆弧形，型腔也呈弧形，中间有一凸台，零件形状较复杂，表面精度要求也比较高。若采用机械加工，需要加工中心加工，成本比较高，材料利用率也比较低，可采用精密模锻成形。

该零件的精密模锻生产流程为：下料→车削外圆并除去表面缺陷层（切除余量为 1～1.5mm）→加热→精密模锻→热处理→机械加工→抛光→检验。

设计锻件图时主要考虑：

1）把分模面安置在锻件最大直径处，保证将齿轮精密模锻件全部锻出和顺利脱模。

2）此盘类件内腔凸台可起分流作用，故在轴向上可将其设为溢流口。内腔表面不需要机械加工，不留余量。上端面外圆要求加工精度，模锻时不能达到其精度要求，因此需要预留 2mm 机械加工余量。

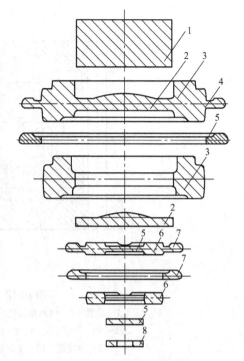

图 10-10　复合模锻

1—坯料　2—齿轮连皮　3—齿轮锻件　4—齿轮飞边
5—止推垫连皮　6—止推垫　7—止推垫飞边
8—螺母垫片

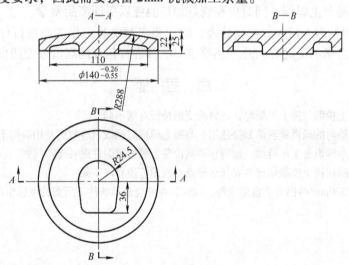

图 10-11　某盘类零件简图

根据铝合金塑性图，在液压机上进行等温精密模锻成形时，其成形温度应严格控制在 400～450℃之间，加热毛坯到 400℃，模具预热到 370℃后进行精密模锻，锻模设计如图 10-12 所示。

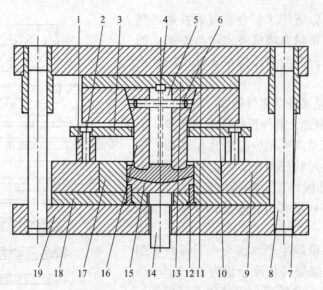

图 10-12　该盘类零件锻模图

1—套管　2—内六角圆柱头螺钉　3—卸料板　4—键　5—上垫块

6—销　7—导套　8—导柱　9—预应圈　10—冲座　11—上模板

12—导向键　13—上垫板　14—顶杆　15—垫块　16—凸模

17—凹模　18—下垫板　19—下模板

在进行模锻时要考虑以下几点：

1）该铝合金件的精密模锻始锻温度为 400℃，终锻温度为 450℃，模锻温度范围较小。另外，模锻前模具必须充分预热，预热温度在 200℃以上。

2）坯料加热前一定要除去油垢和其他污物，炉内不得保留有钢毛坯，以免铝屑和氧化铁屑混在一起容易产生爆炸，同时要控制好加热温度以保证产品质量。

3）铝合金的粘附力较大，流动性差，除了要求对模具工作表面进行仔细抛光，且磨痕的方向最好顺着金属的流动方向外，还要求对模具进行很好的润滑以便脱模。

思 考 题

1. 试述液压机上模锻与锤上模锻时，坯料的变形特征有何不同？

2. 液压机上模锻时的锻模材料该如何选用？与锤上模锻时锤锻模材料的选用有何不同？

3. 结合液压机与锤设备工作特性，说明在不同设备上锻造时锻件图有何不同？

4. 液压机上模锻和锤上模锻相比各有什么特点？应用范围有何不同？

5. 有一直径为 320mm 的铝合金盘形锻件，试计算在常规锻模条件下所需的液压机吨位。

第11章 模锻后续工序

开式模锻件均带有飞边，某些带孔锻件还有连皮，通常采用冲切法去除飞边和连皮；为了消除模锻件的残余应力，改善其组织和性能，需要进行热处理；为了清除锻件表面氧化皮，便于检验表面缺陷和切削加工，要进行表面清理；锻件在切边、冲连皮、热处理和清理过程中若有较大变形，应进行校正；对于精度要求较高的锻件，则应进行精压；最终，锻件的质量要进行检验。以上各工序，均在模锻工序之后进行，因此称为模锻的后续工序。

后续工序在整个锻件生产过程中所占的时间远比模锻工序长。这些工序安排得合理与否，直接影响锻件的生产率和成本。本章分别介绍切边、冲孔、锻件冷却和热处理、校正、精压、清理工序等主要内容。

11.1 切边与冲孔

11.1.1 切边和冲孔的方式及模具类型

切边和冲孔通常在切边压力机上进行。

图 11-1 所示为切边和冲孔的示意图。切边模和冲孔模主要由凸模（冲头）和凹模组成。切边时，锻件放在凹模孔口上，在凸模的推压下，锻件的飞边被凹模刃口剪切与锻件分离。由于凸凹模之间存在间隙，因此在剪切过程中伴有弯曲和拉伸的现象。通常切边凸模只起传递压力的作用，推压锻件；而凹模的刃口起剪切作用。但在特殊情况下，凸模与凹模需同时起剪切作用。冲孔时，凹模起支承锻件的作用，而凸模起剪切作用。

切边和冲孔分为热切、热冲和冷切、冷冲两种方式。热切和热冲是模锻后立刻进行切边和冲孔。冷切和冷冲则是在模锻以后集中在常温下进行。

热切、热冲时所需的冲切力比冷切、冷冲要小得多，约为后者的 20%；同时，锻件在热态下具有较好的塑性，不易产生裂纹，但锻件容易走样。冷切、冷冲的优点是劳动条件好，生产率高，冲切时锻件走样小，凸凹模的调整和修配比较方便；缺点是所需设备吨位大，锻件易产生裂纹。

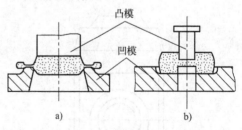

图 11-1 切边和冲孔示意图
a) 切边 b) 冲孔

模锻件的冲切方式，应根据锻件的材料性质、形状尺寸以及工序间的配合等因素综合分析确定。通常，对于大、中型锻件，高碳钢、高合金钢、镁合金锻件以及切边冲孔后还须进行热校正、热弯曲的锻件，应采用热切和热冲；碳的质量分数低于 0.45% 的碳钢和低合金钢的小锻件以及非铁合金锻件，可采用冷切和冷冲。

切边、冲孔模分为简单模、连续模和复合模三种类型。简单模用来完成切边或冲孔的单一工步操作（图11-1）。连续模是在压力机的一次行程内同时进行两个工步的简单操作，即第一个工步切边，第二个工步冲孔（图11-2）。复合模是压力机在一次行程中，同时完成一个锻件上的两个工步，即切边和冲孔（图11-3）。

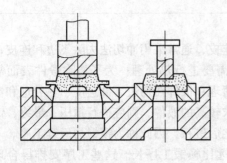

图 11-2　切边-冲孔连续模

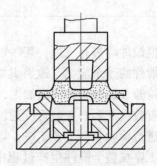

图 11-3　切边-冲孔复合模

选择模具结构类型主要依据生产批量和切边冲孔方式等因素。锻件批量不大时，宜采用简单模；大批量生产时，提高劳动生产率具有特别重大的意义，应采用连续模或复合模。

11.1.2　切边模

切边模一般由切边凹模、切边凸模、模座、卸飞边装置等零件组成。

1. 切边凹模的结构及尺寸

切边凹模有整体式（图11-4）和组合式（图11-5）两种。整体式凹模适用于中小型锻件，特别是形状简单、对称的锻件。组合式凹模由两块以上的凹模组成，制造比较容易，热处理时不易碎裂，变形小，便于修磨、调整、更换，多用于大型锻件或形状复杂的锻件。图11-5所示连杆锻件的组合式切边凹模由三块组成。其叉形舌部单独分成一块，杆部为两块。在刃口磨损后，可将各分块接触面磨去一层，修整刃口即可重新使用。

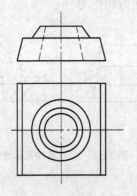

图 11-4　整体式凹模

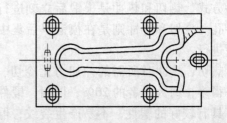

图 11-5　组合式凹模

凹模的刃口一般有三种形式，如图11-6a、b、d所示。图11-6a为直刃口，在刃口磨损后，将顶面磨去一层即可使刃口恢复锋利，并且刃口的轮廓尺寸保持不变。直刃口维修虽方便，但由于剪切工作带增高，切边力较大，一般用于整体式凹模。图11-6b为斜刃口，切边省力，但易磨损，主要用于组合式凹模。刃口磨损后，轮廓尺寸扩大，可将分块凹模的接合面磨去一层，重新调整，或用堆焊方法修补，如图 11-6c 所示。堆焊刃口的凹模可用铸钢浇注而成，刃口用模具钢堆焊，可大大降低模具成本。图 11-6d 为对咬刃口，上、下模有对称的尖锐刃口，切边时飞边在上、下模刃口接触时被对咬切断，主要用于低弹塑性材料，如镁合金锻件的切边，其他场合极少采用。

前两种刃口形式，在刃口下部带有 5° 斜度的通孔，称为落料孔，用以保证切边后锻件自由落下。为使锻件平衡地放在凹模孔口上并减少刃口修复时的磨削工作量，通常将刃口顶面做成凸台形式。凸台宽度 L 应比飞边桥部宽度略小些，凸台高度 h 随飞边仓部深度而定，一般 $h = 10 \sim 15mm$。

切边凹模的刃口用来剪切锻件飞边，应制成锐角。刃口的轮廓线按锻件图上的轮廓线制造。若为热切应按热锻件图设计，并用铅件配制；若为冷切应按冷锻件图配制。如果凹模刃口与锻件配合过紧，则锻件放入凹模困难，切边时锻件上的一部分敷料会连同飞边一起切掉，影响锻件表面质量；若凹模与锻件间隙过大，则切边后锻件有较大毛刺，增加了打磨毛刺的工作量。

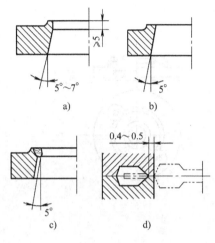

图 11-6 凹模刃口形式

切边凹模多用楔铁或螺钉紧固在凹模底座上，如图 11-7 所示。楔铁紧固方式简单、牢固，一般用于整体凹模或由两块组成的凹模。螺钉紧固方法多用于三块以上的组合凹模，以便于调整凸凹模之间的间隙。

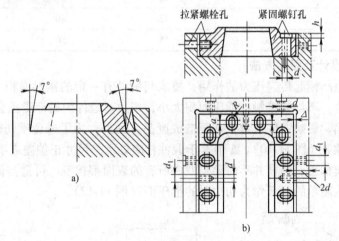

图 11-7 凹模紧固方法

a）用楔铁紧固 b）用螺钉紧固

带导柱导套的切边模，其凹模均采用螺钉固定，以调整凸凹模之间的间隙。轮廓为圆形的小型锻件，也可用压板固定切边凹模（图 11-8）。凸模与凹模之间的间隙靠移动模座来调整。根据凹模结构形式、刃口轮廓尺寸、紧固方式、凹模强度要求以及切边操作情况，即可确定凹模的外形尺寸。为了保证凹模有足够的强度，可按图 11-9 及表 11-1 确定凹模所允许的最小壁厚 B_{min} 和最小高度 H_{min}。切边操作中，为便于带夹钳料头的锻件或多件模锻的锻件平衡地放入凹模，须在凹模上增设钳口部分。

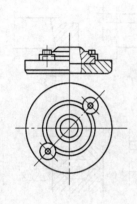

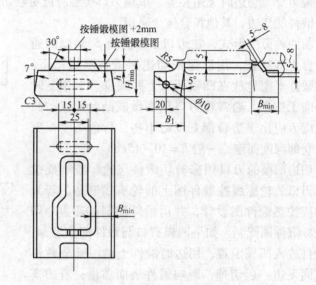

图 11-8 用压板紧固的凹模   图 11-9 切边凹模的结构

表 11-1 凹模尺寸   (单位：mm)

飞边桥部厚度 h_n	H_{min}	h	B_1	B_{min}
1.6 以下	50	10	35	30
2~3	55	12	40	35
4 以上	60	15	50	40

2. 切边凸模设计及固定方法

切边时，切边凸模起传递压力的作用，要求与锻件有一定的接触面积（推压面），而且其形状应基本吻合。不均匀接触或推压面积太小，切边时锻件因局部受压会发生弯曲、扭曲和表面压伤等缺陷，影响锻件质量，甚至造成废品。另外，为了避免啃伤锻件的过渡断面，应在该处留出空隙 Δ（图 11-10）。Δ 值等于锻件相应处水平尺寸正偏差之半加 0.3~0.5mm。

为了便于凸模加工，凸模并不需要与锻件所有的表面都接触，可适当简化（图 11-11），并应选择锻件形状简单的一面作为切边时的推压面（图 11-12）。

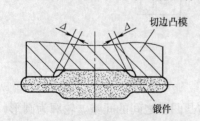

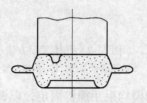

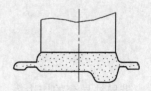

图 11-10 切边凸模与锻件间的间隙   图 11-11 简化凸模形状图   图 11-12 锻件推压面的选取

切边时，凸模一般进入凹模内，凸凹模之间应有适当的间隙 δ。δ 靠减小凸模轮廓尺寸保证。间隙过大，不利于凸凹模位置的对准，易产生偏心切边和不均匀的残留毛刺；间隙过小，飞边不易从凸模上取下，而且凸凹模有互啃的危险。

切边凸凹模的作用不同，间隙 δ 也不同。当凹模起切刃作用时，间隙 δ 较大；凸凹模同时起切刃作用时，间隙 δ 较小。对于凹模起切刃作用的凸凹模间隙 δ，根据锻件垂直于分模面的横截面形状和尺寸，按图 11-13 形式Ⅰ、Ⅱ及表 11-2 确定。当锻件模锻斜度大于 15°时（图 11-13 形式Ⅲ），间隙 δ 不宜太大，以免切边时造成锻件边缘向上卷起，并形成较大的残留飞边，为此，凸模

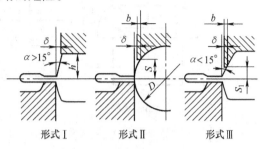

图 11-13　切边凸凹模的间隙

应按图示形式与锻件配合，并每边保持 0.5mm 左右的最小间隙。对于凸凹模同时起切刃作用的凸凹模间隙，可按下式计算，即

$$\delta = kt$$

式中，δ 是凸凹模单边间隙（mm）；t 是切边厚度（mm）；k 是材料系数，钛合金、硬铝 $k = 0.08 \sim 0.1$，铝、镁、铜合金 $k = 0.04 \sim 0.06$。

为了便于模具调整，沿整个轮廓线间隙按最小值取成一致，凸模下端不可有锐边，应从 S 和 S_1 高度处削平（图 11-13 形式Ⅱ、Ⅲ），S 和 S_1 的大小可用作图法确定。凸模下端削平后的宽度 b，对小尺寸锻件为 1.5mm，中等尺寸锻件为 $2 \sim 3$mm，大尺寸锻件为 $3 \sim 5$mm。

表 11-2　切边凸凹模的尺寸

形式Ⅰ		形式Ⅱ	
h/mm	δ/mm	D/mm	δ/mm
<5	0.3	<20	0.3
$5 \sim 10$	0.5	$20 \sim 30$	0.5
$10 \sim 19$	0.8	$30 \sim 48$	0.8
$19 \sim 24$	1.0	$48 \sim 49$	1.0
$24 \sim 30$	1.2	$59 \sim 70$	1.2
>30	1.5	>70	1.5

凸模紧固方法主要有三种：

（1）楔铁紧固　如图 11-14a 所示，用楔铁将凸模燕尾直接紧固在滑块上，前后用中心键定位，多用于大型锻件的切边。

（2）直接紧固　如图 11-14b 所示，利用压力机上的紧固装置，直接将凸模尾柄紧固在滑块上，其特点是夹持方便，适于紧固中小型锻件的切边凸模。

（3）压板紧固　如图 11-14c 所示，用压板、螺栓将凸模直接紧固在滑块上。此外，中小型锻件的切边凸模也常用键槽钉或楔铁和燕尾固定在模座上，再将模座固定在压力机的滑块上。

3. 模具闭合高度

切边刚完时，上下模具的高度称为模具闭合高度 $H_{闭}$。它与切边压力机的封闭高度有

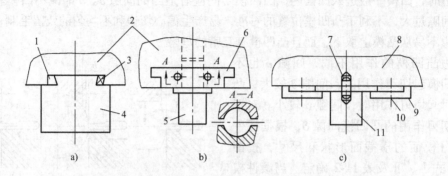

图 11-14　凸模直接紧固在滑块上

1—键　2、8—滑块　3—楔　4、5、11—凸模　6—紧固装置

7—定位销　9—压板　10—螺栓

关，其闭合高度 $H_闭$ 应有一定的调节余地，其值在 H_{max} 与 H_{min} 之间，即

$$H_{min} - H_垫 + (15 \sim 20)\,mm \leqslant H_闭 \leqslant H_{max} - H_垫 - (15 \sim 20)\,mm$$

式中符号意义如图 11-15 所示。

求出模具闭合高度后，即可确定凸模高度 $H_凸$，如图 11-16 所示。其中应考虑切边时的切移量 e，即凸模从接触锻件时起到锻件被推出凹模刃口工作带，凸模下行的距离。这段距离实际为 $e + h_飞/2$，$h_飞$ 为飞边桥部高度，其值甚小，可忽略不计，近似将 e 作为切移量。为了切净锻件上的飞边，切移量应大于飞边桥部高度，通常 $e = (3 \sim 5)h_飞$。

如图 11-16 所示，上模座高度 $H_上$、下模座高度 $H_下$ 事先已确定，因此凸模高度 $H_凸$ 可按以下两种情况计算确定。

1）当凸模推压面靠近飞边，需要进入凹模刃口才能将飞边切净时（图 11-16a），凸模高度为

$$H_凸 = H_闭 - (H_上 + H_凹 + H_下) + e$$

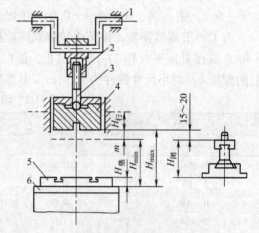

图 11-15　压力机封闭高度

与模具闭合高度的关系

1—曲轴　2—连杆　3—螺杆

4—滑块　5—垫板　6—工作台

2）当推压面远离飞边（图 11-16b），即 h_n（推压面至锻件分模线距离）大于飞边桥部高度的 6~8 倍时，凸模不需进入凹模刃口便可将飞边切净，则凸模高度为

$$H_凸 = H_闭 - (H_上 + H_凹 + H_下 + h_n) + e$$

4. 切边压力中心

欲使切边模合理工作，应使切边时金属抗剪切的合力点（即切边压力中心）与滑块的压力中心重合，否则模具容易错移，导致间隙不均匀、刃口碰损、导向机构磨损，甚至模具损坏。因而确定切边压力中心对保证切边模正常工作是非常重要的。

平面图上形状对称的锻件，压力中心即为锻件几何图形的中心；非对称的锻件，压力中

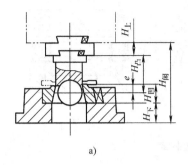
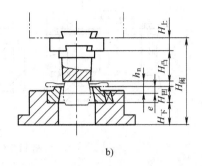

a) b)

图 11-16　凸模高度的计算

a) 凸模伸入凹模　b) 凸模不伸入凹模

心应按剪切周长关系求解（实际上，生产中常将终锻型槽的型槽中心作为切边压力中心）。最常用的方法是解析法，具体步骤如下：

在坐标系内作出锻件的外轮廓线平面图形，找出各自线段（直线或弧线）的重心位置 A (x_1, y_1)，B (x_2, y_2)，…，N (x_n, y_n)。过各自线段的重心，分别引出平行于 x 轴和 y 轴的 p_1，p_2，p_3，…，p_n 和 p_1'，p_2'，p_3'，…，p_n' 等直线（分别代表各线段的剪切力），并使 $p_1 = p_1'$，$p_2 = p_2'$，$p_3 = p_3'$，…，$p_n = p_n'$，其长度要与所代表的自然线段的长度成同一比例，或者等于各自线段的实长。然后根据各分力的力矩等于分力矩和的原理，求出切边压力中心的坐标 S (x, y)，即

$$x = \frac{p_1'x_1 + p_2'x_2 + p_3'x_3 + \cdots + p_n'x_n}{p_1' + p_2' + p_3' + \cdots + p_n'}$$

$$y = \frac{p_1y_1 + p_2y_2 + p_3y_3 + \cdots + p_ny_n}{p_1 + p_2 + p_3 + \cdots + p_n}$$

图 11-17 所示的锻件分模轮廓线为 8 个自然段，故 $n = 8$。

5. 卸飞边装置

当凸凹模之间的间隙较小，切边又需凸模进入凹模时，切边后飞边常常卡在凸模上不易卸除。所以当冷切边间隙 δ 小于 0.5mm、热切边间隙 δ 小于 1mm 时，在切边模上应设置卸飞边装置。

卸飞边装置有刚性的（图 11-18a、b）和弹性的（图 11-18c）两种，也可分为板式（图 11-18a）和钩式（图 11-18b）两种。板式是常用的一种结构，适用于中小型锻件的冷、热切边。钩形卸飞边装置适用于大中型锻件的冷、热切边。对于高度尺寸较大的锻件，为防止模具闭合后凸模肩部碰到卸料板，可用图 11-18c 所示的卸飞边装置。

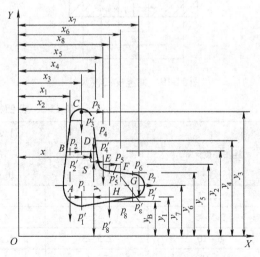

图 11-17　用解析法求切边压力中心

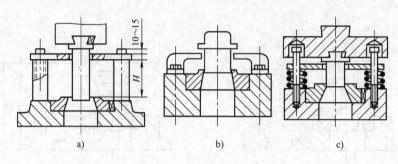

图 11-18　卸飞边装置

11.1.3　冲孔模和切边冲孔复合模

1. 冲孔模

单独冲除锻件孔内连皮时，可将锻件放在凹模内，靠冲孔凸模端面的刃口将连皮冲掉，如图 11-19 所示。凸模刃口部分的尺寸按锻件孔形尺寸确定。凹模起支承锻件的作用。凹模内凹穴被用来对锻件进行定位，其垂直方向的尺寸按锻件上相应部分的公称尺寸确定，但凹穴的最大深度一般小于锻件的高度。形状对称的锻件，凹穴的深度可比锻件相应厚度之半小一些。凹穴水平方向的尺寸，在定位部分（图 11-19 中的尺寸 C）的侧面与锻件应有间隙 Δ，其值为 $e/2 + (0.3 \sim 0.5)$ mm，e 为锻件在该处的正偏差。在非定位部分（图 11-19 中的尺寸 B），间隙 Δ_1 可比 Δ 大一些，取 $\Delta_1 = \Delta + 0.5$ mm，而且该处的制造精度也可低一些。

锻件底面应全部支承在凹模上，故凹模孔径 d 应稍小于锻件底面的内孔直径。凹模孔的最小高度 H_{min} 应不小于 $s + 15$ mm，s 为连皮厚度。

若锻件靠近凹模的面没有压凹（图 11-20），则凸凹模均起切刃作用，相当于板料冲孔。为此，凸凹模的边缘均应做成尖锐的刃口；凸凹模的间隙应小一些，详见表 11-3。

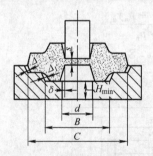

图 11-19　冲连皮凹模尺寸

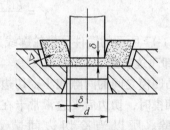

图 11-20　锻件一面无压凹时冲连皮模结构简图

表 11-3　凸凹模之间的间隙 δ

连皮厚度 s/mm	每边间隙为连皮厚度的百分数（%）			
	热冲孔	冷冲孔		
		10、20 钢	20、25、35 钢	45 钢以上
<2.5	1.8 ~ 2	3.5 ~ 4	4 ~ 4.5	4.5 ~ 5
2.5 ~ 5	2 ~ 2.5	4 ~ 4.5	4 ~ 5.5	5 ~ 6
6 ~ 10	2.5 ~ 3	4.5 ~ 5.5	5.5 ~ 6.5	6 ~ 7
>10	3 ~ 4	5.5 ~ 7	6.5 ~ 8	7 ~ 9

冲连皮模也须设置卸料装置,其设计原则与切边模相同。凸凹模之间的间隙小于 0.5mm 时,冲连皮模上应设置导柱、导套。

2. 切边冲孔复合模

切边冲孔复合模的结构与工作过程如图 11-21 所示。压力机滑块处于最上位置时,拉杆 5 通过其头部将托架 6 拉住,使横梁 15 及顶件器 12 处于最高位置,此时将锻件放入凹模 9 并落于顶件器上;滑块下行时,拉杆与凸模 7 同时向下移动,托架、顶件器以及锻件靠自重同时向下移动;当锻件与凹模刃口接触时,与顶件器脱离;滑块继续下移,凸模与锻件接触并推压锻件,将飞边切除;随后锻件内孔连皮与冲头 13 接触,冲连皮完毕后锻件落在顶件器上。

滑块向上移动时,凸模与拉杆同时上移,在拉杆上移一段距离后,其头部又与托架接触,带动托架、横梁与顶件器一起上移,并将锻件顶出凹模。

在生产批量不大的情况下,可在一般的切边模上增加一个活动冲头,用来首先冲除内孔的连皮。

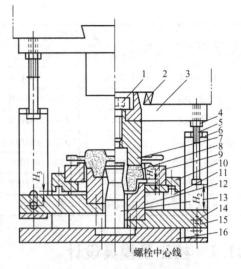

图 11-21　切边冲孔复合模
1—螺栓　2—楔　3—上模板　4—螺母
5—拉杆　6—托架　7—凸模　8—锻件
9—凹模　10—垫板　11—支承板
12—顶件器　13—冲头　14—螺
栓　15—横梁　16—下模板

11.1.4　切边力和冲孔力的计算

切边力和冲孔力的数值可按下式计算,即

$$F = \lambda \tau A$$

式中,F 是切边力或冲孔力 (N);τ 是材料的抗剪强度,通常 $\tau = 0.8\sigma_b$,σ_b 为金属在切边或冲孔温度下的抗拉强度 (MPa);A 是剪切面积 (mm^2),$A = LZ$,L 为锻件分模面的周长 (mm),Z 为剪切厚度 (mm),$Z = 2.5t + B$,t 为飞边桥部或连皮厚度 (mm),B 为锻件高度方向的正偏差 (mm);λ 是考虑到切边或冲连皮时锻件发生弯曲、拉伸、刃口变钝等现象,实际切边或冲连皮力增大所取的系数,一般取 $\lambda = 1.5 \sim 2.0$。

整理上式得

$$F = 0.8\lambda\sigma_b L(2.5t + B)$$

11.1.5　切边、冲孔模材料

切边、冲孔模材料及其热处理硬度参考表 11-4。

表 11-4　切边、冲孔模材料及热处理硬度

零件名称	主要材料		代用材料	
	钢号	热处理硬度	钢号	热处理硬度
热切边凹模	8Cr3	368 ~ 415HBW	5CrNiMo、7Cr3、T8A、5CrNiSi	368 ~ 415HBW

（续）

零件名称	主要材料		代用材料	
	钢号	热处理硬度	钢号	热处理硬度
冷切边凹模	Cr12MoV、Cr12Si	444～514HBW	T10A、T9A	444～514HBW
热切边凸模	8Cr3	368～415HBW	5CrNiMo、7Cr3、5CrNiSi	368～415HBW
冷切边凸模	9CrV	444～514HBW	8CrV	444～514HBW
热冲连皮凹模	8Cr3	321～368HBW	7Cr3、5CrNiSi	321～368HBW
冷冲连皮凹模	T10A	56～58HRC	T9A	56～58HRC
热冲连皮凸模	8Cr3	368～415HBW	3Cr2W8V、6CrW2Si	368～415HBW
冷冲连皮凸模	Cr12MoV、Cr12V	56～60HRC	T10A、T9A	56～60HRC

11.2 校正及模具设计

11.2.1 校正

在锻压生产过程中，模锻、切边、冲孔、热处理等生产工序及工序之间的运送过程，由于冷却不均、局部受力、碰撞等各种原因都有可能使锻件产生弯曲、扭转等变形。当锻件的变形量超出锻件图技术条件的允许范围时，必须用校正工序加以校正。

热校正可以在锻模的终锻模膛内进行。大批量生产时，一般利用校正模校正。利用校正模校正不仅可以校正锻件，还可使锻件在高度方向因欠压而增加的尺寸减小。有些长轴类锻件，可直接将锻件放在油压机工作台的两块 V 形铁上，利用装在油压机压头上的 V 形铁对弯曲部位加压校直。

1. 热校正与冷校正

校正分为热校正和冷校正两种，见表 11-5。

表 11-5 热校正和冷校正

校正方法	说　　明	应　　用
热校正	通常与模锻同一火次并在切边、冲孔后进行 小批量生产时，在锻模终锻模膛内进行 大批量生产时，在校正设备（螺旋压力机、油压机等）的校正模内进行 还可在切边压力机上的复合式或连续式切边-校正、冲孔-校正模具内进行	一般用于中、大型锻件，高合金钢锻件，高温合金和钛合金锻件以及容易在切边、冲孔时变形的复杂形状锻件
冷校正	一般安排在热处理和清理工序后进行 主要在锻锤、螺旋压力机、曲柄压力机、油压机等设备的校正模中进行 有些锻件冷校正前需进行正火或退火处理，防止产生裂纹	适用于结构钢、铝合金、镁合金的中小型锻件以及容易在冷切边、冷冲孔、热处理和滚筒清理过程中产生变形的锻件

2. 校正模模膛设计特点

校正模的模膛根据校正用的冷、热锻件图设计。但模膛的形状并不一定要求与锻件形状完全吻合，应力求形状简化、定位可靠、操作方便、制造容易。图 11-22 所示是简化校正模模膛形状的例子。

曲轴、凸轮轴之类的复杂形状锻件，往往需从两个方向（互呈 90°）在两个模膛内进行校正。

校正模模膛设计的特点如下：

1）由于锻件在切边后可能留有毛刺，以及锻件在高度方向欠压，校正后锻件水平方向尺寸有所增大。为便于取放锻件，校正模模膛水平方向与锻件侧面之间要留有间隙，空隙的大小约为锻件水平方向尺寸正偏差之半。

2）模膛沿分模面的边缘应做成圆角。

3）对小锻件，在锤或螺旋压力机上校正时，校正模的模膛高度应等于锻件的高度；对大、中型锻件，因欠压量较多，校正模模膛的高度可比锻件高度小，其高度差与锻件高度尺寸的负偏差值相等。如在曲柄压力机上校正时，在上、下模之间（即分模面上）应留有 1 ~ 2mm 间隙，防止卡死。

4）校正模应有足够的承击面面积。当用螺旋压力机校正时，校正模每千牛的承击面面积为 0.10 ~ 0.13cm²。

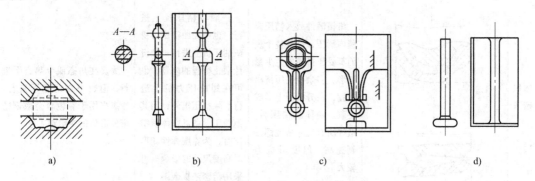

图 11-22 简化校正模模膛形状举例

a）将不对称锻件制成对称模膛 b）将锻件局部复杂的形状制成较简单的形状 c）将形状复杂的连杆锻件大头部分制成敞开的两个平行平面 d）长轴类锻件只制出杆部的校正模模膛

11.2.2 精压

精压是对已成形的锻件或粗加工的毛坯进一步改善其局部或全部表面粗糙度和尺寸精度的一种锻造方法，其优点如下：

1）精压可提高锻件的尺寸精度，减小表面粗糙度值。钢锻件经过精压，其尺寸精度可达 ±0.1mm，表面粗糙度 Ra 值可小于 2.5μm；有色金属锻件经过精压后，其尺寸精度可达 ±0.05mm，表面粗糙度 Ra 值为 0.63 ~ 1.25μm。

2）精压可全部或部分代替零件的机械加工，节省机械加工工时，提高生产率，降低成本。

3）精压可减小或免除机械加工余量，使锻件尺寸缩小，降低了原材料消耗。

4）精压使锻件表面变形强化，提高零件的耐磨性和使用寿命。

1. 精压的分类

根据金属的流动特点，精压可分为平面精压和体积精压两类，见表11-6。

表 11-6　精压的分类

分类	图　例	变形特点	设　备	备　注
平面精压	上模座 上平板 下平板 下模座	在两精压平板之间，对锻件上的一对或数对平行平面加压，使变形部分获得较高的尺寸精度和较低的表面粗糙度。精压时金属在水平方向自由流动	一般在精压机上进行；也可在曲柄压力机或油压机上进行；如设计限止行程的模具，也可在螺旋压力机上进行	几何公差要求高的零件不宜采用；对于数对平面精压时易引起杆部或腹板弯曲变形的零件，在设计工艺过程和模具时，应采用分头精压、减小精压余量或在模具中增加防弯曲装置等措施
体积精压		将模锻件放入精压模膛内锻压，使其整个表面都受压挤而发生少量变形，多余金属压挤出模膛，在分模面上形成毛刺。经体积精压后，锻件所有尺寸精度都得到提高，但变形抗力较大	一般在精压机上进行，也可在曲柄压力机或油压机上进行；如设计限止行程的模具，也可在螺旋压力机上进行。除精压机外，用其他锻压设备进行体积精压时，为克服弹性变形对高度尺寸的影响，可采用精密垫板微调	大多在热态或半热态下进行，但也可在冷态下进行，冷态多用于有色合金或钢精密模锻后的冷精整工序

2. 精压件平面的凸起

平面精压后，精压件平面中心有凸起现象，如图11-23所示。单面凸起的高度$[f=(H_{max}-H_{min})/2]$可达$0.13\sim0.5mm$，对精压件尺寸精度影响很大。其产生的原因是精压时金属受接触摩擦影响，引起精压面上的应力呈角锥形分布，如图11-24所示，精压模和锻件产生了不均匀的弹性变形。

为减小平面凸起，可采取以下措施：

1）冷精压前先热精压一次，减小冷精压余量。

2）多次精压。

3）减小精压平板的表面粗糙度值，采用良好的平板润滑措施。

4）减小精压面的受压面积，使精压面的应力分布趋于均匀。如对中间有机械加工孔或凹槽的精压面，可在模锻时将孔或凹槽压出。

5）选用淬硬性高的材料做精压平板。

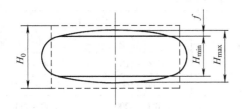

图 11-23　平面精压时工件的变形

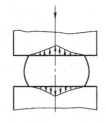

图 11-24　精压面上的应力分布

3. 精压余量

（1）平面精压余量　精压余量一般与精压平面直径 d 与精压平面高度 h 的比值（d/h）有关，还与被精压件面积的大小和精压坯料的精度有关。

平面精压余量可参照表 11-7 选用。

表 11-7　平面精压的双面余量　　　　　　　　　（单位：mm）

精压面积 /cm²	d/h								
	<2			2 ~ 4			4 ~ 8		
	坯料精度级别								
	高精度	普通精度	热精压	高精度	普通精度	热精压	高精度	普通精度	热精压
<10	0.25	0.35	0.35	0.20	0.30	0.30	0.15	0.25	0.25
10 ~ 16	0.30	0.45	0.45	0.25	0.35	0.35	0.20	0.30	0.30
17 ~ 25	0.35	0.50	0.50	0.30	0.45	0.45	0.25	0.35	0.45
26 ~ 40	0.40	0.60	0.60	0.35	0.50	0.50	0.30	0.40	0.50
41 ~ 80	—	0.70	0.70	—	0.60	0.60	—	0.50	0.60
81 ~ 160	—	—	0.80	—	—	0.70	—	—	0.70
161 ~ 320	—	—	0.90	—	—	0.80	—	—	0.80

（2）体积精压余量　体积精压余量原则上可参照平面精压余量确定。

在冷精压情况下，一般可在粗锻模腔的高度方向留 0.3 ~ 0.5mm 的余量，粗锻模腔的水平尺寸要比体积精压模腔稍小。

在热精压情况下，粗锻模腔高度方向留的余量一般为 0.4 ~ 0.6mm 或更大，而粗锻模腔的水平尺寸则可取和精压模腔的一样。有时还可利用精锻模，使粗锻件在模锻时欠压一定的数值来作为精压余量。

为了使粗锻件的精压余量不至于太大，粗锻件的高度尺寸公差应予以限制，通常将粗锻件的精度比普通模锻件提高一级。

4. 精压力的计算

精压力 F 可按下面公式计算，即

$$F = pA$$

式中　F 是精压力（N）；p 是平均单位压力（N/cm²，1N/cm² ≈ 0.1MPa），按表 11-8 确定；A 是锻件精压时的投影面积（cm²）。

表 11-8　不同材料精压时的平均单位压力

材　　　料	单位压力/MPa	
	平面精压	体积精压
2A11、2A50 及类似铝合金	1000 ~ 1200	1400 ~ 1700
10CrA、15CrA、13Ni2A 及类似钢	1300 ~ 1600	1800 ~ 2200
25CrNi3A、12CrNi3A、12Cr2Ni4A、21Ni5A	1800 ~ 2200	2500 ~ 3000
13CrNiWA、18CrNiWA、38CrA、40CrVA	1800 ~ 2200	2500 ~ 3000
35CrMnSiA、45CrMnSiA、30CrMnSiA、37CrNi3A	2500 ~ 3000	3000 ~ 4000
38CrMoAlA、40CrNiMoA	2500 ~ 3000	3000 ~ 4000
铜、金和银		1400 ~ 2000

注：热精压时，可取表中数值的 30% ~50%；曲面精压时，可取平面精压与体积精压的平均值。

11.3　锻件冷却与热处理

11.3.1　锻件的冷却

锻件的冷却是指锻件从终锻温度出模冷却到室温。对于一般钢料的小型锻件的冷却放在地上空冷即可，但对于合金钢、钛合金等锻件以及大型锻件则应考虑不同情况，确定合适的冷却规范，否则就会产生各种缺陷，如果锻后冷却处理不当，锻件可能因产生裂纹或白点而报废，也可能延长生产周期而影响生产率。因此，了解锻件冷却过程的特点及其缺陷形成的原因，对于选择冷却方法，制订冷却规范是非常必要的。

1. 锻件在冷却过程中的内应力

坯料在冷却过程中与加热时一样也会引起内应力。由于锻件冷却后期温度低、塑性差，冷却内应力的危险性比加热内应力更大。按冷却时内应力产生原因不同，有温度应力、组织应力和锻造变形不均匀引起的残余应力。

（1）温度应力　温度应力是由于锻件在冷却过程中内外温度不同，造成冷缩不均而产生的，如图 11-25 所示。冷却初期，锻件表面温度比心部低，表层收缩受心部阻碍，在表层产生拉应力，而心部产生压应力与之平衡。

对于软钢锻件，在冷却初期温度仍较高，变形抗力小，塑性较好，还可产生微量变形，使温度应力得以松弛。到冷却后期，锻件表面已接近室温，基本不能收缩，这时表层反而阻碍心部继续收缩，导致温度应力符号发生改变，心部由压应力转为拉应力，表层则相反，如图 11-25a 所示。

对于抗力大、塑性低的硬钢锻件，冷却初期产生的应力得不到松弛，冷却后期虽心部收缩对表层产生附加压应力，但只能使表层的拉应力稍有降低，不会使符号发生变化，表层仍为拉应力，心部为压应力，如图 11-25b 所示。

综上分析可知，软钢锻件冷却时可能出现内部裂纹，硬钢锻件冷却时容易产生外部裂纹。

（2）组织应力　锻件在冷却过程中若有相变发生，由于相变前后组织的比体积不同，而且转变是在一定温度范围内完成的，故在相与相之间产生组织应力。当锻件表里冷却不一致

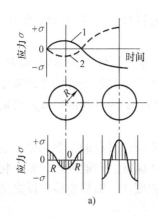
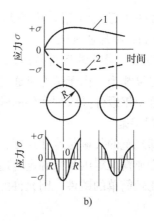

a) b)

图 11-25 锻件冷却过程温度应力（轴向）的变化和分布的示意图
a）软钢锻件 b）硬钢锻件
1—表层应力 2—心部应力

时，这种组织应力更为明显。例如钢，奥氏体的比体积为 $0.120 \sim 0.125 cm^3/g$，马氏体的比体积为 $0.127 \sim 0.131 cm^3/g$，如锻件在冷却过程中有马氏体转变，则随着温度降低，表层先进行马氏体转变。由于马氏体比体积大于奥氏体比体积，这时所引起的组织应力表层为压应力，心部为拉应力。但此时心部温度较高，处于塑性良好的奥氏体区，通过局部塑性变形，使组织应力得到松弛。随着锻件继续冷却，心部也发生马氏体转变。这时产生的组织应力心部为压应力，表层为拉应力，应力不断增大，直到马氏体转变结束为止。

冷却时产生的组织应力也和加热时产生的组织应力一样是三向应力，且其中切向应力最大，这是引起表面纵向裂纹的主要原因。锻件冷却过程中组织应力（切向）的变化与分布如图 11-26 所示。

（3）残余应力 由于锻件在变形过程中变形不均或加工硬化所引起的应力，如未能及时经再结晶软化将其消除，锻后冷却时便成为残余应力保留下来。残余应力在锻件内的分布视变形不均情况而有所不同，可能是表层为拉应力，心部为压应力，或与此相反。

一般锻件尺寸越大、形状越复杂、热导率越小、冷速越快，温度应力和组织应力越大。锻件在冷却过程中，存在以上三种内应力，总的内应力为三者叠加。如果冷却不当，叠加的应力值超过强度极限，便会在锻件相应部分产生裂纹。如果叠加后的内应力没有造成破坏，冷却后保留下来，则称为锻件的残余应力。

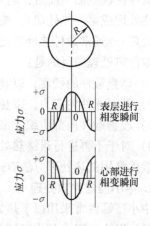

图 11-26 锻件冷却过程中组织应力
（切向）的变化和分布示意图

2. 锻件的冷却方法

按照冷却速度的不同，锻件的冷却方法有三种：在空气中冷却；在干燥的灰、砂坑（箱）内冷却；在炉内冷却。

（1）在空气中冷却 锻件锻后单件或成堆直接放在车间地面上冷却，但不能放在潮湿地面上或金属板上，也不要放在有穿堂风的地方，以免冷却不均或局部急冷引起裂纹，冷却速度较快。

（2）在干燥的灰、砂坑（箱）内冷却 一般钢件入砂温度不应低于 500℃，周围灰、砂厚度不小于 80mm，冷却速度较慢。

（3）在炉内冷却 锻件锻后直接放入炉内冷却，钢件入炉温度不应低于 600~650℃，炉温与入炉锻件温度相当。由于炉冷可通过炉温调节来控制锻件的冷却速度，因此，适用于高合金钢、特殊合金钢锻件及大型锻件的锻后冷却。炉内冷却的冷却速度最慢。

3. 锻件的冷却规范

制订锻件冷却规范的关键是冷却速度，应根据锻件材料的化学成分、组织特点、锻件的断面尺寸和锻造变形情况等因素来确定合适的冷却速度。一般来说，合金化程度较低、断面尺寸较小、形状比较简单的锻件，则允许的冷却速度快，锻后空冷，反之则应缓慢冷却或分阶段冷却。

通常用轧材锻制的锻件允许比钢锭锻成的锻件冷却速度快。

含碳量较高的钢（如工具钢及轴承钢），应先空冷或喷雾快冷至 700℃，然后坑冷或炉冷，避免钢状碳化物析出。

对于在空冷中容易产生马氏体相变的钢（如高速钢，不锈钢 Cr13、Cr17Ni2、Cr18，高合金工具钢 Cr12 等），为避免裂纹，锻后必须缓冷。

对于白点敏感的钢（如 34CrNiMo~34CrNi4Mo 等），应按一定规范炉冷，防止产生白点。

对于铝、镁合金因导热性好，可空冷或直接用水冷却；钛合金因变形抗力大、导热性差，需坑冷或在石棉中冷却。

11.3.2 锻件热处理

锻件在机械加工前后，均须进行热处理。机械加工前的热处理称为锻件热处理（也称毛坯热处理或第一热处理）。机械加工之后的热处理称为零件热处理（也称最终热处理或第二热处理）。通常锻件热处理是在锻压车间进行的。

锻件热处理的目的是：

1）调整锻件的硬度，以利于切削加工。

2）消除锻件内应力，以免在机械加工时变形。

3）改善锻件内部组织，细化晶粒，为最终热处理做好组织准备。

4）对于不再进行最终热处理的锻件，应保证达到规定的力学性能要求。

锻件常用的热处理方法有退火、正火、调质、淬火与低温回火、淬火与时效等。

1. 中小型锻件热处理

中小型锻件常采用以下热处理方法：

（1）退火 退火是为了细化晶粒，消除或减少残余应力，降低硬度，提高塑性和韧性，改善切削性能。

一般亚共析钢锻件采用完全退火，加热至 Ac_3 线以上 30~50℃，经保温后随炉冷却，得到近似平衡状态的组织。

共析钢和过共析钢锻件采用球化退火，加热到 Ac_1 线以上 10~20℃，经较长时间保温后随炉缓慢冷却，得到球化组织。

等温退火是将锻件加热至 Ac_3 线以上 20~30℃，保温一段时间，然后急冷到 A_1 线以下某一温度（即 C 曲线图中所示的奥氏体最不稳定的温度区域）再经适当保温，然后空冷或随炉冷却。等温退火的目的与完全退火或球化退火相同，但可以缩短退火时间，而且有利于除氢，消除白点。

（2）正火 对于碳钢锻件采用正火是为了细化晶粒、消除内应力、增加强度和韧性，或为了消除网状渗碳体。

正火一般是把锻件加热到 GSE 线以上 50～70℃，有些高合金钢锻件加热到 GSE 线以上 100～150℃，经适当保温后在空气中冷却。如正火后锻件硬度较高，为了降低锻件硬度，还应进行高温回火，一般回火温度为 560～660℃。

（3）淬火、回火 淬火是为了获得不平衡的组织，以提高强度和硬度。将钢锻件加热到 Ac_3 线以上 30～50℃（亚共析钢）或 Ac_1 线和 Ac_{cm} 线之间（过共析钢），经保温后急冷。

回火是为了消除淬火应力，获得较稳定的组织，将锻件加热到 Ac_1 线以下某一温度，保温一段时间，然后空冷或快冷，低碳钢锻件为改善切削性能常采用淬火或淬火加低温回火处理。

碳的质量分数小于 0.15% 的低碳钢锻件，只进行淬火。碳的质量分数为 0.15%～0.25% 的低碳钢锻件，淬火后须进行低温回火，回火温度为 260～420℃。这类钢可用正火代替淬火、回火。

淬火后高温回火称为调质。一些中碳钢和低合金锻件，不再进行最终热处理时，为获得好的综合力学性能，采用调质最合适。

（4）淬火、时效 高温合金和能够通过热处理强化的铝合金、镁合金，在锻后常采用淬火时效处理。其中淬火是把合金加热到适当温度，经充分保温，使合金中某些组织生成物溶解到基体中去形成均匀的固溶体，然后迅速冷却，成为过饱和固溶体，故又称为固溶处理。其目的是改善合金的塑性和韧性，并为进一步时效处理做好组织准备。时效处理是把过饱和固溶体或经冷加工变形后的合金置于室温或加热至某一温度，保温一段时间，使先前溶解于基体内的物质均匀弥散地析出。时效处理的目的是提高合金的强度和硬度。

上述各种钢锻件热处理的加热温度范围，如图 11-27 所示。

2. 大型锻件热处理

大型锻件热处理应考虑以下特点：组织性能很不均匀；晶粒粗细不匀；存在较大残余应力；一些锻件易产生白点。因此，大型锻件热处理的目的除降低硬度、消除应力等外，主要是防止出现白点、成分均匀化和调整与细化组织。

（1）防止白点处理 主要是把锻件中的氢扩散出去和减少组织应力。氢在 650℃ 及 350℃ 时，在钢中的扩散速度很大。在此温度附近保温停留，便可使氢大量扩散出去。

钢中组织应力是由奥氏体转变引起的。因此，要求奥氏体转变迅速、均匀、完全，则组织应力可减小。珠光体钢在 620～660℃，马氏体钢在 580～660℃ 及 280～320℃ 时奥氏体转变最快，故当锻件冷却到上述温度进行等温转变，可使奥氏体转变迅速、完全、均匀，大大减少组织应力。

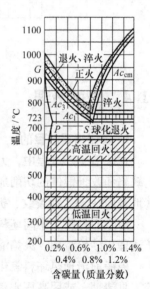

图 11-27 各种锻件热处理加热温度范围示意图

综上所述，常采用如图 11-28 所示的热处理和锻后冷却。

1）等温冷却（图 11-28a）适用于碳钢及低合金钢锻件。

2）起伏等温冷却（图 11-28b）适用于白点敏感性较高的小截面合金钢锻件。

3）起伏等温退火（图 11-28c）适用于白点敏感性较高的大截面合金钢锻件。

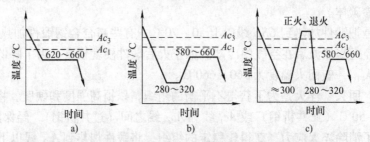

图 11-28　大型锻件防止白点的锻后冷却与热处理曲线

a）等温冷却　b）起伏等温冷却　c）起伏等温退火

（2）正火回火处理　对于基本不会产生白点和对白点不敏感的锻件，后可采取正火回火处理，使锻件晶粒细化、组织均匀。

在实际生产中，多数锻件是锻后接着热装炉进行正火回火处理，如图 11-29 所示。锻后空冷的锻件只能冷装炉进行正火回火处理。正火后进行过冷的目的是降低锻件的中心温度，经适当保温使温度均匀，同时也能起到除氢的作用。过冷温度因钢种不同而不同，一般热装炉为 350～400℃ 或 400～450℃，冷装炉为 300～450℃。

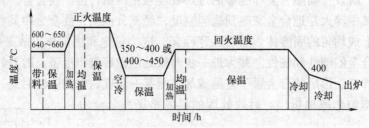

图 11-29　锻件正火回火曲线（热装炉）

11.4　表面清理

1. 表面清理的目的

在锻造生产过程中，为控制锻件质量，防止表面缺陷扩大到内层，同时也便于检查、发现缺陷和改善锻件的切削加工性能，需要对坯料、半成品和锻件进行清理，以去除氧化皮和其他表面缺陷（如裂纹、折叠等）。

清除原材料、中间坯料和锻件上局部表面缺陷（如裂纹、折叠、划伤等）的方法有风铲清理、砂轮清理、火焰清理等。

模锻前清理热坯料氧化皮的方法有：用钢丝刷（钢丝直径 0.2～0.3mm）、刮板、刮轮等工具清理，或用高压水清理；在锤上模锻使用制坯工步，也可去除一部分热坯料上的氧化皮。

对于模锻后或热处理后锻件上的氧化皮，生产中广泛使用的清理方法有滚筒清理、振动清理、喷砂（丸）清理、抛丸清理以及酸洗。

2. 滚筒清理

滚筒清理是将锻件装在旋转的滚筒（其内可装入混合一定比例的磨料和添加剂）中，靠相互撞击和研磨清理锻件表面的氧化皮及毛刺。这种清理方法设备简单，使用方便，但噪声大，适用于能承受一定撞击而不易变形的中小型锻件。

滚筒清理分为有磨料和无磨料滚筒清理两种：前者要加入石英石、废砂轮碎块等磨料和苏打、肥皂水等添加剂，主要靠研磨进行清理；后者不加入磨料，可加入直径为 10～30mm 的钢球或三角铁等，主要靠相互碰撞清除氧化皮。

3. 喷砂（丸）清理

喷砂或喷丸都以压缩空气为动力 [喷砂的工作压力为 $(2～3) \times 10^5Pa$，喷丸的工作压力为 $(5～6) \times 10^5Pa$]，使砂粒（粒度为 1.5～2mm 的石英砂，对有色金属用 0.8～1.0mm 的石英砂）或钢丸（粒度为 0.8～2mm 的钢丸）产生高速运动（10～50m/s），喷射到锻件表面以打掉氧化皮。这种方法对各种结构形状和质量的锻件都适用。

喷砂清理灰尘大、生产率低、费用高，只用于有特殊技术要求和特殊材料的锻件（如不锈钢和钛合金锻件），而且必须采取有效的除尘措施。

4. 抛丸清理

抛丸清理是靠高速转动叶轮的离心力，将钢（铁）丸抛射到锻件上以除去氧化皮。钢丸用碳的质量分数为 50%～70%、直径为 0.8～2mm 的钢丝切断制成，切断长度一般等于钢丝直径，淬火后硬度为 60～64HRC。对于有色合金锻件，则采用铁的质量分数为 5% 的铝丸，粒度尺寸也为 0.8～2mm。抛丸清理生产率高，比喷丸清理高 1～3 倍，清理质量也较好，但噪声大，在锻件表面上可能打出印痕。

喷丸和抛丸清理在击落氧化皮的同时，使锻件表面层产生加工硬化，有利于提高零件的抗疲劳能力，但表面裂纹等缺陷可能被掩盖。因此，对于一些重要锻件应采用磁性探伤或荧光检验等方法来检验锻件的表面缺陷。

5. 光饰

光饰是将锻件混合一定配比的磨料和添加剂，放置在振动光饰机的容器中，靠容器的振动使锻件与磨料相互研磨，把锻件表面氧化皮和毛刺磨掉。清理后锻件表面粗糙度 Ra 值为 5～20μm，多次清理后锻件表面粗糙度 Ra 值为 0.04～0.08μm，这种清理方法适用于中小型精密模锻件的清理和抛光。

6. 酸洗

酸洗清理是将锻件放于酸洗槽中，靠化学反应达到清理目的，需经除油污、酸液腐蚀、漂洗、吹干等若干道工序。酸洗清理的表面质量高，清理后锻件的表面缺陷（如发裂、折纹等）显露清晰，便于检查。对锻件上难清理的部分，如深孔、凹槽等清理效果明显，而且锻件也不会产生变形。因此，酸洗广泛应用于结构复杂、扁薄细长等易变形和重要的锻件。一般酸洗后的锻件表面比较粗糙，呈灰黑色，有时为了提高锻件非切削加工表面质量，酸洗后再进行抛丸等机械方法清理。

碳素钢和合金钢锻件使用的酸洗溶液是硫酸或盐酸。高合金钢和有色金属使用多种酸复合溶液。有时还需使用碱-酸复合酸洗。

由于酸洗后废溶液的排放会污染水源、环境，受到环保部门严格限制，故在清理锻件表面时，一般尽量不采用酸洗。

7. 局部表面缺陷的清理

原毛坯、中间坯料和锻件上的局部表面缺陷，如裂纹、折纹和残余毛刺等，应及时发现和清除，以避免这些缺陷在继续加工过程中扩大和造成报废。为了避免清理过的部位在继续加工时产生折纹和裂纹等缺陷，清理后的工件表面和凹槽应是圆滑的，且凹槽的宽高比应大于5。

11.5 锻件质量检验及主要缺陷

11.5.1 锻件质量检验

为了保证锻件质量，提高产品的使用性能和使用寿命，除了在生产过程中要随时检查锻件质量外，入库前锻件还必须经过专职人员进行质量检查。

锻件检验的内容包括锻件几何形状与尺寸、表面质量、内部质量、力学性能和化学成分等几个方面，而每一方面又包含了若干内容。

锻件所需进行的具体检验项目与要求需根据锻件重要性等级来定，锻件的等级是按零件的受力情况、工作条件、重要程度、材料种类和冶金工艺不同进行划分。各工业部门对锻件等级的分类不尽相同，有的将锻件分为3个等级，有的分为4个或5个等级。表11-9为批生产锻件等级及其检验项目。对于有特殊要求的锻件，需按专门技术条件规定进行检验。

表11-9 批生产锻件等级及其检验项目

检查项目 \ 每批检查数量 \ 类别		I	II	III	备　注
材料牌号		100%	100%	100%	—
表面状态		100%	100%	100%	—
几何尺寸		100%	100%	100%	垂直尺寸和偏移量为100%检查，其他尺寸按情况抽查
硬度	钢件	10%	10%	10%	铜合金、3A21不检查
	有色件	100%	100%	100%	
力学性能		每批抽1件余料100%	每批抽1~2件	铝、镁件热处理试棒	铜、铝、镁件不做冲击韧性试验
低倍组织		每批抽1件	每批抽1件	—	
高倍组织		有色件余料100%	有色件抽1件	—	不经热处理（淬火）的有色件不检查
断口		钢件余料100%有色件抽1件	无专门规定时从低倍试片上取断口	—	

1. 锻件几何形状与尺寸的检验

测量锻件几何形状与尺寸的工具主要用钢直尺、卡钳、游标卡尺、深度尺、角尺等；对形状特殊或较复杂的锻件可用样板或专用仪器来检测。一般锻件检查有以下内容。

（1）锻件长、宽、高尺寸和直径的检查　主要用卡钳、卡尺进行检查。

（2）锻件内孔的检查　无斜度用卡尺、卡钳，有斜度用塞尺。

（3）锻件特殊面的检查　例如，叶片型面尺寸可用型面样板、电感量仪（电感量仪一次可以准确地检测 20～34 个测量点的尺寸公差）、光学投影仪检查。

（4）锻件错移量的检查　对形状复杂锻件，可用划线方法分别划出锻件上、下模的中心线，若两个中心线重合说明锻件无错移；若不重合，两中心线错开的间距就是锻件的错移量。形状简单的锻件可以凭经验用眼或借助于简单的工具观察其错移量是否在允许范围内，也可用样板检查。

（5）锻件弯曲度的检查　通常把锻件放在平台上或用两个支点把锻件支起而旋转锻件，用千分表或划针盘测量其弯曲的数值。

（6）锻件翘曲度的检查　检查锻件两平面是否在同一平面上或保持平行。通常将锻件放在平台上，用手按住锻件某部分，当锻件另一平面部分与平台平面产生间隙时，用塞尺测量因翘曲所引起的间隙大小，或用百分表放在锻件上检查翘曲的摆动量。

2. 锻件表面质量的检验

锻件表面上的裂纹、折叠、压伤等缺陷，通常可用目视法直接发现，当裂纹很细或隐蔽在表皮下时，则须通过磁粉检验、荧光检验、着色检验等才能发现。

（1）磁粉检验（磁力探伤）　用于检测由铁磁材料制成的零件或锻件的表层缺陷。其工作原理如下：将被检件放在磁力探伤机的磁铁两极之间，则在零件中有磁力线通过。如果零件质地均匀且无缺陷，磁力线将均匀通过；但当零件有裂纹、气孔、非铁磁性夹杂等缺陷时，由于这些缺陷的磁导率比铁磁材料低得多，故磁力线将绕过缺陷而发生弯曲现象（图 11-30）。如果缺陷在零件表面或表皮下，那么，该处磁力线将有一部分漏到空气中，绕过缺陷，再回到零件上。这时漏磁部分便产生一个局部漏磁磁极。因为被检工件是铁磁材料，所以移去外界磁化力后，局部漏磁磁极仍能保持相当长的时间。利用这一特性，如果把磁粉（通常用 Fe_3O_4 磁粉，粒度为 200 号筛）喷洒在零件上，则在有缺陷的漏磁处就会吸引磁粉，并使之堆积成与缺陷大小和形状近似的目见示迹。

由以上原理可知，如果缺陷位于零件深处，磁力线虽有弯曲，但不会漏到空气中，即不会产生局部漏磁磁极而难于发现缺陷。这时可改变磁场方向来探测缺陷所在位置。

图 11-31a 为纵向磁化，用于检测横向缺陷。图 11-31b 为圆周方向磁化，用于检测纵向缺陷。

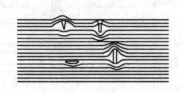

图 11-30　磁力线在有缺陷条件中的弯曲现象

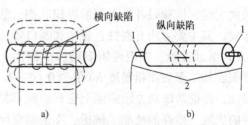

图 11-31　磁力线方向与裂纹方向的关系
a）横向缺陷　b）纵向缺陷
1—电极　2—导线

磁粉检验法按磁粉干湿程度分为干粉法和湿粉法两种。前者是将干粉直接喷洒在已经磁化的被检工件上来检测缺陷，喷洒时磁粉飞扬，消耗大，而且有损人体健康。因此，现在多采用湿粉法，即将磁粉末悬浮在煤油或含有防蚀剂的硫酸钠水溶液中，然后将磁粉油液喷或浇在经磁化的待检零件上来发现缺陷所在位置。

磁粉检验法要求被检件表面平整光滑（最好磨过），若用粗糙表面，可能会发生误检。

磁粉检验后的锻件，必须进行退磁处理。

（2）荧光检验 对于非铁磁性材料，其表面缺陷可用荧光检验来显示。荧光检验的原理是利用细小裂纹的毛细管作用，使之渗入发光物质，在紫外线照射下发出荧光，从而便于用肉眼发现裂纹形状及所在位置。

（3）着色检验 其工作原理与荧光检验相似，只是渗透溶液和显示剂不同，无需紫外线照射，依靠有颜色的渗透液来显示缺陷的形状与位置。

3. 锻件内部缺陷和组织检验

锻件内部的裂纹、气孔、缩孔、夹杂等缺陷可采用无损检测（如 X 射线检验或超声波检验）。锻件内部的宏观组织则须通过解剖随机抽出的某个锻件典型截面进行观察与分析。

（1）超声波检验 超声波具有很强的穿透能力，可以穿透几米甚至十几米厚的金属。利用超声波检验大型锻件的内部缺陷要比其他无损探伤法更为简便迅速，能较准确地发现缺陷（如裂纹、缩孔、气孔、夹杂物等）的形状、位置及大小。但对缺陷的性质不易准确判断，必须配合其他方法和积累丰富经验加以推理比较才能做出结论。另外，要求被检工件的表面非常光洁，否则由于表面粗糙而产生的假反射会引起错误判断。对于形状复杂或太薄太小的锻件容易造成误判误检。

超声波检验的基本原理是，利用一种矿物（石英）作为转换器，通电后石英将电能转化为相同频率的声能，通过油或水层的耦合，使探头发出的声能有效地射入被检工件内部。如果工件内无缺陷，即工件这个介质是均匀一致的，那么超声波穿透被检工件底面再反射回来；如果工件内有缺陷，则一部分超声波到达缺陷后首先反射回来，另一部分穿透被检工件底面后再反射回来，反射回来的超声波通过一套接收、放大、转换、显示装置，把反射波形显示在荧光屏上，在荧光屏上首先接收到的是缺陷脉冲信号，随后是由工件底部反射回来的脉冲信号。脉冲反射探伤仪就是依靠这两个先后出现的信号来判断缺陷离工件底面的距离，变换探头的位置，可以测定缺陷的范围。图 11-32 所示为用探头 1 和 2 从相互垂直方向探测工件内部纵向裂纹时所得到的不同脉冲信号。可见，当超声波的穿透方向与裂纹方向平行时便不能显示裂纹的存在。

（2）低倍检验 低倍检验是指用肉眼或借助于 10 ～ 30 倍的放大镜，检验锻件断面上的组织状态，故又称为宏观组织检验。其主要方法有酸蚀、硫印和断口等。

1）酸蚀检验。在锻件需要检验的断面上切取试样。并将其表面加工至表面粗糙度 Ra 值为 $0.63 \sim 1.25 \mu m$，经过酸液腐蚀，便能清晰地显示断面上宏观组织和缺陷的情况，如锻件的流线、残存的枝晶、偏析、夹杂和裂纹等。

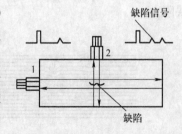

图 11-32 超声波探伤示意图

2）硫印检验。试样的切取和检验面的加工与酸蚀检验基本相同。它是利用照相纸与硫化物作用，以检查钢件中硫化物分布状况，同时也可间接地判断其他元素在钢中的分布。

3）断口检验。可以发现钢锻件原材料本身的缺陷，或由于加热、锻造、热处理造成的缺陷，或由于零件使用过程中引起的疲劳裂纹。

在生产中，宏观组织检验主要靠酸蚀检验，断口检验和硫印检验用得不多。

（3）显微组织检验　显微组织检验（高倍检验）是在光学显微镜下检验锻件内部（或断口）组织状态与微观缺陷，因此，检验用试样必须具有代表性。如检验锻件内部不同组织夹杂物的状态和分布情况，应切取纵向试样；如检验锻件表面缺陷（如脱碳、折叠、粗晶粒）和渗碳淬硬层等，则应切取横向试样。

4. 锻件力学性能检验

锻件在热处理后，一般要作硬度检查。根据锻件的重要程度及材料性质还要进行强度、疲劳、高温蠕变等某一项或几项试验，从而确定其力学性能。

硬度检验可以判断锻件在机械加工时是否具有正常的切削加工性能，也可以发现锻件面脱碳等情况。

拉伸试验是金属材料力学性能试验中最基本的方法。它可以测定金属材料有单向静拉作用下的屈服强度、抗拉强度、伸长率及断面收缩率等。

冲击试验是测量材料的韧性和对缺口的敏感性。因此，只是对某些受击与振动载荷或高温高速度条件下工作的锻件（如涡轮盘、涡轮叶片，汽车、拖拉机上的曲柄和连杆等）才做冲击试验。

5. 化学成分检验

材料的化学成分一般以冶炼炉前取样分析为准，但在原材料进厂时，须按技术标准进行检验，合格后才能投产。因此，在锻造后一般不进行化学成分检验，只是对重要的或可疑的锻件从锻件上切下一些切屑，采用化学分析或光谱分析检验其化学成分。

11.5.2　锻件的主要缺陷

1. 自由锻件

一般自由锻件常见的缺陷有以下形式：

（1）横向裂纹　横向裂纹如果为较深的表面横向裂纹，主要是因为原材料品质不佳，钢锭冶金缺陷较多。锻造过程中，一旦发现这种缺陷应及时去除。若是较浅的表面横向裂纹，可能是气泡未能焊合形成的，也可能是拔长时送进量过大引起的。

内部横向裂纹产生的原因有钢锭加热速度过快而引起较大的温度应力，或在拔长低塑性坯料时所用的相对送进量太小。

（2）纵向裂纹　在镦粗或每一火拔长时出现的表面纵向裂纹，除了由于冶金品质外，也可能是倒棱时压下量过大引起的。

关于内部纵向裂纹，裂纹出现在冒口端时，是由于钢锭缩孔或二次缩孔在锻造时切头不足引起的。裂纹如果在锻件中心区，则由于加热未能烧透，中心温度过低，或采用上、下平砧拔长圆形坯料变形量过大。在拔长低塑性高合金钢时，送进量过大或在同一部位反复翻转拔长，会引起十字裂纹。

（3）表面龟裂　当钢中铜、锡、砷、硫含量较多及始锻温度过高时，在锻件表面会现龟甲状较浅的裂纹。

（4）内部微裂 由于中心疏松组织未能锻合而引起，常与非金属夹杂并存，也有人称其为夹杂性裂纹。

（5）局部粗晶 锻件的表面或内部局部区域晶粒粗大，其原因是加热温度高，变形不均匀，并且局部变形程度（锻造比）太小。

（6）表面折叠 这是由于拔长时型砧圆角过小，送进量小于压下量而造成的。

（7）中心偏移 坯料加热时温度不均，或锻造操作时压下不均，均会导致钢锭中心与锻件中心不重合，影响锻件品质。

（8）力学性能不能满足要求 锻件强度指标不合格与炼钢、热处理有关，而横向力学性能（塑性、韧性）不合格，则是由于冶炼杂质太多或锻造比不够所引起的。

其他还有如过热、过烧、脱碳、白点等缺陷。

2. 模锻件

模锻件缺陷及其产生的原因见表 11-10。

表 11-10 模锻件缺陷及其产生的原因

缺陷名称	外观形态	产生的原因
凹坑	表面有局部凹坑	1）加热时间太长或粘上炉底溶渣 2）坯料在型槽中成形时，型槽中氧化皮未清除净
未充满		1）原坯料尺寸小 2）加热时间太长，火耗太大 3）加热温度过低，金属流动性差 4）设备吨位不足，锤击力太小 5）锤击轻重掌握不当 6）制坯模膛设计不当，或飞边槽阻力小 7）终锻模膛磨损严重
厚度超差	锻不足，高度超差	1）原毛坯质量超差 2）加热温度偏低 3）锤击力不足 4）制坯模膛设计欠佳，或飞边阻力太大
尺寸不足	尺寸偏差小于负偏差	1）终锻温度过高或设计终锻模膛时考虑收缩率不足 2）终锻模膛变形 3）切边模调整不当，锻件局部被切
错移	下部分发生错移	1）锻锤导轨间隙太大 2）上下模调整不当或锻模检验角有误差 3）锻模紧固部分如燕尾磨损，或锤击时错位 4）型槽中心与打击中心相对位置不当 5）导向锁扣设计不佳
压伤	局部被压损伤	1）坯料未放正或锤击中跳出模膛连击压坏 2）设备有缺陷，单击时发生连击
翘曲	中心线和分模面	1）锻件从模膛中撬起时变形 2）锻件在切边时变形
残余飞边	分模面处有残余毛刺	1）切边模与终锻模膛尺寸不相符合 2）切边模磨损或锻件放置不正

（续）

缺陷名称	外观形态	产生的原因
发裂	轴向有细小长裂纹	钢锭皮下气泡被轧长，在模锻和酸洗后呈现出细小的长裂纹
端裂	端部出现裂纹	坯料在冷剪切下料时剪切不当造成
夹杂	断面上有夹杂	耐火材料等杂质溶入钢液造成

思 考 题

1. 切边凹模设计不当时，会引起哪些缺陷？如何预防？

2. 切边凸模能否简化？如何简化？

3. 锻件冷却时会产生哪些缺陷？说明其产生原因。

4. 锻后冷却与锻前加热产生的缺陷是否相同？如何减小应力叠加？

5. 锻件第一热处理的目的是什么？为什么一些锻件需要进行调质处理？

6. 白点是怎样形成的？如何消除白点？

7. 锻件为什么要进行表面清理？常用的表面清理方法有哪几种？

8. 精压分几类？说明并分析精压平面产生凸起的原因及预防措施。

9. 精压件图与模锻件图相同吗？如果不同，哪些地方不同？

10. 锻件检验包括哪些内容？无损探伤检验法有哪几种？常用来检验哪类缺陷？

第12章 特种锻造

12.1 摆动辗压

12.1.1 摆动辗压的工作原理

摆动辗压是利用一个带圆锥形的摆头对毛坯局部加压，并绕中心连续滚动的加工方法，如图 12-1 所示。带圆锥形的摆头，其中心线 OZ 与机器主轴中心线 OM 相交成 α 角（$1° \sim 3°$），称为摆角。当主轴旋转时，OZ 轴绕 OM 轴旋转，当坯料沿轴向进给时，摆头就对坯料进行连续局部加载，摆头每旋转一周，坯料将产生一个压下量，最后达到整体成形的目的。摆动辗压属于连续的局部加载、局部变形、整体受力的成形方法。采用摆动辗压，用较小的力就可逐步成形较大的工件。

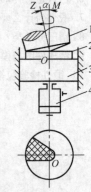

图 12-1 摆动辗压工作原理示意图
1—摆头 2—毛坯 3—滑块 4—进给液压缸

摆动辗压模具有两部分，即上模（即摆头）和下模。上模作交变频率的圆周摆动，即一面绕自身轴线的转动，一面轴线绕设备主轴的摆动，在毛坯上连续不断地滚动辗压。下模作沿设备主轴向上的进给运动，把毛坯送进加压而达到整体成形。随着坯料不断地送进，局部、顺次地对坯料施加压力。摆头每一瞬间能辗压坯料顶面的某一部分，使其产生塑性变形，最后达到整个坯料在下模内充满成形，即可获得所需的摆辗件。如果圆锥上模母线是一直线，则辗压出的工件上表面是一平面；若圆锥上模母线是一曲线，则工件上表面为一形状复杂的旋转曲面，如图 12-2 所示。摆动辗压下模与普通锻造方法的下模形状基本相同，为使上模形状尽量简单，一般将锻件形状复杂的一面放在下模内成形。

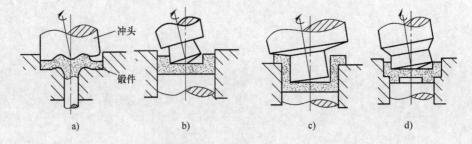

图 12-2 摆动辗压的成形方式
a) 局部镦粗 b) 反挤 c) 开式模成形 d) 正反挤复合

摆动辗压工艺主要适用于成形轴对称零件。与传统的塑性加工方法相比，摆动辗压加工的运动轨迹多样,有圆、直线、螺旋线、多叶玫瑰线等。不同的轨迹适用于不同特征的零件。

12.1.2 摆动辗压的特点

摆动辗压属于增量锻造工艺,即任何时刻工件表面只有局部与工具相接触。因此摆动辗压具有以下优点:

1)省力。因为摆动辗压是顺次加压连续局部成形过程,接触面积大大减小,因而变形力大大降低。另外,由于模具与工件之间有相对滚动,摩擦系数小,降低了塑性流动阻力,也降低了变形力。实践证明,加工相同的锻件,其辗压力仅是常规锻造方法变形力的 $1/5 \sim 1/20$。

2)产品精度高,质量好。由于摆动辗压过程的变形是由多次小变形积累而成的,所以毛坯变形较均匀,金属纤维流动合理,提高了零件的强度,且加工精度和表面质量亦大大改善。辗压锻件时允许的极限变形比普通锻造方法大 $10\% \sim 15\%$。一般机械零件冷摆动辗压成形精度可在 $0.03 \sim 0.1$mm,热成形精度为 $0.1 \sim 0.5$mm,成形后表面粗糙度 Ra 值可达 $0.08 \sim 0.2\mu$m,可用于少、无切削加工。

3)摆动辗压适合加工薄而形状复杂的饼盘类锻件。对一般锻造来说,锻件越薄,相对接触面积就越大,因而摩擦力对金属变形的阻碍作用就越大,就需要更大的变形力。而在摆动辗压过程中,由于接触面积小,因而变形力远低于常规锻造,加工相同锻件摆动辗压所需的变形力比常规锻造力要小得多。

4)劳动环境好,劳动强度低。摆动辗压时无冲击,振动和噪声小。

5)设备投资少,制造周期短,见效快,占地面积小,易于实现机械化、自动化。

由于摆动辗压工艺具有上述优点,所以在精密成形领域具有独特的优势。

摆动辗压的缺点主要有:

1)摆动辗压设备比一般压力机多一套摆头传动系统,结构较复杂,而且机器受周期性偏心载荷,对设备的刚度要求高。

2)摆动辗压对制坯要求严格。因为每次变形量很小,所以要求毛坯较小,否则由于局部变形,工件易成喇叭形。对细长的原材料,摆动辗压前须先制坯。

3)模具寿命较低。摆动辗压时,坯料在模具中的停留时间较长,模具温度升高,热疲劳严重。

12.1.3 摆动辗压的分类与应用

根据温度的不同,摆动辗压分为冷辗、热辗和温辗三种。冷辗的特点是辗压出的锻件精度高,质量好,力学性能好,可直接成形出零件,而且冷辗的模具寿命高。但冷辗变形力大,每次变形程度不宜过大。热辗时变形力小,容易成形,但锻件精度低,模具寿命短,辗压出的成品尚需机械加工。一般尺寸较大的锻件需要热辗成形。温辗是介于冷辗和热辗之间的加工方法。温辗时变形力较小,表面氧化很少,锻件质量较高,是一种很有发展前途的方法,目前国外应用比较广泛。

摆动辗压工艺主要用于生产轴对称零件。在锻压行业上主要用于成形各种饼盘类、环类及带法兰的长轴类锻件,特别适用于较薄工件的成形,如法兰盘、齿轮坯、碟形弹簧坯、汽车后半轴、扬声器导磁体、锥齿轮、端面齿轮等。但工件太薄时，摆动辗压时容易在工件中心部位产生拉薄和拉裂现象。工件较高时，摆动辗压时易使工件端部呈喇叭形。另外，摆动辗压铆接已越来越广泛地应用于装配工作，可实现圆头、平面、扩孔、翻边等精密铆接。粉末摆动辗压是以粉末冶金烧结体为预制坯，经过摆动辗压成形，以获得高致密度制品的新技术。粉末摆动辗压使粉末冶金的应用扩大到高强度机械零件的制造领域中，适用于塑性较好的低合金及有色金属的盘形或环形零件的成形。摆动辗压不仅适合于锻造生产，也适用于板料冲压、挤压、缩口、翻边、精密冲裁等多种工艺。

凡是具有一定塑性的金属材料均可用于摆动辗压，如碳钢、不锈钢、合金结构钢和铝、铅、铜、锌、锡等有色金属及其合金及钛等贵金属。如汽车离合器盘毂，材质为45钢，对其采用温辗成形工艺生产精锻件（图12-3），只需要一副模具就能成形。其加工工序减少，工艺流程缩短，能源消耗也减少；摆辗件的轮廓清晰，尺寸精度高，机械加工余量小，表面粗糙度值可显著降低。

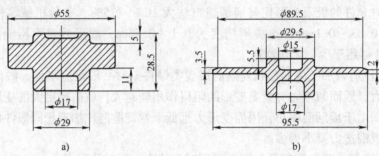

图 12-3　离合器盘毂摆动辗压工艺过程
a）温锻预制坯　b）摆动辗压终成形

12.2　旋转锻造

12.2.1　旋转锻造的原理及工艺特点

旋转锻造是生产精密锻件的一种专用工艺。在锻造过程中，对轴向旋转送进的棒料或管料施加径向脉冲打击力，使坯料横截面积减小，锻成沿轴向具有不同横截面或等截面的锻件。根据设备的不同，可以分为滚柱式旋转锻造机锻造和径向精密锻造机锻造。

图12-4所示是滚柱式旋转锻造机锻造原理图。锻模和滑块装在主轴的导轨内随主轴一起旋转。在主轴的圆周上均匀分布有成偶数的滚柱，滚柱由夹圈固定，并装在外环之内。当主轴旋转使锻模和滑块与一对滚柱成一直线时，滚柱便压在滑块的圆弧部分上，迫使滑块和锻模向主轴中心方向运动，锻造毛坯。主轴继续旋转到某一角度时，由于离心力的作用，滑块反向运动，使锻模处于张开状态，实现一次锻造循环；此时，毛坯沿轴向送进。当主轴不断旋转时，上述工作便重复进行，使毛坯横截面减小，金属沿轴线的前后方向流动，如图12-5所示。这类旋转锻造机，锻模是围绕主轴的中心而旋转，因此，锻件的断面是圆形的。但毛坯的断面可以是圆形、方形、六角形或其他的形状。另一种类型的旋转锻造机的锻模和滑块不旋转，只在固定导轨内作往复运动，而外环及滚柱旋转。滑块受到滚柱的压力作用

时，推动锻模向轴心方向运动，使锻件逐渐成形。此时，锻件的断面可以是圆形、方形、矩形或其他形状。

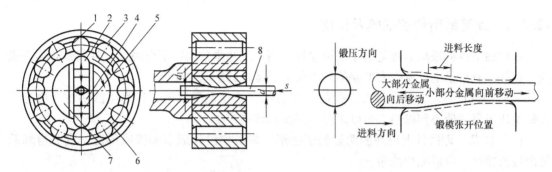

图 12-4　滚柱式旋转锻造机锻造原理图

1—外环　2—滑块　3—滚柱　4—锻模

5—调整垫片　6—夹圈　7—主轴　8—毛坯

图 12-5　旋转锻造时金属的流动

径向精密锻造机有立式和卧式两种。立式径向精密锻造机适用于锻造较短的零件；卧式径向精密锻造机可生产长锻件，并且易于实现自动化。卧式径向精密锻造机又分为机械驱动和液压驱动两种形式。一般液压驱动的径向精密锻造机应用于小型钢厂，这种设备较便宜，可代替轧机。机械驱动的径向精密锻造机多用于合金钢的开坯、锻造棒材、台阶轴和空心管等锻件。

旋转锻造兼有脉冲加载和多向锻打两个特点，而且脉冲频率高（一般为 180 ~ 1800 次/min），每次变形量很小。因此，金属变形速度低，流动距离短，摩擦阻力小，变形均匀，加工载荷小，设备动力消耗少。采用多锻模（可多至 8 个）沿径向从几个方向锻打，使金属变形处于三向压应力状态，有利于金属塑性的提高（比连续加载的锻造工艺塑性提高 2.5 ~ 3 倍）。因此，旋转锻造工艺不仅适用于一般钢材，也适用于高强度低塑性的高合金钢，尤其是难熔金属（钨、钼、铌等）及其合金的开坯和锻造。若加载频率在 1000 次/min 以上，金属会保持很高的工艺塑性，从而可实现冷锻。另外，旋转锻造的锻件尺寸范围很大，在滚柱式旋转锻造机上能锻直径为 150mm 的实心轴和直径为 320mm 的空心轴；而在径向精密锻造机上能锻直径为 550mm 的实心轴和直径为 600mm 的空心轴，长度可达 10m。

旋转锻造工艺具有如下主要优点：

1）锻件力学性能好，锻件流线可沿零件外形分布。对于实心件，只要有足够的锻造比，心部都可以锻透。对于空心件，锻件内部组织致密，提高了抗拉强度和冲击韧度。

2）锻件的精度高，表面粗糙度值小。冷锻工艺可以代替车削和磨削加工。

3）材料利用率高，有些锻件可以节约材料 50%。

4）生产效率高，由于锻造机打击频率高，速度快，锻打过程能自动控制，生产率可达 150 件/h 以上。

5）自动化程度高，新型径向精密锻造机上可实现调整、上料、锻打、过载保护、消振和排烟的自动化，因此劳动强度小，操作简单。

但旋转锻造工艺也存在以下的缺点：

1）不适于复杂的一般形状的锻造制品。

2）由于是通过反复进行局部加工而成形，因此与常规锻造相比，加工时间稍有延长。

3）由于与模具的接触时间延长、旋转方向的接触摩擦等原因，在热、温加工时，会使模具温度上升，缩短模具寿命，有时需要对模具进行冷却。

12.2.2 旋转锻造件的缺陷及预防

旋转锻造件的缺陷多数是由于锻模设计不当、工艺参数选取不合理或设备调整有误造成的。此外，有些是毛坯所带有的缺陷而引起的。常见的缺陷主要有：

（1）尾部凹坑 多数旋转锻造件的尾端心部会产生向里凹陷，称为尾部凹坑。通过增大每次压下量，使心部锻透，可以避免或减少凹坑的产生。

（2）棱角 即锻件上出现的明显的多边形。将锻模设计成双圆弧成形面，或适当降低轴向进给速度，可以减少棱角。

（3）螺旋形凹坑 及时更换锻模，清理毛坯氧化皮和适当降低始锻温度可以防止锻件表面形成螺旋形凹坑。

（4）螺旋形脊椎纹 锻件外表面有时会产生螺旋形凸起小块，它很像动物脊椎骨的形状。一般采用大的压下量时，配以较低的轴向进给速度可以防止其产生。

（5）尾部马蹄形 锻件伸长变形不均匀，会导致尾部呈现马蹄形。只要使毛坯横断面加热温度均匀，轴向变形即均匀，就可以避免尾部马蹄形的产生。

另外，还有各台阶不同心、裂纹、弯曲、管壁起皱、管件开裂等缺陷，在工艺及模具设计和操作时要注意防止。

12.2.3 旋转锻造的分类与应用

1. 冷锻、温锻和热锻

旋转锻造时，可采用冷锻、温锻和热锻三种锻造方式。冷锻适于直径小于 60mm 的实心件，其工艺过程简单，能强化表面，尺寸精度可达 2 ~ 4 级，表面粗糙度 Ra 值为 0.4 ~ 0.2μm。热锻所需的变形功较小，毛坯延伸速度快，可加工尺寸较大的锻件；精度可达 6 ~ 7 级，表面粗糙度 Ra 值可达 3.2 ~ 1.6μm，但氧化皮不易清除。特别是带芯轴锻造的内表面上的氧化皮更难清除，因而会导致锻件上表面的氧化皮压坑。温锻介于冷锻和热锻之间，通常用于中等屈服强度的材料。

2. 无芯轴空心轴锻造和有芯轴空心轴锻造

毛坯壁厚与直径比值较大或对锻件内孔形状、尺寸和壁厚均无要求时，可采用无芯轴空心轴锻造；反之，则应采用有芯轴空心轴锻造。

3. 逐段锻造和连续锻造

根据设备条件和需要还可以选择逐段锻造和连续锻造两种形式。逐段锻造可以在径向送进不可调节的锻造机上进行，锻件外形由闭合状锻模保证。这种方法需用多副锻模，锻件精度和生产率较低。目前广泛采用的是在径向送进量可调的锻造机上进行的连续锻造。锻件外形由改变锻模锻打行程和毛坯的轴向送进量来保证。这种方法适于锻造截面较大、长度较长的多台阶锻件。

旋转锻造工艺已普遍应用于锻造机床、汽车、机车、飞机、坦克、枪炮和其他机械上的实心台阶轴、锥形轴、空心轴、带膛线的枪管和炮管、深孔螺母及轴对称的异型材，还可以专门用于制造各种薄壁筒形件的缩口、缩颈等。在汽车的安全系统、转向系统、发动机、传

动系统等部件中共有 56 个零件可以用
旋转锻造工艺来加工，根据零件不同，
可以节省材料 15% ~ 70%（主要是空
心轴），增加强度及硬度，提高表面尺
寸精度或者提高零件工作的可靠性和

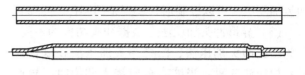

图 12-6 汽车底盘吸振器管状活塞杆

生产效率。图 12-6 所示为旋转锻造生产的汽车底盘吸振器管状活塞杆。旧工艺采用实心坯料车削而成。改用标准低碳钢管坯进行旋转锻造生产后，不仅杆端可以完全封闭，生产效率可达 5 件/min，而且比实心件可减轻重量约 40%。

12.3 液态模锻

12.3.1 液态模锻的原理

　　液态模锻是在压力铸造基础上演变而来的铸、锻工艺相结合的工艺方法。该方法采用铸造工艺将金属熔化、精炼，然后将一定量的熔融金属液直接注入敞口的金属模膛，利用锻造工艺的加压方式，实现金属液在模膛中流动充型；并在较大的静压力作用下，发生高压结晶凝固和少量塑性变形，从而获得力学性能接近纯锻造工艺的毛坯或零件。液态模锻的工艺流程主要包括金属熔化和模具准备、浇注、合模与施压、卸模和顶出制件，如图 12-7 所示。

　　液态模锻集中了铸、锻成形的优势。与铸造工艺相比，不用设置浇冒口或余块，减少了材料损耗，金属液利用率高达 95% ~ 98%。毛坯中不易形成气孔，且在压力作用下发生结晶凝固、流动成形。因此，改善了工件的内部组织，消除了内部缺陷，组织致密，制件性能得到了大幅度提高。与锻造工艺相比，不具有明显的塑性变形组织，可以制造形状复杂的制件，且成形力小，可以实现毛坯精化，后续机械加工量小，属于少无切削的金属加工方法。

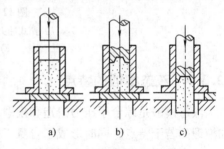

图 12-7 液态模锻工艺流程
a）浇注 b）加压 c）顶出

12.3.2 液态模锻的分类

　　液态模锻工艺方法按液体金属入模和加压方式的不同可分为三类。

　　（1）平冲头上加压法　将熔化金属液浇入凹模，平冲头下行与凹模形成封闭模膛，使液态金属在平冲头的直接压力下凝固成形，如图 12-8 所示。该方法也叫做平冲头直接加压法。

　　（2）平冲头下加压法　将液态金属浇入下平冲头与下模形成的储料室内，在上模与下模闭合后，下平冲头将储料室中的金属液挤入封闭的模膛中，并使液态金属在压力的作用下凝固成形，如图 12-9 所示。该方法也叫做平冲头

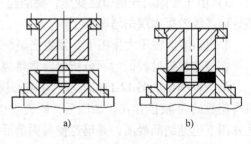

图 12-8 平冲头直接加压法
a）加压前 b）加压时

间接加压法，可以锻制形状较复杂的制件，也可以实现小零件一模多件的锻制。

（3）异形冲头加压法　根据冲头结构的不同，分为凸式冲头加压法、凹式冲头加压法和复合式冲头加压法三种。当液态金属浇入凹模时，异形冲头与凹模形成封闭模膛，同时对液态金属加压，液态金属充满模膛后就在压力作用下凝固成形，如图12-10所示。

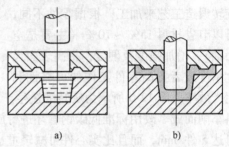

图12-9　平冲头间接加压法
a）加压前　b）加压时

在上述工艺方法的基础上，还产生了几种新的加压方式，如垂直加压凝固法、倾斜式浇注加压凝固法、局部加压凝固法、低压充填-高压凝固法等。根据锻件的结构特点合理选用上述成形方法，从而合理设计模具，使液态金属在模具中流动平稳，受力均匀，减少缺陷的形成，减少余料体积，降低材料的消耗，进而提高生产效率。

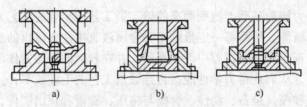

图12-10　异形冲头加压法
a）凸式冲头加压法　b）凹式冲头加压法
c）复合式冲头加压法

12.3.3　液态模锻的特点

液态模锻是综合了压力铸造和模锻工艺而发展起来的工艺方法，它不仅包含了压力铸造和模锻的若干特点，同时形成了自身工艺的独特性。

液态模锻工艺成形的主要特点有以下几方面：

1）在成形过程中，尚未凝固的金属液自始至终经受等静压，并在压力作用下发生结晶凝固，流动成形。

2）已凝固的金属在成形过程中，在压力作用下产生塑性变形，使毛坯外侧紧贴模膛壁，金属液获得并保持等静压。

3）由于凝固层产生塑性变形，要消耗一部分能量，因此金属液承受的等静压值不是定值，而是随着凝固层的增厚而下降。

4）固-液区在压力作用下，发生强制性的补缩。

在液态模锻过程的力学分析中，常将浇入模膛的液态金属的凝固过程简化为两种模型。

第一种模型如图12-11a所示。在液态模锻过程中，结晶凝固是以完全的硬壳方式进行，没有明显的固-液区存在。加压后，硬壳发生塑性变形，使金属液获得等静压。金属液在压力作用下迅速结晶凝固，并迅速使凝固前沿的金属液挤入因凝固收缩所造成的间隙中，达到完全补缩的目的，使凝固前沿向金属液内推进一层，直至过程结束。

第二种模型如图12-11b所示。在液态模锻过程中，浇入凹模的金属液由外层硬壳、液-

固两相区和中心液相区组成。受压力作用后，因有液-固相区的存在，其凝固过程更为复杂。

由于液态模锻工艺的特点，其主要应用在以下几方面：

1）可用于生产各种类型的合金，如铝合金、锌合金、铜合金、灰铸铁、球墨铸铁、碳钢、不锈钢等。

2）适用于一些形状复杂且性能有一定要求的产品。因为形状复杂，采用一般模锻方法难以成形，即使能够成形，成本较高。如果采用铸造的方法，则产品性能上又难以达到要求。而采用液态模锻，既可以顺利成形，又能保证产品性能的要求。

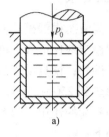 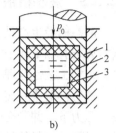

图 12-11　液态模锻模型
a）第一种模型　b）第二种模型
1—外层硬壳　2—液固两相区　3—中心液相区

3）适用于壁厚适中的零件，否则将给成形带来困难，甚至产生废品。如某些有色金属的电器工件，当壁厚较薄（5mm 以下）时，采用液态模锻则组织不均匀。而对于黑色金属，在目前生产条件下，只有壁厚不太大（50mm 以下）时，才能顺利成形。

12.3.4　液态模锻对设备的要求

鉴于液态模锻工艺的特点，要求液态金属在静压力下流动凝固，因此，最适合这种工艺的设备是液压机，包括通用液压机和专用液压机两类。

在通用液压机上进行液态模锻时，液压机应满足如下要求：

1）有足够大的压力，并能在一定的时间内保持稳定的锻造力，以保证锻造过程顺利进行。

2）有较快的空程速度，以提高液态模锻的生产率。

3）有足够大的工作台面积和足够高的最大封闭高度，以便于液态模锻模具的安装和调整。

4）刚性足够。

另外，在通用液压机上进行液态模锻时，对模具结构要求较高，模具上应设计有开合模的辅助装置等。

在专用液压机上进行液态模锻时，应根据工艺特点，要求专用液压机能实现各种液态模锻的工艺方法。为此，要求专用液压机具有如下功能：

1）有熔炼保温炉，以供应液态模锻工作时所需要的合金液。

2）液压机应有足够大的压力，以满足液态模锻时的要求。

3）液压机有预合模动作，以便实现液态模锻工作的第一步，即铸造成形。其预合模位置应能方便调整。

4）为了能进行对向及多向锻造，专用液压机应有下顶缸和侧向加压缸。

5）对于全自动液压机，应有自动定量浇注机械手、自动喷涂机械手和自动取件机械手。

液态模锻生产中除了保温炉、液压机外，还有喷涂、取件和余热热处理等设备。

12.3.5　液态模锻对模具的要求

液态模锻生产是否成功，其液态模锻模具的设计是十分关键的一环。对液态模锻模具的基本要求有如下四个方面：能稳定地保证液态模锻件的质量；有较高的生产率；模具结构简单，结构工艺性合理，劳动条件好；模具易于制造，成本低，使用寿命长。

液态模锻模具使用前应预热到 250～350℃。在生产过程中，模具始终处在较高温度和较大压力下，并受交变温度和载荷的作用，因此，要选用能承受热应力和交变应力的模具材料。对模具材料的具体要求如下：

1）在高温下应有较高的强度、硬度、耐磨性和适当的塑性；在长期工作中，其组织与性能应稳定。

2）应有较好的导热性和抗热疲劳性能。

3）在高温下不易氧化，能抵抗液态合金的粘焊及熔蚀。

4）淬透性好，热处理变形小。

5）线膨胀系数小。

6）有良好的锻造及可加工性。

7）在修复或修改模具时能焊接。

液态模锻模具材料选用的主要依据是合金的成分、生产批量及锻件的形状。在合金熔点高、生产批量大、产品形状复杂的情况下，一般均要求选用性能尽可能完善的模具材料。如果生产批量很小，形状又很简单，则可采用价格便宜的材料。对于铝合金锻件，可选用 3Cr2W8V、4W2CrSiV、3W4Cr2V 等热作模具钢或碳素工具钢。对于铜合金和钢锻件，可选用耐热钢、钼基合金或锻模钢等。

12.4　等温锻造

12.4.1　等温锻造的原理

等温锻造是指坯料在几乎恒定的温度条件下模锻成形。为了保证恒温成形的条件，等温模锻的模具也必须加热到与坯料相同的温度，常用于航空航天工业中钛合金、铝合金、镁合金等复杂程度较高的零件的精密成形，是目前国际上实现净形或近净形技术的重要方法之一。

在常规锻造条件下，钛合金等金属材料的锻造温度范围比较窄。尤其在锻造具有薄的腹板、高筋和薄壁零件时，坯料的热量很快地向模具散失，温度降低，变形抗力迅速增加，塑性急剧降低。不仅需要大幅度地提高设备吨位，也易造成锻件和模具开裂。尤其是钛合金更为明显，它对变形温度非常敏感，例如 Ti-6Al-4V 钛合金，当变形温度由 920℃ 降为 826℃ 时，变形抗力几乎增加一倍。钛合金等温模锻时的变形力只有普通模锻变形力的 1/5～1/10。

某些铝合金和高温合金对变形温度很敏感，如果变形温度较低，变形后为不完全再结晶组织，则在固溶处理后易形成粗晶；或者由于变形金属内部变形不均匀而引起组织性能的差异，致使锻件性能达不到技术要求。

在等温锻造过程中，毛坯变形产生的热效应引起温度升高，而热效应与金属成形时的应变速率有关。为保证等温成形条件，变形速率要较低，尽可能选用运动速度低的设备，如液压机等。

等温锻造时，为使模具易于加热、保温和便于使用维护，常采用电感应法或电阻法加热模具，如图12-12所示。

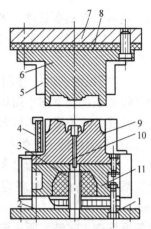

图12-12 等温锻造模具装置原理图
1—下模板 2—中间垫块 3、8—隔热层
4、5—加热圈 6—凸模 7—上模板
9—凹模 10—顶杆 11—垫板

12.4.2 等温锻造的分类

等温锻造可分为以下三类：

（1）等温精密模锻 即金属在等温条件下锻造得到小斜度或无斜度、小余量或无余量的锻件的方法。这种方法可以生产一些形状复杂、尺寸精度要求一般、受力条件要求较高、外形接近零件形状的结构锻件。

（2）等温超塑性模锻 即金属在等温且极低的变形速率（$10^{-4}\mathrm{s}^{-1}$）条件下，呈现出异常高的塑性状态，从而使难变形金属获得所需的形状和尺寸的方法。等温超塑性模锻前坯料需要进行超塑性处理以获得极细的晶粒组织。

由于在闭式模锻和挤压时，金属处于强烈的三向压应力状态，工艺塑性较好，因此，塑性大小不是主要矛盾。而等温超塑性模锻的生产效率低，超塑性处理工艺复杂。因此，除个别钛合金零件外，等温超塑性模锻远远不如等温模锻和超塑性胀形应用普遍。

（3）粉末坯等温锻造 即以粉末冶金预制坯（通过热等静压或冷等静压）为等温锻造原始坯料，在等温超塑性条件下，使坯料产生较大变形、压实，从而获得锻件的方法。该方法可以改善粉末冶金传统方法制成件的密度低、使用性能不理想等问题。

上述三类等温锻造方法可根据锻件选材及使用性能要求选用，同时还应考虑工艺的经济性和可行性等。

12.4.3 等温锻造的特点

等温锻造常用的成形方法也是开式模锻、闭式模锻和挤压等，它与常规锻造相比，具有以下特点：

1）锻造时，模具和坯料要保持在相同的恒定温度下。这一温度是介于冷锻和热锻之间的一个中间温度，对于某些材料，也可等于热锻温度。

2）考虑到材料在等温锻造时具有一定粘性，即应变速率敏感性，等温锻造时的变形速度应很低，因此，一般在运动速度较低的液压机上进行。根据锻件的外形特点、复杂程度、变形特点和生产率要求，以及不同的工艺类型，选择合理的运动速度。一般等温锻造要求液压机滑块的工作速度为0.2～2.0mm/s或更低。此时，坯料能获得的应变速率低于1×10^{-2} s^{-1}，具有超塑性趋势。应变速率的降低，可以保证变形金属充分再结晶，不仅使流动应力降低，还改善了模具的受力状况。例如，在等温条件下Ti-6Al-6V-2Sn合金在接近β转变的温度范围内，当滑块速度由1.27m/min降到0.015m/min时，其变形抗力下降了大约70%。

3）可提高设备的使用能力。由于变形金属在极低的应变速率下成形，即使没有超塑性的金属，也可以在蠕变条件下成形，这时坯料所需的变形力是相当低的。因此，在吨位较小的设备上可以锻造较大的工件，例如用 5000kN 液压机等温锻，可替代常规锻造时的 20000kN 水压机。

4）由于等温锻造时，坯料一次变形程度很大，如果再进行适当的热处理或形变热处理，锻件就能获得非常细小而均匀的显微组织。不仅避免了锻件缺陷的产生，还可以保证锻件的力学性能，减小锻件的各向异性。

5）采用等温锻造工艺生产薄腹板的筋类、盘类、梁类、框类等精密件具有很大的优越性。目前，普通模锻件筋的最大高宽比为 6:1，一般精密成形件筋的最大高宽比为 15:1，而等温精密锻造时筋的最大高宽比达 23:1，筋的最小宽度为 2.5mm，腹板厚度可达 0.5 ~2.0mm。

由等温锻造工艺特点所决定，等温锻件具有以下优点：

1）余量小，精度高，复杂程度高，锻后加工余量小，或局部加工甚至不加工。

2）锻件纤维连续，力学性能好，各向异性不明显。由于等温锻造毛坯一次变形量大且金属流动均匀，锻件可获得等轴细晶组织，使锻件的屈服强度、低周疲劳性能及抗应力腐蚀能力有显著提高。

3）锻件无残余应力。毛坯在高温下以极慢的应变速率进行塑性变形，金属充分软化，内部组织均匀，不存在常规锻造时变形不均匀所产生的内外应力差，消除了残余变形，热处理后尺寸稳定。

4）材料利用率高。采用了小余量或无余量锻件优化设计，使材料利用率由常规锻造时的 10% ~30% 提高到等温锻造时的 60% ~90%。

5）提高了金属材料的塑性。在等温慢速变形条件下，变形金属中的软化行为进行得较为充分，使得难变形金属具有很好的塑性。

12.4.4　等温锻造模具设计的一般原则

等温锻造模具结构较为复杂，成本较高。在设计、制造和使用时，应充分考虑等温锻造模具的使用寿命和使用效率，尽量降低锻件制造成本。因此，选择等温锻造工艺及模具设计时应遵循以下原则：

1）选择形状复杂、在常规锻造时不易成形或需经多火次成形的锻件以及组织、性能要求十分严格的锻件作为等温锻件。

2）选择开式或闭式模锻方法，应根据锻件结构、尺寸及后续加工要求和设备安模空间来确定。

3）模具总体设计应能满足等温锻造工艺要求，结构合理，便于使用和维护。

4）锻模工件部分应有专门的加热、保温、控温等装置，并能达到等温锻造成形所需的温度。

5）除特殊锻件需专用模具外，模具应设计为通用型。

6）应合理选用模具各部分所用的材料，以保证模具零件在不同温度下有可靠的使用性能。用于等温模锻的模具材料应具有良好的高温强度、高温耐磨性、耐热疲劳性以及良好的抗氧化能力。对铝合金和镁合金，模具材料可用 5CrNiMo、4Cr5W2SiV、3Cr2W8V 等模具钢。钛合金等温模锻时，要求把模具加热到 760~980℃，某些镍基合金可满足工作要求。

7）等温锻造模具温度高，为防止热量散失和过多地传导给设备，应在模座和底板之间设置绝热层，上下底板还应开水槽通水冷却；同时还应注意电绝缘，以保证设备正常工作和生产人员安全。

8）应考虑导向和定位问题。因等温锻造模具被放置在加热炉中，不能发现模具是否错移，应在模架和模块上考虑导向装置，内外导向装置应协调一致；同时毛坯放进模具中应设计定位块，以免坯料放偏。

12.5 辊锻

12.5.1 辊锻的原理

辊锻是将轧制工艺应用到锻造生产中而发展起来的一种锻造工艺，其工艺原理如图 12-13 所示。型槽开设在装在轧辊上的扇形模块上，当扇形模块转离工作位置时，坯料在两轧辊的间隙中送进，依靠挡板定位，以保证变形毛坯的合适长度。当轧辊继续旋转时，借助扇形模块上的型槽使毛坯产生塑性变形。随着轧辊的转动，毛坯逐步充满型槽，并退出轧辊，从而获得所需要的锻件或中间毛坯。辊锻的毛坯一般都比较短。

辊锻变形的实质是毛坯连续性的拔长变形过程。毛坯在高度方向经辊锻压缩后，除一小部分金属横向流动而使毛坯宽度略有增加外，大部分被压缩的金属沿着毛坯的长度方向流动。如图 12-14 所示，被辊锻的毛坯横断面积减小，长度增加。因此，辊锻工艺适用于减小毛坯断面的锻造过程，如杆件的拔长、沿杆件轴向分配金属体积等变形过程。

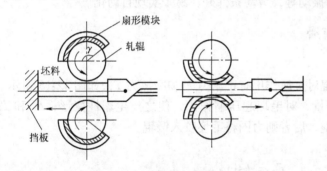

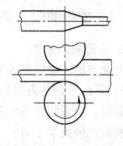

图 12-13 辊锻工艺原理   图 12-14 辊锻变形过程

12.5.2 辊锻的分类及特点

辊锻通常按型槽的作用可分为制坯辊锻和成形辊锻；按型槽的数量又可以分为单型槽辊锻和多型槽辊锻；按型槽的形式可以分为开式和闭式；按变形温度可分为热辊锻和冷辊锻。

制坯辊锻中单型槽辊锻是采用开式型槽一次或多次辊锻，或采用闭式型槽一次辊锻，主要应用于毛坯端部拔长或作为模锻前的制坯工步，如扳手的杆部拔长。多型槽辊锻则是在几个开式型槽中连续辊锻或在闭式与开式的组合型槽中辊锻，主要用于模锻前的制坯工步，如汽车连杆的制坯辊锻。

成形辊锻又分为完全成形辊锻、预成形辊锻和部分成形辊锻。完全成形辊锻是在开式型槽、闭式型槽或开式与闭式组合型槽中完成锻件的全部成形过程，具有产品精度高、生产率高、产品质量好的优点，适用于小型锻件的直接辊锻成形，如各类叶片的冷、热精密辊锻。预成形辊锻是在辊锻机上基本成形锻件，在辊锻后需要用其他设备进行最终成形，适于截面差较大、形状较为复杂的锻件，如内燃机连杆的预成形。部分成形辊锻是在辊锻机上成形锻件的一部分形状，而另外部分采用模锻或其他工艺成形，适用于长杆类或板片类锻件，如汽车变速器操纵杆。

冷辊锻是在开式型槽中一次或多次辊锻，用于终成形辊锻或作为辊锻最后的精整工步，它可以使锻件得到较低的表面粗糙度值（Ra 值为 $0.8\mu m$）及提高锻件力学性能，如叶片的冷辊锻。

辊锻变形过程是一个连续的静压过程，没有冲击和振动，具有如下特点：

1）产品精度高，表面粗糙度值小。如辊锻叶片的叶形精度一般要比普通模锻的精度提高一个等级。

2）锻件质量好，具有好的金属流线。如叶片、连杆类锻件辊锻后，金属流线与受力方向一致。另外，精密辊锻后无需加工，避免了流线切断或外露的不利。

3）材料利用率高，多型槽辊锻成形毛坯的金属消耗量比锤上多型槽模锻降低 6%~10%。

4）锻辊连续转动，生产效率高。

5）模具寿命长。辊锻是静压过程，金属和模具间相对滑动较少，因而，辊锻模寿命可比锻模寿命长 5~10 倍。

6）所需设备吨位小。辊锻是局部变形，变形力小。

7）工艺过程简单，无冲击、振动等，劳动条件好，易于实现自动化。

12.5.3 辊锻的咬入条件及前滑

1. 金属咬入条件

金属与旋转锻辊接触时，锻辊对金属作用有正压力 F 和摩擦力 T，如图 12-15 所示。其中，F_z 和 T_z 分别为各自的垂直分量，对毛坯起压缩作用，使之产生塑性变形；F_x 和 T_x 为水平分量，前者阻止毛坯进入锻辊，后者则力图将毛坯咬入锻辊。

根据几何关系，有

$$F_x = F\sin\alpha$$
$$T_x = T\cos\alpha \qquad (12-1)$$
$$T = \mu F$$

式中，μ 是摩擦系数；α 是咬入角，即金属开始咬入时的角度，端部自然咬入时，α 不超过 25°，而中间咬入时，α 可以增至 32°~37°。

由图 12-15 可知，只有 $T_x > F_x$，毛坯才能自然咬入，则自然咬入条件为 $\mu > \tan\alpha$。由此可见，接触摩擦是实现辊锻的必要条件。该咬入条件是在使用平辊锻制条件下得到的。实际上辊锻是在型槽中进行的，毛坯与锻辊接触面积增大；另外辊锻工艺多采用中间咬入形式，咬入条件大为改善。

2. 前滑

辊锻时毛坯受压缩作用，金属前后左右都要流动。金属向前流动的结果，使毛坯的速度大于模具的切线速度，称为前滑。金属向后流动的结果，使毛坯的速度小于模具的切线速度，称为后滑。中间某个位置，毛坯的速度等于模具的切线速度，该位置的角度 γ 称为临界角。以此为界，分为前滑区和后滑区，如图 12-16 所示。

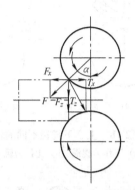

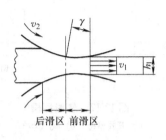

图 12-15 开始咬入时的作用力图解   图 12-16 辊锻时的前滑和后滑

由于变形区中金属的前滑现象，使得辊锻后的锻件长度大于模具上相应的长度（弧长）。为了获得尺寸精确的锻件，在辊锻模具设计时一定要考虑合适的前滑量，一般用前滑率 s 表示，即

$$s = \frac{v_1 - v_2}{v_2} \tag{12-2}$$

式中，v_1、v_2 分别是辊锻件出口速度和模具圆角线速度。

考虑前滑的影响，要将型槽做短一些，以保证锻件不过长。由于测量锻件出口速度较困难，在实践中，上式使用不方便，一般采用经验数据。制坯辊锻时 $s = 4\% \sim 6\%$，叶片成形辊锻的预成形工步 $s = 2\% \sim 3\%$，终成形工步 $s = 3\% \sim 5\%$。实际上，前滑受到坯料尺寸、压下量、辊锻温度、锻辊速度、模具润滑及其他因素的影响，必须经过详细计算与多次试验才能决定。

12.5.4 辊锻工艺与模具设计

1. 型槽分类

辊锻型槽分为开式和闭式两种，如图 12-17 所示。开式型槽中，毛坯易于展宽，型槽浅利于辊锻，但不易获得几何形状较精确的锻件。闭式型槽的特点与之相反。

2. 上压力与下压力

如果上、下辊径不同造成圆周线速度不同，会分别引起下压力辊锻和上压力辊锻现象，如图 12-18 所示。

3. 辊锻中心线

两个锻辊轴线间距离的平分线称为辊锻中心线，如图 12-19 所示。而型槽中性线为通过型槽各处截面积重心的水平线，如图 12-20 所示。

为了获得平直的锻件，设计型槽时，应尽量减少上、下模膛表面线速度的差异，也就是尽量减少辊锻过程中产生的上压力或下压力，必须使得辊锻中心线与型槽中性线相重合，这是配置型槽的基本原则。

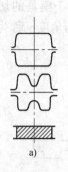 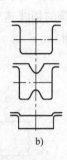

图 12-17　辊锻型槽
a）开式型槽　b）闭式型槽

图 12-18　上、下辊径不同的辊锻
a）下压力辊锻　b）上压力辊锻

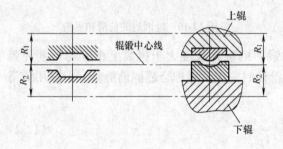

图 12-19　锻辊中心线

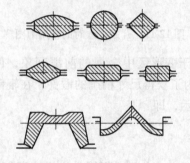

图 12-20　型槽中性线

4. 制坯辊锻

辊锻锻件图和计算毛坯图的设计方法与普通模锻大体一致。

如同拔长一样，辊锻时毛坯在压缩伸长的同时，宽度也有所增加。为了提高辊锻时的拔长效率，减小增宽，一般不采用平辊，而采用椭圆形、菱形、圆形、方形等孔型锻辊。

当辊锻工步数大于 1 时，孔型系类型对辊锻件的质量关系很大。特别对于长杆件更需要考虑每道型槽具有良好的导向作用，否则，在辊锻过程中辊坯将产生扭转而造成废品。

常用的制坯型槽系有以下几种：

椭圆-方型槽系，如图 12-21 所示。这是最常用的型槽系，其最大特点是毛坯在型槽系中连续变形时，金属四面均被压缩，有利于改善金属的组织和性能。此种型槽系的延伸系数较大，因此可以获得大的变形量，从而有利于减少辊锻道次，提高生产率。此外，毛坯在槽内稳定性好，操作方便，适用于变形长度大于 150mm 的辊坯。

椭圆-圆型槽系，如图 12-22 所示。此种型槽系适用于圆形、方形或矩形截面的棒料辊锻成直径较小的圆形截面毛坯。该型槽系允许的延伸系数较小，一般不超过 $1.4 \sim 1.5$，因此使得辊锻道次增多。此外，椭圆毛坯进入圆形型槽时稳定性不好，给操作带来一定的困难，但型槽加工简单，适用于变形长度小于 150mm 的辊坯。

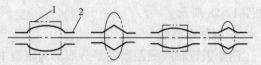

图 12-21　椭圆-方型槽系
1—毛坯　2—型槽

另外还有菱形-方型槽系,允许的延伸系数较大,辊锻稳定性较好,适用于要求锻坯几何形状准确、角度填充良好的方坯。

毛坯在型槽中的稳定性是关系到辊锻过程能否顺利进行的重要因素,毛坯截面的轴长比 b/h(图 12-23)对稳定性影响很大。此值越大,变形量就越大,稳定性也越差。各截面形状的毛坯在不同型槽中辊锻时,其极限轴长比分别为:椭圆毛坯进方形型槽为 5.0;椭圆毛坯进圆形型槽为 3.5;椭圆(菱形)毛坯进椭圆(菱形)型槽为 2.5。

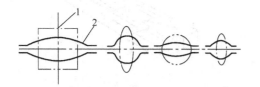

图 12-22　椭圆-圆型槽系
1—毛坯　2—型槽

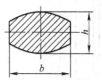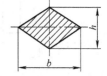

图 12-23　毛坯截面的轴长比

12.6　楔横轧

12.6.1　楔横轧的原理及特点

楔横轧是一种高效的金属塑性成形新工艺,是冶金轧制技术和机械锻压技术的发展,它将轧制等截面型材发展到轧制变截面的轴类零件,又将断续整体塑性成形发展到连续局部塑性成形。楔横轧的工作原理如图 12-24 所示,两个轴心线相互平行的带楔形模具的轧辊,以相同的方向并带动圆形轧件旋转,轧件在楔形孔型的作用下轧制成各种形状的台阶轴。楔横轧的工件是在回转运动中成形的,又称它为回转成形;由于成形的零件都是回转体轴类零件,所以又统称它为轴类零件轧制。

楔横轧与锻造工艺相比,具有如下显著优点:

1)工作载荷小。由于是连续局部成形,工作载荷很小,只有一般模锻的几分之一到几十分之一。

2)设备质量轻。由于工作载荷小,所以设备质量轻、体积小及投资少。

3)生产率高。一般高几倍到几十倍。

4)产品精度高。产品尺寸精度高,表面粗糙度值小,具有显著的节材效果。

5)工作环境好。冲击与噪声都很小,工作环境显著改善。

6)易于实现机械化、自动化生产等。

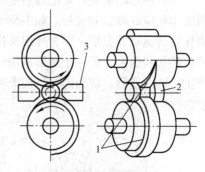

图 12-24　楔横轧的原理图
1—带楔形模具的轧辊
2—轧件　3—导板

12.6.2　楔横轧的分类及应用

楔横轧按照其结构可以分为平面楔形模横轧和回转楔形模横轧两类。其中,回转楔形模横轧按毛坯所处的位置又可以分为外回转楔形模横轧和内回转楔形模横轧。平面楔形模横轧的工艺原理如图 12-25 所示。利用两个直线运动的平面楔形模（图 12-26）作相反方向的运动，轧入加热至锻造温度的圆形断面毛坯，迫使其回转并沿着模具的型面作相应的减径和拔长。

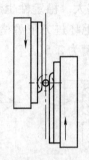

图 12-25　平面楔形模横轧工艺原理

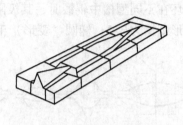

图 12-26　平面楔形模

平面楔形模横轧可在开式型槽或闭式型槽中进行，如图 12-27 所示。当闭式轧制时，变形毛坯的端部被封闭在型槽的壁部之间，因而阻碍毛坯自由伸长，主要用于得到带有球形、锥形头部的轧件。

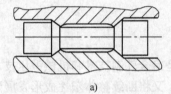　　　　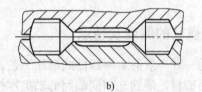

a)　　　　　　　　　　　　　　　b)

图 12-27　楔形模型槽的断面图
a）开式　b）闭式

回转楔形模横轧就是把加热毛坯置于两个同向旋转的轧辊中，使毛坯回转并沿着模具的型面作相应的减径和拔长。如果装有圆弧楔形模块的两个左右辊子作同向旋转，热毛坯在其中作旋转运动并变形，即为外回转楔形模横轧，如图 12-28 所示。若一个楔形模块装在旋转的内辊外表面上，另一个楔形模块装在固定的外辊内表面上，将加热毛坯放在两个模块之间产生旋转并变形，即为内回转楔形模横轧，如图 12-29 所示。

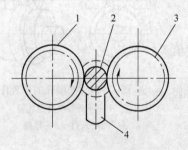　　　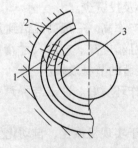

图 12-28　外回转楔形模横轧　　　　　　图 12-29　内回转楔形模横扎
1、3—左、右轧辊　2—工件　4—侧向支承导向尺　　　1—工件　2—固定外模　3—回转内模

与回转楔形模横轧工艺相比，平面楔形模横轧有如下优越性：

1）模具加工、检验与调整简单。

2）模具速度恒定不变，速度差小，因此变形稳定，有利于防止产生内部缺陷，并可提高模具寿命。

3）毛坯的位置稳定，不需侧向支承导向尺，从而简化了机器的结构。

但是平面楔形模横轧工艺的直线式运动的行程受到限制，而且有空程，所以生产率稍低。该工艺主要应用于如台阶轴，带有垂直凸肩、锥度和球面的轴，操纵杆和连杆毛坯等实心的且具有圆形断面的轴类件。平面楔形模横轧毛坯的重量和金属分布都比较精确，若再进一步模锻成形，就可获得所需的断面。图 12-30 所示为双头套式螺母扳手毛坯的平面楔形模横轧工艺，飞边很小。因此，该工艺适用于生产尺寸比较精确，并且将在锤、锻压机或平锻机上进一步模锻的毛坯。图 12-31 所示的球头销只用平面楔形模横轧工艺就可以获得最终形状，切开后便得到锻件成品。

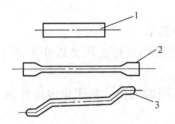

图 12-30　双头套式螺母扳手
毛坯的平面楔形模横轧工艺
1—毛坯　2—平面楔形模横轧后的毛坯
3—扳手锻件

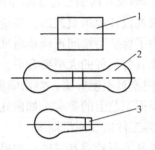

图 12-31　球头销平面楔形模横轧工艺
1—毛坯　2—平面楔形模横轧后的锻件
3—切开后的锻件

12.6.3　楔形模的参数及设计

楔形模通常包括两个部分：成形减径部分和精整部分，如图 12-32 所示。毛坯经过成形减径部分成形一定形状后，再在断面形状与工件的轴向断面保持一致的精整部分获得相当严格的尺寸精度。楔形模由平凸边和倾斜侧边组成，主要工艺参数是侧边倾角 α 和楔角 β，如图 12-33 所示。所产生的变形力可以分成作用到毛坯上的三个分力，即轧制力 F_x、轴向拉力 F_y 和压缩力 F_z。横轧时，倾角 α 不仅对毛坯变形区的尺寸有影响，而且对变形力也有显著的影响。随着 α 的增大，毛坯变形区的长度和所需的轧制力减小，但轴向拉力增大。当压缩量确定时，轴向拉力可以引起毛坯产生附加的拉伸变形，甚至使毛坯形成缩颈或断裂。楔角 β 对变形区沿毛坯轴线的传播速度、模具的长度、最大许可压缩比（毛坯直径与轧制后直径的比）以及轧制力都有很大的影响。

平面楔形横轧过程中的主要质量问题是断裂、形成空腔和轧件表面螺旋压痕等。断裂是由轴向拉应力过大引起的。轧件中心空腔主要是由于变形区存在不均匀变形，在轧件断面中心引起的径向附加拉应力和剪切变形等造成的。当附加拉应力达到材料的抗拉强度时，心部产生微裂纹，进而形成疏松和空腔。轧件表面螺旋压痕是由轴向力增大使轧件发生附加的轴向伸长，使成形过程表面残留的螺旋压痕得不到精整所致。为防止上述缺陷产生，要合理选择模具成形部分的角度，一般可通过试验确定。

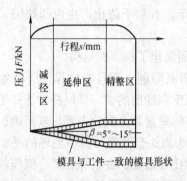

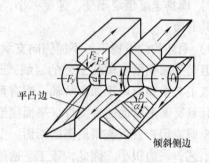

图 12-32 楔形模的结构及受力分布　　　　图 12-33 楔形轧制示意图

设计楔形模具时需要考虑以下问题：

1）模具设计成组装式的，各组件可以单独更换。

2）为了保证型槽间正确地对准，组装模应可横向移动。

3）模具各组件的大小要合适，尺寸过大不利于进行热处理，尺寸过小不利于热交换，工作时易使模具温度升高，寿命降低。

4）根据工艺上的要求，如横轧非对称的工件有不同的楔角，则倾角也设计成不同的角度，以改善工件的表面粗糙度。

5）模具上不希望有锐边，如果工件的形状允许，其圆角半径应大于 1mm。

模具的设计比较复杂，而制造则比较简单，尤其是平面楔形模的各组件可以在普通机床上加工。通常采用的模具材料是锻模钢，如 3Cr2W8V、5CrMnMo 等，模具经淬火后的硬度在 65HRC 以下。第一次翻修前模具的寿命可达 10 万件以上，模具可进行 10 次翻修，因此一副模具的总寿命可能超过 100 万件。

12.7　粉末锻造

粉末锻造是粉末冶金与精密模锻相结合的一种新工艺。它是将粉末烧结的预成形坯加热后，在闭式模中锻造成零件的工艺。典型的粉末锻造工艺流程如图 12-34 所示。

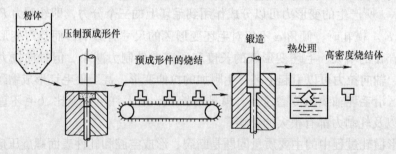

图 12-34 粉末锻造工艺过程

一般的粉末冶金制件密度通常为 $6.2 \sim 6.8 \mathrm{g/cm^3}$，经过加热锻造后，可使制件的相对密度提高至金属理论密度的 95% 以上。

粉末锻造既有粉末冶金成形性能较好的优点，又有锻造成形能有效地改善金属材料组织和性能的特点，使粉末冶金和锻造工艺在生产上取得了新的突破。粉末锻造可以制取相对密度在 0.98 以上的粉末锻件，克服了普通粉末冶金零件密度低的缺点；可以获得较均匀的细晶组织，并显著提高强度和韧性，使粉末锻件的物理力学性能接近、达到普通锻件的水平。同时，它又保持普通粉末冶金少、无切削工艺的优点，通过合理设计预成形坯和实行少、无飞边锻造，具有成形精确、材料利用率高、锻造能量低、模具寿命高和成本低等特点。因此，粉末锻造为制造高密度、高强度、高韧性、形状较复杂的粉末冶金零件开辟了广阔的应用前景。

12.7.1 粉末锻造的特点、分类及应用

粉末锻造与普通模锻相比，具有如下优点：

1) 材料利用率高。由于预成形坯是在较低温度下进行无飞边、无余量的精密闭式模锻，大大提高了材料利用率，从粉末原材料到成品零件总的材料利用率可达90%以上。

2) 锻件尺寸精度高，容易获得形状复杂的锻件。粉末锻造的加热温度较低，又采用少无氧化保护加热，可以获得具有较高尺寸精度和较低表面粗糙度值的锻件；采用最佳预制坯形状，以便最终成形形状复杂的锻件。

3) 锻件力学性能高。由于粉末颗粒都是由微量液体金属快速冷凝而成的，而且金属液滴的成分与母合金几乎完全相同，偏析就被限制在粉末颗粒的尺寸之内，因此可以克服普通金属材料中的铸造偏析及晶粒粗大不均（尤其是对无固态相变的金属材料及一些新型材料）等缺陷，使材质均匀无各向异性，有利于提高锻件的力学性能。但当粉末锻件中残留有一定量的孔隙和夹杂时，将使锻件的塑性和韧性降低。

4) 模具寿命高。由于粉末坯料的加热温度较低及在无氧化皮的情况下进行闭式模锻，减少了对模具表面的磨损；而且，粉末锻造时的压力仅是普通模锻的 1/4～1/3，模具的受力状态大为改善，故模具的寿命可以提高 10～20 倍以上。

5) 锻件成本低，生产率高，容易实现自动化。粉末锻件的原材料费用及锻造费用和一般模锻差不多，但和一般模锻件相比，尺寸精度高，表面粗糙度值低，可以少加工或不加工，从而节省大量工时。对形状复杂且批量大的小零件，如齿轮、花键轴套、连杆等难加工件，节约效果尤其明显。

6) 由于金属粉末合金化容易，因此有可能根据产品的服役条件和性能要求，设计和制备原材料，从而改变传统的锻压加工都是"来料加工"模式，有利于实现产品-工艺-材料的一体化。

粉末锻造工艺虽有许多优点，但也有一些不足之处，如零件的大小和形状还受到一些限制、粉末价格还比较高、零件的韧性较差等。但这些问题随着粉末冶金和锻造技术的发展正在逐步解决，其应用范围不断扩大，经济效应将越来越显著。

目前常用的粉末锻造方法有粉末热锻和粉末冷锻。粉末热锻有三种工艺方法：粉末加热锻造，即直接将粉末预成形坯加热后锻造；烧结锻造，即将预成形坯烧结后进行加热锻造；锻造烧结，即将预成形坯加热锻造后再烧结。粉末冷锻是指粉末预成形烧结后冷锻。粉末锻造与烧结锻造不同，它是采用预合金粉，预成形坯成形后直接加热锻造成形。由于该方法比烧结锻造减少了二次加热工序，可节省能源15%左右，因此由烧结锻造向直接加热锻造或烧结后直接锻造方向发展是总的趋势。

粉末锻造在许多领域中得到应用，主要用来制造高性能的粉末制品，尤其在汽车制造业

中应用更突出。其中，齿轮和连杆是最能发挥粉末锻造优点的两类零件，这两类零件均要求有良好的动平衡性能，有均匀的材质分布，这正是粉末锻件特有的优点。

12.7.2 金属粉末的选用

粉末锻造多用于各种钢粉制件，目前所用的钢种不下几十种，从普通碳钢到多种低合金钢，以至不锈钢、耐热钢、超高强度钢等高合金钢和高速工具钢。有色金属粉末锻造不如钢粉末锻造那样技术成熟和应用广泛，在航空工业中主要有高温合金、钛合金和铝合金的粉末锻造。

粉末原材料的性质，如粉末类型、杂质含量、粒度分布及预合金化程度等，对粉末锻件的性能有重要影响。粉末的选用关系到压制工艺、锻造工艺、锻件的性能和生产成本。但是优质粉末成本较高，所以应针对粉末锻件的不同要求合理选用粉末原材料。

1. 粉末的类型及纯度

粉末锻造对粉末纯度的要求比普通粉末冶金件要高，目前一般采用还原粉或雾化粉。粉末中的气体含量主要是指氧含量，不论何种粉末，其氧含量都要求尽可能低。粉末原材料中也往往含有各种夹杂，包括异类金属颗粒和非金属颗粒，对粉末原材料的夹杂也要加以限制。对于常用的铁、铜、铝及其合金的粉末，要求其杂质和气体含量不超过 1% ~ 2%（质量分数），否则会影响制品的质量。总之，用高性能、低杂质、低成本的粉末原料是粉末锻造的一项基本要求。

2. 粉末的合金化

粉末锻造原料可以是纯金属粉末，如还原粉、雾化粉；也可以是混合粉，如还原铁粉中加入纯合金元素粉末或中间合金粉末；还可以是粉末本身已经合金化的预合金粉末，如雾化合金钢粉。采用混合粉作原料时，合金元素的分布是不均匀的，而且成形后需要在高温下长时间烧结才能使合金元素扩散均匀，因此对性能要求高的粉末热锻钢，不宜采用混合粉末。

粉末锻造碳素合金钢按碳元素是否增加分为两种预合金粉末。一种是合金元素的预合金粉末，不必增加含碳量；另一种是含碳量低的预合金粉末，需增加的碳以石墨粉的形式掺入，在高温烧结时碳易于扩散均匀。采用后者成形性好，可减少模具磨损。

3. 粉末的粒度

粉末的粒度及组成等直接影响粉末的物理性能和工艺性能，应加以控制。一般来说，粒度分布范围宽的粉末，其松装密度、成形性和烧结性好，制品性能也好。因此，实际生产中，往往采用粒度分布宽的粉末，或者采用不同粒度的金属粉末混合使用。粉末中细粉含量高时，可提高压坯棱角的强度，并改进烧结性，但是会降低松装密度，使压制性变坏。成形性受颗粒形状和结构的影响最为明显，颗粒松软、形状不规则的粉末，压紧后颗粒的粘接性增强，成形性好。

12.7.3 预成形坯的制备

1. 预成形坯的设计

预成形坯的设计是从锻件的重量、密度、形状和尺寸出发，考虑预成形坯的密度、形状和尺寸。最基本的原则是在锻造时有利于致密和充满模膛，在充满模膛时应尽可能使预成形坯有较大的横向塑性流动，从而有利于致密和改善性能。但过大的塑性变形可能在锻件表面或心部产生裂纹，因此其塑性变形量不能大于预成形坯塑性变形所允许的极限值。另外还需要考虑预成形坯在充满模腔时，各部分尽可能处于三向压应力状态下成形，避免或减少拉应力状态。

2. 预成形坯的压制

预成形坯的压制成形是通过模具对金属粉末施加压力，使粉末颗粒在室温下聚集成形为具有一定密度、强度与一定形状、尺寸的压坯的工艺过程。粉末压制有三种基本方式，即单向压制、双向压制和浮动压制。压制成形中压坯密度分布的均匀性直接影响零件的力学性能和使用性能。为了使密度分布均匀，可以采取降低压坯的高度与直径之比，改单向加压为双向加压，采用模壁光洁度很高的压模，同时在模壁上涂润滑剂以减小摩擦，或者在粉末内添加润滑剂以减小颗粒间的摩擦等措施。另外，用冷压模压制预成形坯时，要控制粉末装料的容积或质量，以减小预成形坯间的质量偏差。

3. 预成形坯的烧结

烧结是粉末压制技术的关键过程之一，其目的是合金化或使成分更均匀，增加预成形坯的密度、强度和塑性，避免锻造时产生裂纹。同时，还可以进一步降低锻件内的氧含量，以提高锻件性能。但只有在合适的烧结温度、保温时间和炉内气氛条件下进行烧结，制品才能获得所要求的力学与物理性能。为避免在高温长时间加热条件下制件氧化而造成废品，烧结必须在真空或保护气氛中进行，若采用还原性气体作保护气氛则更为有利。

对于混合元素粉末预成形坯的烧结，由于合金元素的固相扩散速度比较低，所以只有在高温长时间的烧结条件下才能使其合金化较均匀。在具有一定混合碳的合金粉末预成形坯的烧结过程中，部分碳使粉末中的金属氧化物还原，要保持烧结过程中不脱碳也不增碳，应选择在可控碳式烧结炉内进行。

12.7.4　预成形坯的锻造

预成形坯锻造成形的方法有三种，如图 12-35 所示。

（1）热复压法　它类似于粉末体的压制成形。预成形坯具有精确的外形尺寸和重量，其形状与终锻件非常接近，仅考虑加入模腔的间隙及高度方向的压缩变形量，故又称小变形量锻造，如图 12-35a 所示。这种方法在成形过程中没有宏观的金属流动，用于密度要求不高的零件的生产，锻造的残余孔隙度在 0%～2%，要使密度提高，需要很大的压力。

（2）无飞边闭式锻造　预成形坯一般设计得较为简单，但重量公差同样要求严格。它与前一种方法的主要区别在于需要经过较大的塑性变形来充满模腔，如图 12-35b 所示。

（3）开式小飞边锻造　预成形坯不像前两种方法那样严格，重量的波动可通过飞边调节，锻造成形时塑性变形量较大，如图 12-35c 所示。该方法与无飞边闭式锻

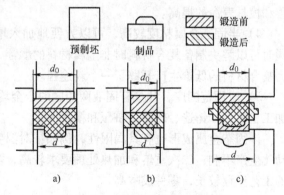

图 12-35　预成形坯锻造成形方法
a) 热复压法（$d/d_0 = 1$）　b) 无飞边闭式锻造（$d/d_0 > 1$）
c) 开式小飞边锻造（$d/d_0 > 1$）

造方法用于要求高密度的场合。

由于粉末锻件并不总是要求高密度，而是与产品性能有关，因此，除密度指标外，还要根据锻件的复杂程度、锻造设备和工艺条件等合理选择成形方法。

12.8 半固态金属成形

在金属凝固过程中，对其施以剧烈的搅拌作用，充分破碎树枝状的初生固相，得到一种液态金属母液中均匀地悬浮着一定球状初生固相的固液混合浆料（固相组分一般为 50% 左右），即流变浆料，利用这种流变浆料直接进行成形加工的方法称为半固态金属流变成形。如果将流变浆料凝固成坯锭，按需要将此金属坯锭切成一定大小，然后重新加热至金属的半固态温度区，这时的金属坯称为半固态金属坯料，其显微组织如图 12-36 所示。利用半固态金属坯料进行成形加工称为半固态金属触变成形。上述两种成形方法合称为半固态金属成形技术。

图 12-36　A356 半固态金属坯料显微组织

12.8.1　半固态金属成形的特点

半固态金属相比固态金属有较低的流动应力，相比液态金属有较高的粘度和较低的热容量，因此半固态金属成形技术具有以下优点：

1）半固态金属的成形力显著降低，可以进行复杂形状成形，成形速度提高，加工周期缩短，机械加工少，材料利用率高，可以实现近净成形，成本降低，性能与固态金属锻件相当。

2）半固态金属在充型时流速低，无湍流，不易发生喷溅，减少了合金的裹气和氧化，降低了气孔率；凝固收缩小，不易出现疏松、缩孔，提高了致密性；凝固过程中不会发生长程枝晶间液体流动，不会形成宏观偏析，性能更加均匀。

3）半固态金属充型温度低，减轻了对模具和设备的热冲击，有利于模具工作条件的改善和模具寿命的提高。

4）半固态金属粘度较高，可以方便地加入增强材料（颗粒或纤维）而制备复合材料，同时可以解决制备复合材料时非金属材料的飘浮、偏析以及与金属基体不润湿等技术难题，为复合材料的低价生产开辟了一个新途径。

5）应用范围广，凡具有固液两相区的合金均可实现半固态金属成形，并可适用于多种加工工艺，如铸造、轧制、挤压和模锻等。

半固态金属成形也有其局限性，例如：对温度、固相率等工艺参数控制严格，对实现自动化生产不利；二次重熔和加热处理要求较高，需要较好的加工设备和控制系统；触变成形的工艺流程较长，零件成本高。

12.8.2　半固态金属坯料的制备

半固态金属坯料制备是半固态金属成形的基础和关键，要求获得细小、均匀、圆整的非枝晶组织，目前根据工艺原理和制坯思路的不同，可分为三类。

1. 外场作用下的枝晶破碎、球化

合金在凝固过程中，如果对其施加外场作用（应力应变场、温度场、电磁场、超声场、流场等），传统的树枝状初生晶会转变为蔷薇状或球状，晶粒会得到细化。主要方法包括机械搅拌法、电磁搅拌法、应变诱发熔化激活法、超声振动法、倾斜式冷却剪切法等。电磁搅拌法是目前工业上进行凝固控制的通用手段，电磁搅拌制备的半固态金属坯料在实际半固态金属成形中已经占据了主导地位。应变诱发熔化激活法制备的坯料纯净、致密度高，适用于各种高、低熔点的合金系列，尤其对搅拌法不宜制备的难变形材料具有独特的优越性。但是，该工艺过程相对复杂，仅适用于小尺寸半固态金属坯料的制备，尤其对于原始铸态组织枝晶严重、塑性变形能力较差的材料，其应用受到限制。

2. 控制形核与抑制树枝晶生长

通过调质或者改变外界条件可以控制合金凝固时的内部物理化学作用过程，控制形核并抑制树枝晶生长，从而得到组织性能良好的半固态合金坯料。主要方法包括细化剂法、等温处理法、近液相线铸造法、粉末冶金法等。近液相线铸造法工艺简单，需要的设备少，生产效率高，适用的合金种类多，可进行工业化大规模生产，应用前景广阔。但在浇注过程中，对温度的控制精度要求高，大规模生产中组织的均匀性与一致性难以保证。

3. 典型制坯工艺的优化或复合

对原有制坯工艺进行优化或者改进，或者是将两种或两种以上制坯工艺进行结合，开发出一种复合的制坯工艺，这是近些年来半固态金属坯料制备的发展趋势。目前主要方法有自孕育法、新应变诱发熔化激活法、短时弱电磁搅拌和低过热度浇注法、气泡搅拌法、单管强冷法、旋转浇注法、消失模铸造振动凝固法等。目前已开发出的新应变诱发熔化激活法，用等径角挤压大塑性变形工艺代替冷热塑性变形，可以克服传统应变诱发熔化激活法中塑性变形量累积少、半固态金属坯料晶粒粗大、球化效果不理想的缺陷，且等径角挤压前后坯料的横截面形状基本保持不变，为控制材料的微观组织和性能，等径角挤压工艺可重复进行多道次。

12.8.3 半固态金属成形的分类

目前，半固态金属成形技术从工艺路线上主要分两大类：流变成形和触变成形。

半固态金属流变成形是指利用剧烈搅拌、扰动等方法制备的浆料在半固态下直接送往成形设备进行铸造或挤压成形等。根据成形设备的种类，半固态金属流变成形可分为流变压铸、流变锻造、流变挤压、流变轧制等。因为流变成形中半固态浆料的保存和输送很不方便，所以工艺过程控制难度相对较大。但流变成形的生产流程短，相对成本较低。

半固态金属触变成形是指将经过剧烈搅拌的半固态金属浆料预先凝固成坯料，再按需要将金属坯料分切成一定大小，把这种固态坯料重新加热至该合金的固液两相区，然后将这种半固态坯料送往成形设备进行成形。根据成形设备的种类，半固态金属触变成形可以分为触变压铸、触变模锻、触变挤压、触变轧制、触变注射等。由于半固态金属及合金坯料的加热、输送很方便，并易于实现自动化操作，因此半固态金属触变成形是当今半固态金属成形的主要商用工艺方法。

流变成形与触变成形的主要区别在于：前者将制浆与成形结合在一起，而后者则把制坯与成形结合在一起。显然，触变成形工艺流程较长，但它可以组织专业化生产，质量易于控制，因此成为半固态金属成形应用于生产的主要工艺。而流变成形涉及生产节拍及过程稳定、质量控制等问题，应用还有限，但由于其工艺流程短，有显著的节能效益，成为当前研究的热点。

12.8.4 半固态金属触变锻造

半固态金属触变锻造是将一定质量的半固态坯料，重新加热到半固态温度区间后，迅速转移至金属模腔，随后在机械静压力作用下，使处于半熔融的金属产生粘性流动、凝固和塑性变形复合，从而获得零件的一种半固态金属加工方法。根据成形设备不同，半固态金属触变锻造可分为半固态挤压、半固态模锻和半固态轧制，如图 12-37 所示。半固态金属触变锻造可分为两个过程：第一个过程是半固态金属坯料在压应力作用下，坯料粘度"剪切变稀"，以较小能耗完成流变充填；第二个过程是充填完毕后的密实过程。前者是成形的需要，后者是产品质量的保证。在半固态金属触变锻造过程中，零件成形是在半液半固的两相状态下进行的，与锻造成形相比，主要优点如下：

1) 可成形复杂形状零件。由于半固态合金材料的粘度比熔融金属高，在压力下使金属形成层流，能均匀地填充模具型槽，特别是在模锻终期的高压作用下，可使薄壁部分得到很好的填充，故可生产形状较为复杂的零件。

2) 成形压力小。与普通模锻相比，成形压力较小。如镁合金锻件半固态金属触变锻造的单位压力为 20 ~ 40MPa（普通热模锻的单位压力为 100 ~ 150MPa），故可用较小吨位的热锻压力机进行半固态金属触变锻造成形。

3) 近净成形。半固态金属触变锻造时可一次成形复杂形状的零件，只需少量或无需切削加工，从而提高了材料的利用率。

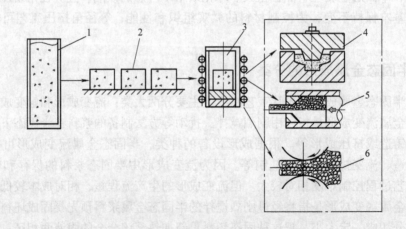

图 12-37 半固态金属触变锻造工艺流程图

1—凝固 2—半固态坯 3—加热 4—模锻 5—挤压 6—轧制

目前，半固态金属成形技术已经大量应用于实际生产。图 12-38 所示为利用半固态金属成形的产品。

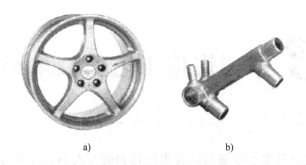

a)   b)

图12-38 半固态金属成形的产品
a) 汽车轮毂   b) 曲柄壳体

思 考 题

1. 摆动辗压易出现何种缺陷? 如何克服?
2. 旋转锻造适用于什么范围?
3. 液态模锻与压铸有何区别?
4. 何谓等温锻造? 等温锻造适合在何种应变速率下进行? 等温锻造为何能改善锻件的力学性能?
5. 辊锻模为何寿命长? 辊锻为何生产效率高?
6. 楔横轧与锻造工艺相比, 具有哪些优点?
7. 粉末预成形坯锻造方法有几种? 适用于什么条件?
8. 什么是半固态金属触变锻造? 与普通锻造相比, 具有哪些优势?

第 *13* 章 锻造工艺的技术经济分析

技术经济分析是从技术和经济的结合来探讨和研究人们在社会再生产活动中的经济行为，分析技术上的先进性和经济上的合理性。它的研究对象是技术方案，使用的方法是经济分析；它的目的在于探寻最佳的技术方案，获得最大的经济效益。技术经济分析的基本方式是方案的对比和优选，技术经济分析必须遵循系统、全面、定员分析和切合实际的原则。

锻造过程设计包括锻造工艺设计、工装设计、设备选择和编制工艺卡等。

(1) 锻造工艺设计 在锻造工艺分析时，综合运用金属塑性成形原理、锻造工艺学、锻造设备等知识和生产实践经验，分析零件的功能、技术要求和质量标准，选择变形方式，设计合理的锻件结构，制订工艺过程，确定锻造工艺参数，绘制锻件图。

(2) 工装设计 根据锻件生产批量、形状、尺寸精度和变形方式，设计工装。工装设计要简单实用。

(3) 设备选择 计算变形力，根据锻件生产批量和现有设备情况，选择主要锻造设备。根据毛坯材料和尺寸，选择下料方式和下料设备。根据锻件材料和技术要求，确定加热温度，选择加热设备以及切边、校正、热处理、清理、检验等设备。

(4) 编制工艺卡 根据生产批量确定生产节拍和生产率，确定工艺流程，编制锻造工艺卡。

在进行锻造工艺设计时，要进行技术经济分析和工艺优化。工艺优化就是在保证产品质量的前提下，通过对各种工艺方案进行分析和比较，确定合理的工艺方案，使锻件形状精度高，性能好，原材料和能源消耗少，设备投资小，工具简单，劳动强度低且公害小。

本章简要阐述锻造工艺的技术经济分析概念和方法，对获得合理的锻造工艺及经济效果有一定的帮助和借鉴。

13.1 锻造工艺分析和方案确定

首先针对零件图进行工艺分析，提出各种工艺方案。锻造工艺分析是一个系统工程问题，要求锻造工程技术人员熟悉已有的生产方式，掌握各种工艺方法的特点和适用范围，能正确计算各项工艺技术参数，了解国内外锻造生产现状和发展趋势。然后，根据零件的功能特征、材料、形状、尺寸精度、技术要求和生产批量，在现有设备、工装和人员等生产条件下，通过技术经济分析比较各种方案，确定合理的工艺方案。其步骤为：零件图分析→确定变形方式→绘制锻件图→确定制坯工步→计算变形力→选择锻造设备→确定工艺流程→计算锻件质量→确定坯料规格→确定生产节拍→技术经济分析→选择合理工艺方案。

工艺方案技术经济分析的一般程序如图 13-1 所示。

1. 确定分析目标，明确主客观的要求

略。

2. 搜集基础资料

搜集有关产品的零件图、锻件图、国内外生产工艺、设备、模具、生产工时定额、材料定额等供进行技术分析的技术性资料。

搜集各种消耗物料的价格、现场生产的成本组成和数据、各类生产人员的工资级别、固定资产和流动资金数、生产和经营过程中的各种费用和税率等经济性资料。

3. 技术经济分析

（1）选定评价的技术经济指标 锻造技术经济指标的定义、用途和功能见附录。技术经济指标是评价锻造生产经济效果及其技术先进性的主要依据。评价锻造工艺方案优劣的技术经济指标有很多。有的问题可以用一个指标来评价，如评价投资的效果时，用投资利润率评价即可。有的问题要用几个指标分别从不同角度反映其特点，如评价一条生产线的优劣时，需要用锻件重、下料重、零件材料利用率、废品率、利润率、单位成本等指标进行综合评价。

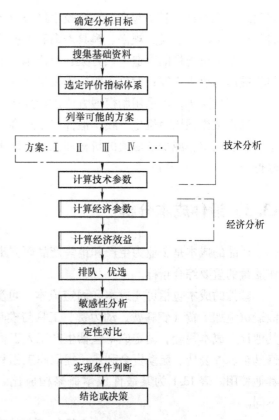

图 13-1 工艺方案技术经济分析的一般程序

（2）列举方案，计算技术参数 同一类锻件可能有多种生产工艺方案，通过列举各种方案，进行技术参数的计算。技术参数主要包括材料利用率、变形力或变形功、设备的型号规格、生产率、模具尺寸和消耗量、动力和燃料消耗量、各种辅助材料的消耗量、生产工人、生产面积、废品率等。

4. 经济分析

计算经济参数，经济参数包括利润率、投资回收期、内部收益率、劳动生产率等。

5. 工艺方案确定

确定工艺方案时，首先，根据生产批量确定生产节拍和生产率，确定工艺流程，根据工序，考虑到生产组织和设备等情况，确定生产所需的厂房面积以及生产工人、辅助工人、技术和管理人员的人数。然后，通过锻造技术经济分析和计算各种技术数据，得到锻件所需材料、能耗、辅助材料和模具等各项数据。经过分析比较，考虑提高材料利用率、节省能源、劳动条件以及环保等方面，确定合理的锻造工艺方案。

锻造成形工艺、高效率的设备、先进的模具是影响锻件生产的三个重要因素。通常，先进的工艺、高效率的设备常常与巨额的投资相伴随，因此，确定工艺方案时，要分析比较各种工艺方案的投资效果，比较投资回收年限和实际收益，按投资效益的高低评价技术方案的优劣。

在进行零件工艺分析、设备选择、能源选用确定等工作时，必须考虑产品的生产批量并与后续的机械加工联系起来。锻造技术经济分析的敏感因素有：生产批量、材料消耗量、材料价格、生产率、模具规格、模具寿命和设备价格等。

如柴油机连杆的锻造工艺方案，对汽车行业，生产批量大，锻件精度要求高，一般采用热模锻压力机生产线；对机车等中小批量行业，一般采用螺旋压力机生产线；对重型行业，由于生产批量小，可采用胎模锻方法进行生产。

采用热模锻压力机生产线，锻件成本最高，但由于锻件尺寸精度高、加工余量小，提高了材料利用率，减少了后续的机械加工量，对大批量生产的汽车行业，零件的生产成本反而降低了。

13.2　锻件成本分析

产品的成本是企业为生产和销售产品而支出的全部费用，是反映企业生产、经营方面工作质量的重要综合指标。

锻件的成本包括可变成本和固定成本。可变成本包括毛坯费用（原材料费和下料费）、锻造机组加工费（燃料费、动力费、工具与模具费）、热处理费、清理及校正费、增值税及其他计入成本税金。固定成本包括生产工人工资、其他人员工资、辅助材料费、折旧费、大修基金、办公费、流动资金利息、提取职工福利基金、车间经费及企业管理费、废品损失及其他费用。表13-1为某锻件成本概略构成比。不同锻造工艺所生产的锻件，其综合成本不同。

表 13-1　某锻件成本概略构成比

序号	项目	成本构成比（%）		说　明
		大致范围	平均	
1	原材料费	60~75	65	取决于钢种，碳素钢低，合金钢高
2	燃料、动力费	9~15	10	动力费以蒸汽-空气锤为主，其他设备可低
3	模具费	4~20	10	随批量不同变化较大，模具结构也有较大影响
4	生产工人工资	2~4	3	国外约占成本8%
5	其他固定费用	—	12	统计数据以旧式设备为主。采用新型设备折旧费会有所提高；如果批量大，折旧费会相对减少
	合计		100	

从表13-1中看出，原材料费是成本中的最大项目，占成本的60%~75%。除原材料外，燃料、动力费和模具费影响较大，说明了锻造生产的材料消耗高、能源消耗高、工装费用高的特点。燃料、动力费的主要影响因素是采用燃料的种类和设备的类型，其变化范围不大。模具费用的影响主要是生产批量，批量越小，分摊模具费用越高；其次是设备类型，例如热模锻压力机模具的寿命高于锻锤1倍左右。

值得注意的是，我国企业管理费比例过大，成本中的固定费用包括车间经费和企业管理费等，其变化的范围很大，低者不到10%，高者可达25%。车间经费包括生产工人以外人员的工资及工资附加费、办公费、水电费、辅助材料费、固定资产折旧费、修理费、低值易耗品摊销、劳动保护费、技措费、运输费、外部加工费、在制品的盈亏和毁损等。企业管理费包括企业管理部门的工资及工资附加费、办公费、水电费、差旅费、折旧费、修理费、低值易耗品摊销、劳动保护费、检验费、仓库经费、警卫消防费、教育经费、利息支出、工会经费、奖励支出、材料和半成品及成品的盈亏和毁损、销售费等。

13.2.1　原材料费用

由表 13-2 中看出，原材料费占锻件成本的 60% 以上，是在技术经济分析中最重要的数据，工艺方案的取舍很大程度上取决于原材料的消耗量。因此，对各方案中加工余量、模锻斜度、圆角半径的大小以及飞边、烧损等影响材料消耗的因素都要重视。例如，机车转向架叉头采用胎模锻工艺时，其锻件质量为 45kg，定额为 47.7 kg；采用离合器式螺旋压力机模锻，其模锻斜度由 7°减到 5°，单边加工余量减小 1mm，仅此两项，锻件定额由 47.7 kg 减少到 42.4kg，某厂每年可节约原材料 6360kg。

1. 材料利用率指标

材料利用率指标表示为

$$零件的材料利用率 = g_1/g_m \tag{13-1}$$

$$锻件的材料利用率 = g_d/g_m \tag{13-2}$$

式中，g_1 是零件质量；g_d 是锻件质量；g_m 是材料消耗定额。

此处，材料消耗定额（g_m）表示锻件的材料消耗水平。一种锻件最有意义的指标是 g_1/g_m，它不仅反映锻造工艺和设备的先进性和经济性，还会影响机械加工的费用。

2. 计算材料消耗定额

（1）坯料质量　坯料质量为锻件的质量与锻造时各种金属损耗的质量（主要指飞边、连皮、钳口料头和氧化皮）之和，可按下式进行计算，即

$$m_{坯} = m_{锻} + m_{损耗} \tag{13-3}$$

$$m_{定额} = m_{坯} + m_{切} \tag{13-4}$$

式中，$m_{坯}$ 是坯料质量；$m_{锻}$ 是锻件质量；$m_{损耗}$ 是锻造时飞边、连皮、钳口料头和氧化皮的质量；$m_{切}$ 是下料时切口损失的质量。

一般飞边是锻件质量的 20% ~ 25%；氧化皮是锻件、飞边、连皮等质量总和的 2.5% ~ 4%。

（2）坯料尺寸　根据计算出的坯料质量即可计算坯料的体积，最后依据选择的坯料截面尺寸确定其长度。

在进行技术经济分析时，材料消耗必须详细计算。我国同类锻件的材料消耗定额大致相同，但对每一特定锻件差别较大。目前，我国锻造行业总的材料利用率在 50% 以下，中小批量等生产行业更低，造成人力、物力和财力的较大浪费。所以，提高材料利用率，发展近净成形工艺是锻造生产迫切的任务。

3. 原材料费

$$F_1 = m_1 W_1 - m_0 W_0 K_0 \tag{13-5}$$

式中，F_1 是原材料费；m_1 是材料消耗量（kg/件）；W_1 是材料单价（元/kg）；m_0 是废料质量（kg/件）；W_0 是废料回收单价（元/kg）；K_0 是废料回收率。

$$W_1 = (K_1 K_2 f + f_1 + f_2) K \tag{13-6}$$

式中，f 是材料出厂价；K_1 是材料品质加价率；K_2 是材料特殊要求加价率；f_1 是运输费；f_2

是包装、装卸、仓储等杂费；K 是采购保管费率。

13.2.2 锻件加工费用

锻件加工费用包括可变成本和固定成本。在详细对比方案时，应对影响成本的重要因素进行分析。这些重要因素除原材料费外，一般有燃料费、动力费、模具费、设备折旧费和维修费等。许多费用要按单位锻件分摊，其中最敏感的因素是工时定额。

1. 工时定额

工时定额主要考虑操作时间（包括设备锻击所占时间、各种辅助时间）和技术服务时间等。

（1）设备锻击所占时间　它取决于设备所负担的工步数、每工步的锻击次数和设备的有效行程次数（次/min）。

中小型锻件行程次数（次/min）对工时定额影响较大，重型锻造设备辅助时间对工时定额的影响远超过设备锻击所占时间。

例如，在 30MN 热模锻压力机上成形连杆，经辊锻制坯后，在主机上采用压扁、预锻、终锻三个工步完成，生产率为 180 件/h，有效行程次数平均为 53 次/min，行程次数利用率 $(180 \times 3)/(60 \times 53) = 17\%$；如采用模锻锤，平均生产率为 130 件/h，每件锻击次数为 7 次，有效行程次数平均为 60 次/min，则行程次数利用率为 $(130 \times 7)/(60 \times 60) = 25\%$；而采用 120MN 热模锻压力机模锻大型模锻件汽车前梁，行程利用率不足 7%。因此，要提高生产率还要注意压缩其他时间，如辅助时间和技术服务时间。

（2）辅助时间　辅助时间可分三种：

1）正常辅助时间。是指毛坯加热→第一个模膛→模膛之间传送→取出锻件→后续工序的时间。

2）间歇辅助时间。是指吹扫氧化皮、润滑及冷却模具等的时间。

3）非正常辅助时间。是指锻件跳出模膛后重新放入模膛、锻件粘模后的处理等的时间。

（3）技术服务时间　技术服务时间包括模具调整、预热和故障排除等的时间。

2. 生产率

生产率是机组中锻造主机生产某锻件工时定额的倒数。主机工时定额越大，生产率越低。

$$Q = \frac{1}{D_s} \tag{13-7}$$

式中，Q 是生产率（件/h）；D_s 是机组中主机工时定额（h）。

一条锻造机组生产曲轴，工时定额为 0.02h/件，则生产率为 50 件/h。

（1）下料生产率　常用下料方法有剪切和锯切。

1）剪切。剪切下料在棒料剪切机上进行，可剪断直径 200mm 以下钢材。当冷剪钢材时，被剪处产生很大的应力，可能出现裂纹，因此，高碳钢和合金钢在剪切之前须加热到 350~700℃，低碳钢和中碳钢一般在冷态下剪切。大批量生产时，冷态剪切毛坯时剪切机概略平均生产率见表 13-2。

优点：生产效率高，配置有自动送料及出料机构以改善劳动条件；因无切屑，材料耗损少，节约了金属，广泛地用于大量和大批生产的模锻坯下料。

缺点：设备价格高，毛坯断面质量不如锯切，剪切端面不平，略带歪斜，尤其是在热态下，剪切直径大的钢材时更为严重。

表 13-2 冷态剪切毛坯时剪切机概略平均生产率（大批量生产）

毛坯直径 /mm	按被切毛坯长度（mm）的剪切生产率/（件/h）											
	100	200	300	400	600	800	1000	1200	1400	1600	1800	2000
20	2100	1600	1400	1250	800	720	650	590	380	340	300	270
30	1900	1400	1250	1150	760	680	600	540	360	320	290	260
40	1500	1200	1100	1000	660	600	540	490	320	290	260	230
50	1300	1000	900	800	520	470	420	380	250	220	200	180
60	1050	800	720	650	430	390	350	320	210	200	170	150
70	900	700	630	550	360	330	300	270	180	160	140	130
80	800	600	540	480	320	290	260	240	160	140	130	120
90	650	500	450	400	260	230	210	190	130	120	110	100
100	450	350	310	280	180	160	140	130	90	80	70	65
110	—	300	270	250	160	140	130	120	80	70	65	60
120	—	250	230	210	140	130	120	100	70	60	55	50
130	—	200	180	160	110	100	90	80	55	50	45	40
140	—	150	130	120	80	70	60	55	35	30	27	25
150	—	110	90	80	50	45	40	35	25	23	21	20

2）锯切。锯切下料方法有圆锯切割和带锯切割。锯切下料断面质量高，锯切后坯料端面粗糙度 Ra 值可达 $25\mu m$ 以上，对其后模锻质量极为有利，基本上可以避免由于端面质量不好造成的锻件裂纹、折叠等问题。

① 圆锯切割。圆锯切割常用于中小批量或端面要求高的毛坯。我国常用型号为 G607 和 G6010 圆锯机。锯片用高速钢镶块式，锯片宽度分别为 6.5mm 和 8mm，锯片可以重磨。圆锯机下料的平均生产率如图 13-2 所示。

② 带锯切割。优点是生产率比圆锯机（高速钢镶块锯片）高，锯口损失小，断面质量高。缺点是锯条不能重磨，锯条总寿命低。因锯口损失小，节约原材料，下料成本低于圆锯机。

（2）模锻生产率 模锻生产率以单模膛为基础，然后按所需工步数乘以系数求出。通用设备中的热模锻压力机、平锻机、高速自动热锻机等属此类。求出的生产率为节拍生产率。

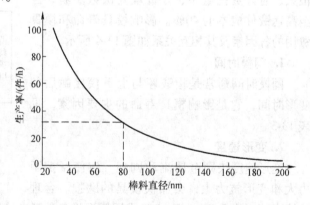

图 13-2 圆锯机下料的平均生产率

平均生产率（件/h）比节拍生产率低 30%，即乘以 0.7。需要多模膛时乘以修正系数，两工步系数为 0.8，三工步系数为 0.75，四工步系数为 0.7。

自动生产时，其节拍生产率就是有效行程次数。一模两件工艺时，其生产率应乘以 2，有效行程每隔一模膛锻击一次乘以 0.5。一模两件隔模膛锻击时，系数为 1。

受操作技术要求较高、不稳定因素较多的锤类设备，如蒸汽-空气模锻锤难以用单模膛生产率推算，应以企业生产率为主要参照数据。图 13-3 所示为国内某著名企业锻造分厂生产率范围示意图。

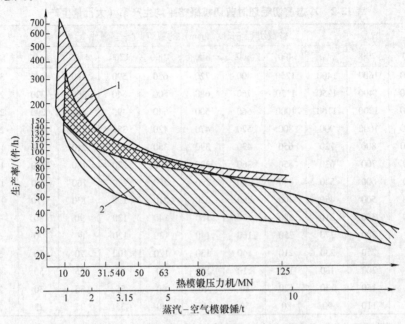

图 13-3 平均生产率
1—热模锻压力机 2—蒸汽-空气模锻锤

13.2.3 模具费用

在锻件成本中，对中小批量生产而言，其构成比仅次于原材料价格。模具费用变化范围很大，对订货批量小、订货重复次数少者，甚至高达锻件成本的 40%。影响模具寿命和模具费用的各因素及其相互关系如图 13-4 所示。

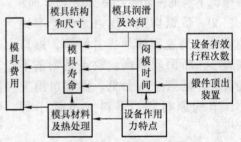

图 13-4 影响模具寿命和模具费用的各因素及其相互关系

1. 闷模时间

闷模时间通常是指锻坯与上下模接触后的变形时间，它是影响模具寿命的主要因素，见表 13-3。

2. 变形速度

变形速度快则金属流动剧烈，致使摩擦阻力大和变形抗力大，会加快模具的磨损。合理的锻击速度为 $0.5 \sim 1.5 \mathrm{m/s}$。常用模锻设备的锻击速度范围见表 13-4。

表 13-3 通用模锻设备的闷模时间

设备名称	落锤	蒸汽-空气模锻锤	热模锻压力机	螺旋压力机
闷模时间 τ/s	0.01	0.003 ~ 0.005	0.2 ~ 0.3	0.01 ~ 0.1

表 13-4 常用模锻设备的锻击速度

设备名称	热模锻压力机	螺旋压力机	蒸汽-空气模锻锤	对击锤
锻击速度 v/(m/s)	0.15 ~ 0.6	0.6 ~ 1.2	4 ~ 7	4.6 ~ 7

3. 模具材料

锤类设备因受冲击负荷，对模具寿命最为不利，各种压力机类似。锤锻模要求模具钢要有一定的强度、表面硬度和冲击韧度，模具材料应采用中碳合金钢。压力机模具受冲击力小，韧性要求低，模具材料选择范围较大，可铸出模膛，模具寿命长，模具费用低。

4. 模具费用计算

影响模具费用的因素有模具的结构、尺寸、模具寿命、模具的材料及其热处理费。其中最主要的是模具寿命。每副模具的费用包括材料费和加工费。

在估计锻件价格时模具费用按下式计算，即

$$单件模具费用 = \frac{全套模具平均价格 \times 模具套数}{年订货数量} \tag{13-8}$$

长期（固定）协作单位按下式计算，即

$$单件模具费用 = \frac{全套模具平均价格}{全套模具平均寿命} \tag{13-9}$$

模具的结构、尺寸和材料取决于锻件生产所采用的工艺和设备。全套模具应包括制坯、模锻、切边及冲孔模、校正模和精压模等。在计算模具费用时，模具翻新次数是一个非常重要的因素。许多企业的模具费用偏高，其原因在于翻新次数过少或不翻新。因在模具翻新时不再计材料费而与新锻模等效使用。减少模具费用要依靠工艺进步和模具合理设计来实现。

13.2.4　设备折旧

1. 折旧费

$$F_8 = G_8 K_8 / n \tag{13-10}$$

式中，F_8 是折旧费；G_8 是设备原价（万元）；K_8 是设备安装运杂费率，$K_8 G_8$ 构成设备价格（万元）；n 是设备折旧年限。

对某生产线的分析，设备原价应有较可靠的资料，如近期该设备的参考价格可直接向有关单位询价取得。

计算设备原价时要考虑安装运杂费，一般取设备原价的 5.5% ~ 7%。对单台设备或生产线分析时，如在已有厂房中安装还要计入基础费后进行比较。基础费综合指标约为设备原价的 5%，但要注意经常会遇到设备原价高而基础费低的情况。

2. 折旧年限

折旧年限是在作成本计算时所用的设备投资按年等量回收的年限，并非设备实际使用年限。生产厂房（包括钢结构和钢筋混凝土结构）的折旧年限为 30 ~ 50 年。与锻造生产有关的设备年限见表 13-5。

表 13-5　相关设备折旧年限

设 备 类 别	折旧年限/年
一、机械设备	
1. 锻压设备	17
其中：锻锤	14
2. 金属切削机床	18
3. 起重设备	19
二、加热设备	
1. 加热炉	13

（续）

设 备 类 别	折旧年限/年
2. 热处理炉	15
3. 电加热设备	10
三、动力设备	
1. 锅炉及附属设备	20
其中：快装锅炉	16
2. 空压机	19
3. 电器设备	18
4. 输电设备	28
四、运输设备	
1. 载货汽车及挂车	12
2. 叉车及电瓶车	12

13.2.5 其他费用

毛坯加热、驱动设备和其他生产过程中必须消耗能源和工质。常用能源有电、蒸汽、压缩空气和生产用水等，常用燃料有煤气、油和煤等。

1. 加热炉能耗

主要介绍火焰加热的能耗。

（1）热值及常用能源的换算热值　标准燃料（或称标煤）是指低位发热值为 29300kJ/kg 的煤。在进行能耗分析时，应将各种能源所含热值及能源转换过程中的耗损换算成标煤进行比较。等价单位热值（简称等价热值）即将各种能源按其平均或实际低位发热值，包括转换损失，折合成标煤的数值，因此，也称折合标煤值。

一次能源是开采后直接使用的能源，如煤和天然气等。二次能源是将一次能源转化后所产生的另一种能源（或工质）。例如，由煤转化为蒸汽（工质）或发出的电（能源）称为二次能源。此外，二次能源可转化为其他能源或工质。例如，由电驱动空压机所产生的压缩空气。一次能源的折合标煤值可由下式求得，即

$$q_b^1 = \frac{q_1}{q_b} \tag{13-11}$$

式中，q_1 是某种一次能源的热值（kJ/kg 或 kJ/m³）；q_b 是标煤热值，$q_b = 29300$kJ/kg。

（2）火焰加热炉能耗　锻造加热时使用的燃料种类较多，可根据各地各厂的燃料政策和投资情况进行选择。锻造生产中，加热每千克金属的燃料消耗量不但直接影响锻件成本，同时也是评价企业节能的重要指标。

单位燃耗（实际耗热量）取决于加热炉的综合热效率。综合热效率是指在生产条件下考虑各种热损失后的实际热效率，它是评价加热装置使用正确和其参数、类型选择是否合理的指标之一。单位燃耗可用下式表示，即

$$q_z = q_t / \eta \tag{13-12}$$

式中，q_z 是加热金属的实际耗热量（kJ/kg）；q_t 是金属加热到锻造温度时的理论含热量（kJ/kg）；η 是加热炉的综合热效率。

综合热效率的变化幅度较大，同一台加热炉在不同条件下具有显著区别。燃耗分析的实质就是分析影响综合热效率的各因素，提出先进、经济的加热炉方案和可行的提高综合热效率的措施。

升温燃耗是指从冷炉将炉子温度加热到所需炉温的燃耗量。其值取决于冷炉升温时间，在其他条件不变的情况下，影响升温时间的主要是炉体的热容量，即储热量。这部分热量在停炉时散失。升温时的燃耗为加热炉设计时的小时燃耗。升温燃耗增加系数是将此耗量平均增加到炉子连续使用时间的燃耗内。

将加热炉的燃耗看做两部分：为保持炉温的空炉燃耗 a 和金属加热到始锻温度时的理论燃耗 c，则加热炉满负荷时的燃耗 $b = a + c$；加热炉在负荷为 x 时，其燃耗 Q 按式（13-13）计算。

$$Q = \frac{(b-a)}{100}x + a \qquad (13\text{-}13)$$

目前，国内火焰加热炉的综合热效率正常情况下在 10% 左右，有的加热炉甚至低至 5%，即加热每千克钢材燃耗约 0.61 标煤。感应加热的总热效率一般为 50% ~ 60%，考虑到目前人力发电的热效率为 30% 左右。以等价热值计，感应加热的热效率为 15% ~ 18%，锻件大批均衡生产时，火焰炉的热效率也可超过 15%。但通常考虑升温损失、停炉损失、保温损失后，实际热效率在 8% 左右（每千克金属燃耗为标煤）。加热炉选型主要考虑以下原则：

1）满足锻造机组生产率的要求，使机组能充分发挥生产能力。

2）满足毛坯的加热质量要求，如始锻温度的控制、毛坯氧化和脱碳的要求。

3）综合热效率高，节约能源。

4）环保，劳动强度低。

5）加热成本低。

火焰加热的主要节能措施如下：

1）燃烧生成物显热的利用。在加热炉的热损失中，燃烧生成物带走的显热（俗称废气损失）最大，收回和利用这一损失对节能有较大效果。常用的方法是预热燃烧用煤气和助燃用空气。

2）减少炉体的储热损失和散热损失。这项损失仅次于烟气带走显热，减少此项损失的主要措施是采用新型耐火材料，注意炉子的维护，以减少炉壁变薄和漏气。

3）采用新型燃烧装置和燃烧技术，减少不完全燃烧和改善炉内气流方向。

4）加热炉的生产能力选择要适当，加热炉负荷变化对燃耗的影响颇大。目前，锻造车间选用加热炉也有偏小者，但主要倾向是加燃炉生产能力偏大，负荷过低，燃耗增加。

5）选择适当的炉型。脱离具体条件评价加热炉的"先进"与"落后"没有实际意义，应以适应性和经济性为标准。

6）制订合理的加热规范，严格加热工艺纪律，确定燃耗定额，完善计量仪表和执行奖惩制度等。

（3）电加热简介　电阻炉加热主要用于单件、小批、多品种及对生产率无严格要求的毛坯加热，或是有特种要求不宜用其他方法加热的毛坯。

电接触加热最适合于大量生产时局部加热或加热固定截面的长棒料，在长棒料上可在指定的位置上按需要长度加热。可加热端部或其他部位，可加热一段或数段，有时可在一台设备上先后完成加热和成形工序，例如联合收割机上的等截面曲轴，分段同时加热后扭转成形。电接触加热是电加热中电耗量最少的一种加热方法，单位耗电量仅为 0.3 ~ 0.35kW·

h/kg。

对截面变化大的长轴类锻件采用接触加热有良好效果，通常采用的方式是用电镦机聚料，例如半轴锻件和气门锻件端部聚料的电镦机。棒料为 $\phi 8 \sim \phi 13mm$ 的电镦机，其电热效率约为74%，单位电耗约为0.315kW·h/kg。电接触加热速度比感应加热慢，常需多台或多工位电镦机加热聚料供给一台模锻主机。电镦机一般只能聚料，不能做变形量大的成形。

电感应加热是最常用的电加热方法。电感应加热的优点很多，如加热速度快，加热质量高，表面氧化和脱碳少，可以生产加工余量小和表面不加工的锻件；加热质量和速度稳定，加热生产率和温度易于控制，便于自动化，是大批、大量生产的最好加热方式。电感应加热常用于精密锻造和温锻，必要时可通保护气氛进行无氧化加热。电感应加热对环境没有污染，劳动条件好。电感应加热的单位能耗可按式（13-14）计算，即

$$q = \frac{q_d}{\eta} \tag{13-14}$$

式中，q 是加热金属的单位能耗量（kJ/kg）；q_d 是加热金属的理论单位能耗量，即热容量（kJ/kg）；η 是电加热效率，一般取 $0.5 \sim 0.6$。

电感应加热必须用冷却变频装置和加热器（包括线圈和导轨等）。变频装置的冷却水耗量取决于加热装置的安装容量（即加热金属重量）。

工质（水）的等价能耗可查表，采用循环水冷却系统，则冷却水的等价能耗（标煤）按式（13-15）计算。式中未计入使用前注入循环水池中的水量，因此水是一次性注入的，在使用过程中无污染。

$$Q_b = K_1 V_s + \alpha K_2 V_s = (K_1 + \alpha K_2)V_s \tag{13-15}$$

式中，Q_b 是冷却用水（净化水）耗能总量（kg标煤）；V_s 是循环用量（m³/h）；K_1 是循环水等价标煤量（kg标煤/m³），$K_1 = 0.143$ 标煤/m³；K_2 是净化（软化）水等价标煤量，$K_2 = 0.486$ 标煤/m³；α 是软化水补充系数，闭式循环 $\alpha = 3\% \sim 4\%$。

2. 锻造设备能耗

锻造生产中，驱动锻压设备的能源有三种：蒸汽、压缩空气和电力。进行能耗分析最基本的数据是小时平均消耗量。它是指达到锻件生产定额的整个时间内动能消耗的小时平均值，通常是指每班8h内的平均值。设一个班次的时间为 T，则

$$T = T_g + T_0 \tag{13-16}$$

式中，T_g 是设备每班实际的工作时间或称开动时间，包括毛坯传送过程的待料、工步之间的行程滞留、压力机传送夹钳的临时调整、锻件粘模后钳取等工作过程中不关进气阀或不拉开电闸的短暂停歇时间；T_0 是停机时间，是指关闭进气阀或拉开设备电闸设备停止运转的时间，包括设备开动前的准备时间、设备维护和工人休息等设备停止运转时间。

（1）蒸汽驱动锻锤　每班实际工作时间 T_g 一般为 $60\% T$，即 $T_g = 4.8 \sim 6h$。为保持设备有较高的生产率，模锻锤的 T_g 采用 $75\% T$。为简化计算，采用下述公式算出小时平均消耗量，在技术经济分析时比较简单、准确。

$$Q_p = \sqrt{G} \tag{13-17}$$

式中，Q_p 是当 T_g 采用 $75\% T$ 时的小时平均消耗量（kg/h）；G 是模锻锤落下部分质量（t）。

（2）压缩空气驱动锻锤　计算出蒸汽消耗量后乘以当量系数 m（见表13-6）即为空气

的消耗量（自由空气），单位为 m^3/h。当量系数 m 为

$$m = \frac{V_{空气}}{m_{蒸汽}} \tag{13-18}$$

式中，$V_{空气}$ 是空气体积（m^3）；$m_{蒸汽}$ 是蒸汽质量（kg）。

表 13-6　空气、蒸汽当量系数 m

工作阶段或 m 值来源	当量值 m	说　明
锻击和摆动阶段 m_d	1.7	0.7MPa 压力下 1kg 干饱和蒸汽的体积是自由空气的 1.7 倍，但 m_d 值只存在于锻击时间 T_d 和摆动循环阶段时间 T_b 内
漏损当量 m_l	0.8	蒸汽在锻锤工作时期漏损，散热为压缩空气的 1.25 倍，且在整个工作过程中此项损失都存在
工作阶段当量 m_g	1.026	按各时间比率内不同的耗汽量算出
建议采用当量 m 参考数据： 不同文献中资料 m_{max} m_{min}	1.0 1.15 0.91	考虑到停机时间 T_0 阶段内蒸汽比压缩空气大，但绝对数值不大 m 值接近 1，上下变动范围为 10% ~ 20%

（3）电力拖动的锻压设备　电力拖动的锻压设备本身带有电动机作为主要动能源。传动方法主要有三种：机械传动，如热模锻压力机、平锻机等；液力传动，由电动机带动液压泵载能，如液压机、液气锤和液压锤等；压缩空气传动，如自带电动机的空气锤（即普通空气锤）。电力拖动的锻压设备电耗量的最可靠、最直观的取得方法是用电度表测得。

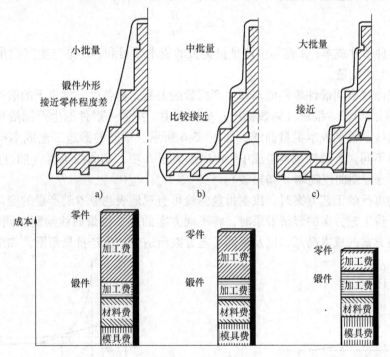

图 13-5　同一锻件采用不同锻造工艺时的成本组成示意图

a）小批模锻件　b）中批生产锤上模锻件　c）大批生产压力机模锻件

按成本项目分组，可清楚地反映产品成本的构成。由成本项目分析可知，提高材料利用率和改进企业管理，是降低锻件成本、增加企业利润的主攻方向，同时，也要大力降低燃料动力费和模具费用。

目前，我国的锻件总材料利用率一般在 50% 以下，个别行业则更低。例如，某 45 钢机车转向架吊杆，零件质量约 16.2kg。采用自由锻工艺，锻件质量为 85kg，下料质量为 88kg，定额为 92kg。零件材料利用率低，仅为 17.6%，机械加工工时长。若改用模锻工艺，锻件质量为 38kg，定额为 49kg，零件材料利用率为 33%；若采用精密锻造工艺，大部分表面不需机械加工，则零件材料利用率达到 45%。由以上分析可知，精化毛坯、提高材料利用率是锻造生产的根本任务。

图 13-5 所示为同一锻件采用不同锻造工艺时的成本组成示意图。由于多方面原因，例如受生产批量、投资的限制等影响，常会出现选择的方案并不是相对成本最低的情况，这就要求分析人员有丰富的知识和实践经验。

13.3 锻造工艺方案的技术经济分析

13.3.1 成本批量曲线

锻造工艺方案的技术经济分析首先从分析锻件单件成本组成开始。锻件单件成本项目大体可划分为与生产批量无关的项目（如材料费、工资等）和与生产批量有关的项目（如摊销的模具费用、车间企业管理费用等）两部分，简写为

$$C = A + \frac{B}{n} \tag{13-19}$$

式中，C 是锻件单件成本；A 是与生产批量无关的成本项目和；B 是与生产批量有关的成本项目和；n 是生产批量。

成本批量曲线表明锻件单件成本和生产批量的关系，将各生产批量下的锻件单件成本标注在成本（等分标尺）-批量（对数标尺）坐标系中，把同一锻件的生产批量对应的锻件单件成本连成曲线，得到成本批量曲线，如图 13-6 所示。不同的锻造工艺成本构成不同，曲线形状特征也不同，若锻件成本组成中，A 项远大于 B 项，则曲线平缓（如自由锻造）；若 B 项为主要部分，则曲线陡峭（如模锻）。

当有两种可行的工艺方案时，成本批量曲线可直观地表达成本随产量的变化。当根据生产成本高低评价工艺方案的经济效果时，将不同方案的成本批量曲线绘制在同一坐标系中，能简明表述各方案的成本高低，以及不同工艺方案所适应的生产批量范围，如图 13-7 所示。

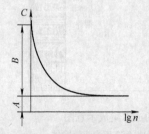

图 13-6　锻件单件成本和生产批量类系图

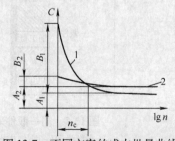

图 13-7　不同方案的成本批量曲线

$$C_1 = A_1 + \frac{B_1}{n}$$

$$C_2 = A_2 + \frac{B_2}{n}$$

当 $C_1 = C_2$ 时，即两条曲线的交点称为临界生产批量 n_c。若 $n > n_c$，方案 1 有利；若 $n < n_c$，方案 2 有利。

13.3.2 工艺方案技术经济分析举例

例如，某锻件可用自由锻和模锻两种工艺方案来生产，其成本批量曲线表明两种工艺方案的锻件单件成本和生产批量的关系，将各批量下的锻件单件成本标注在成本(等分标尺)-批量(对数标尺)坐标系中，把两种工艺方案的批量对应的成本分别连成曲线，绘出两种方案的成本批量曲线如图 13-8 所示。两曲线的交点 30 件称为临界批量。当生产批量小于 30 件时，适于采用自由锻方案；当批量大于 30 件时，适于进行模锻生产。

生产批量对锻件成本影响很大，生产批量与锻件成本有直接关系，常成为工艺方案选择的主要依据。当生产批量不大时，由于自由锻件的生产周期较短，不用专用设备和工装，生产成本低，一般选用自由锻方案。当生产批量大时，若仍选用自由锻工艺，则机械加工量大，材料利用率和劳动生产率低，会引起生产总成本的提高；若采用模锻方案，则加工余量小，能获得三向压应力状态和部分净锻表面，可提高零件综合力学性能和生产效率。因此，工艺的先进与落后，应视具体生产条件而定，必须立足于经济效果来评价工艺方案。

锻造工艺的发展和设备的进步密不可分。国内某机车厂锻件模锻的单件成本比较，如图 13-9 所示。由图中可见，对同一模锻件，在相同的条件下，螺旋压力机上模锻的单件成本低于锤上模锻。

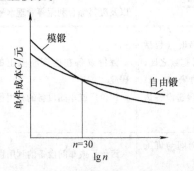
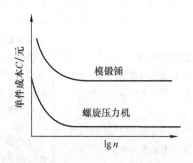

图 13-8　自由锻和模锻方案的单件成本比较　　图 13-9　锤上模锻与螺旋压力机上模锻的单件成本比较

思 考 题

1. 汽车前轴热模锻压力机上模锻与锤上模锻工艺相比，热模锻压力机上模锻一定比锤上模锻工艺好，这种说法是否合理？每年生产 10 万件汽车前轴，用 300 万元购置一条模锻锤生产线与用 3000 万元买一条热模锻压力机生产线，两个方案相比较，哪一个合理？

2. 说明锻造工艺方案技术经济分析的一般程序。

3. 胎模锻工艺是一种落后工艺，这种说法合理吗？

4. 锻件的成本包括哪些内容？

5. 如何确定锻造设备的经济批量和锻造厂的合理规模？

附录 锻造技术经济指标

序号	指标名称	定义及计算方法	功能
1	零件材料利用率（%）	$K = \dfrac{G}{W_c} \times 100\%$ 式中 G——零件质量（kg） W_c——材料消耗量（kg）	评价锻件精化程度 表示锻件与零件形状尺寸的接近程度
2	锻件材料利用率（%）	$K_d = \dfrac{G_d}{W_c} \times 100\%$ 式中 G_d——锻件质量（kg） W_c——材料消耗量（kg）	评价锻造工艺水平
3	零件放毛系数	$\psi_1 = \dfrac{G_d}{G} \times 100\%$ 式中 G_d——锻件质量（kg） G——零件质量（kg）	表示锻件质量与零件质量之比
4	锻件放毛系数	$\psi_2 = \dfrac{G_p}{G_d} \times 100\%$ 式中 G_d——锻件质量（kg） G_p——零件质量（kg）	表示零件定额与锻件质量之比
5	平均材料利用率（%）	锻造厂（车间）年生产锻件总量（t）与年消耗材料量（t）之比	评价生产的材料利用水平 反映综合的技术水准、材料使用以及废料综合利用等管理水平
6 6.1 6.2	设备负荷率 单台设备负荷率（%） 设备平均负荷率（%）	该设备年生产锻件需用台时（包括换模调整时间）与设备年时基数之比，注明生产班制（一班、两班或三班制）锻造厂（车间）全部锻造设备负荷率的算术平均值	评价设备在生产时间上的利用程度 评价厂或车间设备的利用程度
7	设备开动率（%）	每一生产班中设备开动时间与班工作时间之比	评价厂或车间设备的利用程度
8	废品率（%）	$\dfrac{废品质量}{合格锻件质量 + 废品质量} \times 100\%$	用于计算成本和评价生产管理水平
9 9.1 9.2 9.3 9.4	劳动生产率［万元/（人·年）］或［t/（人·年）］ 全员劳动生产率 工人劳动生产率 生产工人劳动生产率 锻工劳动生产率	按人员平均的年产量或年产值 年产量或年产值除以总人数 年产量或年产值除以工人数 年产量或年产值除以生产工人数 年产量或年产值除以锻工人数	评价对国民经济的贡献，反映生产的综合技术经济水准

（续）

序号	指标名称	定义及计算方法	功能
10 10.1 10.2	单位面积产量（t/m²） 每1m²总面积年产量 每1m²生产面积年产量	说明厂房面积的利用程度 锻造厂（车间）建筑总面积除以锻件年产量 锻件年产量除以生产面积	
11 11.1 11.2	能耗 每吨锻件综合能耗（t标煤/t锻件） 万元产值综合能耗（t标煤/万元）	年生产锻件所消耗的各种能源按国家标准 GB/T 2589—2008《综合能耗计算通则》折算为标煤年综合能耗除以年产值	反映锻件生产能耗水平 用以和相同生产类型的生产单位或技术方案对比 用以和其他行业的能耗水平进行比较
12 12.1 12.2	模具耗量 每吨锻件模具材料耗量（kg/t锻件） 每吨锻件模具费用（元/t锻件）	分类统计的模具材料消耗量与该类模具报废前生产段总数比之 年模具费与年生产锻件数量之比	用于估算成本和评价模具的材料、设计、制造、使用管理水平
13	单位锻件投资（元/t）或（元/件）	年生产每吨或每件锻件所需的总投资数	分析投资需要量
14 14.1 14.2	固定资产占用率 每吨锻件占用固定资产原值（元/t锻件） 每百元产值占用固定资产原值（元/100元）	年生产单位锻件占用的固定资产额 固定资产原值除以锻件年产量 固定资产原值除以锻件年产值再除以100元	反映锻件生产对固定资产投资的需求 与其他行业比较，固定资产的占用水准
15	百元产值占用流动资金（元/100元）	年流动资金总额除以年产值再除以100元	反映对流动资金的需求量
16	流动资金周转天数（天）	$\dfrac{日历天数 \times 流动资金}{总额年总收入}$	反映流动资金使用的有效程度；反映管理水平
17	单位成本（元/t）或（元/件）	$\dfrac{年总成本}{年产量}$	作为第一评价准则的判据
18 18.1 18.2 18.3 18.4	利润率 销售利润率（%） 成本利润率（%） 投资利润率（%） 投资利税率（%）	 $\dfrac{净利润}{销售收入} \times 100\%$ $\dfrac{净利润}{总成本} \times 100\%$ $\dfrac{净利润}{总投资} \times 100\%$ $\dfrac{净利润 + 税金}{总投资} \times 100\%$	作为第二评价准则的判据 作为评价投资效果的指标之一 作为评价国民经济效果的指标之一

参 考 文 献

[1] 吕炎，等．锻压成形理论与工艺[M]．北京：机械工业出版社，1986.

[2] 姚泽坤．锻造工艺及模具设计[M]．西安：西北工业大学出版社，2007.

[3] 胡亚民，华林．锻造工艺过程及模具设计[M]．北京：中国林业出版社，北京大学出版社，2006.

[4] 张志文．锻造工艺学[M]．北京：机械工业出版社，1983.

[5] 中国机械工程学会塑性工程分会．锻压手册：第1卷锻造[M]．北京：机械工业出版社，2008.

[6] 中国机械工程学会塑性工程分会．锻压手册：第3卷锻压车间设备[M]．北京：机械工业出版社，2008.

[7] 锻工手册编写组．锻工手册：下册[M]．北京：机械工业出版社，1978.

[8] 夏巨谌．典型零件精密成形[M]．北京：机械工业出版社，2008.

[9] 夏巨谌，等．金属材料精密塑性成形方法[M]．北京：国防工业出版社，2007.

[10] 夏巨谌，等．精密塑性成形工艺[M]．北京：机械工业出版社，1999.

[11] 闫洪，周天瑞．塑性成形原理[M]．北京：清华大学出版社，2006.

[12] 中国锻压协会．汽车典型锻件生产[M]．北京：国防工业出版社，2009.

[13] 施江澜．材料成形技术基础[M]．北京：机械工业出版社．2001.

[14] 李尚健．锻造工艺及模具设计资料[M]．北京：机械工业出版社．1991.

[15] 李云江．特种塑性成形[M]．北京：机械工业出版社，2008.

[16] 张应龙．锻造加工技术[M]．北京：化学工业出版社，2008.

[17] 林法禹．特种锻压工艺[M]．北京：机械工业出版社，1991.

[18] 潘天明．现代感应加热装置[M]．北京：冶金工业出版社，1996.

[19] 曹诗倬．锻造加热设备[M]．北京：机械工业出版社，1988.

[20] 蔡乔方．加热炉[M]．北京：冶金工业出版社，2007.

[21] 周大隽．锻压技术数据手册[M]．北京：机械工业出版社，1998.

[22] 林治平．锻压变形力工程计算[M]．北京：机械工业出版社，1986.

[23] 张振纯．锻模图册(修订版)[M]．北京：机械工业出版社，1982.

[24] 李永堂，付建华．锻压设备理论与控制[M]．北京：国防工业出版社，2005.

[25] 张正修，等．螺旋压力机及其吨位的计算方法[J]．机械工人(热加工)，2000，2：46-48.

[26] 姜同秀，张桂霞，张勇，等．离合器式螺旋压力机综述[J]．机械工程师，2003，11：10-13.

[27] 孙友松，李明亮，魏航．螺旋压力机发展综述[J]．CMET锻压装备与制造技术，2005，2：18-21.

[28] 杨雪春，卢怀亮，黄树槐，等．离合器式螺旋压力机极限打击性能的讨论[J]．锻压装备与制造技术，2003，2：8-11.

[29] 李连方．螺旋压力机锻模的设计特点[J]．航空工艺技术，1995，6：13-16.

[30] 郝滨海，夏霄红．高能螺旋压力机原理及性能浅析[J]．重型机械，2000，5：7-8.

[31] 楼捷．离合器式高能螺旋压力机的特点[J]．锻压技术，1999，4：49-55.

[32] 钱炳忠．DF11型机车车轴超声波透声率低的原因分析及措施[J]．机车车辆工艺，2003，3：38-42.

[33] 蔡埔．锻压行业设备构成与发展前景[J]．设备管理与维修，2007，8，13-14.

[34] 歇雷登 S A．锻件设计手册[M]．陆索，译．北京：国防工业出版社，1977.

[35] 阿尔坦 T，等．现代锻造设备、材料和工艺[M]．陆索，等译．北京：国防工业出版社，1982.

[36] 布留哈诺夫 AH，烈别耳斯基 AB．模锻及模具设计(上册)[M]．王树良，冯桐笙，译．北京：机械工业出版社，1958.

［37］ 屈培基，韩尚斌．锻造图样画法［M］．北京：机械工业出版社，1993．

［38］ Hong Yan，Bingfeng Zhou．Thixotropic Deformation Behavior of Semi-solid AZ61 magnesium Alloy during Compression Process［J］．Materials Science and Engineering B，2006，132(1-2)：179-182．

［39］ Hong Yan，Bin Yang，Juchen Xia．Upper Bound Analysis of Thixotropic Extrusion Processes of Semi－Solid Magnesium Alloys［J］．Transactions of Nonferrous Metals Society of China，2005，15(S3)：227-231．

［40］ 张如华．机械制造工厂常用设备简明图谱［M］．北京：高等教育出版社，2007．

［41］ 张如华，傅俊新．锻件镦粗成形的材料规格范围［J］．金属成形工艺，2001，19(6)：37-39．

［42］ 贺龙，张如华，王高潮，等．直长轴类模锻件填充效果实验研究［J］．锻压技术，2009，34(6)：11-14．

［43］ 程培源．模具寿命与材料［M］．北京：机械工业出版社，2004．